心灵悟语：
一句话点亮人生

宿文渊　编著

北京联合出版公司

Beijing United Publishing Co.,Ltd.

图书在版编目（CIP）数据

心灵悟语：一句话点亮人生 / 宿文渊编著. —北京：北京联合出版公司，2015.12
（2018.11重印）

ISBN 978-7-5502-6564-6

Ⅰ.①心… Ⅱ.①宿… Ⅲ.①人生哲学—通俗读物 Ⅳ.①B821-49

中国版本图书馆CIP数据核字（2015）第267305号

心灵悟语：一句话点亮人生

编　　著：宿文渊

责任编辑：王　巍

封面设计：施凌云

责任校对：焦金云

美术编辑：张　诚

北京联合出版公司出版

（北京市西城区德外大街83号楼9层　100088）

北京鑫海达印刷有限公司印刷　新华书店经销

字数547千字　　720毫米×1020毫米　1/16　28印张

2018年11月第2版　2018年11月第2次印刷

ISBN 978-7-5502-6564-6

定价：68.00元

前　言

　　人生就像一次任重而道远的旅行，处处存在困难与挫折，有时我们会因为困难或挫折而失去信心，甚至放弃对美好生活的追求。如果在恰当的时刻，恰当的时机有一句点亮人生的话来勤勉、来警醒、来温暖、来帮助我们，我们就能重拾信心、战胜困难。这就是一句话的力量。每一只蝴蝶，都好似一朵花的轮回；每一句话语，又仿佛是人生前进的旗杆。有时我们会错过、会轻视、会忽略，但它的力量是真实存在的，只要你懂得思之、悟之。一句心灵悟语，足以让我们受益一生。因为它是经验、是教训、是情理、是光芒、是雨露，是一双充满信任的目光。

　　一句话可以使人顿悟，一句话可以催人泪下，一句话可以影响一个人的一生。人生是人类永恒的主题，古往今来，哲人志士，众说纷纭，感慨良多。海伦·凯勒凭借"把活着的每一天都看作是生命的最后一天，也许这真的是最后一天"，不仅改变了自己的世界，同时，自己的散文代表作《假如给我三天光明》以一个身残志坚的柔弱女子的视角，告诫身体健全的人们应珍惜生命，珍惜造物主赐予的一切，也给千千万万生活在这个世界上的人们带去了光明。贝多芬凭借"我要扼住命运的咽喉"，谱写出人类精神上最强硬的《命运交响曲》，激起我们对人生遭遇的满腹感慨与深深的沉思。这位听不见的巨人，为18世纪的古典乐坛掀起了阵阵狂澜。海明威凭借"一个人可以被消灭，但永远不能被打败"的坚定信念，以站着写作的独特习惯完成了巅峰之作《老人与海》，成就了他在文学史上的地位。这位"文坛硬汉"被誉为美利坚民族的精神丰碑，并且还是"新闻体"小说的创始人。而伟大的亚历山大大帝只凭借"希望"两个字，就敢为自己的理想抛下所有财产远征波斯。这位具有雄才伟略、勇于善战的军事天才，使得古希腊文明广泛传播……一句激励人心的话，一句给人启迪的话，一句让人豁然开朗的话，一句让我们享用一生的话，如一缕缕天籁之音感染着我们，仿佛人生路上的一盏明灯，照亮我们一辈子！

　　一语天然足显真淳，一言而出天地有春。当然，言还要精当，须要有哲思。青蛙彻夜而鸣，人们为之烦躁；雄鸡适时而啼，天下即刻大白；孺弱之力，却可移山；星星之火，可以燎原；滴水之力，亦可穿石；珠玑之字，亦含其理。在生命盛放的过程中，一句饱含哲理的话，足以让我们迸发出无穷的力量。"骐骥一跃，不能十步，驽马十驾，功在不舍。"荀子《劝学》中的一句话，却能够跨越历史，走进永恒。回首历史的长河，无数人在这句话的鼓舞下，昂扬向上，力争上游，最终获得了成功。"三人行，必有我师焉。择其善者而从之，其不善者而改之。"让我们走进孔子的文化世界，在中华民族几千年的历史中，无数人在孔子思想的影响下茁壮成长，创出自我、创出辉煌。"但愿人长久，千里共婵娟。"每当中秋之夜，月圆之时，你是否会想起那些不在身边的亲人呢？你是否会想起心中的他（她）呢？望着月光如水般的洒向天际，你心中是否有一丝的伤感流过心田呢？眉宇间是否荡漾着如水如丝、如痴如醉的哀愁呢？伤感过后是否也会从明月中看到希望呢？看似简简单单的一句话，却道尽了人世间的缕缕情怀、点点柔情……人生路漫漫，往事如烟。在那逝去的岁月中，在人们纷繁的记忆里，有什么让我们刻骨铭心？又有什么使我们久久难忘？除了历历在目的往事，就是那一句句震撼心灵、充满人生智慧的话语。

有一种生活，你没有经历过就不知道其中的艰辛；有一种艰辛，你没有体会过就不知道其中的快乐；有一种快乐，你没有拥有过就不知道其中的纯粹。每个人的生活中都会有一些最关键的时刻，这些时刻我们会称之为人生的关口。在这些人生的关口上，也许一件小小的事情就会改变以后的人生轨迹。对很多人来说，在这个关口上，有时仅仅是一句话，就起到决定性的作用，让人受益终生。成功，从读懂一句话开始！读懂一句话，并真正顿悟，就可以少走很多弯路，往往就此改变你的一生。

《心灵悟语：一句话点亮人生》精选200多句点亮人生的智慧悟语。它们大多是古今中外在各个领域取得过卓越成绩的哲学家、政界要人、著名企业家、著名学者、励志专家、科学家、文学家等，他们有柏拉图、尼采、叔本华、苏格拉底、弗洛伊德、庄子、老子、孔子、孟子、荀子、拿破仑、丘吉尔、列宁、松下幸之助、比尔·盖茨、戴尔·卡耐基、歌德、雨果、蒙田、苏轼、李白……他们在某个伟大的时刻发出了让世界为之动容的声音，他们用行动记录了人生、亲情、友情、爱情、美德、历史，无不令我们深深感动，也让我们明白了一个人的快乐、幸福和责任。本书涵盖了立志、成功、思维、性格修养、学习、补救缺陷、对待挫折、把握机遇、事业、幸福、爱情、友谊、健康、生命态度、为人处世等最受读者关注的人生热点话题，文章通过精彩论述和经典小故事的完美结合，使得这些闪烁着智慧的话语更加生动有趣、说理透彻、耐人寻味。文章文字简练，语言优美，通俗易懂，老少皆宜，更是青年朋友们的良师益友。文中的先哲教诲、名人名言以及人生感悟，闪烁着哲学思想光芒的警句、名言，是最宝贵的经验积累，是值得我们学习和借鉴的法宝。仔细揣摩这些经典的心灵悟语，会带给我们意想不到的收获，让我们做任何事都有事半功倍的效果。

目 录

第一篇　人生，诗意的栖居地

第二篇　生得其名，死得其所

第三篇　这辈子只能这样了吗

第四篇 你幸福了吗

第五篇　健康，上帝赐予人类最珍贵的礼物

第六篇 舍与得，人生最大的选择题

第七篇 人际交往：己所不欲，勿施于人

第八篇　修养：做一个有灵魂的人

第九篇　追逐缪斯之神

第十篇　事业：灵魂安身立命的时空

第十一篇　揭开财富的面纱

第十二篇　友情是调味品，也是止痛药

第十三篇　爱情：情为何物，竟让人放不下

第十四篇　婚姻：知己知彼，琴瑟和谐

第十五篇　家庭是爱的大学堂，痛的疗养地

第十六篇　生活是一种艺术

第十七篇　心灵的安顿

人生，诗意的栖居地

第一章　认识你自己

> **聪明的人只要能认识自己，便什么也不会失去。**
>
> ——尼采

智慧悟语

　　在繁杂纷乱的现代社会中，人们或为学业孜孜以求，或为生计四处奔波，或陷入爱情旋涡无法自拔，或为生活中的琐事烦躁不已。你有没有觉得自己越来越像机器，每日按部就班，却几乎从未真正体验过自己的内心？我们所体验的自己，实际上是他人认为我们"应该是怎样"的人。你是否曾发出"我迷失了"的感叹？

　　也许你在事业上颇有成就，是众人眼中的成功人士。然而，是否有一天你的心头突然袭来一阵莫名的空虚，你感觉自己无所依傍，眼前所追求的一切似乎都失去了意义？你不清楚自己究竟得到了什么。你想到自己很久没回家陪家人度周末了，你看到曾经最痴迷的吉他早已蒙上了灰尘。也许你是一个平凡无奇，毫不引人注意的人，当你看到身边的人生活得多姿多彩时，你忍不住问："为什么我的生活这样乏味？好机会为什么不眷顾我？"不论你是前者还是后者，总免不了感慨自己没有这个，失去那个，最终连自我也找不到了。

　　老子云："知人者智，自知者明。"看清自己是我们成功的必然，这样我们就不会因为外界的变化而迷迷糊糊。如果能对自己明察秋毫，那么你就能感受到自己的充实饱满。做一个认识自己的聪明人，你就"什么也不会失去"。

点亮人生

直到今天，真正认识自己的人又有多少呢？

哲学家叔本华在参加一次名流云集的沙龙时，他精彩的演讲使在座的人们赞叹不已。

一位贵妇人忍不住问道："先生，您真是一位杰出的人物，您能告诉我您是谁吗？"

"我是谁？"叔本华停了一下说道，"如果有谁能告诉我这一点就好了。"

现实生活中，科学技术日益发展，人们对未知的世界的了解日趋丰富，却开始与自身背道而驰。我们始终在向外追寻，却恰恰忽略了自己，忘记时反观自己的内心。所以常常可以见到，有些人谈事时高谈阔论，做事时却束手无策；有些人过于自信和自重，也有些人往往自轻自贱；有些人身处顺境时便心安理得，陷入困境时又自暴自弃；有些人喜欢批评别人，却最容易原谅自己。我们不了解自己，等待我们的便是迷惘和失败。

许多人面对"自我评价"时往往字尽词穷，反而问身边的人"你觉得我是怎样一个人呢"。六祖慧能曾对前去问禅的人说："问路的人是因为不知道去路，如果知道，还用问吗？生命的本源只有自己能够看到，因为你迷失了，所以你才来问我有没有看到你的生命。"当人迷失在对自我的找寻中，又怎能以一种坦然与平和的心境迎接生命更多的挑战？

认识自己并非一件易事，需像登山一样一步一步跋涉。但在这个过程中，你将发现每前进一步都会看到更美丽的风景。

> # 人有所优，固有所劣；人有所工，固有所拙。
>
> ——王充

智慧悟语

"金无足赤，人无完人。"每个人都会有自己的优点和缺点。想正确认识和评价自己，就应发掘自己的优点，同时接受自己的缺点，力争做一个完美无缺的人。希望自己身上集中了所有人的优点，摒除所有人的缺点，这是荒谬而愚蠢的想法。

有些人自我感觉良好，喜欢抬高自己，觉得总是高人一筹，自诩"我最大的缺点就是没有缺点"。有些人则往往看重自身在某方面与别人差距甚大，而看不到自己的优势所在，自嘲"我最大的优点就是有很多缺点"。不管自诩还是自嘲，都无法把自己看明白。

"不识庐山真面目，只缘身在此山中。"认识你自己，就要开启双向思维，客观、全面地面对自己，如此才能看到完整的自我。

点亮人生

正确认识自己，就要既看到自己的长处，也要承认自己的不足，从而为自己正确定位，这样才能自信地去迎接机遇和挑战，为自己创造更多的成功和欢乐。把握好自己的优势和劣势，不乏自知之明，才能在人生的道路上走得更加稳健。

《伊索寓言》中，有一则"两个袋子"的故事。

传说普罗米修斯奉宙斯之命创造人类后，就给人类两个袋子。一个袋子里装着别人的不足，另一个袋子里装着自己的缺点。如何安排这两个袋子呢？人类想了又想，最后把装着别人不足的袋子挂在胸前，而把装着自己缺点的袋子挂在身后。于是，人们对胸前的袋子看得一清二楚，却看不到身后的袋子。

生活中，人们往往惯于指责他人的不足，却对自己的缺点说不出一二。

法国文豪大仲马在成名前穷困潦倒。有一次，他到巴黎请他父亲的朋友帮忙找个工作。他父亲的朋友问他："你能做些什么呢？""没什么了不得的本事，老伯。""精通数学吗？""不行。""懂得物理吗？或者历史？""什么都不知道，老伯。""会计呢？法律如何？"此时大仲马已满面通红，觉得自己太不行了，便说："我真惭愧，现在我一定要努力弥补我的这些不足。我相信不久后，我一定会给您一个满意的答复。"他父亲的朋友说："可你总要生活呀！把你的住址写下来吧。"大仲马无可奈何地写下住址。他父亲的朋友叫道："你终究有一样长处，你的字写得很好呀！"

人生如秤，要想看清楚自己，就要学会摆正优点和缺点的天平。一定要记得自己并非一无是处，每个人身上都有闪光点。

同时也不能妄自尊大，盲目自信，觉得自己完美无缺。只有这样才能实事求是、恰如其分地感知自我，完善自我，对自己了然于心。

> 人应尊敬自己，并应自视能配得上最高尚的东西。
>
> ——黑格尔

智慧悟语

生活中，总有些人惯于拿自己的短处比他人的长处，越比越觉得己不如人，渐渐变得自卑起来。自卑者通常一味地专注于自己的弱点和不足，对自身的能力和素质评价偏低。自卑感的产生，其根源在于不能接受用现实中的实际状况或尺度来衡量自己，却愿意相信或假定应该达到的某种标准来认识自己。

妄自菲薄同妄自尊大其实一样，都会扰乱正常的视线，令你看不到真实、完整的自己。当一个人自卑到完全否定自我的程度时，就会觉着自己只是站在他人的光芒的阴影下，围困在他人的气息中，失去了自我的风姿，失去了自我的芬芳，变成一个木讷愚蠢的人。

词人林夕有一句话写得好：谁都是造物者的光荣。世界上的每一个生灵都有其闪光点。无论人或物，完美无缺和一无是处都是不存在的。一个人也许逻辑思维不强，也没有熟练掌握各种语言的天赋，但他在人际交往方面却有特殊的本领，知人善任，有高超的组织能力；也许一个人对数理化一窍不通，但他想象力丰富，善写作、绘画；也许一个人对音乐反应迟钝，但有一双极其灵巧的手，能编织各种各样的饰物……

每个人都是独一无二的，亦正因此而有权利好好地活在这个世界上。毫无疑问我们都具有优良的品质，而更多时候这些优良品质不是等别人来评判，而是靠自己去挖掘，去肯定。自己先要看得起自己，心怀"天生我材必有用"的浩然之气，发现优势，善待不足，描绘出一幅色彩斑斓、明暗均匀的自画像。

点亮人生

其实，一些人的自卑感之所以如此强烈，很多时候与内心的贪婪和旺盛的占有欲有密切关系。当看到他人身上的某种优点，自己十分希望拥有它，却发觉几乎不可能拥有的时候，内心深处就很可能生出一股沮丧，一种难以自我救赎的绝望。于是，自身所拥有的优点都因思维受此蒙蔽而遭抹杀，自卑感自然产生了。人性的弱点，诸如怯懦、猜疑、嫉妒，等等，皆可因严重的自卑感而衍生，贻害无穷。

20世纪六七十年代的中国乒坛上，曾出现一颗新星。她的身体素质出色，平时训练极为刻苦。年仅19岁的她就已成为国家队的主力选手，在各项比赛上取得优秀成绩，前途一片光明。

她曾两度逼近世界冠军的巅峰，却又两次败下阵来。1962年，与日本选手比赛前夕，因为担心自己输掉比赛，又担心同伴超过自己，她竟用水果刀划破自己的手，还将同伴的球拍丢进水箱，却谎称有人袭击破坏。1964年的北京八国乒乓球邀请赛中，她在连胜两局的大好情况下，因对手追上几分，便心慌手软，越怕越输，越输越怕，很快连输三局，败给对手。此后，她再也没能取得如当年一样辉煌的成绩。乒坛新星就这样昙花一现，很快陨落了。

那名乒乓球新星的自卑，使她单纯觉得自己不及对手，反而看不到自己辛勤训练而来的出众球技，导致最终的悲剧。承认他人的优点并且加以欣赏、赞美，这固然是一种良好的品质。以此试图来改善自己，本亦无可厚非。但纯粹拿他人的优势来贬低、否定自我，陷入自卑的误区，就实在是无谓之举。

大可不必老是将自己同他人比，尤其莫拿自己的短处比他人的长处，更莫贪求拥有他人之长。"任他怎说安守我本分"，自己的分量自己心中有数，那么你的人生字典中就没有"自卑"二字。

森林里当然有许多参天大树，可也有许多野花、小草。野花虽娇弱，却独具幽香；小草虽绵软，但亦能滴翠。自卑者应该坦然面对自己。内心深处坦然了，便会耳聪目明，把自己的容颜看得清楚，将自己的心声听得明白，潇洒人生，不过如此。

骏马能历险，犁田不如牛；坚车能载重，渡河不如舟。

——顾嗣协

智慧悟语

千里马能跋山涉水，却没有老牛耕田的本领；车子能承载重物驰骋平川，却不能有舟泛河上的能耐。清代著名诗人顾嗣协的这段话富有寓意。上帝对于每一个人都是公平的，在你拥有了某一样东西的时候必然会让你失去另一样东西。有的人坐拥万贯家财但没有健康的体魄，有的人没有羞花闭月般的美貌却拥有着非比寻常的智慧，有的人没有魔鬼般的身材却有着天籁般的歌喉……

现实生活中，为什么有的人在平凡的工作中，却干出了不平凡的业绩，而有的人终生都一事无成呢？问题不在一个人的"天赋"有多高，而在于人们常常难以认清自身拥有的、最突出的、上天赠予的、不同于别人的优秀本能。不论处于什么样的困境，每个人都要相信自己身上永远有着一张拿得出手的牌，在生活中不断地发掘自身的潜力、认识自我，就可以在关键的时候打出这张王牌而获胜。

人们常常不明白自己身上最突出的是什么，存在于自己身上的财富是什么，所以迷茫不堪。每个人的身上都有着自己独特的地方，倘若我们能够充分了解自己较之于别人出色的地方，再了解自身最有特色的地方，存在于每个人自身的宝藏如果有一天被发掘出来，从而充分发挥出来，那么人生自会过得多姿多彩。那么它的威力会是很大的。

点亮人生

想成功就要扬长避短，最大限度地发挥自己的优势。只有发挥自己的优势，避开自己的劣势，才能很好地利用自己手中的牌。

每个生灵都有自己独特的天赋。我们应该做的是将自己的长处发挥到极致，而不是每天在"人无完人"的感叹中虚度光阴。如果你能扬长避短、顺势而为，将自己的优势发挥得淋漓尽致，就会事半功倍、如鱼得水；如果你选择了与自身爱好、兴趣、特长"背道而驰"的职业，那么，即使后天再勤奋弥补，耗费了九牛二虎之力，也是事倍功半，难以补拙。因为，才干是一个人所具备的贯穿人生始终且能产生效益的感觉和行为模式，它是先天和早期形成的，一旦定型就很难改变，无法培训。而优势，通俗的说法是一个人天生做一件事能比其他人做得好。因此，你应该知道自身的优势是什么，并将自己的生活、工作和事业发展建立在这个优势之上，这样方能成功。

一个10岁的小男孩，在一次车祸中失去了左臂，但他很想学柔道。最终，小男孩拜一位日本柔道大师做了师傅，开始学习柔道。他学得不错，可是练了3个月，师傅只教了他一招，小男孩有点弄不懂。他终于忍不住问师傅："我是不是应该再学学其他招式？"师傅回答说："不错，你的确只会一招，但你只需要会这一招就够了。"小男孩并不是很明白，但他很相信师傅，于是就继续照着练了下去。几个月后，师傅第一次带小男孩去参加比赛。小男孩自己都没想到居然轻松地赢得了前两轮。第三轮稍稍有点艰难，但对手还是很快就变得有些急躁，连连进攻，小男孩敏捷地施展出自己的那一招，又赢了。就这样，小男孩进入了决赛。

决赛的对手比小男孩高大、强壮许多，也似乎更有经验。一度小男孩显得有点招架不住，裁判担心小男孩会受伤，就叫了暂停，还打算就此终止比赛，然而师傅不答应，坚持说："继续下去！"比赛重新开始后，对手放松了戒备，小男孩立刻使出他的那一招，制服了对手，赢得了冠军。回家的路上，小男孩和师傅一起回顾每场比赛的每一个细节，小男孩鼓起勇气道出了心里的疑问："师傅，我怎么就凭一招就赢得了冠军？"师傅答道："有两个原因：第一，你几乎完全掌握了柔道中最难的一招；第二，就我所知，对付这一招唯一的办法是对手抓住你的左臂。"

小男孩最大的劣势变成了他最大的优势。

要辩证地对待并理性地坚持，既看到积极优势的一面，又要看到消极劣势的不足，充分发挥长处。上帝为你关上一扇门，一定会给你打开另一扇窗。真正的强者懂得在失败之后，找到原因，扬长避短，充分发挥自己的优势反败为胜，取得成功。一扇窗户关闭之后，常常还有另一扇窗在等着你。说不定那扇窗子就有你的优势，可以让你尽自己所能去发挥，去展现，去获得成功。有的时候，人的劣势未必就是劣势，可能反而成了优势。

有所行动，然后认识自己。

—— 蒙田

智慧悟语

世界上最有力的论证莫如实际行动。只有行动起来，才能让自己获得突破，脚踏实地地迈向成功。知行向来是合而为一的。苦思冥想自己到底是一个怎样的人是收效甚微的，而且这种思考也建立在对自己以往所做的事情上。所以，要认识自己的一个重要前提，就是去动手、去做事，实践中出真知，在行动中了解自己。

人的每一步行动都在书写自己的历史。动是一个敢于改变自我、拯救自我的标志，是一个人能力的证明。光心想、光会说，都是虚的，不能看到一点实际的东西。不妄想，用行动说话，坚实的行动就是最有力的语言。说得再多，不如亲自做一做。

有些人总喜欢空想，脑子里一大堆设想、规划，想得周全且几乎接近完美，却从来不付诸实际行动。一个人觉得自己擅长写作，脑子里充满奇思妙想，却从来不动手去写，那么他就永远不知道自己能不能成为一名作家；一个技术工人，如果他只是在脑子里想着操作机器的步骤，而从不亲自动手去操作一台机器，那么他也永远无法知道自己能否做一名出色的技术工人。正所谓纸上得来终觉浅，绝知此事要躬行。认识自己不能只靠思考，而是要立刻去行动，在自己的行动中才能发现自己到底擅长什么，哪些地方不足。歌德说过，人怎么能够认识自己呢？通过观察是不可能的，必须通过行动。你去试验完成你的职责吧，你立刻就知道你是怎样的人。

点亮人生

生活中有许多人，总是愿意做空想家。想着自己喜欢做什么，愿意做什么，也想着自己都具备了那些本领，但到头来仍然庸庸碌碌，一事无成。也有的人，对自己手头的工作感到厌倦，整日抱怨自己的兴趣、才华没有施展之地。这些都是知行不一的做法。想要知道自己究竟是怎样一个人，就必须立即行动起来，在持续不断的行动中认识自己。有的人不论遇到什么新情况，都愿意把"我不行，我做不来"当口头禅。

其实，你根本没有去做，又怎么知道自己行不行呢？相比之下，那些不论什么事都有心去尝试一下的人，即便发现自己真的做不来，也要胜过前者。至少他们敢于尝试，所以，只有尝试了才能出真知。好比爱迪生当年发明电灯，他做了一千五百多次实验都没有找到适合做电灯灯丝的材料，有人嘲笑他说："爱迪生先生，你已经失败了一千五百多次了。"爱迪生回答说："不，我没有失败，我的成就是发现一千五百多种材料不适合做电灯的灯丝。"做人也一样，也许你用心去做事，但最终发现没有什么成绩时，这并不说明你是失败的，而是让你更加明白自己到底适合做什么。

李开复刚进入哥伦比亚大学读书的时候，选择修读法律专业。但在学习的过程中，他发现自己对此毫无兴趣，每天都打不起精神来上课，基本上每堂课都在睡觉，十分苦恼。他发觉自己真正的兴趣是在计算机领域。虽然当时哥伦比亚大学的计算机系只是一个新设的专业，基础并不十分雄厚，但李开复下定决心转到计算机系学习。李开复凭借出色的天赋和不懈的努力，使他在计算机领域一展才华，终于成就了自己。

如果当初李开复为了得到一个稳定的工作而逼迫自己学法律，那么很可能世界上便失去了一个出色的计算机人才，而多了一个蹩脚而痛苦的律师；如果当初李开复不选择转入计算机系，而是把计算机当作业余爱好，那么很可能也不会取得今天的成就。关键是他肯动手去实践，去尝试，从而发现了自己的特长所在。

正如阿里巴巴创始人马云所说："做一件事，无论失败与成功，经历就是一种成功，你去闯一闯，不行你还可以掉头；但是你如果不做，就像晚上想想千条路，早上起来走原路，一样的道理。"一个人能做什么，擅长做什么，不是单凭自己想便能想清楚的。只有实地去试验，去操作，去实践，在这个过程中你才能去感知自己，发现自己。

君子慎独。

——《礼记》

智慧悟语

"慎独"一词最早出自《礼记·中庸》："道也者，不可须臾离也，可离非道也。是故君子戒慎乎其所不睹，恐惧乎其所不闻。莫见乎隐，莫显乎微。故君子慎其独也。"

在《大学》中也说："所谓诚其意者，毋自欺也。如恶恶臭，如好好色，此之谓自谦。故君子必慎其独也。"这段话就是说，所谓使自己的意念诚实，就是说不要自己欺骗自己。就如同厌恶污秽的气味那样不要欺骗自己，就如同喜爱美丽的女子那样不要欺骗自己，这就叫作让自己对自己满意。所以君子为了让自己对自己满意，就一定会独自面对自己的内心。

慎独的前提是心静，如果一个人的时候总是浮想联翩，在心中滋生贪念，同时心浮气躁，那么慎独就变成了一句空话。

一个人在只有自己的时候，才会显露最真实的自己。因为独处时无须应酬他人，无须为了考虑他人的感受而伪装自己，可以无拘无束，可以安然闲适。任何人都想有这样独立而无束的空间，然而，人们越是放纵自己不受管制，反而更容易作出离经叛道的行为。因此，当我们处在"独"的生活条件时，极需要"慎"来律己，这就是"慎独"一词的含义。

✒ 点亮人生

曾国藩在逝世前，总结自己一生的处世经验，写了著名的"日课四条"，即：慎独、主敬、求仁、习劳。在这四条里，慎独是根本。如果能把慎独的功夫做好，那么在其他的场合就能游刃有余。

曾国藩开始了他真正的"慎独"的修养历程是在道光二十二年十月初一日。那一天，他拜访了倭艮峰先生，他日记中这样记载："拜倭艮峰前辈，先生言'研几'功夫最要紧。颜子之有不善，未尝不知，是知几也……"所谓"知几"，这是《易经》中的话，几者，动之微也，也就是内心深处每一个念头的活动；每一个念头都自己察知，叫作"知几"，与"慎独"的意思差不多，在倭艮峰先生的督促下，他每天都学着倭艮峰先生的样子，静坐，读《易经》，写日记检查自己的心理、行为。

他在这一段时期给自己确定的十二条日课，第二条就是"静坐"："每日不拘何时，静坐半时，体验来复之仁心。正位凝命，如鼎之镇。"

曾国藩在静坐时为了提高自己的心性修养。而我们今天亦有许多人学静坐，多半是求一些身体上的效应，这是很低的一个层次。曾国藩的静坐却很快从这一层次突破出来，他的静坐是对人生的一种沉淀的表现，不过他能将静坐提升到心境修养的地步，与他深厚的理论素养和高远的人生理想还是有关的，一般人很难做到。

曾国藩在日记里记载了一件事情："昨天夜里梦到有人得到好处，很是美慕。醒后狠狠地批评自己，可见好利之心竟已跟随到梦中去了，怎能堕落到这种程度呢？真是羞愧啊！"

原来，曾国藩一天晚上梦到一位同僚得到肥差和赏赐，不禁暗暗美慕。第二天醒来，他回忆起自己的梦境，想到自己这样容易为利所动，日后能不见利而忘义吗？自己原来功利心居然这么强！他一边自责一边就下定决心要改掉，随后又拿着日记到唐鉴老师那里认错悔改。

一个人当他心浮气躁的时候，根本就不可能觉察出自己的毛病；一旦稍稍入静，就会恍然大悟，自己原来是如此不像话。这就真正开始有自知之明了，而这一觉悟，正是转凡入圣最关键的一步。随着静功的深入，就不必特别借助于静坐，也能时时警觉，每一个不像话的念头，都难逃自己的洞鉴，为善去恶，就可以步步落实了。

第二章　人在旅途，心安即家

孤独是所有杰出人物的命运。

——叔本华

智慧悟语

马克思一生漂泊流离，他在大英图书馆，在自己的小书房中孜孜不倦，历时40年，完成了《资本论》；达尔文孤身踏上贝格尔号舰，进行环球旅行，用20年时间写出《物种起源》；托尔斯泰为理想而生活，常年居住在郊外的小屋中，老年更是独自外出流浪，用37年时间写成《战争与和平》；司马迁痛遭宫刑，在屈辱中用15年的时间写成《史记》；李时珍行医救人，常常远涉深山旷野，遍访名医宿儒，用27年写出《本草纲目》；徐霞客只身游走于大江山河，用34年写成《徐霞客游记》；曹雪芹一世孤凄，批阅十载，增删五次，著成《红楼梦》。漫长的不只是岁月，还有他们坚守自我的历程。杰出的人物，传世的名著，是在多年的孤独中练就而成。没有风光煊赫，没有前呼后拥，只有青灯一盏，孤身上路，却成就了不朽。

"论至德者不和于俗，成大功者不谋于众"。凡成就大业者都是能耐得住寂寞的，他们在寂寞、冷清、单调中扎扎实实地做学问、在反反复复的冷静思索和数次实践中获得成就。

每个人都会遇到寂寞、孤独，关键在于你是否能耐得住寂寞，享受孤独，不断充实、完善自己，从而寂寞得心安，孤独得快乐。只有经过沉默修养和孤独洗礼的人，才能捕捉到人生的真正底蕴。

点亮人生

耐得住寂寞，是所有成就事业者共同遵循的一个原则。它以踏实、厚重、沉思的姿态作为特征，以一种严谨、严肃、严峻的表象，追求着一种人生的目标。当这种目标价值得以实现时，仍不喜形于色，而是以更寂寞的人生态度去探求实现另一奋斗目标的途径。浮躁的人生是与之相悖的，它以历来不甘寂寞和一味地追赶时髦为特征，有着一种强烈的功利主义驱使。浮躁的向往，浮躁的追逐，只能产出浮躁的果实。这果实的表面或许是绚丽多彩的，却并不具有实用价值和交换价值。

耐得住寂寞是一种难得的品质，不是与生俱来，也不是一成不变，它需要长期的艰苦磨炼和凝重的自我修养、完善。耐得住寂寞是一种有价值、有意义的积累，而耐不住寂寞是对宝贵人生的挥霍。

在当今喧嚣的社会中，寂寞，其实是一种清福，是一种难得的感受。轻轻地关上门窗，隔去外界的喧闹，一个人独处，细心品味寂寞的滋味。许多人抱怨生活的压力太大，感到内心烦躁，不得清闲。于是，追求清静成了许多人的梦想，却害怕寂寞。寂寞并不可怕，只要能暂时放下心中的惦念，真心体味，寂寞也是一种清静，而且比清静更有价值。

一位西方哲人说："世界上最强的人，也就是最孤独的人。只有最伟大的人，才能在孤独寂寞中完成他的使命。"古语云："居不幽者思不广，形不愁者思不远。"意思是智高者需要静静地同自己的心灵悄悄地对话，要忍受得住孤独和寂寞。能够毕生忍受孤独的人，能在孤独中不懈追求人生价值、不断创造成果的人，是最令人钦佩的。

寂寞是辉煌的前奏，人不独处，就不会有冷静而缜密的思考，不能忍受孤独、寂寞的人是绝对干不成大事的。孤独，就是将生命中最后的力量留给自己，在孤独中寻求自我，实现自我。

君子欲讷于言而敏于行。

——孔子

智慧悟语

生活中，有些人雷声大雨点小，夸夸其谈，满口漂亮话，骗得他人的佩服、器重甚至信任。然而，一到关键时刻便露出马脚，要么鲁莽冲动，要么懒惰懈怠，无所作为。有些人言语不多，但做事踏踏实实，一丝不苟。人生在世，若如前者一样，华而不实，则如空中楼阁，虚无缥缈。如若做一个后者，则心安理得，安然度日。

讷于言而敏于行，此处的"讷"意为忍而少言，"敏"有机灵、积极之意，大意为君子说话要谨慎，慢慢说，三思而后说。而行动要敏捷，办事情一定要积极敏捷、果敢决断、雷厉风行，不要拖泥带水。"讷于言"，就是说话要慢一点，拿主意要慢一点，反复寻找突破性的、创新性的思路，但是一旦主意拿定，就要立即行动，百分之百、不打折扣地去执行，这就是"敏于行"。

点亮人生

日本作家渡边淳一在其著作《钝感力》中首创"钝感力"一词。他把"钝感力"解释为"迟钝的力量",即面对生活中的挫折和伤痛从容淡定,朝着心中的方向坚定地迈进。

渡边淳一在接受记者的采访时,表示自己在二三十岁时就深感钝感力的重要,"这个世界不过是一场生存游戏,所以必须要有顽强的意志。而要保持甚或加强自己的生存能力,钝感力又是必不可少的。与其有锐利的敏感度,不如对于大多数事物不要气馁,"他回忆当年自己走上文学之路的情景,说道,"当初还是文学新人的时候,经常遭编辑退稿,并受到严厉的批评。如果当时因为挫折而消沉下去,也就不会再写小说了。"

"钝感力"一词虽是新创,但它的内涵我们并不陌生。其实它的实质便是沉得住气。钝感不是迟钝,而是对周遭事务不过度敏感,不骄不躁,始终如一地集中精力,专注目标的人生智慧。相比激进、张扬、刚硬而言,钝感更易在当今竞争激烈、节奏飞快、错综复杂的现代社会中发挥独特的魅力,求得自身内心的平衡及与他人和社会的和谐相处。"钝感力"是人性之中一种质朴的力量,然而,最质朴的力量往往拥有最非凡的能量。在《钝感力》中,渡边淳一谈到当年的一位同事 S 医生。

在日本的医院中,年轻医生被前辈呵斥是司空见惯的事情。S 医生的指导教授更是异常严厉。每当 S 医生被教授大声斥责的时候,大家都觉得他十分可怜。可不管教授如何批评,S 医生似乎从不沮丧、颓唐,而是默默地接受,并认真观察老师如何治疗病人。教授的训斥和 S 医生忠厚的回应,一唱一和,好像捣年糕的人和捣年糕的棒槌一样,配合得非常默契。后来,S 医生成为医院最出色的外科医生,并在很年轻的时候就当上了院长。

我们也许都有这样的体会,同样的失误,同样的苛责,有的人感觉痛不欲生,以致影响事业和生活的和谐;有的人却只是失落一阵子,很快就恢复常态,天塌下来也依然如故,他的事业、生活没有受到多大困扰,依然运行在正常的轨道之上。鲁迅先生说过:"不在沉默中爆发,就在沉默中灭亡。"无论是处于逆境、顺境,面对表扬或批评,都没必要哭天喊地、怨声载道,也没必要四处张扬显摆。成功也好,失败也罢,对于自我价值的判断以及坚持到底的决心都不能动摇。这样,你会发觉内心平稳了许多。很多时候,他人眼中冥顽不化的愚笨者,或是看起来反应迟钝的平庸者,经过多次的考验之后,却往往以其坚韧不拔,处之泰然的精神最终获得成功。

> 伟大的心像海洋一样，永远不会封冻。
>
> ——白尔尼

智慧悟语

人的心灵应保持弹性。所谓保持心灵的弹性，是指做人做事能屈能伸。刚硬的玻璃，虽然明澈，却经不起顽石的一击；细柔的藤条，因其坚韧，才使它充满活力。在一些场合，如在大是大非的原则上，做人应该像玻璃一样刚硬透明，但在一些细小的问题上，做人又必须像细柔的藤条一样，显示它的灵活性与多变性。所谓静水流深，平静不是静止，而是安详地涌动。如冰封一般的心灵，僵硬而冷酷，拥有这样一颗心灵的人，不仅会感觉自己活得累，也会使周围的人也感到很累。

点亮人生

每个人都试图选择一种轻松的生活方式，可波动的生活又常常让人心力交瘁，加上意外的打击，生命的意义变得模糊。一旦缺乏弹性，生命更成了易碎品。追求心灵的轻松和自由，过内心宽松的日子，并非游戏人生，轻松的感觉可以让生命减少消费。要想尽可能多地获得别人的认同和接受，就需要保持心灵的弹性，只有轻松才能使彼此都享受到和谐的快乐。

南隐是日本明治时代的一位禅师。有一天，一位大学教授特来向他问禅，他只以茶相待。他将茶水注入这位来宾的杯子，杯子已满，他仍继续注入。这位教授眼睁睁地望着茶水不息地溢出杯外，直到再也不能沉默下去了，终于说道："已经溢出来了，不要再倒了！"

"你就像这只杯子一样，"南隐答道，"里面装满了你自己的看法和想法。你不先把你自己的杯子倒空，叫我如何对你说禅？"

可见，心灵没弹性，就是一块实心的铁砣，这样的心灵不会充满生机和活力，也无法接受别人的建议。

无论是身处佳境还是面临不幸，都要学会放松自我，既不受名利之累，也不为逆境所困。以弹性的心灵带给他人所需的慰藉和喜悦，也能慰藉内心的安宁。

"壁立千仞，无欲则刚。"一味地刚硬，就接近于鲁莽；保持心灵的弹性，才能使心情舒畅，柔弱也可以胜刚强。

此心安处是吾乡。

—— 苏轼

智慧悟语

苏轼的友人王定国有一名歌女，名叫柔奴，眉目娟丽，善于应对，其家世代居住京师，后王定国迁官岭南，柔奴随之，多年后，复随王定国还京。苏轼拜访王定国时见到柔奴，问她："岭南的风土应该不好吧？"不料柔奴却答道："此心安处，便是吾乡。"苏轼闻之，心有所感，遂填词一首，这首词的后半阕是："万里归来年愈少，微笑，笑时犹带岭梅香。试问岭南应不好？却道：此心安处是吾乡。"在苏轼看来，偏远荒凉的岭南不是一个好地方，柔奴却能像生活在故乡京城一样处之安然。从岭南归来的柔奴，看上去似乎比以前更加年轻，笑容仿佛带着岭南梅花的馨香，这便是随遇而安，并且是心灵之安的结果了。

"此心安处是吾乡"，多么好的一句话！柔奴身处荒僻之地，她也没有痛苦、绝望过。身体的漂泊固然愁苦，可是倘若有一颗安定平和的心，那么在这世界上就决不孤凄；她不需要别人来为她营造一种家的氛围，而是靠内心的温暖，找到了许许多多世俗家庭中都没有的勇气与温馨。无论城市还是乡村，无论顺境抑或逆境，无论富裕或者贫穷，都要找到一个让自己心安的支点，那是你幸福的根源所在，是安妥你灵魂的精神家园。

在现代都市里，城市空间不断膨胀，生存压力不断增加，而人的心灵空间却不断缩小，小的不能存放自我的灵魂。当穿梭于城市中的混凝土建筑时，城市的高楼大厦遮住了我们的视线，更封锁了我们的心灵，生活在城市里的人群，灵魂缺少了自由飞翔的勇气，人们不停地在都市穿行，而在灵魂深处，却没有精神意义上的家园，或许当早出的那一刻，灵魂已开始游荡。当傍晚来临时，拖着疲惫的身心回到家里，再一次把自己封存起来。在漫漫黑夜中，游弋的灵魂并没有停止，在灯红酒绿的背后，再也找不到灵魂驻足的空间。

当人们在不停地寻找情感的寄托时，希望有一个心灵长久的驻足地。何不解开心锁，以一种达观的心态面对人生，那么，蓦然回首会发现，任何一处便是存放心灵的家园，此心安处是吾乡。

点亮人生

浮躁的都市中，匆匆行走的人们，似乎没有片刻的驻足。迷茫的眼神中，充斥着无奈。一颗心何处安放，游弋的灵魂，不知何处栖息。而游走在无数的都市中，却没有自己精神上的驻足地。内心深处才知道，这些原来是别人的。古人云："储水万担，用水一瓢；广厦千间，夜卧六尺；家财万贯，日食三餐。"贪欲无用而有害，当正心诚意，追求精神的富足。

心安，须常戒浮躁之心。古人云："神静而心和，心和而形全；神躁则心荡，心荡则形伤。"心浮气躁，则易失心智，使人难以做出正确的决断，不能潜心静气地干自己该干的事，或急功近利，随波逐流。或患得患失，怨天尤人。或迷失自我，身心疲惫。如此不但于工作事业有害，于自己亦是苦不堪言。唯有戒浮戒躁，静思于工作图的是什么，做的是否科学正确，才会不受干扰、不受诱惑，脚踏实地、坚定不移地干下去，如此必心安。安在尽责尽职地实干事、干实事、干成事。

心安，要常弃非分之想。有的人梦想一鸣惊人，一步登天，总是恨职位低、恨收入少，就是不知自己几斤几两。非分之想，表面上看是心态的问题，实际上是世界观、人生观、价值观的问题，事关人生的根本。一些人或为名所累，或为利而忧，或享乐至上，或以丑为美，在人生的道路上走了这样那样的弯路，关键就是没有将人生的方向把握好。每个人都应当正确看待个人的荣辱得失，得意时不忘形，落魄时不沉沦。宠辱不惊，静看花开花落；得失无意，漫随云卷云舒，这才是应有的境界和胸怀。

泰山崩于前而色不变，麋鹿兴于左而目不瞬。

——苏洵

智慧悟语

苏洵认为领兵之将的素质，首先要有良好的心态。面对泰山崩塌而面不改色，面对麋鹿的突然出现而不眨眼，然后可以左右局势，战胜敌人。但凡有"大将风度"的成功人士，必然在遇到困境和危机的时候能够处变不惊，沉淀心境，避免心浮气躁，恐惧慌张，如此方能成事。

生活中会遇到许多意想不到的突发情况，在发生这些情况的时候，许多人会恐惧，会焦虑，生出许多烦恼。然而，生活中哪里能有一帆风顺的时候，如果一遇到问题就苦恼不已，那么人生中就充满阴云，这样的人生哪里还有乐趣可言呢？

时刻提醒自己，不管眼前出现什么突发情况，不论境遇有多么糟糕，都不能慌张无措，必须沉着，给自己的心里放上一块安稳石。

点亮人生

遇到难题的时候，首先要有一颗镇静的心境。不管发生了什么，都要让自己先平静下来。告诉自己什么事情都会过去的，生活会继续。与其愁眉苦脸，不如积极面对。

只有保持着这样的心境，才能让你发挥出解决困难所应有的才智，否则就只能惶恐不安，自己乱了阵脚，还何谈解决问题？

东晋著名的政治家谢安，有一次与友人孙绰相约泛舟海上。风平浪静，大家开心地欣赏美景。谁知不久海上起了风浪，一时间波涛汹涌，浪卷云翻，甚是危急。同行的朋友们都大惊失色，纷纷嚷着马上回到岸上。而只有谢安一个人游兴正浓，吟诵诗文，若无其事。划船的老船夫看他相貌安闲，神色愉悦，便继续向远方划去。风越来越大，浪也越来越猛，船像一枚树叶在惊涛骇浪间翻转。此时其他人惊恐万状，站起来大喊大叫。谢安却从容地说："如果大家都这样乱成一团，我们就回不去了。"大家听后，才渐渐平静下来，最终船得以平安驶回。

要做到临变不惊，遇险不慌，沉着应变，稳定局势，断绝对手乱中取胜的可能，然后采取迅速而周密的措施，扭转不利局势，不给对手留有喘息和反扑的机会，并安排好善后事宜，以治待乱，以静待哗。

遇险不惊、镇定沉着，乃化险为夷之良策，倘使惊慌失色，处置不当，就会坏了大事。即使在事业濒临绝境时，只有临危不乱，力挽狂澜的信心，只要意志坚定，抱着必胜的信念，就一定能最大限度地激发出潜力来攻克难关，进而挽回劣势，转危为安。不要因为生活中突如其来的变故而惊慌，也不要因为生活中意外得到的好处而冲昏头脑。正所谓宠辱不惊，不以物喜，不以己悲，怀着一颗沉静的心去面对生活中的一切，在人生旅途上处处都是美景。始终保持一个安详的内心，一个镇定的人才经得起生命的种种考验。有了这样的气魄和心境，方能心平气和地生活。

幸为福田衣下僧，乾坤赢得一闲人；有缘即住无缘去，一任清风送白云。

——百丈怀海禅师

智慧悟语

在天地之间，有一个清闲自在的人，沐浴阵阵清风，仰观缕缕白云，随性而来，随缘而去，多么潇洒自在！此中情境，令人向往。

人生最好的境界是丰富的安静。安静，是因为摆脱了外界虚名浮利的诱惑。热闹终归是外部活动的特征，而任何外部活动倘若没有一种精神追求为其动力，没有一种精神价值追求为目标，那么，不管表面多么轰轰烈烈，有声有色，本质上必定是贫乏和空虚的。莎士比亚曾嘲讽道："充满了声音和狂热，里面空无一物。"

心灵的安宁是最大的幸福，只有在心灵得到充足的安静的时候，你才能听得到心灵发出的声音，才能深入地感觉到自己的心声。如果你让自己的心始终处在吵嚷不休的环境中，那么即便心发出声音，你也感受不到，只能忍受嘈杂。

"人生天地间，若白驹过隙忽然而已。"忙碌的现代人向往着隐居潇洒，寻觅着心安之乡，但是真正到了那个境界，却又有几人忍受得了那份寂寞和孤独？其实心灵的安宁是最大的幸福，这种安宁是有涟漪的，有生命的，有灵性的。

点亮人生

不管世界多么热闹，但热闹永远只占世界的一部分，热闹之外的世界无边无际，那里有着一个叫"安静"的位置。这就好像在海边，有人弄潮，有人嬉水，有人拾贝壳，有人聚在一起高谈阔论，也有人找一个安静的角落独自坐着，是的，在无边无际的大海边，哪里找不到这样一个角落呢？

心灵的宁静有助于减轻快节奏生活造成的压力，使你拥有安详平和的心境。如果你发现自己总是被朋友、同事围绕着，耳边充满喧闹声；每天神经都绷得紧紧的，忍受着繁忙工作及其他琐事的无穷折磨，得不到一丝喘息的机会，那么，你真该好好调整一下心态，让自己的心重归宁静。

18世纪法国有个哲学家叫戴维斯。有一天，朋友送他一件质地精良、做工考究、图案高雅的酒红色睡袍。戴维斯非常喜欢，他穿着华贵的睡袍在家里踱来踱去，越踱越觉得家具不是破旧不堪，就是风格不对，地毯的针脚也粗得吓人。慢慢地，旧物件挨个儿更新，书房终于跟上了睡袍的档次。戴维斯坐在帝王气十足的书房里，可他却觉得很不舒服，因为"自己居然被一件睡袍胁迫了"。

生活中的大多数人被过多的物质和外在的成功胁迫着。很多情况下，我们受内心深处支配欲和征服欲的驱使，自尊和虚荣不断膨胀，着了魔一般去同别人攀比，谁买了一双名牌皮鞋，谁添置了一套高档音响，谁交了一位漂亮女友，这些都会触动我们敏感的神经。一番折腾下来，尽管钱赚了不少，也终于博得了别人羡慕的眼光，但除了在公众场合拥有一两点流光溢彩的光鲜和热闹以外，我们过得其实并没有别人想象的那么好。

当我们把追求外在的成功或者"过得比别人好"作为人生的终极目标时，就会陷入物质欲望为我们设下的圈套。它像童话里的红舞鞋，漂亮、妖艳而充满诱惑，一旦穿上，便再也脱不下来。我们疯狂地转动舞步，一刻也停不下来，尽管内心充满疲惫和厌倦，脸上还得挂出幸福的微笑。当我们在众人的喝彩声中终于以一个优美的姿势为人生画上句号时，才发觉这一路的风光和掌声带来的竟然只是说不出的空虚和疲惫。

只有看淡外在的成功，摆脱名利的束缚，才能真正回归内心，体会生命中的大快乐、小悠闲。

第三章　常将宽心慰自心

> **不要让我祈求免遭危难，而是让我能大胆地面对它们。**
>
> ——泰戈尔

智慧悟语

我们从小就学会了做游戏，在不断战胜挫折与失败中获取刺激与欢乐。假如没有挫折与失败，再好的游戏也会索然无味。人们玩游戏，是寻找娱乐，是带着挑战的心情去面对游戏中的困难与挫折，面对强大的对手，不断地损伤受挫，但越是如此，越会兴头十足。

人生就如一场游戏，我们作为其中的玩家，真的能像对待现实的游戏一样对待它吗？试想，倘若人们在生活中，也有这么一种积极向上的游戏心态，那么失败后，就不会显得那般沉重和压抑。既然如此，我们为何不将挫折变成一种游戏，那样便会让痛苦沮丧的心情超然快活起来。二者其实并无差别，只是人们在游戏中身心放松，而在生活中过于紧张。每个人的路都不一样，但命运对每个人都是公平的，有得必有失，就看你能不能将心放宽，多往好处想。

人可以没有名利、没有金钱，但必须拥有美好的心情。将生活中的挫折和困难视为游戏，不是为了游戏人生，而是为了以积极的心态面对现实，从而克服困难。笑看忧愁，笑看人生，如此而已！

点亮人生

一个病入膏肓的妇人，整天想象死亡的恐怖，心情坏到了极点。哲学家蓝姆·达斯去安慰她，说："你是不是可以不要花那么多时间去想怎么死，而把这些时间用来考虑如何快乐地度过剩下的时间呢？"

他刚对妇人说时，妇人显得十分恼火，但当她看出蓝姆·达斯眼中的真诚时，便慢慢地领悟着他话中的诚意。"说得对，我一直都在想着怎么死，完全忘了该怎么活了。"她略显高兴地说。

一个星期之后，那妇人还是去世了，她在死前对蓝姆·达斯说："这一个星期，我活得比前一阵子幸福多了。"

"苦乐无二境，迷悟非两心。"妇人学会了往好处想，坦然面对死亡。

鲁迅说："伟大的胸怀，应该表现出这样的气概——用笑脸来迎接悲惨的命运，用百倍的勇气来应付自己的不幸。"在我们的生活中，倘若遭遇到不幸与痛苦，别忘了用笑脸来迎接它们，抓住属于你自己的欢乐。

很多文学家有一个共识：当人类自野蛮踏过了文明的门槛时，就有了"相思"，有了回归大自然的永恒的"乡愁"冲动。在这份永恒的冲动中，找寻快乐是一个万古长青的话题。

托尔斯泰在他的散文名篇《我的忏悔》中讲了这样一个故事：

有个女人叫玛赛尔，曾陪同从军的丈夫一起来到拉美的一片沙漠之中。当丈夫外出训练时，她常常孤零零地独自住在被沙漠包围着的铁皮房子里，有时，甚至很长时间也收不到丈夫的一封来信。她深感寂寞，虽然当地有土著人、印第安人和墨西哥人，但他们皆不懂英语，无法陪她说话，她为此深感痛苦。

恰在此时，远方父母的一封来信给了她极大的鼓舞。信极短，却充满了哲理："两个人从牢房的铁窗望出去，一个看到了坟墓，一个看到了星星。"她于是恍然大悟，决定在茫茫沙漠里寻找瑰丽的星星。她开始努力学习当地的语言，努力与当地人交朋友，努力收集各类土产，努力研究当地的一切，包括土拨鼠和仙人掌。仅仅过了几天，她就深切地体会到，她的生活已经变得充实无比。第二年，她还将她的收获一一整理成文，出版了一本叫作《快乐的城堡》的书。她兴奋无比，她果然在茫无边际的寂寞中找到了"星星"，她再也不必长吁短叹了！

生命进程中，当痛苦、绝望、不幸和危难向你逼近的时候，你是否还能静下心去享受一下野草莓的滋味？"苦海无边"是小农经济的哲学，"尘世永远是苦海，天堂才有永恒的快乐"是禁欲主义编撰的用以蛊惑人心的谎言，苦中求乐才是快乐的真谛。

我们若已接受最坏的，就再也没有什么损失。

——卡耐基

智慧悟语

人生不如意事十常八九。生活中会时常遇到各种困难、忧虑、突如其来的打击等不和谐的事情。如果每次遇到这些情况都要郁闷、忧愁和担心，那么一生中估计没有多少时间能够快乐地度过了。遇到困难是在所难免的，重要的在于你如何面对它。如果能用一颗平常、坦然的心去接受各种不顺，那么即便是情况糟糕到了极点，你也能处之泰然。正如一个人走路的时候不小心跌入陷阱，与其抱怨、沮丧，不如想想怎样回到地面上。因为无论怎样，你已经在最底层了，只要你接受这个事实，那么等待你的就只会是向上攀登的美好希望。生活中也是如此，如果你觉得自己已经倒霉到了极点，便大可不必为此伤心哭泣乃至绝望，反而应该感到开心和轻松。因为你若一无所有的话，你就再没有什么东西可失去，那么接下来势必是全新的收获。

更何况，一个人惨到一无所有的地步也是很难的一件事。不管生活给你出了什么难题，首先你要做的不是抱怨，不是灰心丧气，不是逃避，而是去坦然面对它，同时做好接受最坏的心理准备。这样，不论情况多么艰险困难，你都不再害怕。冬天来了，春天还会远吗？最坏的都没能打败你，等待你的便是转机，便是胜利。

点亮人生

阿里巴巴总裁马云说过一句话："今天很残酷，明天更残酷，后天很美好，但是绝大多数人都死在明天晚上，见不着后天的太阳。"许多人面对眼前的逆境就承受不住。殊不知，只要在最艰苦的日子里坦然度过，接受生活的折磨，便是人生高潮的起点。

美国电影《当幸福来敲门》讲述了一个温馨感人的故事。推销员克里斯·加纳勤奋努力，却总没办法让家里过上好日子。妻子琳达终究因为不能忍受养家糊口的压力，离开了克里斯，只留下他和 5 岁的儿子克里斯托夫相依为命。事业失败穷途潦倒，还成了单亲爸爸，克里斯的银行账户里甚至只剩下了 21 块钱，因为没钱付房租，他和儿子不得不被撵出了公寓。

克里斯好不容易得到了在一家声名显赫的股票投资公司实习的机会，然而实习期间没有薪水，90% 的人都没有最终成功。但克里斯明白，这是他最后的机会，是通往幸福生活的唯一路途。没有收入、无处容身，克里斯唯一拥有的，就是懂事的儿子无条件的信任和爱。

他们夜晚无家可归，就睡在收容所、地铁站、公共浴室，一切可以暂且栖身的空地；白天没钱吃饭，就排队领救济，吃着勉强果腹的食物，甚至一度不得不靠卖血维持生活。生活的穷困让人沮丧无比，但为了儿子的未来，为了自己的信仰，克里斯咬紧牙关，始终坚信：只要今天够努力，幸福明天就会来临！皇天不负苦心人，克里斯最终成为一名成功的投资专家。

电影中的男主人公的生活可谓已经窘困到极点，但他并没有选择逃避，而是乐观、坚强又豁达地面对这一切，即便到了和儿子睡地铁站的境遇，他也能同儿子开心地编故事，给小家伙一点乐趣。在打推销电话的时候，他也始终保持着愉快的心情，努力工作。直到实习期结束，他成功地击败其他对手。在考试中，他一样保持平静的心情，结果成绩反而好过那些每天精心备考的实习生。

生活毫无例外地会给每个人以苦难、困厄，而之所以有人成为生活中的强者，有人则变成弱者，很关键的一处便是他们对待生活的态度。不放弃、不躲避，坦然接受生活中的逆境，所谓柳暗花明又一村，又有"塞翁失马，焉知非福"，只要怀着一颗平常心，镇静地前行，相信那句老话：没有过不去的坎儿。

> **谁若想在困厄时得到援助，就应在平日待人以宽。**
>
> ——萨迪

智慧悟语

宽容体现着一个人的教养和修养，它能与人方便也能与己方便。宽容待人能主动为他人着想，肯关心和帮助别人，讨人喜欢被人接纳，受人尊重，具有魅力，得人心与得人助，生活充满阳光，事业易有所成；反之，心胸狭窄，斤斤计较，处处设防，事事争高下，不能宽大为怀的人，自己离人一尺，别人也会离你一尺，将不得人心，必然会陷入孤立的境况，因孤独而陷入忧郁和痛苦之中，寡得人助、其事难成。

因为有宽容，你会忘记亲人、亲戚、朋友、同事和陌生人的不好；因为有宽容，你会永远记住亲人、亲戚、朋友、同事和陌生人的好；因为有宽容，你会去分享别人喜悦和成功，所以你的人生旅途充满希望和阳光。

每个人生活在这个世界上，都要和别人进行交流。有工作上、学习上、生意上，还有情侣们心灵上的交流，等等。每个人生活在这个世界上都离不开别人，没有了别人自己还会是自己吗？所以我们要善待他人，这也是对自己的宽容。

我们生在这个世界上，每个人都有眼睛、耳朵、脚、手、脑子和心。我们的眼睛和耳朵是用来干什么的呢？它们是用来认识和倾听别人的；我们的脚是用来走近别人的；我们的手是为帮助别人、牵引别人的；我们的脑子是为造福别人的；那么我们的心是用来做什么的呢？我们的心是用来体贴别人、爱别人的……

点亮人生

每个人都离不开别人。每个人都会有自己的朋友和亲人，每个人都会犯错误。然而，在别人犯错误的时候，你是用什么样的目光去看他的呢？你有没有用你温暖的双手和一颗赤诚的心去帮助他，关心他，体贴他呢？

有一篇文章，题目叫《爱的回赠》，写的是一个小学老师无微不至地关心他的学生。一天中午，他趴在讲台上睡着的时候，他的学生们脱下了自己小小的衣服，一件一件地盖到他的身上。这不是就说明了，你对别人好，别人也会对你好吗？那么小的孩子都懂得回报自己的老师，何况一个成年人呢？他们同样也会懂得回报的。

"眼因多流泪水而更加清明，心因饱经忧患而日益温厚。"如果你以前得到过别人的帮助的话，我相信你也会去帮助别人的。如果你离得开别人，那个人将不会再是你自己。

幸福是什么？幸福是一种人生的感悟，一种个人的体验。也许，幸福是你行色匆匆的离开家门时殷勤的叮咛；也许，幸福是你谅解别人冰释前嫌时感激的笑脸；也许，幸福是你历尽坎坷获得成功时赞赏的掌声……关键是，你要有热爱生活的心肠，要有善待他人的襟怀，要有矢志不渝的追求。善待他人，你就能得到幸福；善待他人，等于是对自己的宽容，你因此得到了幸福。

善待别人，等于是对自己的宽容；你能够善待别人，别人也会善待你的。用我们的心去体贴别人，爱护别人，用我们的眼睛和耳朵，去认识别人和倾听别人，用我们的双脚去走近别人，让我们用一颗赤诚的心去善待别人，因为我们离不开别人，你善待别人，别人也会善待你，同时也可以得到幸福，何乐而不为？善待他人，等于是对自己的宽容。

宽容产生的道德上的震动比责罚产生的要强烈得多。

——苏霍姆林斯基

智慧悟语

在人的一生中，难免会遇到一些对自己充满敌意的人。他们可能当面中伤自己，也可能背后陷害自己。对此我们到底应该怎么面对？是以牙还牙，还是报以微笑、仁慈和爱？世上真正伤人的并不是别人的冷言恶语，而是发自自己内心的诅咒。诅咒别人，不能宽恕，上天也不会因为你的这种情绪而加罪于他人。是是非非，终有因果轮回。林语堂先生说，宽之者比罚之者有福。宽恕不是懦弱，不是向邪恶和诡计低头，而是首先让自己的内心高尚和强大起来，只有这样，才能稀释误解和扭曲，尽可能多地获取生活中的美丽和幸福。

平常的生活中，有的人今天记恨这个，明天记恨那个，朋友越来越少，对立者越来越多，逐渐成为"孤家寡人"。面对许多不愉快的事情，如果我们都能够换位思考，那么矛盾就会趋于缓和，误会也能消融。

点亮人生

面对别人的伤害，最明智的做法是以德报怨，时刻提醒自己，让伤害到自己这里为止。活在仇恨里的人是愚蠢的。你在憎恨别人时，心里总是愤愤不平，希望别人遭到不幸、惩罚，却又往往不能如愿，失望、莫名的烦躁之后，你便失去了往日那轻松的心境和欢快的情绪，从而心理失衡；另一方面，在憎恨别人时，由于疏远别人，只看到别人的短处，在言语上贬低别人、在行动上敌视别人，结果使人际关系越来越僵，以致树敌为仇。宽容地帮助曾经伤害过你的人才不失为人生大智慧，以德化怨，春风化雨，是成熟人性臻至化境的象征，宽容的人生收获的必是满城桃李。

面对他人的错误，宽容的态度比严厉的责罚更能让人忏悔。你的宽容和仁慈会让有良知的犯错者从心里感到羞愧，从而真心悔改自己的行为。以恨对恨，恨永远存在，以爱对恨，恨自然消失。

一天晚上，有位老禅师在禅院里散步时，发现墙角有一把椅子。他知道有人不顾寺规，越墙出去游玩了。

老禅师搬开椅子后蹲在了原处，果然，没多久有一位小和尚翻墙而入，在黑暗中踩着老禅师的后背跳进了院子。当他双脚落地时，才发觉刚才踏的不是椅子，而是自己的师父，小和尚顿时惊慌失措。

但是，老禅师并没有责备他，只是以平静的语调说："夜深天凉，快去多穿件衣服。"小和尚感激涕零，回去后告诉其他师兄弟，此后再也没有人夜里越墙出去闲逛了。

责罚或许比谅解看起来更能补偿自己曾经的委屈和受到的不公待遇，但只有宽容，才能真正地从内心深处磨掉伤痕，不再播撒仇恨和报复的种子，才能重拾生活的希望和勇气。

当你熟悉的人伤害了你，想想他往日的善行和对你的关怀，这样，心中的火气、怨气就会大减，就能以包容的态度谅解别人的过错或消除相互之间的误会，化解矛盾，和好如初。包容的是别人，受益的却是自己。能够不怀恨别人，宽恕了别人，所以和别人之间的仇怨就没有了，而坏人渐渐也会被他们所感化。保持爱心，提高人生境界，用爱心来帮助他人改正过错，比责骂、教训获得更好的效果，因为爱是一种包容，是一种关怀，它最具有使人改过向善的力量，从而使他人能"放下屠刀，立地成佛"。善待别人，就是从心里给自己一个幸福的理由。

第四章　不完美才是真完美

> 既然太阳上也有黑点，"人世间的事情"就更不可能没有缺陷。
>
> ——车尔尼雪夫斯基

智慧悟语

几乎每一个人在心中都有一种追求完美的冲动，当一个人对于现实世界的残缺体会越深时，他对完美的追求就会越强烈，这种强烈的追求会使人充满理想，但这种追求一旦破灭，也会使人陷入绝望。

尽管你可能不承认，但你要知道，这个世界上没有任何一种事物是十全十美的，一切事物或多或少都有瑕疵，人类亦同，我们只能尽最大的努力去使它更完美一些。智者告诉我们，凡事切勿苛求，如果采取一种务实的态度，你会活得更快乐！

在这个世界里，完美是一件美好的事物，有了它，那些知道自己有缺点的人会感到惭愧，也会更加努力，以使自己成为完美的人。

在这个世界里，完美也是一件可怕的事物，如果你每做一件事都要求务必完美无缺，便会因心理负担的增加而不快乐，要知道，人生的各种不幸皆由追求完美而导致。当一个人要求别人善待他时，缺点便显现无遗。完美是一座心中的宝塔，你可以在心中向往它、塑造它、赞美它，但切不可把它当作一种现实存在，因为这样只会使你陷入无法自拔的矛盾之中。

点亮人生

文静是一个漂亮的姑娘，文采和口才也都很好。像这样集各种优点于一身的年轻未婚姑娘，追求她的小伙子自然是排着长队。每当夜深人静，文静就对这些小伙子逐个比较，她发现他们各有千秋，都有令她动心之处，但也都有大大小小的毛病，她无法做出选择。就这样，文静从一个不足20岁的清纯少女，变成一个30岁出头的老姑娘。那些追求文静小伙子耐不住苦苦等待，热情逐渐减退，都先后找到了自己的爱情归宿，而文静至今还是孤身一人。

文静的失策在于没有学会放弃！不会放弃，也就没有选择。如果当初文静能够放弃其他，在众多的追求者中选择一位，她就不会尝尽孤单的滋味。她使自己失去了最佳的选择时机，选择余地就有限了。

生命给予我们每个人的，都是一座丰富的宝库，但你必须学会放弃，选择适合你自己拥有的。人生有所失才会有所得，只有放弃一部分，我们才会得到另外一部分；只有放弃某种我们凭"惯性"而固守着的东西，才会得到另一些真正裨益人生的东西。下岗了，就应转变就业观，放弃脑子里根深蒂固的面子观念，到更广阔的就业天地去寻找生计；弃政而从商，到"海"里扑腾，就得放弃机关优厚、舒适的工作条件；进入了婚姻"围城"，就得放弃单身时的逍遥洒脱、自由自在……要适应一种生活，必然得放弃某些观念和欲望。放弃得当，我们才会解脱种种有形或无形的羁绊，打破种种思想上和行动中的禁锢，甩掉"包袱"，轻装前行，更快更好地进入"适应"的角色。

> 做事过于苛求，反把事情弄坏。
>
> ——英国谚语

智慧悟语

这个世界上没有任何一件事物是十全十美的，它们或多或少皆有瑕疵，人类亦同。我们只能尽最大的能力去使它更完美一些。智者告诉我们，凡事切勿过于苛求，如果采取一种务实的态度，你会活得更快乐！

别为你无法控制和改变的事情烦恼，你没有能力阻止既定之事，但是你有能力决定自己对事情的态度。如果你不控制它们，它们就会反过来控制你。想开点儿吧，有些事情既然不能改变，不妨试着接受，只要能坚持这种生活态度，慢慢地，你就会发现，你是这个世界上最幸福的人。

点亮人生

有一个男人，他因为寻找一个完美的女人而单身了一辈子。

当他70岁的时候，有人问他："你一直在到处旅行，从喀布尔到加德满都，从加德满都到果阿，从果阿到普那，你始终在寻找，难道你没能找到一个完美的女人，甚至连一个也没找到？"

那老人变得非常悲伤，他说："不，有一次我碰到了一个完美的女人。"

那个发问者说："那么发生了什么，为什么你们不结婚呢？"

他变得非常伤心，他说："怎么办呢？她也在寻找一个完美的男人。"

每个人心中对完美的定义不同，如人人都追求自己心中的完美，你的人生只能一次次白白地错失机遇。

而且世界上根本就没有绝对完美的事物，完美的本身就意味着缺憾。即使是中国古代的四大美女，也有各自的不足之处：西施的脚大，王昭君双肩仄削，貂蝉的耳垂太小，杨贵妃还患有狐臭。然而，正是西施脚大需穿长裙遮盖，才有了长裙飘飘的美感；为了掩盖自身的削肩之缺，王昭君喜欢穿蓬松的毛皮斗篷，更显得娇媚动人；貂蝉耳垂太小不得不佩戴镶有独粒大宝石的圆形耳环，细耳碧环，愈显俏丽；杨玉环身有狐臭，不得不佩戴香囊掩盖，行动处香风飘拂，嗅之欲醉。由此可知，世界并不完美，人生当有不足。留些遗憾，反倒使人清醒，催人奋进，是好事。

正因为人的不完美，才会促使人不断向上，渴望自身的完美。不完美从某种意义上说，正是一个人灵魂飞升的动力所在。因此，正视并珍惜你的不完美，努力向上，才是真正健康的心态。因此，生活中，我们对人对事应少些苛求。

西方谚语曾说："你要永远快乐，只有向痛苦里去找。"你要想完美，也只有向缺憾中去寻找，最辉煌的人生，也有阴影陪衬。为了看到人生微弱的灯火，我们必须走进最深的黑暗。我们的人生剧本不可能完美，但是可以完整。当你感觉到缺憾，你就体验到了人生五味，你便拥有了完整的人生——从缺憾中领略完美的人生。

生命就像是一首高低起伏的乐章，高低音错落才会显得生动而鲜活，所谓"如不如意，只在一念间"，人生的真相便是"不如意事十之八九"。因此，何须事事都完美？

尽管人们常说"人定胜天"，但在我们的生活中，我们会发现好多事情都由不得我们，比如我们的出生、我们的家境、我们的容貌、我们的身材、我们的技能……对于此等，是上天的安排，是与生俱来的。有人先天就有很多优势，可有的人却劣势频频。对于这些所不能改变的，我们任何人都无能为力，任凭我们如何痛苦地挣扎都无济于事，所以只能举起双手投降。因为对于不能改变的事，我们只有接受，唯有接受才是最好的选择。

敏锐而不宽宏的心灵，执着于每一点，却毫无进展。

——罗斯福

智慧悟语

豁达可以让人长命百岁并且终生快乐。一个人只要不去计较无关紧要的琐事，就会应有尽有。最傻的人莫过于事事认真，而那些事不关己而偏为之伤神和事关自己却不肯多管的人，也同样愚蠢。

　　能够做到事事心平气和的人，是难得一见的豁达者。豁达也是难得的美德之一。在人生的漫漫旅途中，总会遇到许多不如意，然而失意并不可怕，受挫也无须忧伤，只要心中的信念没有萎缩，即使外界风凄雨冷、大雪纷飞，我们依旧可以保持一个乐观的心态，成就许多事情。艰难险阻是命运对你另一种形式的馈赠，坑坑洼洼也是对你意志的磨砺和考验。

　　想要收获豁达的心境，我们可以到万千世界中寻找灵感，自然界会给人以启示：落英在晚春凋零，来年又灿烂一片；黄叶在秋风中飘落，春天又焕发出勃勃生机。万物凋零万物生，乐生悦死，这何尝不是一种洒脱、一份成熟、一份练达。人最需要的就是万物所拥有的达观之心。

点亮人生

　　一颗豁达的心灵犹如久旱后的甘霖，使人从琐碎的烦恼中挣脱，变得坦荡，变得清灵，变得心胸开阔。正所谓："心无芥蒂，天地自宽。"具有豁达性格的人，他们眼睛里流露出来的光彩会使整个人生都流光溢彩。在这种光彩之下，寒冷会变成温暖，痛苦会变成舒适。这种性格使智慧更加熠熠生辉，使美德更加迷人灿烂，使人性更加完美。

　　在戴尔·卡耐基很小的时候，有几年旱灾非常严重。那时整个美国正处在经济大萧条时期，农民受到更大的煎熬，没有人知道到底是什么原因让春天该来的雨缺席了，使新种的玉米和小麦得不到雨水的滋润。卡耐基的父亲把他存下来的一点点积蓄都花在做种子上。

　　当卡耐基看到父亲将家里最后的一点儿钱换成种子，他一直在担心，种子可能会干枯而一无所获。于是他问父亲："为什么要冒这个险呢？"

　　"不会冒险的人永远不会成功！"这是父亲的哲学。

　　只要无惧于尝试，没有人会彻底失败。

　　然而，小河里的水日趋减少并干涸，随后，整个夏季被大旱所折磨着，河流干枯了，鱼儿一条条死去，最可怕的是，谷物全都枯萎了。

　　到了秋天收获时，卡耐基的父亲从这半英亩土地上仅获得了半辆货车都不到的玉米，如果这是正常的一年，丰收的玉米一定会装满数10辆货车。

　　卡耐基忘不了父亲那晚在餐桌前的一段话："仁慈的上帝，感谢您让我今年什么都没有失去，您把种子还给了我，谢谢您！"

　　没有豁达就没有宽容。无论你取得多大的成功，无论你爬过多高的山，无论你有多少闲暇，无论你有多少美好的目标，没有宽容心，你仍然会遭受内心的痛苦。世界上最广阔的是海洋，比海洋更广阔的是天空，比天空更广阔的是人的胸怀。

豁达是一种超脱，是自我精神的解放。豁达是一种宽容、恢宏大度，胸无芥蒂，肚大能容，吐纳百川。飞短流长怎么样，黑云压城又怎么样，心中自有一束不灭的阳光。以风清月明的态度，从容地对待一切，待到廓清云雾，必定是柳暗花明。

豁达是一种博大的胸怀、超然洒脱的态度。一般说来，豁达开朗之人比较宽容，能够对别人不同的看法、思想、言论、行为以至于他们的宗教信仰、种族观念等都加以理解和尊重，不轻易把自己认为"正确"或者"错误"的东西强加于别人。在不同意别人的观点或做法的时候，他们会尊重别人的选择，尊重别人自由思考和生存的权利。有时候，豁达产生宽容，宽容导致自由。因此，如果大家希望享有自由的话，每个人均应采取两种态度：在道德方面，大家都应有谦虚的美德，每个人都必须持有自己的看法；在心灵方面，每个人都应有开阔的胸襟与兼容并蓄的雅量，来宽容与自己不同甚至相反的意见。

人这一辈子与其悲悲戚戚、郁郁寡欢地过，倒不如痛痛快快、潇潇洒洒地活。可人生一世，那么多的风风雨雨、坎坎坷坷，怎样才能活得洒脱自在呢？豁达或许可以作为答案。当你心累之时，不妨读读这几句话："功名利禄四道墙，人人翻滚跑得忙；若是你能看得穿，一生快活不嫌长。"人生不售回程票，在这场旅途中，豁达的人通常能最先走出狭隘，背起自己的行囊，走上奔向远方的旅程，寻得幸福。

如果我们不凡事苛求完美，快乐这档子事就简单多了。
——安德鲁·马修斯

📖 智慧悟语

英雄之所以成为英雄，使其辉煌的正是其突出的一面，人们注意到突出一面的同时，一旦看到英雄的丑陋之处就难以容忍，这是不对的。须知，人人都有丑陋之处，英雄也不例外。因此，看一个人不应只看到他的丑陋，要观察其美好。苛求别人的结果往往是使自己更加失望和难受。

在日常生活中，我们常见到这样一种情况，有些人会因为某种瑕疵，而觉得痛苦异常：有人因为个子矮而自卑，有人因为眼睛小而心烦，有人因为肥胖而发愁……这些人往往只看到缺陷，而没有发现瑕疵是完美的一部分。追求完美有时是一种好现象，促使我们朝最好的方面发展，但是绝对完美的事物根本就不存在，因此，如果你还在刻意地追求完美的话，请放弃这种想法吧。

"水至清则无鱼，人至察则无徒。"做人不能太较真，这正是有人活得潇洒，有人活得太累的原因之所在。做人固然不能玩世不恭，游戏人生，但也不能太较真，认死理。太认真了，就会对什么事都看不惯，连一个朋友都容不下，把自己同社会隔绝开，那就孤独痛苦了。

点亮人生

人生没有完美可言，完美只是在理想中存在。生活中处处都有遗憾，这才是真实的人生。因为追求完美而苦恼，会留给我们遗憾和痛苦。

一位挑水夫有两个水桶，分别吊在扁担的两头，其中一个桶有裂缝，另一个则完好无缺。在每趟长途挑运之后，完好无缺的桶总是能将满满一桶水从溪边送到主人家中，但是有裂缝的桶到达主人家时却只剩下半桶水了。

两年来，挑水夫就这样每天挑一桶半的水到主人家。当然，好桶对自己能够送满整桶水感到很自豪。破桶呢？对于自己的缺陷则非常羞愧，它为只能负起一半的责任而感到很难过。

饱尝了两年失败的苦楚，破桶终于忍不住，在小溪旁对挑水夫说："我很惭愧，必须向你道歉。""为什么呢？"挑水夫问道，"你为什么觉得惭愧？""过去两年，因为水从我这边一直漏，我只能送半桶水到你主人家，我的缺陷使你做了全部的工作却只收到一半的成果。"破桶说。挑水夫替破桶感到难过，他充满爱心地说："在我们回主人家的路上，你要留意路旁盛开的花朵。"

果真，他们走在山坡上，破桶眼前一亮，看到缤纷的花朵开满路的一旁，沐浴在温暖的阳光之下，这景象使它开心了很多。但是，走到小路的尽头，它又难受了，因为一半的水又在路上漏掉了。破桶再次向挑水夫道歉。挑水夫温和地说："你有没有注意到小路两旁，只有你的那一边有花，好桶的那一边却没有开花呢？我明白你有缺陷，因此我善加利用，在你那边的路旁撒了花种，每次我从溪边回来，你就替我一路浇了花。两年来，这些美丽的花朵装饰了主人的餐桌。如果不是你，主人的桌上也没有这么好看的花朵了。"

有些事可以通过努力改变，而有些事无论如何努力都难以改变。对于我们不能改变的，不管喜欢与否，我们只能接受它们，不要抗拒。世界就是这样，事情本来如此，天生万物，一些东西永远不可能改变。有些人为了让自己更加完美，不惜去做手术改变面容，然后当脸部发生不适的时候，又要去花大笔的钱将脸重新还原，否则就有生命危险。为了完美而苛求自己，无疑是对自我的一种虐待。

每个人都有不足之处，不要把这些缺陷看得过重，因而影响了自己的情绪，患上自卑的病症。人们应学会包容自己的不完美，人生才会多一分快乐。

完美主义经常会悄悄地、深深地渗入人们的骨血，但是世上哪有真正的圆满？对于自己的缺陷不要耿耿于怀，要敢于直面不完善的自我，这才是真正的勇者。从自身条件的不足和所处的不利环境的局限中解脱出来，去做自己想做的事吧。

> ## 我能坚持我的不完美，它是我生命的本质。
>
> ——法朗士

📚 智慧悟语

世界并不完美，人生当有不足。对于每个人来讲，不完美是客观存在的，无须怨天尤人。完美主义者表面上很自负，内心深处其实很自卑，因为他很少看到优点，总是关注缺点。如果总是不知足，很少肯定自己，自己就很少有机会获得信心，当然会自卑了。不知足就不快乐，痛苦就常常跟随着他，周围的人也会不快乐。学会欣赏别人和欣赏自己是很重要的，这是使人实现目标的基石。

智者再优秀也有缺点，愚者再愚蠢也有优点。生活中对己宽、对人严的做法，必遭别人唾弃。对别人多做正面的评估，不以放大镜去看缺点，避免以完美主义的眼光，去观察每一个人，而应以宽容之心包容其缺点。少些责难之心，多些宽容之心。

✒ 点亮人生

国王有五个女儿，这五位美丽的公主是国王的骄傲。她们那一头乌黑亮丽的长发远近闻名，国王送给她们每人 100 个漂亮的发夹。

有一天早上，大公主醒来，和往常一样用发夹整理她的秀发，却发现少了一个发夹，于是她偷偷到二公主的房里拿走了一个发夹。

二公主发现少了一个发夹，便到三公主房里拿走一个发夹；三公主发现少了一个发夹，也偷偷地拿走了四公主的一个发夹；四公主如法炮制拿走了五公主的发夹；于是，五公主的发夹只剩下 99 个了。

第二天，邻国英俊的王子忽然来到皇宫，他对国王说："昨天我养的百灵鸟叼回了一个发夹，我想这一定是哪位公主的，这是一种奇妙的缘分，不知道是哪位公主掉了发夹？"

公主们听到了这件事，都在心里喊："是我掉的，是我掉的。"可是头上明明完整地别着 100 个发夹，所以都很懊恼，说不出话来。只有五公主走出来说："我掉了一个发夹。"

少了一个发夹的五公主披散着一头漂亮的长发，王子不由得看呆了，决定和公主一起过幸福快乐的日子。

很多时候，人生并不是因为全部拥有而幸福；相反，却是因为失去才变得美丽。

人生就像那 99 个发夹，虽然不够完美，却异常精彩，人生也正是因为这许多的缺憾而使得未来有了无限的转机，增添了无限的可能性。

人生的缺憾也是一种美。没有缺憾，生活就会变得单调乏味。亚历山大大帝因为没有可征服的土地而痛哭；喜欢玩牌者若是只赢不输就会失去打牌兴趣……正如西方谚语所说："你要永远快乐，只有在痛苦里去找。"你要想完美，也只有在缺憾中去寻找。

不完美正是一种完美！

在这个世界上，每个人都有自己的缺憾。只有带着缺憾的人生，才是真正的人生。能够认识到这一点，我们便不会去苛求我们的人生，也不会去苛求他人。我们只有在人生苦短的愁绪中，才会更加热爱生命；只有在泥泞的人生路上，才能留下我们生命坎坷的足迹；只有在鲜花凋谢的缺憾里，才会更加珍视花朵盛开时的温馨美丽。

生活中无完美，也不需要完美。

——博纳富瓦

智慧悟语

真正幸福的人生，总是难以圆满。

有苦有乐的人生是充实的，有成有败的人生是合理的，有得有失的人生是公平的，有生有死的人生是自然的。

人生总是"一半一半"，在人生的乐、成、得、生中，包容不完美，才是真正完整的幸福。

点亮人生

"岂无平生志，拘牵不自由。一朝归渭上，泛如不系舟。"

白居易曾在《适意》中这样表达过自己对自由生命的向往之情。自古以来，失意的文人墨客常常寄情于山水之间，希望能在游玩嬉戏的清逸洒脱中陶冶性情，驱除烦恼。

闲来寄情山水，春鸟林间，秋蝉叶底，淙淙流水过竹林；四山如屏，烟霞无重数，荒径飞花桥自横。这般景象，可谓完美。

很多人都执着于追求完美的人生，凡事要求完美固然很好，以示精益求精，更上一层楼，但星云大师不断地给世人以警醒：有的人因小小的缺陷而全盘否定人生的意义，有的人因为小小的遗憾而将手中的幸福全部放弃，这样追求完美，有时反而因噎废食，流于吹毛求疵，不管于自己还是于他人，都是一种不必要的辛苦。真正幸福的人生，本来就有缺陷，在追求完美人生的同时，要能够认清人生真相。

人生真相，就如下面这只飘摇的生命之舟，无所牵系，却有各种承载。

一只飘摇的生命之舟，从时空的长河中缓缓驶来。

舟中有一个刚刚诞生的生命，他不会说、不会笑、不会跳、不会闹，也不会思考，他只是沉睡着，远处传来一个声音："你从何处来？要到何处去？"

刚诞生的小生命重复道："我从何处来？要到何处去？"

生命之舟在时空的长河中默默前行。忽然，又传来一个声音："等一等！我们想与你一同旅行，请载我们同去！"随着声音传来的方向看去，只见痛苦与欢乐、爱与恨、善与恶、得与失、成功与失败、聪明与愚钝，手拉着手游向生命之舟。

痛苦从左边上了船，欢乐从右边上了船；爱从左边上了船，恨从右边上了船……待这些人生的伴侣们进到了船舱，这只飘摇的生命之舟顿时沉重了许多，舱中的气氛顿时活跃了，哭声和笑声接连从舟中传出来。

忽然，又有一个喊声传来："等一等，等一等，还有我们。"众人寻声望去，只见清醒与糊涂、路人与朋友双双携手游来。清醒从左边上了船，糊涂却迟迟不肯上去；路人从左边上了船，朋友也迟迟不肯上去。

"喂！怎么回事？朋友！糊涂！你们快上来呀！"一个声音招呼着他们。"不！除非糊涂先上去，我才会上去！否则，生命是容不下我的！"朋友说。"不！我也不想上去，我知道我是不受欢迎的！"糊涂说。"请上船吧，糊涂！你知道你在我的一生中多么重要吗？我要得到朋友，首先要得到你，我要成就一番事业，没有你是万万不行的。"船中的生命呼唤着。

于是，糊涂犹犹豫豫地上了船，朋友紧跟着也上去了。飘摇的生命之舟，在时空长河中满载着前行。

这时，后面又传来了呼唤声："等一等我，别忘了我！我一直在追随着你哪！"这是死亡在呼喊。

在死亡的追赶下，生命之舟一路向前。显然它不肯为死亡停驻，不知是装作没有听见死亡的呼喊，还是不愿听见死亡的声音，但无论如何，死亡依然紧紧地跟在它的后面，寸步不离。这只飘摇的生命之舟，必须满载着痛苦与欢乐、爱与恨、善与恶、得与失、成功与失败、聪明与愚钝，在人生的得意与失意间破浪前行。

凭山临海不系舟，山水系不住生命之舟，个人的心愿意志也系不住，它有着自我的轨迹，我们只能将其圆满，却不能彻底改变。若想在这茫茫旅途中获得真实的幸福，唯有认清并接受生命中必然存在的缺陷。

喜欢月圆的明亮，就要接受它有黑暗与不圆满的时候；喜欢水果的甜美，也要容许它通过苦涩成长的过程。

第二篇

生得其名，死得其所

第一章　我为何而生

> 生命的用途并不在长短而在我们怎样利用它。
>
> ——蒙田

智慧悟语

人活着，不是浑浑噩噩地吃饭和睡觉，而是要发掘出生命的意义。"人活着到底是为什么？""人生的价值何在？"……这些都是关于人生意义的思考。

生命，需要你去寻找，才会寻到生命的意义。

点亮人生

在一所很有名的大学里，著名作家毕淑敏正在演讲。从她演讲一开始就不断地有字条递上来。有一张字条上的问题是："人生有什么意义？请你务必说实话，因为我们已经听过太多言不由衷的假话了。"

她当众把这个问题念了出来，念完以后台下响起了掌声。她说："你们今天提出这个问题很好，我会讲真话。我在西藏阿里的雪山之上，面对着浩瀚的苍穹和壁立的冰川，如同一个茹毛饮血的原始人，反复地思索过这个问题。我相信，一个人在他年轻的时候，是会无数次地叩问自己——我的一生，到底要追索怎样的意义？

"我想了无数个晚上和白天，终于得到了一个答案。今天，在这里，我将非常负责地对你们说，我思索的结果是，人生是没有任何意义的！"

这句话说完，全场出现了短暂的寂静，如同旷野。但是，紧接着响起了暴风雨般的掌声。这可能是毕淑敏在演讲中获得的最热烈的掌声。在这以前，她从来不相信有什么"暴风雨般的掌声"，觉得那只是一个拙劣的比喻。但这一次，她相信了。她赶快用手做了一个"暂停"的手势，但掌声还是延续了很长时间。

她接着又说："大家先不要忙着给我鼓掌，我的话还没有说完。我说人生是没有意义的，这不错，但是，我们每一个人要为自己确立一个意义！是的，关于人生意义的讨论，充斥在我们的周围。很多说法，由于熟悉和重复，已让我们从熟视无睹滑到了厌烦，可是这不是问题的真谛。真谛是，别人强加给你的意义，无论它多么正确，如果它不曾进入你的心理结构，它就永远是身外之物。比如，我们从小就被家长灌输过人生意义的答案。在此后漫长的岁月里，老师和各种类型的教育，也都不断地向我们批发人生意义的补充版。但是有多少人把这种外在的框架，当成自己内在的标杆，并为之下定了奋斗终生的决心呢？"

那一天讲演结束之后，所有听演讲的同学都有这样一种感觉，那就是他们觉得最大的收获是听到一个活生生的中年人亲口说："人生是没有意义的，你要为之确立一个意义。"

孔子说，"人无远虑，必有近忧"。这句话告诫我们立身处世应当深谋远虑，及早为自己的人生树立一个明确的意义和目标，否则我们的一生就会浑浑噩噩，毫无乐趣可言。

人的一生可能燃烧也可能腐朽，但愿每一次回忆时，我们的内心深处都不会感到愧疚。

人生以人生为目的，没有另外的答案。

——南怀瑾

智慧悟语

人生为何？人为什么活着？何为人生？人生的目的是什么？人生的形态林林总总，人生的目的五光十色，有美丽善良的，有丑陋恶毒的；人生有以服务为人生目的，以享乐为人生目的，以追求真善美为人生目的。而南怀瑾则说"人生以人生为目的，没有另外的答案"。这是充满哲学思辨的回答。他从本体论、认识论、价值论上探析了人生。

如果人生的一切追求都只是为了功利，那未免就误解了人生。然而，如今的社会很可怕，你只要对你身边的人观其言，察其行，就会知道，他们的所作所为大多数是有目的的。这就是今天目标偏执教育隐藏的危机，它使我们的注意力全都集中在了那个结果上去，而忽视了行动过程中的苦乐享受。这直接促使了奖赏机制的盛行。

在我们的生活中，奖赏机制无处不在：为了让小孩考个好分数，父母往往许诺奖赏；长大成人了在各个部门工作，部门会设立各种奖励、奖金、勋章来诱惑你。然而，一个成熟的人是不需要外在的奖赏的，奖赏是一种愚弄。成熟的人的奖赏只可能来自于他的内在，他的付出之中，他不可能盯着那个外在的奖赏而努力奋斗。

点亮人生

萨特，法国伟大的小说家、哲学家之一，一生中拒绝接受任何奖项，包括1964年的诺贝尔文学奖。他在内心深处认为任何的奖项都是对他的侮辱。他说，当我创造我的作品时，我已经得到了足够的奖赏，诺贝尔奖并不能够对我增加什么，相反的，它反而把我往下压，它对那些寻找被人承认的业余作家来讲是好的，我已经够老了，我已经享受够了，我喜爱任何我做的，它就是本身付出所得到的奖赏。我不想要任何其他的奖赏，因为没有什么东西比我已经得到的来得更好。

萨特看透了奖赏机制背后的负担，一旦他接受奖项，他将不再是以往那个自由的萨特。正如他自己在拒领诺贝尔奖的声明中所说："在我看来，接受该奖，比谢绝它更危险。"和萨特一样，印度著名文学家泰戈尔也看透了奖赏机制背后的阴影。

泰戈尔写过的《吉檀迦利》一书，其原文（孟加拉语）比翻译版优美得多。英译本得了诺贝尔奖，而更优美的原文版却在国内反响很小。由于其得了诺贝尔奖，故他故乡的加尔各答大学要第一个给他颁荣誉学位时，他选择了拒绝。他说，你们给我一个学位，但你们并没有承认我的作品，你们是承认诺贝尔奖，你们是对那个"玩具"感兴趣，你们是在侮辱我和我的劳动。

有了奖赏便有了主仆关系的存在，就加深了奴性。这就是功利最大的目的和危害。

那么，我们究竟怎样从功利中解脱出来？重视过程，享受过程。人生本就是用来享受的，无论是爱情的美满、事业的成功，都是指一个过程，而并非一个结果，因为人生的结果早已注定，那就是死亡。难道说，不享受人生而重视死亡的状态？既然明白了这个道理，那你何必凡事都是重视结果不重视过程？

人生有千条万条之路，非此即彼。你只能选择其中的一条，选择了这条，就没有了那条的选择。条与条之间，各有不同的风景和享受，对每个人来说，每条都是围城：进来的人想出去，在外的人想进来。究其因，还是人类的欲望在作祟。自己对自己的欲望清楚不清楚，自己究竟想要什么？这将决定了一个人是选择糊涂地过还是清醒地过。有的人，清醒一生，有的人，糊涂一生。与年龄无关，与学识无关，与职位无关，仅仅是与自己有关，最好把握，却少有人把握。

人生的目的就是人生的本身，就是那一个过程。在死亡之前，保持内心的清净，尽情地享受悠闲、辛劳、欢喜、悲伤……这就至真的幸福。

所谓活着的人，就是不断挑战的人，不断攀登命运险峰的人。

——雨果

📖 智慧悟语

人活着到底是为什么？对于这个问题不同的人会有不同的答案：有人会说活着是为了赚更多的钱，也有人会说是为了出人头地。还有人会说是为了更好地享受生活。纵观这些答案，都有一个共同点，那就是为了一个结果而活着。其实，人的生命在于尝试，在于挑战自己。人是为一个尝试挑战自己的过程而活着。

生命只是一个过程，从孩提到少年到青年，从小学到中学到大学，从个人到朋友到社会，我们一直都在体验人生的不同过程，有开心大笑，也有痛苦流泪，有幸福温暖，也有孤独无助，有鸿运齐来桃花至，也有屋漏偏逢连夜雨。但是无论是怎样的酸甜苦辣，无论是哪种生命过程，我们都会义无反顾地去接受，去体验，去尝试，去挑战，去努力，也去享受生命。

生命短暂而有限，当乌发已染上霜白，当额头眼角边的皱纹肆掠纵横，当我们已经老掉牙齿，当我们将要离开这美好的人世的时候，回首往事，这一生又有几件值得我们回忆，值得骄傲，值得留念，值得永恒的事情呢？我们又做过几次不悔的决定，开始过几次难忘的经历，付出过几次汗水和血泪呢？如果没有，那么我们尝试过，挑战过吗？我们不会连开始都没有过吧？

✒ 点亮人生

有句话说得好，大凡有成就的人都在不断地挑战自己。

1914年12月深夜，爱迪生的制造设备被一场大火严重毁坏，他损失了约100万美元和绝大部分难以用金钱来计算的工作记录。

第二天早晨，他在埋葬着他多年劳动成果的灰烬旁散步。这位发明家说："灾难有灾难的价值，我们的错误全部烧掉了，现在可以重新开始。"

爱迪生的成就实在令人佩服，但更让人佩服的是他面对挫折的勇气。人生旅途，难免会有困难、坎坷抑或是沉重的打击。面对这些，你可以伤心，你可以悔恨，但重要的是不能丧失面对它的勇气，要有勇气战胜自己。

同样对于我们来说在面临挫折与失败时，也要勇于面对它，战胜它，这样才能取得更大的成功。

在影片《隐形的翅膀》中，花季少女智华在一次意外中失去双臂，生活自理能力一下子"归零"，饮食起居，一切的一切，都成了难题。她痛苦地走进河里，想结束自己的生命。当及时发现她轻生的父母把她从绝境中拉回来，亲情难舍，生命无价，折翼的青春也有梦想的美丽："上天在给你关上一扇门的同时，也必然打开一扇窗。"后来她通过参加全国残疾人游泳锦标赛，经过奋力拼搏，她获得了第一名的好成绩，取得了残奥会参赛的资格，并且被北京体育大学破格录取。

生活中有很多人像影片中的智华一样，走出残疾的阴影，摆脱命运的安排，冲破局限，挑战自我。通过残疾人体育竞技这个与国际化接轨的舞台，在实现自身梦想和价值的同时，让世人看到，残疾人不是不能，如果有机会，他们能做任何事。他们证明了人的伟大和生命力的顽强，这种精神不仅属于残疾人，更属于所有人。

然而，我们想想他们在走上赛场之前，都需要战胜生活中最难以逾越的一个对手，那就是自己，生活为他们设置了不同寻常的障碍，他们的现实世界或是黑暗或是病苦，但内心世界却始终明亮与执着，在赛场上他们超越了身体的羁绊，超越了心灵的障碍，用行动彰显信念，以信念迸发力量，他们向自己的残缺挑战，超越极限，让世界震撼。

人的五个手指各有长短，我们每个人不可能都一样的聪明，总会有人是第一，也总有一个是倒数。这是必然的，而落后的人就应该甘于现状，任其发展吗？落后的人已经和其他人存在一大截差距，已经失去了很多赶超的机会，应该做的只有努力奋斗，向他们靠近，而不是越离越远，但是也不能急于求成，努力一段时间却不见效便放弃了，这是不可取的。我们不要和差距大的同学相比，这样会更累，甚至失去最后的信心，我们跟自己比，摆正位置，找准目标，每天进步一点点，便是很大的成功，当一次失败降临，不必心急不要气馁，更不要放弃努力，我们应该反省自己的行为与学习方法，及时调整，向困难挑战，顽强不屈服，努力坚持到底，这才是青春年少、风华正茂的我们所应该具有的。

生命是一场自己的旅行，匆匆上路，要美丽，要绽放，要热烈而张扬，更要自己去体验。可是如果我们总是拿不定主意，遇到问题就去问别人，别人说左我们就左，别人说右我们就右，请问我们如何去体验生命的可爱，世界的美好？世界变大了，我们的内心世界也应该更大，尝试着去做以前不敢做的事情，尝试着去挑战自己，那么我们的内心世界就会更加充实了，我们的人生也更加丰富多彩了。

第二章 活着并接纳全新的自己

走自己的路，让别人去说吧！

——但丁

智慧悟语

真正成功的人生，不在于成就的大小，而在于你是否努力地去实现自我，喊出属于自己的声音，走出属于自己的道路。

"走自己的路，让别人去说吧！"这是但丁的名言。然而，在现实生活中要这样做需要很大的勇气，有时还要付出代价。

点亮人生

美国职业足球教练文斯·伦巴迪当年曾被批评为"对足球只懂皮毛，缺乏斗志"。

贝多芬学拉小提琴时，技术并不高明，他宁可拉他自己作的曲子，也不肯做技巧上的改善，他的老师说他绝不是个当作曲家的料。

达尔文当年决定放弃行医时，遭到父亲的斥责："你放着正经事不干，整天只管打猎、捉狗捉耗子的。"另外，达尔文在自传上透露："小时候，所有的老师和长辈都认为我资质平庸，我与聪明是沾不上边的。"

爱因斯坦四岁才会说话，七岁才会认字，老师给他的评语是："反应迟钝，不合群，满脑袋不切实际的幻想。"他曾遭到退学的命运。

罗丹的父亲曾怨叹自己有个白痴儿子，在众人眼中，他曾是个没有前途的学生，艺术学院考了三次还考不进去，他的叔叔曾绝望地说："孺子不可教也。"

托尔斯泰读大学时因成绩太差而被劝退学。老师认为他"既没读书的头脑，又缺乏学习的兴趣"。

俄国作家契诃夫说得好："有大狗，也有小狗。小狗不该因为大狗的存在而心慌意乱。所有的狗都应当叫，就让它们各自用自己的声音叫好了。"

如果这些人不是"走自己的路"，而是被别人的评论所左右，怎么能取得举世瞩目的成绩呢？人生的成功自然包含有功成名就的意思，但是，这并不意味着你只有成就了举世无双的事业，才算得上成功。世界上永远没有绝对的第一。

横看成岭侧成峰，远近高低各不同。

——苏轼

智慧悟语

"横看成岭侧成峰，远近高低各不同。"人生是一个多棱镜，总是以它变幻莫测的每一面反照生活中的每一个人。不必介意别人的流言蜚语，不必担心自我思维的偏差，坚信自己的眼睛、坚信自己的判断、执着自我的感悟。用敏锐的视线去审视这个世界，用心去聆听、抚摸这个多彩的人生，给自己一个富有个性的回答。生活在别人的眼光里，总也找不到自己的路。

其实，同一个事物，每个人的眼光不同看出的效果也就不同。面对不同的几何图形，有人看出了圆的光滑无棱，有人看出了三角形的直线组成，有人看出了半圆的方圆兼济，有人看出了不对称图形独到的美……

同是一个甜麦圈，悲观者看见的是一个空洞，而乐观者却品味到了它的味道。同是交战赤壁，苏轼高歌"雄姿英发，羽扇纶巾，谈笑间樯橹灰飞烟灭"；杜牧却低吟"东风不与周郎便，铜雀春深锁二乔"。是"谁解其中味"的《红楼梦》，有人听到了封建制度的丧钟，有人看见了宝黛的深情，有人悟到了曹雪芹的用心良苦，也有人只津津乐道于故事本身……

点亮人生

在这世上，没有任何人能够赢得所有人的满意。跟着他人眼光来去的人，会逐渐暗淡自己的光彩。

在一次讨论会上，一位著名的演说家没讲一句开场白，手里却高举着一张20美元的钞票。面对会议室里的200个人，他问："谁要这20美元？"一只只手举了起来。他接着说："我打算把这20美元送给你们中的一位，但在这之前，请准许我做一件事。"他说着将钞票揉成一团，然后问："谁还要。"仍有人举起手来。

他又说："那么，假如我这样做又会怎么样呢？"他把钞票扔到地上，又踏上一只脚，并且用脚碾它。尔后他拾起钞票，钞票已变得又脏又皱。"现在谁还要？"还是有人举起手来。

"朋友们，你们已经上了一堂很有意义的课。无论我如何对待那张钞票，你们还是想要它，因为它并没贬值，它依旧值 20 美元。人生路上，我们会无数次地被自己的决定或碰到的逆境击倒，甚至碾得粉身碎骨，我们觉得自己似乎一文不值。但无论发生什么，或将要发生什么，在上帝的眼中，你永远不会丧失价值。在他看来，肮脏或洁净、衣着齐整或不齐整，你们依然是无价之宝。生命的价值不依赖我们的所作所为，也不仰仗我们结交的人物，而是取决于我们本身！你们是独特的——永远不要忘记这一点！"

生命的价值取决于我们自身，除了自己，没人能让我们贬值。很多人在生命中会遇到低谷，有失意的时候，但苦难也不能让生命贬值；相反，它更是财富。高普说："并非每一次不幸都是灾难，早年的逆境通常是一种幸运，与困难作斗争不仅磨炼了我们的意志，也为日后更为激烈的竞争准备了丰富的经验。"

即使再困苦，他的生命也不卑微，也没有贬值。在我们的生活中，或许常常会因自己角色的卑微而否定自己的智慧，因自己地位的低下而放弃自己的梦想，有时甚至因被人歧视而消沉，因不被人赏识而苦恼。这个时候，我们就应该大声对自己说："我生命的火焰永不熄灭，总有一天，会照亮大地与天空。"

> 挫其锐，解其纷，和其光，同其尘。
>
> ——老子

智慧悟语

锉掉锋芒，消除纠纷，含敛光耀，混目尘世。

挫锐解纷，和光同尘，或许听来略显晦涩，其实是在告诉我们一个为人处世的方法。有一个人，可以让我们对这种生活态度有一个深刻的理解。

人生在世，如果仅仅坚持"众人皆浊我独清，众人皆醉我独醒"的清高自傲，恐怕换来的只会是屈原式的含恨离世或是文人式的抑郁不得志。同流世俗不合污，周旋尘境不流俗，才是最明智的选择。

点亮人生

冲虚自然，永远不盈不满，来而不拒，去而不留，除故纳新，流存无碍而长流不息，才能真正挫锐解纷，和光同尘。凡是有太过尖锐、呆滞不化的心念，便须顿挫而使之平息；倘有纷纭扰乱、纠缠不清的思念，也必须要解脱斩断。

冲而不盈，和合自然的光景，与世俗同流而不合污，周旋于尘境有无之间，却不流俗，混迹尘境，但仍保持着自身的光华。

由唐玄宗开始，儿子唐肃宗，孙子唐代宗，乃至曾孙唐德宗，四朝都由郭子仪保驾。唐明皇时，安史之乱爆发，玄宗提拔郭子仪为卫尉卿，兼灵武郡太守，充朔方节度使，命令他带军讨逆，唐朝的国运几乎系于郭子仪一人之身。

不止一次，许多国难危急，都被郭子仪一一化解。天下无事时，皇帝担心其功高镇主，命其归野，虽然朝中的文臣武将多半都是郭子仪的门生部属，可是一旦皇帝心存疑虑，他就马上移交权柄，坦然离去。等国家有难，一接到圣旨，他又毫无怨言，化解危难，所以屡黜屡起，四代君主都要倚重于他。

郭子仪将冲虚之道运用得挥洒自如，以雅量荣天下，洞悉世情。汾阳郡王府从来都是大门洞开，贩夫走卒之辈都能进进出出。郭子仪的儿子多次劝告父亲却未果。后来，郭子仪语重心长地说："我家的马吃公家草料的有500匹，我家的奴仆吃官粮的有一千多人，如果我筑起高墙，不与外面来往，只要有人与郭家有仇，略微煽风点火，郭氏一族就可能招来灭族之祸。现在我打开府门，任人进出，即使有人想诬陷我，也找不到借口啊。"儿子们恍然大悟，都十分佩服父亲的高瞻远瞩。

郭子仪晚年在家养老时，王侯将相前来拜访，郭子仪的姬妾从来不用回避。唐德宗的宠臣卢杞前来拜访时，郭子仪赶紧让众姬妾退下，自己正襟危坐，接待这位史书上记载"鬼貌蓝色"，说他是相貌丑陋的当朝重臣。卢杞走后，家人询问原因，郭子仪说道："卢杞此人，相貌丑陋，心地险恶，如果姬妾见到他，肯定会笑出声来，卢杞必然怀恨在心。将来他大权在握，追忆前嫌，我郭家就要大祸临头了。"果然，后来卢杞当上宰相，"小忤己，不致死地不止"，但对郭家人一直十分礼遇，完全应验了郭子仪的说法，一场大祸无意间消于无形。

郭子仪一生历经武则天、唐中宗、唐睿宗、唐玄宗、唐肃宗、唐代宗、唐德宗七朝，福寿双全，名满天下。年85岁而终，子孙满堂，所提拔的部下幕府中六十多人，后来皆为将相。生前享有令名，死后成为历史上"富""贵""寿""考"四字俱全的极少数名臣之一。历史对郭子仪的评议："功盖天下而主不疑，位极人臣而众不嫉，穷奢极欲而人不非之。"郭子仪私人生活十分奢侈，但上至政府，下至民间，没有一个人批评他不对，于此，郭子仪乃古往今来第一人。

郭子仪的一生便是"挫锐解纷，和光同尘"的最好解读，做人如此，做官如斯，已是人中之极了。泥中莲花，挫锐解纷，和光同尘，一切了然于胸，世事尽收眼底，看透了富贵名利，自然能够长久屹立。

人生在世，不要太在意他人的眼光和世俗的名利得失，只要一心一意从善如流，在人生道路上做一个有良心的人，做一个追求自由的人，你就有可能认识自己然后成为自己，只有成为自己的人才能摆脱世俗人生的苦难困扰。

> ## 缺乏才智，就是缺乏一切。
>
> ——哈里法克斯

智慧悟语

一意模仿别人，不仅不可能成功，还陷入丧失自己的危险。人的唯一明智的生活方式是"弃彼任我"，这便是在生活中实践"无为"。

如果一味地模仿别人，永远只能做被模仿者的影子，这样的人，终究会明白刻意模仿的危险，但当他们意识到时，成功已经离他们很远了。

生活中，有很多人的心情都容易受到外界的影响，更有甚者，将对自己的认识和评价建立在他人的态度之上，更是本末倒置。

为什么人最难认清自己？主要是因为真心蒙尘。就像一面镜子，被灰尘遮盖，就不能清晰地映照出物体的形貌。真心不显，妄心就会影响人心，时时刻刻攀缘外境，心猿意马，不肯休息。

心不动才能真正认清自己，遇到顺境不动，遇到逆境也不动，不受任何外在的影响。现代人的状况大多相反，遇到顺境的时候高兴得不得了，遇到逆境的时候痛苦得不得了，这就带来许多痛苦。其实，我们遇到的任何外境都一样，如果我们能够了解这一点，就不会被红尘所诱惑和蒙蔽。

点亮人生

邯郸学步和东施效颦，这两个早已为人所熟知的故事，讲述的便是刻意模仿的危险：一个忘记了应该如何走路，而另一个则沦为了别人的笑柄。他们忘记了自己与别人的不同，忘记了自己的特点，只是一味地在模仿别人。殊不知，这是在用别人的优势惩罚自己，结果只有一个，那就是永远成不了期望中的那个人，同时也忘了自己是谁。

20世纪40年代，有一个年轻的小伙子，先后在德国慕尼黑和巴黎的美术学校学习绘画。"二战"结束后，他靠卖自己的画为生。

有一天，他的一幅未署名的画被他人误认为是毕加索的画而出高价买走。这件事情给他一个启发。于是他开始大量地模仿毕加索的画，并且一模仿就是二十多年。二十多年后，他一个人来到西班牙的一个小岛，他渴望安顿下来，筑一个巢。他又拿起画笔，画了一些风景和肖像画，每幅都签上了自己的真名。但是这些画过于感伤，主题也不明确，没有得到认可。更不幸的是，当局查出他就是那位躲在幕后的假画制造者，考虑到他是一个流亡者，所以没有判他永久的驱逐，而给了他两个月的监禁。

这个人就是埃尔米尔·霍里。毋庸置疑，埃尔米尔有独特的天赋和才华，但是由于没有找准自己努力的方向，终于陷进泥淖，不能自拔，并终究难逃败露的结局。最可惜的是，他在长时间模仿他人的过程中，渐渐迷失了自己，再也画不出真正属于自己的作品了。

针对这种刻意模仿，冯友兰先生也曾提出过自己的看法："事物的本性都有它的局限性，人如果力图超越本性，结果就将丧失本性；只有不顾外面的引诱，顺乎自己的本性，才能保持自己内心的完整。一味地模仿别人，不仅不可能成功，还会陷入丧失自己的危险。这是刻意模仿带来的危险。这表明，模仿不仅无用，毫无结果，还将戕贼自己。因此，唯一明智的生活方式是'弃彼任我'，这便是在生活中实践'无为'。"

其实，每个人自身就有无穷的宝藏，只需放下对别人的羡慕与模仿，将自己身上最独特的宝藏挖掘出来，就能使自己的人生散发出属于自己的光芒。

始终坚持做自己，才取得了最终的成功。所以，一个人想要成功，就不能盲目模仿他人，必须展示自己最优秀的一面，找到自己的个性，展现真我的风采，才能形成自己独特的风格，只有这样，才能脱颖而出、大获全胜。

我应该比较而且应该超过的不是别人，正是我自己。

——帕瓦罗蒂

智慧悟语

没有人能够因仿效他人而得到成功，纵然被他仿效的人是个成功者。

走一条别人走过的路，是否会发现新的契机？如果那条路宽阔无比，已经被许多人踏来踏去，你是否还会成为他们中的一个？阿里巴巴总裁马云说："你可以去模仿任何一个人，但只懂模仿的人终究会迷失方向。"只有敢做自己，才能闯出一番天地，而林语堂先生就是这样的人，他对成功的定义也是：成功不是抄袭来的，即使被抄袭的人是一个极大的成功者。在《开辟新蹊跷》中，林先生说："成功是个人的创造，不想做他自己怕人，而想做别人的人，不想表现自己，而想表现别人的人，他总会失败，'力量'是内发的，不是外来的。"世界会给有主张有思想的人留出位置。哪怕他是个渺小的人，他也会因为自己的思想和独特性受到众人的欢迎和需要。但如果一味地模仿别人，就会失去自己。

很多时候，我们最大的局限在于自己的短视，在于无法发现自己的优点。有句话是这么说的："跟我们应该做到的相比较，我们等于只做了一半。我们对于身心两方面的能力，只用了很小一部分，一般人大约只发展了 10％的潜在能力。一个人等于只活在他体内有限空间中的一部分。他具有各种能力，却不知道怎样利用。"

那么，一般人是怎样做的呢？他习惯在与别人的对比中来发现自己的优缺点，这固然是一种好方法，但往往受主观意识影响太大。他会很快地发现，自己在某方面与别人差距甚大，因此他会非常羡慕那个人。羡慕会导致无知的模仿，导致无谓的妒忌，也有可能像受到激励般地向更高境界攀升，但最后一种情况所占比例很小，而前面两种情况都容易导致自信心的散失甚至是忧郁。

点亮人生

每个人的能力都是有限的，就像人类有其体能的极限一样。如果想把别人的优点都集于一身，那是很荒谬、很愚蠢的想法。只要能够做好我们自己，便是对自己尽到了最大的责任。林语堂先生说，社会不需要无知的模仿者，不需要机器人。社会需要的是有血有肉的人，需要无数个"自己"。

所以，我们不要去模仿，要去做自己。无论自己渺小还是伟大，只有做好自己，才是最有价值的。而这种思想，从下面的这首诗里，你可能有所体会。

如果你不能成为山顶的一棵松，

就做一棵小树，生长在山谷中，

但须是最好的一棵。

如果你不能成为一棵大树，

就做一棵灌木。

如果你不能成为一棵灌木，

就做一叶绿芽，让公路上也有几分欢娱。

……

世上的事情，多得做不完，

工作有大的，也会有小的，

该做的工作，就在你身边。

如果你不能做一条公路，

就做一条小径。

如果你不能做太阳，

就做一颗星星。

不能凭大小来论断你的输赢，

只要你努力做到最好。

我们应该看到自己的优点，也应接受自己的缺点，世界上本来就没有完美的人生。因此，我们不必戴着假面具去生活。道德上的过于自负及苛刻的自我要求，都是内心世界的最大敌人。在展现自己的时候，要自信。不要觉得自己的主张没人关注，没人支援，做自己才是最有价值和值得自豪的事。只要展现的东西是具有坚强个性的，有独立思考的，不是亦步亦趋的，社会就会予以关注和认可。一个人应做的最聪明和最重要的事，就是所要做的每一件事都烙上自己的标示和品性，敢于展现独特的自己，不屑于模仿别人的痕迹，生活才会愉快，事业才能成功。

没有谁能永远做你的救星，除了你自己。失败并不可怕，可怕的是你没有走向成功的勇气；受挫并不可怕，可怕的是你没有自立、自强的决心。做自己的救星，相信风雨过后，一定是鹰击长空的壮景；相信荆棘过后，一定是铺满鲜花的康庄大道。

第三章　人生追求各不同

> 别在平野上停留，也别爬太高，从半高处往下看，世界显得最美好。
>
> ——尼采

智慧悟语

人生是要有所追求的。失去追求，我们的思想将褪去绚丽的色彩，在庸庸碌碌中，在随波逐流中逐渐变得苍白；失去追求，我们的人生将变得毫无意义，我们的生命将在世俗的洪流中被白白耗尽。

但是，一个人的精力、能力是有限的。如果是不加选择地盲目地追求，势必让我们精疲力竭。当我们蓦然回首时，却发现我们原来煞费苦心追求的东西，到头来却还是一场空，而我们有能力得到的却没有得到。然而此时，我们的青春已在风尘辗转中消磨得不再有往日的色彩了，留给我们的只有一些无法重圆的旧梦。所以，在追求中，我们要给自己一点空间。仔细想想，我们曾经获得了什么，我们其实应该获得什么，为什么无法拥有的我们却执着不已，而能够把握的我们却让它从我们身边溜走，我们是否把我们有限的精力无限地投入到我们自身根本无法逾越的人生困难苦境之中，而我们在另一方面的才能却在岁月中被磨钝。

人们往往追心和求索，忙忙碌碌，一路的好风光却未能欣赏。人生的美，其实就是一边走，一边捡散落在路边的花朵，那么你的一生就是美丽而芬芳的。有的人，给自己定的目标往往太高，虽尽力拼搏却终无所获。也许他不知道，他选择的本是无法企及的痴心妄想。所以，我要说的是，我们的人生要追求，但是，更需要一种睿智的追求，一种适可而止的追求。

点亮人生

总是会听到身边的人这样说："我再坚持一下就好了。"那么这里的"坚持"是什么意思呢？如果是到了透支自己的体力、脑力抑或能力的话，那这个坚持真就是不必要了。累了，就趴下来，不要想还有多少事情没有完成，不要想已经做完的功课或工作会怎么样。因为在很多情况下，并不是你努力了就可以达到自己的目标，更不是一个人想到什么就能做到的。如果说适可而止是一种境界，那么，我要想说的是，只要我们尽力了，那么我们所到达的那个高度对个人而言就是最高点，就是成功。对人生来说，那一处便是自己所能领略的风景最佳处。

对于人生、事业的追求，有人把适可而止与遗憾看着是对等的。其实，一个人只要是按照自己所能承载的度适可而止的，那便没有什么遗憾。

盐城企业家吴文洪在体力严重不支的情况下仍然坚持攀登珠峰，也许他在登顶的一刹那是快乐的，但是这种快乐换来的却是他人生最大的悲剧，这种遗憾已是无法弥补。但另一位无氧登山运动员，在一次攀登珠峰的活动中，到了6400米的高度时，他渐感体力不支，便停了下来，在与队友打了个招呼后便悠然下山了。后来有人为他惋惜：再坚持一下，就可以越过6500米的登山死亡线了。但是这位无氧登山运动员回答得很干脆：他不遗憾，因为，6400米就是他登山的最高点。

的确是没有什么遗憾的，因为一个人已经达到了自己的最高点，而不是参照他人。人生有很多的风景，但并不是每一处你都能够撷取，适可而止是一种大智慧。

适可而止是一种境界，也是一种睿智。人要奋斗，要进步，生命不息，奋斗不止。但适可而止会让我们明白在哪里是需要止步的。学会停止是对生命的尊重和敬畏，也是对生活的珍视和负责。每个人的生命和能力都有自己的极限，超过这个极限可能就会适得其反。不顾自己所能承受的能力而一味地勇往直前，是对生命的虐待和亵渎。人的生命只有一次，和生命相比，无论怎样的高度都是次要的，正确地估价自己的能力，量力而行、适度而止，才能描绘出人生最美的图。那么在这忙碌的世间，让我们适度止步，偷得浮生一段流光，颐养我们珍视的阳光与生命。

我们在追求的时候，也要学会停歇，学会放弃，放弃那些不属于你的过去，放弃那些不切实际的追求。放弃是生命中价值的另一种体现，放弃不意味着不追求，而是为了让我们的价值用一种更适合自己的方式得以体现。放弃也不意味着自我信心的丧失，而是为了让我们的信心用另一种更完美的形式得以展示。放弃更不意味着意志的懦弱，而是对生命价值的一种洒脱的取舍，摈弃我们无法达到的，拥抱更加真实的自我，让生命之火在自己最完美的限度内发光发热。

> **也许人就是这样，有了的东西不知道欣赏，没有的东西又一味地追求。**
>
> ——海伦·凯勒

🔖 智慧悟语

追求不可能的事情是一种疯狂的行为，而恶人做事总是疯狂的。

一个人天生不能承担的、不在能力范围之内的事情，是不会降临在他身上的。而如果同样的事情发生在了另一个人身上，或许是由于他没有意识到这样的事情在发生，或许是为了故意表现出一种能勇于承担的勇气，他坚持住了，并且没有损伤。这种懵然无知和虚荣自满居然比智慧更强大，这是让人感到羞愧的。

事物本身是完全不能够把握灵魂的，它们也不会与灵魂相通，不能改变它、驾驭它。只有灵魂本身才能够改变和驾驭它自己，并且能够保证：凡是它作出的判断，都是它认为正确的、有价值的。

生活在我们周围的人与我们的关系是最为密切的，因为我们要容忍他们，对他们行善，为他们谋福利；但是，如果在他们当中有人阻止我履行这义务，那这些人就与我没有任何关系了，在我看来就和太阳、风或是一头野兽差不多。这些人也许会阻碍我做这件事或者别的什么事情，但是他们却永远无法改变我的想法和性格，因为我能够在任何情况下都站在我的利益上处理事情。因为思想是能改变那些阻碍的事物，能把它们变成有利于实现目标的动力，这样，就算原本有障碍的道路也就变得平顺了。

✒️ 点亮人生

那些对于国家没有损害的事情，也不会损害到其中的公民。每当你觉得自己受了伤害的时候，应该这样去想："如果这件事情不会损害到我的国家，那么也不会对我有什么损害。"但是如果国家确实是受到了损害，也不要对这个犯错的人表示愤怒，而是平静地向他展示他犯的错误。

经常想想这些：那些现在存在的一切和将来要发生的一切消失得多么迅速啊，一转眼就不见了踪影。一切实体就像是一条飞快流淌的河，它们的一切活动都是处在不断的变化之中，其中的因果也是变幻莫测，没有什么是永恒静止的。对我们来说，过去的一切都是转瞬即逝，未来的一切也是一个不能探究深度的深渊，没有什么是能留存下来的。那么，那些自鸣得意、怨天尤人、伤心痛苦的人不是傻子又是什么呢？那些使他们困扰的事情只存在于一段很短暂的时间里。

不要追求不可能的东西，那是一种发疯的行为。人的能力是有限的，所能掌控的事情也是有限的。做自己能力范围之内的事情，对于自己能力不能到达的地方，要有选择地放弃，这不会让自己背负太多的包袱，也不会在那些不可能的事情上做无用功。

利用自己有限的力量，朝着对的方向行进，追求自己的生活，把自己的利益同集体的利益联系起来，对集体有益的，即使自己会受到一些损失，也是应该坚持的。对于损害集体利益的人应指出其错误，进行引导和帮助，而不是愤怒地指责。

> 物质上无止境的追求，其结果就是对个人价值无止境的否定。
>
> ——罗兰

智慧悟语

人在物质上的追求是无限的，不论你已经到了什么样的富足阶段总不是最高的、不是最好的。一味地追求下去，一辈子也达不到极限，所以，应该学会知足，否则，一生陷入无尽的物质追求中难以自拔，不也是没有什么意义了吗？而学问以及道德修养上的攀升正好和其相反，却是要我们抱着一个永远不知足的态度。同样的道理我们永远存在着这样那样的不足，认识到我们的不足，才有可能在个人的修行以及知识的汲取上更加的努力。

人的一生是短暂的，物质上的财富毕竟是身外之物。怎么说也不是我们最终想要的，何苦为了那些虚无的价值而劳神呢？而且即使我们为之付出再多但有些东西也是我们得不到的。超越自己不是每个人都能够做到的，何况在这方面的超越自己又没有什么深层的意义呢。再者说了，物质上的过于富裕对我们又不一定是太好，不是有那么多的例子早就告诉我们了吗？太多的钱财和权势往往成为我们的绊脚石，成为我们人生中的一个又一个的陷阱。

而人真正应该追求的东西是提升自我，这是我们要穷尽一生去努力的。我们的道德水平是要靠自己内心诚挚的意愿才能够做到的，不可能有任何水分，更是任何人难以伪装的，即使在金钱或者权势的双重掩盖下人们也是能够看清楚你的真实面目。要想在德行上有所提高，就真的需要一种蔑视自己的态度，清楚地找到自己的人性弱点，并将它完全的袒露出来，不要顾及自己的面子、不要在乎别人怎么说，我们是为了改进自己、是为了彻底摒弃它才这样做的，相反，我们得到的是别人赞许的目光和诚恳的认可。

点亮人生

现在的人所做的一切真的是和我们所讲的背道而驰，真的是一个最大的翻个。让我们痛心、让我不知道怎么去面对和诉说。什么事情都上升到了金钱和利益第一的位置，什么都和金钱利益摆在一起。经济社会金钱是能够做到很多，可是不要忽视还有比金钱更重要的东西，还有那么多需要我们用一颗真挚的心才能换来的东西！金钱不应该成为我们生活的全部，不应该像现在这样的肆虐我们的灵魂，更不应该让我们纷争不息。

古时候，有一位老员外娶了四个妻子。第四个妻子最得员外的疼爱，他不管去哪儿都带着她。而她每天沐浴更衣、饮食起居，都要员外亲手照顾，她想吃什么、喜欢什么衣服，员外都肯买给她，对她真是百般呵护，非常宠爱。第三个妻子是众多人追求的对象，员外费了好大的力气，才打败众人得到她的。所以，员外每天都要去关心她，常常在她身边甜言蜜语，又造了漂亮的房子给她住。第二个妻子和员外可说是最有话聊的了，每当员外有什么心事或困扰，他总是来找第二位妻子为他分忧解劳，互相安慰，只要和她在一块儿就觉得很满足。至于员外的第一个妻子，员外几乎忘了她似的，根本很少去看她。可是家中一切繁重的工作都由她处理，她身负各种责任烦恼，却得不到员外的注意和重视。

一天，员外要离开故乡，到遥远的地方去。他对第四个妻子说："我现在有急事非离开不可，你跟我一块儿走吧？"第四个妻子回答："我可不愿跟你去。"员外惊异万分，不解地问："我最疼爱你，对你言听计从，我们从来也没有分开过，怎么现在不愿陪我一块儿去呢？""不论你怎么说，我都不可能陪你去！"第四个妻子坚决地说。员外恨她的无情，就把第三个妻子叫来问道："那你能陪我一块儿去吗？"第三个妻子回答："连你最心爱的第四个妻子都不情愿陪你去，我为什么要陪你去？"员外只好把第二个妻子叫过来说："你总愿意陪我去吧？"第二个妻子说："嗯，你要离开我也很难过，但我也只能送你到城外，之后的路你就自己走吧！"员外没想到第二个妻子也不愿陪他去，这才想起第一个妻子，把她叫来问一样的话。第一个妻子回答："不论你去哪里，不论苦乐或生死，我都不会离开你的身边。你去多远我都陪你去。"

这时员外才知道，真正可以和他永不分离的只有第一个妻子！

员外要去的地方是死亡的世界。第四个妻子，是人的身体。人对自己的身体倍加珍惜，为满足这个身体的物质欲望所做的一切，不亚于员外体贴第四个妻子的情形。但死时你为之不惜一切的身体，却不会追随着你；第三个妻子，是人间的财富。不论你多么辛苦追求来的财富、储存起来的财宝，死时都不能带走一分一毫；死后会带走的反而是为追求财富造下的业力；第二个妻子，是亲朋好友。人活在世上，彼此关爱是应该的，但是人往往为了人情而忘了做人的目的。亲朋好友在人死后，会伤心一段时间，但是百年之后却谁也不认识谁；第一个妻子，则是人的心灵。心灵和我们形影相随，生死不离，但人们也最容易忽略它，反而全神贯注于物质和欲望，其实只有心灵才是永生永世与我们同在的。有人说不关注自己的心灵，无法得到真正的快乐和自由；有人说这个世界不适合清醒的思考者，还是把兴趣集中物质上比较容易快乐……如果你是员外，你会选择疼爱谁呢？

人生的价值就是自己的价值。要探索人生的意义，体会生命的价值，就必须去追求，生与死、安与危、乐与苦，常常是检验人生价值观的尺度。你若要喜爱你自己的价值，你就得给世界创造价值。

人患志之不立，亦何忧令名不彰邪？

——刘义庆

智慧悟语

人的一生，成功与否最根本的差别，并不在于天赋，而在于有没有志向与目标。没有志向与目标的人生，就没有方向，犹如大海上没有舵的帆船或是看不到灯塔的航船，总是会迷失方向，会让人意志消沉，从而碌碌无为地度过一生。即便是竭尽全力地想要做出点成绩，也会因没有目标而迷失。

做人要立志，要树立超人超世的大志向，要树立改造天地、创造历史的大志向。人秉承天地的灵气生存，就应该对天地、对人类、对历史、对父母、对家庭有所奉献。这种奉献，不是吃喝穿戴、生儿育女便完事了。所以说，立志是做人的第一件大事。

文天祥说："人生自古谁无死。留取丹心照汗青。"王恽说："成事自来输有志，不教勋业镜中看。"宋代名儒张载说："为天地立心，为生民立命，为往圣继绝学，为万世开太平。"禅宗六祖慧能说："众生无边誓愿度，烦恼尽誓愿断，法门无量誓愿学，佛道上誓愿成。"这些名言，是这些名人做人的志向和抱负，也是这些名人做人的理想和目标。这些名言，折射出不可一世的气概，表现出纯真高尚的境界。

有人说："朝着一定目标走去是'气'，两者结合起来就是志气。一切事业的成败都取决于此。"还是小时候，我们的长辈就要求我们做人要有志气，做事要有志向。做人要有志气，是因为立志是做人的根本，也是做人的力量；做事要有志向，是因为立志是做事的目标，也是做事的道理。

点亮人生

比塞尔是西撒哈拉沙漠中的一颗明珠，每年有数以万计的旅游者来到这儿。可是在肯·莱文发现它之前，这里还是一个封闭而落后的地方。这儿的人没有一个人能走出过大漠，据说不是他们不愿离开这块贫瘠的土地，而是尝试过很多次都没有走出去。

肯·莱文当然不相信这种说法。他用手语向这儿的人问原因，结果每个人的回答都一样：从这儿无论向哪个方向走，最后还是转回到出发的地方。为了证实这种说法，他做了一次试验，从比塞尔村向北走，结果三天半就走了出来。

比塞尔人为什么走不出来呢？肯·莱文非常纳闷儿，最后他只得雇一个比塞尔人带路，看看到底是怎么回事。他们带了半个月的水，牵了两峰骆驼。肯·莱文收起指南针等现代设备，只挂一根木棍跟在后面。10天过去了，他们走了大约800英里的路程。第11天早晨，果然又回到了比塞尔。

这一次肯·莱文终于明白了，比塞尔人之所以走不出大漠，是因为他们根本就不认识北斗星。在一望无际的沙漠里，一个人如果凭着感觉往前走，他会走出许多大小不一的圆圈，最后的足迹十有八九是一把卷尺的形状。比塞尔村处在浩瀚的沙漠中间，方圆上千公里没有一点参照物，若不认识北斗星又没有指南针，想走出沙漠，确实是不可能的。

肯·莱文在离开比塞尔时，他告诉跟他合作的那个比塞尔人：只要你白天休息，夜晚朝着北面那颗星走，就能走出沙漠。他照着去做了，三天之后果然来到了大漠的边缘。阿古特尔因此成为比塞尔的开拓者，他的铜像被竖在小城的中央。铜像的底座上刻着一行字：新生活是从选定方向开始的。

比塞尔人之所以走不出那片大漠，是因为他们心中没有一个确定的方向与目标，因而，他们只能在一望无际的沙漠里一直转圈。人生就是一段旅途，我们必须寻找到属于自己前行的方向，这一点至关重要。冯友兰先生也有同感，他认为："每一个人都应该立定一个志向，要做一个大人物，"所谓的"大人物"，冯老给出了他自己的解释，"并不是一定非做主席不可。无论做一个什么角色都是没关系的，只要所做的事，对于社会有益就成。"又或者再简单一些，只要是自己想要成为的人即可。冯友兰先生的志向便是哲学。不可否认，当他确实成为一个大人物，但立志之时，想来他只是想要成为自己希望成为的哲学领域中人而已，这便是立志所创造的成就。有了这样的志向与目标，人生才会充满前进的渴望与动力。一旦丧失目标，失去的可能不止是有意义的人生。

托尔斯泰曾说："人生目标是指路明灯。没有人生目标，就没有坚定的方向；而没有方向，就没有生活。"唯有树立自己人生的志向，才能在茫然的人生中点燃不灭的灯塔，照亮前进的方向；也只有确立了人生的目标，才能使平淡的日子射出绚丽的光芒，生活才会充满愉悦和幸福。

第三篇

这辈子只能这样了吗

第一章　命运到底由谁掌握

> 没有一定的目标，智慧就会丧失。
>
> ——蒙田

智慧悟语

生活的全部艺术，其实可以用两个字来概括，那就是"选择"；最现实的掌握命运的秘方，其实也可以用两个字来概括，那就是"选择"。

所有的人生哲学，所有的关于人生的训导，包括先哲的教诲，都只是在告诉人们生活中应该如何选择。在这个范围里，人类的智慧就大放光彩；超出了这个范围，人类的智慧突然就淡然失色。

我们今天的任何一个选择，都关乎着我们的未来。

点亮人生

选择——是把握人生命运最伟大的力量。谁掌握了选择的力量，谁就掌握了人生的命运。

人生的任何努力都会有结果，但不一定有预期的结果。错误的选择往往使辛勤的努力付诸东流，甚至使人生招致灭顶之灾。只有正确地选择了，所付出的努力才会有美好的结果。或许连你自己都没有意识到这一点，只有当你面临困境的时候，你才会发现这种潜在的力量。

一群迁徙的野牛在行进途中，突遭数只凶猛猎豹的袭击。刚才还是悠然自得的牛群顿时像炸了窝的马蜂，惊恐地四处奔逃，躲避着猎豹，逃脱着死亡。一只只野牛在奔逃中被扑倒，没有搏斗，连挣扎也是那样有气无力，只是哀鸣了几声，就成了猎豹的食物。

突然，一只看似弱小的野牛，就在快被猎豹追上的刹那，突然转向，全身奋力后坐，努力将身体的重心后移，奔跑的四蹄成了四条铁杠，直直地斜撑在地上，随即身体周围腾起一股浓浓的尘土，如同爆响的炸弹掀起的浪。在这生与死的千钧一发之际，这只小小的野牛停住了。

急停下来的小野牛，不但没有被猎豹吓倒，反而反转过身来，愤怒地沉下头，接着又仰起头顶上那一双尖尖的、硬硬的牛角，猛顶冲过来的猎豹。那只不可一世的猎豹，还没有看清眼前发生的一切，就被小野牛的尖角抵住了身体，扎进了肚子，被高高地捅起，抛向空中。

顿时，情况急转直下，奔逃的野牛们还在拼命地奔逃，而其他猎豹却惊呆了，先是顿立，继而掉头逃走。

我们不知道为什么唯有那只小野牛不像它的父母兄弟姐妹以奔逃求生，而选择回首痛击，去战胜自己所面临的危机，但它的行为确实给了我们许许多多的启迪和联想。

生活中的困难多于幸福，人生中的磨难多于享乐。人不应在困难中倒下，而要努力在困难中挺起。因为当你重新做出选择的时候，你就会拥有一种连自己都不相信的力量，而这种力量会使你战胜困难，同时使你的人生像初升的太阳一样，突破云层，升起在蔚蓝的天空中。

面临危机，你必须做出选择，这如同你不会游泳却被人推到河里一样，除了学会游上岸让自己不至于被淹死，此外，别无生路。

命运并不是事前指导，乃是事后的一种不费心思的解释。

——鲁迅

📖 智慧悟语

命运这东西不是说算能算出来，自己一个人的努力，对命运的影响是显而易见的。但是为什么还有人算呢？

一是因为人们恐惧，他们先入为主地相信了这世界上真的存在命运，自己的那点主观能动原来竟然一直是已经设计好的，他们要探个究竟。

　　二是因为人们无助，迫切想知道自己的努力会得到什么结果，很功利。实际上你现在的努力成果，肯定会影响你第二天的事情。换句话说命运这个东西不是设计好的，而是诸多因素的共同作用。就好比你今天去算命，先生跟你说是大富大贵，你呢很高兴，命里有时终须有，于是什么都不做了，你不吃饭可能饿死，你不去做事，天上不会掉馅饼，此时你已经在改变你的命运了。既然改变了，那你算的那个东西就不准了。因此南怀瑾先生说命运不能算，这个靠不住。

　　完全相信命运，很容易招致懒惰和颓废。但是有的人又完全不相信命运，认为那全是无稽之谈。但是我们细细想我们的生活，你错过了一些东西，你得到了另外一些东西，我们不能对每一件事情多做出具体选择，很多情况下我们莫名其妙地就做了某事，将时间远远地抛在了脑后。是什么决定了这一切，一切都是随机概率事件吗？也不尽然。南怀瑾先生引用苏东坡的诗说：事如春梦了无痕。一切事情都等于一个梦，梦醒便忘，这种缘属于无记录。总是有某种不可名状的东西，将你所做的每件事情排列了起来，你的主观影响不能左右它，就像我们不能阻止时间的流动。

　　其实我们根据这个可以得出一句话来。如果相信命运，一切偶然都是必然，如果不相信命运，一切必然都是偶然。什么意思呢，就是说完全相信命运的人，本来毫无关联的事情，他会认为说这是上天安排的，所有偶然的事情都是命运的必然；而完全不相信命运的人，有自大的嫌疑，他们认为一切都是可安排的，殊不知我们一直在服从某些规则，有很多东西我们不可超越，比如时间规则，你能回到过去吗？正因为有诸如时间和空间这种规则的限制，我们自己能做的实际就定下了。冥冥之中，自有天意，但是人又是主动的，能在合理范围内改变我们的生活。

点亮人生

　　所谓命运，各人有各人的理解。有的人说命运是可改变的，他说的命运是人的状态，那当然可以改变，每天的努力，都会在现实中反映出来。有的人则说，命运是不可改变的，他说的命运实际上是指那种存在，这种存在以其不可超越的性质展现在我们面前，我们只能服从他，比如死亡，比如空间和时间。每个人都会在时空中留下自己的坐标。那个坐标就是相信命运的人所说的命运。世人常为此争论不休，盖因为所争辩者同名，但不是一物耳。

　　生命何其长，较之虫豸，但生命又何其短，较之宇宙。孔夫子说："未知生，焉知死。"他规避了超越问题，而立足现实，实际上是高明态度，这种态度可以尽岁月，以体验年华。而不用在苦苦思索中度过一生。屈原说："路漫漫其修远兮，吾将上下而求索。"孔子比他要入世得多。

哲学家斯宾诺莎揶揄混沌老太太说她那种昏昏度日的快乐，不是他所追求的快乐，他说的快乐是什么呢？其实也是屈原的那种"求索"之乐。他们对命运都持怀疑态度。因此这才去追问天地鬼神。老子就不一样了，他顺应自然的思想，实际上是出世与入世的折中，这才是命运真正应该的面目，什么是命运呢？顺其自然。

当然对于命运的理解，在今天还是应该多元。我们处在一个剧烈变化的世界里，清静无为虽然美好，但可行性不强。完全相信命运又会减轻我们的主观能动性。唯一对我们有利的，其实是命运是可以改变的。成功不是命中注定的，而是掌握在自己的手里。时也命也，怅然一叹，无奈有余，勇猛不足，实不可取也。

人们既要相信命运，又要不相信命运，这便是命运的辩证法。说的简单的一点，就是人对自身和对社会要有一定的认识，要客观、要辩证。人既要有创造性，同时也要尊重客观；既要看到自己或人类的力量，同时也要看到自己和人类的力量在自然界以及在宇宙间仍然是非常渺小的。

> **智慧和命运交锋时，如果智慧有敢为、有胆识，命运就没有机会动摇它。**
>
> ——莎士比亚

智慧悟语

《红日》这首歌里唱道："命运就算颠沛流离，命运就算曲折离奇，命运就算恐吓着你做人没趣味。别流泪辛酸，更不应舍弃。"

任何时候任何地方，这都是你能够做到的：虔诚地接受命运分配给你的一切，公正地对待你周围的人，谨慎地保持你现在的想法，防止那些你还没有完全把握的念头混入你的思想。

不要顾念别人的理性是怎样，只管注意引导自己的本性就好，这里说的本性，既是宇宙的本性，也是你自己的本性。每一样事物都应当按照它的本性进行；其他的一切生物都是为了理性生物而创造的——就像低级的事物总是为了更高级的事物而存在一样——理性动物又是为了互惠互利而存在的。因此人的本性的重要原则就是为他人谋利，第二个原则首先是要抛弃肉体感官的欲望；因为拥有理性和智性的行为有它自己的特点——那就是克制自己，不受感官欲望和激情的引诱；因为感官欲望和激情是和牲畜没什么区别的，理智行为却是一种高级的行为，不可能被低级的行为支配。其次还要保持健全的理性，因为那是本性赋予我们以实现其目标的。还有第三个有理性的人应该遵循的原则是：不草率地作出判断，不听信谗言。让你的理性沿着这条道路行进吧，认真遵循这三个原则，你一定会获得成功。

假设你的生命即将结束，从这以后的时间是神恩赐给你的，那么按照自己的本性，好好地度过接下来的日子吧。

点亮人生

如果遭遇不幸，想想那些同样遭遇的人，他们是怎样的烦恼，怎样的诧异，怎样的怨恨啊！现在这些人到什么地方去了呢？不知道。难道你想和他们一样吗？为什么不把这些不合本性的情感留给那些改变别人或者被别人改变的人呢？为什么不考虑如何把你遭遇的这些转变为对自身有益的教训呢？因为你能充分运用它们的话，它们就会变成你自己的经验。只要记住，无论你做什么都要做一个好人应该做的事情；另外还要记住两点：无论怎样做一个好人应该做的事情，你所借鉴的经验本身是没有善恶之分的。

运用自己的本性，在自己的能力范围之内真诚地对待现在自己所拥有的条件，公正地对待你身边的人，努力让你的思想和技艺更加完美，在没有思考之前，不轻易下判断，或是做决定，不要让一些表面现象蒙蔽了你的双眼。

热爱自己的命运，因为这是最适合你的，别自暴自弃，那只是人生的一个过程，如果一个人对自己的命运不满意，不认真对待，那别人也不会好好待你。因为一个人对最合适自己的东西都感到不满意，也就没有什么东西对他来说是有价值的。

对于降临在我们身上的所有迫害，我们注重的是动机而并非结果。一块从房顶掉下来的瓦片也许会使我们受到重创，但有意射向我们的一颗小石子更让我们寒心。攻击有时会落空，但动机达不到目的是不会罢休的。命运攻击我们的时候，我们容易感知到肉体上的痛苦。当不幸的人不知道应该把他们的不幸归咎给谁的时候，就会把不幸归咎于命运，并把命运人格化，觉得它长了眼睛，有了思想，存心来折磨人。就像一个输得精光的赌徒，他异常愤怒却不知向谁发泄。于是，他就认为是命运在捉弄他，当有了一个发泄的对象之后，他就把满腔的愤怒统统喷向这个臆想出来的敌人。明智的人则把降临到身上的所有不幸当成盲目的客观必然性对他的打击，这样他就不会缺乏理智了。在痛苦的时候，他也会高声叫喊，但他不会怒火冲天。他遭到不幸的时候，只感到皮肉的痛苦，这些攻击尽管能伤害他的身体，但他的心灵却不会受到伤害。

第二章　尽人事，听天命

对人来说，一无行动，也就等于他并不存在。

——伏尔泰

智慧悟语

　　命运是一个奇怪的事物，没有人能够真正捉摸得透。然而，这不是要我们悲观放弃，听天由命，而是顺应时代，做好自己该做的那一部分，剩下的就交给命运来审判。如果没有做到"尽人事"，那么就是失责，对自己的人生没有负责。

　　我们生活在这个世上，难免有顺境和逆境之分，没有人一辈子顺心，也不会有人一辈子都倒霉。得意之时"春风得意马蹄疾，一日看遍长安花"，这是一种怎样的开心舒畅！然而，前一分钟还在开怀大笑，后一分钟有可能一个突发事情就让我们"泪眼问花花不语"。这样从天堂到地狱，每个人的一生都难免会经历，上苍在这一点上倒是很公平，不会落下谁不管不问。

点亮人生

　　生活中的你是否还在为命运不济而哀叹呢？如果是，那还是赶紧收起这些怨天尤人的论调吧！行动起来，在行动中激发自己的潜能，说不定你也能创造奇迹。

　　在美国颇负盛名、人称传奇教练的伍登，在全美 12 年的篮球年赛中，替加州大学洛杉矶分校赢得 10 次全国总冠军。如此辉煌的成绩，使伍登成为大家公认的有史以来最成功的篮球教练之一。

　　曾经有记者问他："伍登教练，请问你是如何保持这种积极的心态的？"

　　伍登很愉快地回答道："每天我在睡觉以前，都会提起精神告诉自己：我今天的表现非常好，而且明天的表现会更好。"

　　"就只有这么简短的一句话吗？"记者有些不敢相信。伍登坚定地回答："简短的一句话？这句话我可是坚持了 20 年！重点和简短与否没关系，关键在于你有没有持续去做，如果无法持之以恒，就算是长篇大论也没有帮助。"

　　伍登的积极超乎常人，不单只是对篮球的执着，对于其他的生活细节也是保持这种精神。例如，有一次他与朋友开车到市中心，面对拥挤的车潮，朋友感到不满，继而频频抱怨，但伍登却欣喜地说："这里真是个热闹的城市。"

朋友好奇地问："为什么你的想法总是异于常人呢？"

伍登回答说："一点都不奇怪，我是用心里所想的事情来看待，不管是悲是喜，我的生活中永远都充满机会，这些机会的出现不会因为我的悲或喜而改变，只要不断地让自己保持积极的心态，一刻也不停地去行动，我就可以掌握机会，激发更多的潜在力量。"

其实每个人都有伍登那样的潜力，但是大部分人都不能像伍登那样，时刻保持积极的心态去努力。如果每个人都能像伍登一样，那他也一定会是一个有才华的人，并且在行动中不断进步，创造奇迹的可能就会时刻存在。

有信心的人，可以化渺小为伟大，化平庸为神奇。

——萧伯纳

智慧悟语

自信，是我们需要的第一缕阳光，它是人生不竭的动力，能够帮助我们战胜自卑和恐惧。你相信自己会成为什么样的人，并且去做了，你自然就会成为你所希望的那种人。

我们每个人在世界上都是不可替代的，这个社会离不开每个人，所以我们应该自信，只有自信才能自强，只有自强才能演好自己的角色，不管你是主角还是配角。

点亮人生

阳光的人，不会自卑，不会贬低自己，也不会把自己交给别人去评判；阳光的人，不会逃避现实，不会做生活的弱者。他们会主动出击，迎接挑战，演绎精彩人生；阳光的人，不会跟自己过不去，只会鼓励自己。他们既会承担责任，又懂得缓解压力，他们会在生活的道路上游刃有余，笑看输赢得失。

一位画家把自己的一幅佳作送到画廊里展出，他别出心裁地在一旁放了支笔，并附言："观赏者如果认为有欠佳之处，请在画上做记号。"结果画面上标满了记号，几乎没有一处不被指责。

过了几日，这位画家又画了一张同样的画拿去展出，不过这次附言与上次不同，他请每位观赏者将他们最为欣赏的妙笔都标上记号。当他再取回画时，看到画面又被涂满了记号，原先被指责的地方，都换上了赞美的标记。

用正确的观点看待自己，那么在任何情况下都不会迷失自己，都能拥有完全的自信，不受他人操纵。自信是一种心理状态，可以通过自我暗示培养起来。积极的自我暗示，意味着自我激发，它是一种内在的火种、一种流动快捷的自我肯定；它可以使我们的心灵欢唱，建立自信，走向成功。

自我暗示的方法很多，每个人遇到的压力不同，自我暗示的方法也不会相同，可以从以下这些方面来树立自信，萌生一股新生的力量。

在心中描绘一幅希望自己达成的成功蓝图，然后不断地强化这种印象，使它不致随着岁月流逝而消退模糊。此外，相当重要的一点是，切莫设想失败，亦不怀疑此蓝图实现的可能性，因为怀疑将会对行动构成危险性的障碍。

当你心中出现怀疑本身力量的消极想法时，要驱逐这种想法，必须设法发掘积极的想法，并将它具体说出来。

为避免在你成功的过程中构筑障碍物，所以，可能形成障碍的事物最好不予理会，最好忽略它的存在。至于难以忽视的障碍，就下一番功夫好好研究，寻求适当的处理良策，以避免其继续存在。不过，最好彻底看清困难的实际情况，切勿夸张，使其看来显得更加困难。

不要受到他人的威信影响而试图效仿他人，须知唯有自己方能真正拥有自己，任何人都不可能成为另一个自己。

寻找对你如指掌且能有效提供忠告的朋友。你必须了解自卑或不安的所在。虽然这问题往往在少年时期便已发生，但了解它的来源将使你对自己有所认知，并帮助你获得援救。

正确评估自己的实力，然后多加一成，作为本身能力的弹性范围。固然，切忌形成本位主义是有其必要性的，但是适度地提高自信心也是相当重要的事。

自信是一个人心理的建筑工程师。自信一旦与思考结合，就能激发潜意识来激励人们表现出无限的智慧和力量，使每个人的欲望转化为物质、金钱、事业等方面的有形价值。

所以，遇事要用正确的思维方式，不要完全信你听到的、看到的一切，也不要因为他人的批评、鄙视而轻视自己，摒除自卑感产生的压力，找回坚定的自信。唯有如此，你的生命中才能处处充满灿烂的阳光。

每一天，我们都以某种方式，让自己过得越来越好。

——库埃

智慧悟语

积极的自我暗示，是对某种事物的有力、积极的叙述，这是使一种我们正在想象的事物坚定和持久的表达方式。进行肯定的练习，能让我们开始用一些更积极的思想和概念来替代我们过去陈旧的、否定性的思维模式，这是一种强有力的技巧，一种能在短时间内改变我们对生活的态度和期望的技巧。

积极的心态能够催人上进，激发我们潜在的力量。时刻鼓励自己，给自己积极的暗示，有助于我们走出困境，保持积极进取的精神。

点亮人生

自我暗示有很多种方法：可以默不作声地进行，也可以大声地说出来，还可以在纸上写下来，更可以歌唱或吟诵，每天只要十分钟有效的肯定练习，就能改变我们许多年的思维习惯。归根到底，就是一种积极心态在起作用。我们经常性地意识到我们正在告诉自己的一切，选择积极、扩张的语言和概念，就能够很容易地创造出一个积极的现实。

摩拉里在很小的时候，就梦想站在奥运会的领奖台上，成为世界冠军。

1984年，一个机会出现了，他成为全世界最优秀的游泳者，但在洛杉矶奥运会上，他只拿了亚军，梦想并没有实现。

他没有放弃希望，仍然每天在游泳池里刻苦训练。这一次目标是1988年韩国汉城奥运会金牌，但他的梦想在奥运预选赛时就烟消云散，他竟然被淘汰了。

带着失败的不甘心，他离开了游泳池，将梦想埋于心底，跑去康乃尔念律师学校。有三年的时间，他很少游泳，可是心中始终有股烈焰，他无法抑制这份渴望。

离1992年夏季赛前不到一年的时间，他决定孤注一掷。在这项属于年轻人的游泳比赛中，他算是高龄选手了，就像拿着枪矛戳风车的现代堂吉诃德，想赢得百米蝶泳的想法在旁人看来简直愚不可及。这一时期，他又经历了种种磨难，但他没有退缩，而是不停地告诉自己："我能行。"在不停地自我暗示下，他终于站在世界泳坛的前沿，不仅成为美国代表队成员，还赢得了初赛，他的成绩比世界纪录只慢了一秒多。

决赛之前，他在心中仔细规划着比赛的赛程，在想象中，他将比赛预演了一遍。他相信最后的胜利一定属于自己。

比赛如他所预想，最后他真的站在领奖台上，看着星条旗冉冉上升，美国国歌响起，颈上挂着梦想的奥运金牌。

摩拉里没有被消极思想所打败，在艰苦的环境中，他不断地进行积极的自我暗示，终于打破常规，获得奇迹般的胜利。自我暗示是世界上最神奇的力量，积极的自我暗示往往能唤醒人的潜在能量，将他提升到人生更高的境界。

自我暗示对于我们的生活如此重要，几乎是无时不在的魔术。因此，每天清晨不妨告诉自己今天会有个好心情；每当有重大选择和决定的时候，暗示自己的选择和决策是明智的。选择积极的自我暗示，等于选择幸福生活，选择与成功人生为伴，用心享用它所带来的魔术般的奇迹。

> ## 上帝只拯救能够自救的人。
>
> ——谚语

智慧悟语

生活中，一次次的受挫、碰壁后，奋发的热情、欲望就被"自我设限"压制、扼杀。对失败惶恐不安，却又习以为常，丧失了信心和勇气，渐渐养成了懦弱、犹豫、害怕承担责任、不思进取、不敢拼搏的习惯，成为你内心的一种限制。

一旦有了这样的习惯，你将畏首畏尾，不敢尝试和创新，随波逐流，与生俱来的成功火种也就随之熄灭。

有一则小笑话是这样的：

一个人在海上航行，不幸遭遇海难落水。在他拼命挣扎的时候，有一个人划着小船过来救他。他却说，我相信上帝会救我的。那个人只好走开。一会儿又有一只船来救他，他仍然相信上帝会救他。最后他淹死了，到天堂见到上帝后，他不解地问上帝为什么不救他，上帝笑着说："我已经派了两只船去救你了呀！"

点亮人生

科学家做过一个实验：把跳蚤放在桌子上，然后猛拍桌子，跳蚤条件反射地跳了起来，跳得很高。然后科学家在桌子的上方放一块玻璃罩后，再拍桌子，跳蚤再跳撞到了玻璃。跳蚤发现有障碍，就开始调整自己的高度。科学家把玻璃罩往下压，然后再拍桌子；跳蚤再跳上去，再撞上去，跳蚤再调整高度。就这样，科学家不断地调整玻璃罩的高度，跳蚤就不断地撞上去，同时跳蚤不断地调整高度。直到玻璃罩与桌子高度几乎相平。这时，把玻璃罩拿开，再拍桌子，这时跳蚤已经不会跳了，变成了"爬蚤"。

跳蚤之所以变成"爬蚤"，并非它已丧失了跳跃能力，而是由于一次次的受挫学乖了。它为自己设了一个限，认为自己永远也跳不出去，而后来尽管玻璃罩已经不存在了，但玻璃罩已经"罩"在它的潜意识里，罩在心上变得根深蒂固。行动的欲望和潜能被固定的心态扼杀了，它认为自己永远丧失了跳跃的能力。这就是我们所说的"自我设限"。

要挣脱自我设限，关键是要有一颗想成功的心。自己成功属于愿意成功的人。如果你不想去突破，挣脱固有想法对你的限制，那么，没有任何人可以帮助你。不论你过去怎样，只要你调整心态，明确目标，乐观积极地去行动，那么你就能够扭转劣势，更好地成长。

其实，自我设限远远没有你想象的那样恐怖，更不是牢不可破的。只要你摒弃固有的想法，尝试着重新开始，你便会对以前的忧虑和消极的态度报以自嘲。

邓亚萍自小喜欢乒乓球，但她身材矮小，在报名参加省队的时候被拒绝。于是她只有进入郑州市乒乓球队。邓亚萍开始为了自己的目标进行艰辛的练习。虽然个子矮小被认为没有发展前途，但她始终如一的刻苦训练，最终成为叱咤世界乒坛的风云人物。

很多时候，我们没有实现自己的理想，很大程度上是因为我们没有发掘出自己所有的潜力。确实，每个人的内心包含着巨大的潜能，它有着无限的力量。你必须唤醒心中这个酣睡的巨人，因为它比阿拉丁神灯的所有神灵更为有力——那些神灵都是虚构的，而你的潜能是真实的。

> **没有人事先了解自己到底有多大的力量，直到他试过以后才知道。**
>
> ——歌德

智慧悟语

科学家研究发现，人类的潜能平均开发程度只有10%左右。可见，人类还有绝大部分的潜能没有得到有效的利用，一旦这些潜能得到开发，人类所能爆发的能力一定是惊人的。

想要成功的你，要每天不辍地在心中念诵自励的暗示宣言，并牢记成功心法：你要有强烈的成功欲望、无坚不摧的自信心。如果你使精神与行动一致的话，一种神奇的宇宙力量将会替你打开宝库之门。

每天两次念诵你的目标：一次在刚醒来的时候，一次在临睡之前——这两段时间是你潜意识活动比较弱，最容易与潜意识沟通的时段。注意：在念诵的时候，你要贯注感情，并且明显地看到你想得到的成功。就算是机械式的自我暗示也是有效的。当然，你越能够注入感情，收效就越好。

拿破仑·希尔曾经说过："抱着微小希望，只能产生微小的结果，这就是人生。"我们的能力都深深地埋藏在体内，若能把它挖掘出来，并使它发展下去，我们就会有惊人的成就，不可能的事也会陆续变成可能。杜拉因说："任何人都可以爬升到自己理想的天国，同时，当他选择要爬上去时，世界的力量就会帮助他，一直把他推上去。"

我们有了某种决心，并且相信有实现的可能性时，各方面的资源都会协调运转起来，把人推向成功的方向。

点亮人生

歌德还曾说过："生活在理想的世界，就是要把不可能的东西当作仿佛可行的东西来对待。"话说得很中肯，人的生命相对茫茫宇宙而言就如大海中的一叶孤舟，渺小、脆弱。可是生命的潜能永远没有极限，要想在这个世界上取得成功，我们就必须努力挖掘自己生命的潜能。

一位撑竿跳选手一直苦于无法超越一个高度。他失望地对教练说："我实在是跳不过去。"

教练问："你心里在想什么？"

他说："我一冲到起跳线时，看到那个高度，就觉得我跳不过去。"

教练告诉他："你一定可以跳过去。把你的心从竿上撑过去，你的身体就一定会跟着过去。"

他撑起竿又跳了一次，果然一跃而过。

由此可见，人的潜能是无限的。但很多人在遭遇了几次挫折之后，就自我否定，就丧失了奋发向上的激情，封杀了自己的信心和勇气，于是挫败的心理就由此产生了。

一个开放的人，应该是一个大无畏的人。一个大无畏的人，愈为环境所困，反而愈加奋勇，不战栗，不逡巡，胸膛直挺，意志坚定，敢于对付任何困难，轻视任何厄运，嘲笑任何阻碍。忧患、困苦不仅不损他毫发，反而可以加强他的意志、力量与品格，使他成为人上之人——这才是世间最可敬佩、最可羡慕的人。这类人能够打开自己，挖掘生命中宝贵的潜能，从而获得成功。

伟大的人生源自你心里的想象，即你希望做什么事，希望成为什么人。在你心里的远方，应该稳定地放置一幅自己的画像，然后向前移动并与之吻合。如果你替自己画一幅失败的画像，那么，你必将远离胜利；相反，替自己画一幅获胜的画像，你与成功便可不期而遇。

生命蕴藏着巨大的潜能，生命永远不会贬值。爱迪生说："如果我们能做出所有能做的事情，我们毫无疑问地会使自己大吃一惊。"对自己的生命拥有热爱之情，对自己的潜能抱着肯定的想法，这样，生命就会爆发出前所未有的能量，创造令人惊奇的成绩。

自知者不怨人，知命者不急天。

——荀子

智慧悟语

怨人者穷，怨天者无志。许多人在生活中不如意，就会怪自己的命不好。年轻人找不到工作，埋怨父母没有能耐。在公司里看到别人很快晋升，而自己毫无进展，便怪老板不知赏识人才。遇到挫折、失败的时候，常常想这就是老天注定要我这样云云。

孔子一心一意要改善社会，而置个人的贫富、穷达于不顾。孔子说过："饭疏食饮水，曲肱而枕之，乐亦在其中矣。不义而富且贵，于我如浮云。"但是谁要因此把孔子看作隐士一流的人物，就大错特错了。孔子虽然屡次表示天下无道，可以卷而藏之，而且，对隐者也很尊敬，但他自己一生都是在孜孜不倦地教人，风尘仆仆地在奔波中度过的。为了改善社会，为了求得一个能实现自己的政治理想的地方，他不在意"高人隐士"的嘲笑，有时甚至给人低三下四，婆婆妈妈的印象。孔子当然知道人对他的这些看法，但他丝毫也没有为了潇洒的个人形象而放松，甚至停止过自己的努力。

人的生命是有限的，但改善社会却有做不完的事。孔子说："君子之道费而隐。夫妇之愚，可以与知焉，及其至也，虽圣人亦有所不知焉。夫妇之不肖，可以能行焉，及其至也，虽圣人亦有所不能。"在尽人事的同时，孔子强调"君子"要"知天命"，"不知天命无以为君子"。

当学生问他怎样侍奉鬼神时，孔子说："不知事人，怎能事鬼神呢。"宗教和唯物主义看起来格格不入，相互为敌，但他们都自以为知道了上帝或自然的真谛，对天对人都不严谨，所犯错误是一样的。结果是：一个轻视，放松了人事，一个自以为是，乱改自然。尽人事而不违天命，知天命而不怠懈人事，这是儒家思想留给今人的宝贵启示。

点亮人生

往往在你全力以赴做某件的时候，你甚至可以有预感自己将会取得成功。所以有句话说，人在做，天在看。只要你尽到全力，你就有理由相信结果不会差到哪儿去。就算最后不尽如人意，你也不会感到后悔，因为你已经将自己的全部力量发挥出来了。

命运常在给你带来幸福的同时，给你带来不幸。不要奢望一辈子走好运，也不必悲观地去想为何我的人生这样倒霉。只管踏踏实实地认真做好每一件你应该做的事，剩下的交给老天爷去操劳好了。天地之间，人是极为渺小的，所以应以感恩的平常心去对待成败得失，一件事，你想做并做成了，是天道酬勤，是上天对你的恩幸；失败了，是天公不作美，是命运对你的磨炼（这种磨炼少些为妙）。所以，面对失意挫败，要保持泰然自若，不必颓废丧志，更不要逆天道而行。

人生在世，凡事只要尽职尽力，尽本分、尽良心去做，至于做到什么程度，成功与否，只要我们尽了，倘若不成功或不尽如人意，那也是问心无愧。人生中如果能保持这种心态那么我想人就不会活的那么累。态度决定一切，这样的心态人只要心存高远，自然不会怨天尤人。保留积极的，去除消极的，先尽人事，才能后听天命。

一位老妇人的眼睛出现问题已经大半年了，生活一直不能自理。她一直很痛苦，儿女们的压力也很大，多方寻医问药也没有太好的办法。视神经萎缩，对于眼睛来说就是绝症了，后来听说像这样的视神经萎缩，必须在发病后9个小时内正确用药，才有可能挽救。

老妇人在儿女的陪伴下来到北京，又去了一家有名的眼科医院，找专家做了手术。手术是非常成功的，但是由于她没有及时治疗，眼底也出现了病变，因此，虽然视力比手术前提高了，但是仍然没有达到手术前的期望，生活还是无法自理。

于是，儿女们一方面继续找大夫给母亲看病，另一方面也在开导自己的母亲，让她能够接受这样的现实。正如一个大夫所说："您已经到了最好的医院，找了最好的大夫，手术也很成功，剩下的事情就是要您安心调养，您也得面对这样的现实了。"

"尽人事，听天命"，虽然事情的结局不能够令人满意，但是，只要全力以赴地去做了，也就没有什么遗憾，对于事情的结局也需要默默地接受。

如果和"谋事在人、成事在天"这句感觉有一丝听天由命意味的成语相比，"尽人事，听天命"则更是需要表达一种接受现实、面对现实的勇气和心态。

第三章　你是否配得上自己所受的痛苦

> 经一番挫折，长一番见识；容一番横逆，增一番气度。
>
> ——金兰生

智慧悟语

有一本书曾经这样写道："人生活在这个世界上，总会经历这样那样的烦心事，这些事总是会折磨人的心，使人不得安稳。尤其对于刚毕业的大学生来说，刚到社会中立足，还未完全成长起来，却要承受社会的种种压力，例如待业、失恋、职场压力等折磨，而且大学生本身又是一个敏感脆弱的群体，往往在这些折磨面前束手无策。"

其实，世间的事就是这样，如果你改变不了世界，那就试着改变你自己吧。换一种眼光去看世界，你会发现所谓的"折磨"其实都是促进你生命成长的"清新氧气"。

人们往往把外界的折磨看作人生中纯粹消极的、应该完全否定的东西。当然，外界的折磨不同于主动的冒险，冒险有一种挑战的快感，而我们忍受折磨总是迫不得已的。但是，人生中的折磨总是完全消极的吗？

点亮人生

生命是一次次的蜕变过程，唯有经历各种各样的折磨，才能拓展生命的厚度。只有一次又一次地与各种折磨握手，历经反反复复几个回合的较量之后，人生的阅历才会在这个过程中日积月累、不断丰富。

有个渔夫有着一流的捕鱼技术，被人们尊称为"渔王"。依靠捕鱼所得的钱，"渔王"积累了一大笔财富。然而，年老的"渔王"却一点也不快活，因为他的三个儿子的捕鱼技术都极平庸。

于是他经常向人倾诉心中的苦恼："我真想不明白，我捕鱼的技术这么好，我的儿子们为什么这么差？我从他们懂事起就传授捕鱼技术给他们，从最基本的东西教起，告诉他们怎样织网最容易捕捉到鱼，怎样划船最不会惊动鱼，怎样下网最容易请鱼入瓮。他们长大了，我又教他们怎样识潮汐、辨鱼汛……凡是我多年辛辛苦苦总结出来的经验，我都毫无保留地传授给他们，可他们的捕鱼技术竟然赶不上技术比我差的其他渔民的儿子！"

一位路人听了他的诉说后，问："你一直手把手地教他们吗？"

"是的，为了让他们学会一流的捕鱼技术，我教得很仔细、很耐心。"

"他们一直跟随着你吗？"

"是的，为了让他们少走弯路，我一直让他们跟着我学。"

路人说："这样说来，你的错误就很明显了。你只是传授给了他们技术，却没有传授给他们教训，对于才能来说，没有教训与没有经验是一样的，都不能使人成大器。"

渔夫的儿子从来都没有经受一点挫折的折磨，他们怎么会获得成长呢？

人生其实没有弯路，每一步都是必须。所谓失败、挫折并不可怕，正是它们才教会我们如何寻找到经验与教训。如果一路都是坦途，那只能像渔夫的儿子那样，沦为平庸。

没有经历过风霜雨雪的花朵，无论如何也结不出丰硕的果实。或许我们习惯羡慕他人的成功，听到他得到的掌声，但是别忘了，温室的花朵注定要失败。正所谓"台上一分钟，台下十年功"，在他们荣光的背后一定有汗水与泪水共同浇铸的艰辛。

所以，一个成功的人，一个有点眼光和思想的人，都要学会感谢折磨自己的人，唯有以这种态度面对人生，才能算真正的成功。

> 每一种挫折或不利的突变，是带着同样或较大的有利的种子。
>
> ——爱默生

智慧悟语

人的一生绝不可能是一帆风顺的，有成功的喜悦，也有无尽的烦恼；有波澜不惊的坦途，更有布满荆棘的坎坷与险阻。当苦难的浪潮向我们涌来时，我们唯有与命运进行不懈的抗争，才有希望看见成功女神高擎着的橄榄枝。

苦难是锻炼人生意志的最高学府。与苦难搏击，它会激发你身上无穷的潜力，锻炼你的胆识，磨炼你的意志。也许，身处苦难之时你会倍感痛苦与无奈，但当你走过困苦之后，你会更加深刻地明白：正是那份苦难给了你人格上的成熟和伟岸，给了你面对一切无所畏惧的能力，以及与这种能力紧密相连的面对苦难时的心态。

点亮人生

法国前总统戴高乐曾经说过："困难，特别吸引坚强的人。因为他只有在拥抱困难时才会真正认识自己。"

有一个小伙子在报上看到招聘启事，正好是适合他的工作。第二天早上，当他准时前往应征时，发现前面已排了 20 个人。

如果换成一个意志薄弱、不太聪明的人，可能会因为人多而打退堂鼓，但是这个小伙子却完全不一样。他认为自己应该动动脑筋，运用自身的智慧想办法解决困难。他不往消极方面思考，而是认真用脑子去想，看看是否有办法解决。

他拿出一张纸，写了几行字，然后走出行列，并要求后面的男孩为他保留位子。他走到负责招聘的女秘书面前，很有礼貌地说："小姐，请您把这张纸交给老板，这件事很重要。谢谢你！"

这位秘书对他的印象很深刻。因为他看起来神情愉悦、文质彬彬，有一股强有力的吸引力，令人难以忘记。所以，她将这张纸交给了老板。

老板打开纸条，见上面写着这样一句话："先生，我是排在第二十一号的男孩。请不要在见到我之前做出任何决定。"

克服困难的一个步骤是学会认真积极地思考。任何失败、任何困难均能通过积极思考来解决。故事中这个会思考的男孩无论到什么地方都会有所作为。虽然他年纪很轻，但是他知道如何去想，如何去认真思考。他已经有能力在短时间内抓住问题的核心，然后全力解决问题，并尽力做好。

实际上，人一生中会遇到许多问题和困难，在遇到问题和困难时我们应把自己当成强者，把困难当作机遇，勇敢地去面对。

把困难当作机遇，把命运的磨难当作人生的考验，忍受今天的苦楚，寄希望于明天的甘甜，这样的人，即便是上帝对他也无可奈何。

见过瀑布的人都知道，美丽的瀑布迈着勇敢的步伐，在悬崖峭壁前毫不退缩，因山崖的碰撞造就了自己生命的壮观。苦难，在不屈的人们面前会化成一种礼物，这份珍贵的礼物会成为真正滋润你生命的甘泉，让你在人生的任何时刻都不会被轻易击倒！

超越自然的奇迹，总是在对厄运的征服中出现的。

——李宁

智慧悟语

对于消极失败者来说，他们的口头禅永远是"不可能"，这已经成为他们的失败哲学，他们遵循着"不可能"哲学，一直走向失败。

那些成功的人们，如果当初都在一个个"不可能"的面前因恐惧失败而退却，而放弃尝试的机会，则不可能有所谓的成功的降临，他们也将平庸。没有勇敢的尝试，就无从得知事物的深刻内涵，而勇敢做出决断，即使失败了，也由于对实际的痛苦亲身经历而获得宝贵的体验，从而在命运的挣扎中、愈发坚强、愈发有力，愈接近成功。

只要敢于蔑视困难、把问题踩在脚下，最终你会发现：所有的"不可能"，最终都有可能变为"可能"！

点亮人生

古波斯有位国王，想挑选一名官员担当一个重要的职务。他把那些智勇双全的官员全都召来，想试试他们之中究竟谁能胜任。官员们被国王领到一座大门前。面对这座国内最大的、来人中谁也没有见过的大门，国王说："爱卿们，你们都是既聪明又有力气的人。现在你们已经看到，这是我国最大最重的大门，可是一直没有打开过。你们中谁能打开这座大门，帮我解决这个久久没能解决的难题？"

不少官员远远地望了一下大门，就连连摇头。有几位走近大门看了看，退了回去，没敢去试着开门。另一些官员也都纷纷表示，没有办法开门。这时，有一名官员走到大门下，先仔细观察了一番，又用手四处探摸，用各种方法试探开门。几经试探之后，他抓起一根沉重的铁链子，没怎么用力拉，大门竟然开了！原来，这座看似非常坚固的大门，并没有真正关上，任何一个人只要仔细察看一下，并有胆量去试一试，比如拉一下看似沉重的铁链，甚至不必用多大力气推一下大门，都可以打得开。如果连摸也不摸、看也不看，自然会对这座貌似坚牢无比的庞然大物感到束手无策了。

国王对打开大门的大臣说："朝廷那重要的职务，就请你担任吧！因为你不光是限于你所见到的和听到的，在别人感到无能为力时，你却会想到仔细观察，并有勇气冒险试一试。"他又对众官员说，"其实，对于任何貌似难以解决的问题，都需要我们开动脑筋、仔细观察，并有胆量冒一下险，大胆地试一试。"

那些没有勇气试一试的官员们，一个个都低下了头。

"不可能"只是失败者心中的禁锢，具有积极态度的人，从不将"不可能"当回事。在生活中，我们时常碰到这样的情况：当你准备尽力做成某项看起来很困难的事情时，就会有人走过来告诉你，你不可能完成。其实，"不可能完成"只是别人下的结论，能否完成还要看你自己是否去尝试，是否尽力了。是否去尝试，需要你克服恐惧失败的心理；是否尽力，需要你克服一切障碍，获得力量。以"必须完成"或者"一定能做到"的心态去拼搏奋斗，你一定会做出令人羡慕的成绩。

在积极者的眼中，永远没有"不可能"这样的说法，取而代之的是"不，可能"。积极者用他们的意志、他们的行动，证明了"不，可能"的"可能性"。

只要有足够的意志力、足够的头脑和足够的信心，几乎任何事情都可以做到。不是不可能，只是暂时没有找到方法。不要给自己太多的框框，不要总是自我设限，应该将注意的焦点集中在找方法上，而不是在找借口上。正如哈瑞·法斯狄克所说："这个世界现在进步得太快了，如果有人说某件事不可能做到，他的话通常很快就会被推翻，因为很可能另一个人已经做到了。在信心和勇气之下，只要我们认为可以做到，就可以以科学的方法推翻'不可能'的神话，我们就可能做成任何我们想做的事情。"

> ## 追求做得更正确更好，任何活动都变成创造活动。
> ——约翰·厄普代克

智慧悟语

永远也不要消极地认为什么事情是不可能做到的。首先你要认为你能，再去尝试、再尝试，最后你就会发现你确实能做到。

有时候，我们以往的失败经历常常会成为前进路上的羁绊。相反，如果一个人没有任何的心理制约，大胆向前，那么再大的困难也阻挡不了他前进的脚步。

在平静的港湾中生活的人，很难体会到与风浪搏斗的乐趣，也很难享受到成功之后的喜悦。只有驾驭过惊涛骇浪，才能体会到搏击的快乐。

人生正是因为有着种种的横逆阻拦，而我们不断超越升华，才显出意义。因此，人生困顿，更要坚强；世道崎岖，更要勇敢；处事难公，更要自爱；做人难正，更要实在。

一个人，想要成功地做成某事，必然会经历各种各样的波折，这个过程，就是一个严酷的考验过程，如果不能忍受其中的痛苦，绝不会获取成功，唯有历经考验的人，才能走到成功的彼岸。

莲花因为污泥，而更庄严清净；鲑鱼因为逆游，而更勇猛奋进；探索者不怕危险困难，正因为可以挑战自己的体能极限；参禅者不怕腿酸脚麻，也是向自我内在的陋习挑战。

有这样一句偈语："花繁柳密处拨得开，方见手段；风狂雨骤时立得定，才是脚跟。"平静的湖面，怎能练出精干的水手？只有经得起考验的，才是最好的。

点亮人生

失意时，重要的是向前走，如果你一味地在原地彷徨，就永远也走不出人生的困境。

如果成功是我们人生最大的梦想，如果实现它注定要披荆斩棘、风餐露宿，我们为什么躲避而不是拥抱？如果世间的所有事情都因果相连，那么苦难的存在，是否也是幸福的开始？如果在整个生命中，总有一段路需要坎坷地走过，我们为什么不豁然地接纳，甚至给自己寻一条更刺激、更波折的路去走？我们要活得更有价值，而不是在四平八稳中得过且过。这是我们自己选的路，伟大和渺小间只有一线的距离。所以，如果期待华美的生命乐章，不如勇敢地拥抱生命中的苦难，给自己一个悬崖。试试胆量，壮壮雄心，世界就会大为不同。

在大漠深处有一个阿拉比王国，多年的风沙肆虐，使昔日富饶的城市变得满目疮痍，城里的人越来越少。国王日夜难眠。

一天，国王将四个王子召集到一起，对他们说："我打算将国都迁往美丽而富饶的卡伦。卡伦离这里很远很远，要翻过许多崇山峻岭，要穿过草地、沼泽，还要涉过很多大河，但究竟有多远，没有人知道。"

国王看了看他们，继续说："我决定让你们四个分头前往探路。"

四个王子都很吃惊，但他们还是服从命令，带上充足的物品出发了。

大王子乘车，翻过四座大山，来到一望无际的草地。他一问当地人，才知道过了草地，还要过沼泽，还要过大河、雪山。他想到路途如此艰难和遥远，于是停止了前进。

二王子策马穿过一片沼泽后，被一条宽阔的大河挡住了去路。望着奔涌的河水，他也掉转了马头。

三王子渡过了两条大河，却又走进了一望无际的大漠。在茫茫的沙漠中，他茫然不知所措，于是开始搜寻着回去的路。

一个月后，三个王子陆续归来，将各自沿途所见报告给国王，并都再三强调，他们经历了很多艰难，也在路上问过很多人，人们都告诉他们去卡伦的路很远很远。

几天后，小王子风尘仆仆地赶回来。他兴奋地说："我走了大约16天，就到了卡伦。"

国王微笑着说："不错，我早已探过路。"王子们都不解，国王一脸郑重地说："我只是想让你们明白：一直朝前走，而不是犹豫退缩，世上就没有走不完的路。"

确实，人生在世，与其面对不幸哭泣、彷徨，与其默默忍受命运暴虐的毒箭，不如挺身反抗无涯苦难，通过挑战的勇气，创造幸运的人生。努力寻找出路，把自己的事做得更好，就是一种创造！我们在生活中敢于与恶魔缠斗，也使我们在心灵上能与天使绘画，从而在生命的荆棘丛中窥见天堂的奥秘。

面对厄运，逃避、退却都无法打败它，你只有出发，只有跨越，只有征服。生命，总是在挫折和磨难中茁壮成长。

勇气是上天的羽翼，怯懦却引人下地狱。

——谚语

智慧悟语

人生路漫漫，充满了鲜花，也充满了荆棘；充满了幸福，也充满了痛苦。不测可能时时都存在，学业的失意、疾病的折磨、自信的受损、亲人离去的悲痛……在踏上人生路途的时候就该明白前途的坎坷。能够享受欣喜与欢愉就要有承担痛苦与失落的勇气，很多事情，只有经历了它的痛，才能迎来之后的甜。有时，感悟人生就是从人生的痛处打开一个缺口，希望的阳光才会缓缓地散落进来。

林语堂先生在《吾国吾民》中曾说："一个人彻悟的程度，恰等于他所受痛苦的深度。"

作为普通人的我们，也应该用另一种眼光看待挫折和麻烦。我们要珍视它，因为生命缺不了它。它让我们蜕变，即使这蜕变伴有阵痛，也应咬紧牙关挺过去，挺过去才有真人生。

一个人想要取得成就，是少不了苦难的洗礼的。每一个成功的人在成功来临之前，总会经历这样那样的事，这些事可能让他伤痕累累，但没有这种历练，人生就缺乏厚重感和韧性，最后取得的成绩，也可能缺乏分量。一个人受的苦越多，对生活的理解可能就越发深刻，对成功的追求就更加彻底。成功的得来不是因为苦难的累加，而是因为承受苦难积攒了相应的经验。这经验让我们成熟、坚毅，也让我们更加明白，要取得成功应该去做些什么。所以，挫折与苦难是人生不可缺少的一课。有了它，人生才更加坚定，生命才更加坚强。也更有可能冲过一道道关卡取得辉煌。

点亮人生

每位青年朋友都会对苏联著名作家高尔基所著的《海燕》一文留有深刻的印象："在苍茫的大海上，狂风卷着乌云。在乌云和大海之间，海燕像黑色的闪电，在高傲地飞翔……"而人类，也有海燕、海鸥、企鹅等类型。有人在失败的打击下，像海燕一样无所畏惧，奋起抗争；有的人在失败的打击下，只会独自呻吟，丧失了一切胆气；有的人在失败的打击下，蜷缩在角落里，不敢去面对外面的一切。

某省一高等院校里曾发生几起奇怪却发人深省的事情。2001 年该校实行学分制和滚动制相结合，以刺激学生提高学习兴趣。新出台的制度包括一些内容，如在本科班综合测评分数列后 5% 的学生降为专科生，在专科班列全班前 5% 的学生相应升为本科生；考试不及格补课一门 500 元，大学期间一共补考四门者勒令退学，等等。第一次期末考试出来，就发生了一起事件。该校生物系某学生同时补考两门功课，而且降为专科生，该学生无法忍受现实的打击，性格突然变得沉闷起来，经常和同学发生冲突，系里派专人做他的思想工作，却遭该学生冷嘲热讽。系领导担心出事，就打电话给学生家长，请家长前来协助做工作。该学生获悉后，深夜从学生宿舍六楼跳下自杀身亡。第二天家长赶到学校，儿子的尸体已经冰凉。

一个月不到，又发生一起令人震惊的事件。该校一男同学应老乡之约去舞厅跳舞，这名男同学平时性格内向，极不喜欢在公众场合讲话，更不喜欢与人交际。在舞厅里，这名男同学在老乡的怂恿下，鼓起勇气向一位漂亮女孩邀舞，不料清高的女孩拒绝了他的邀请。这名男同学一言不发地回到座位上，老乡于是便取笑他，这名男同学也没和老乡说什么，只是提出要先回去。其他人玩得正在兴头上，也没在意，便让他一个人先回去了。舞会结束后，这些人就去宿舍看他，其中一个人一敲门，里面没人应，他还以为这名男同学没有回来。突然，他闻到一股浓浓的血腥味，低头一看，从宿舍里流出许多血来。他心头一紧，便招呼其他人撞门，门一打开，浓烈的血腥味扑面而来，这名男同学扑倒在桌子上，桌子上也流了一大摊血，血顺着桌子滴下来，慢慢流到了宿舍外面。血已凝固，这名男同学已死去多时。原来他回到宿舍后，左思右想，觉得人生已没什么意义，便拿水果刀割腕自杀了。他旁边留了一封遗书，写了"我连一个女孩子都邀不到，太没面子了"，"我完了，活在世上已经没有任何意义了"，云云。

这种自戕的方式引发了许多人的思考，我们无意做过多的褒贬，只想表达一个小小的主题：千万别做一只呻吟的海鸥，要做一只勇敢的海燕！

逆境是通往真理的第一条道路。

——拜伦

智慧悟语

世事常变化，人生多艰辛。在漫长的人生之旅中，尽管人们期盼能一帆风顺，但在现实生活中，却往往令人不期然地遭遇逆境。

逆境是理想的幻灭、事业的挫败；是人生的暗夜、征程的低谷。就像寒潮往往伴随着大风一样，逆境往往是通过名誉与地位的下降、金钱与物资的损失、身体与家庭的变故而表现出来的。逆境是人们的理想与现实的严重背离，是人们的过去与现在的巨大反差。

每个人都会遇到逆境，以为逆境是人生不可承受的打击，必不能挺过这一关，可能会因此而颓废下去；而以为逆境只不过是人生的一个小坎儿的人，就会想尽一切办法去找到一条可迈过去的路。这种人，多迈过几个小坎儿的，就会不怕大坎儿，就能成大事。

点亮人生

德国有一位名叫班纳德的人，在风风雨雨的50年间，他遭受了200多次磨难的洗礼，从而成为世界上最倒霉的人，但这些也使他成为世界上最坚强的人。

他出生后14个月，摔伤了后背；之后又从楼梯上掉下来摔残了一只脚；再后来爬树时又摔伤了四肢；一次骑车时，忽然一阵大风不知从何处刮来，把他吹了个人仰车翻，膝盖又受了重伤；13岁时掉进了下水道，差点窒息；一次，一辆汽车失控，把他的头撞了一个大洞，血如泉涌；又有一辆垃圾车，倒垃圾时将他埋在了下面；还有一次他在理发屋中坐着，突然一辆飞驰的汽车驶了进来……

他一生倒霉无数，在最为晦气的一年中，竟遇到了17次意外。

令人惊奇的是，老人的身体一直很健康，而且心中充满着自信，因为他历经了200多次磨难的洗礼，他还怕什么呢？

这位老人没有被逆境和磨难打倒，依然享受着他自己的美丽人生。确实，"自古雄才多磨难，从来纨绔少伟男"，人们最出色的工作往往是在挫折逆境中做出的。我们要有一个辩证的挫折观，经常保持自信和乐观的态度。挫折和教训使我们变得聪明和成熟，正是失败本身才最终造就了成功。我们要悦纳自己和他人他事，要能容忍挫折，学会自我宽慰，心怀坦荡、情绪乐观、满怀信心地去争取成功。

如果能在挫折中坚持下去，挫折实在是人生不可多得的一笔财富。有人说，不要做在树林中安睡的鸟，要做在雷鸣般的瀑布边也能安睡的鸟，就是这个道理。逆境并不可怕，只要我们学会去适应，那么挫折带来的逆境，反而会磨炼的我们的进取精神和百折不挠的毅力。

挫折让我们更能体会到成功的喜悦，没有挫折我们不懂得珍惜，没有挫折的人生是不完美的。面对逆境，不同的人有着不同的观点和态度。对悲观者而言，逆境是生存的炼狱，是前途的深渊；对乐观者人而言，逆境是人生的良师，是前进的阶梯。逆境如霜雪，它既可以凋叶摧草，也可使菊香梅艳；逆境似激流，它既可以溺人殒命，也能够济舟远航。逆境具有双重性，就看你怎样正确地去认识和把握。

古往今来，凡立大志、成大业者，往往都饱经磨难，备尝艰辛。逆境成就了"天将降大任者"。如果我们不想在逆境中沉沦，那么我们便应直面逆境，奋起抗争，只要我们能以坚忍不拔的意志奋力拼搏，就一定能冲出逆境。

第四章　信念，打开命运之锁的钥匙

没有原则的人是无用的人，没有信念的人是空虚的废物。

——列宁

智慧悟语

当你坚信某一件事情时，就无疑给自己的潜意识下了一道不容置疑的命令，有什么样的信念就决定你有什么样的力量。一切的决定、思考、感受、行动都受控于某种力量，它就是我们的信念。坚持自己坚定的信念，就是说无论在何时、何地、何种情况下，都不能改变做事的原则，不能改变前进的目标。

比如愚公，即使智叟嘲笑他，他也不改变信念；比如玄奘，各种困难和荣华富贵也改变不了他心中一心取经的信念。坚定自己的信念是很困难的，人的意志力有时会受到外界的干扰而坚持不住，很容易受到外界的引诱而改变信念。如果能一直坚持到底的人，可能就会被别人认为是怪人。但是越是有偏执狂的人，就越有坚定的信念，就越有持续不断的动力。有位企业家曾说过，一定要结交这种不正常的人，只有这种人才能做出不平凡的事情，各方面都完全正常的人只能做普普通通的事情，不会有多大的成就。

可以说唯有信念才能指引人在困境中前行；唯有信念才可以使人不停地坚持自己的原则，始终不渝地坚持自己的目标；唯有信念才能使人在失败后一次又一次地从头再来。天下没有滴不穿的石头，只有滴的次数不够的水滴；天下也没有磨不成针的铁杵，只有磨的时间不够长的人。

点亮人生

人生的道路有时宽有时窄，有时平坦有时坎坷，有时风景迷人有时景色全无。但是我们能否坚持这样一个信念：生命总是要继续下去。这种不断变化的各种道路其实都是我们生命历程中所经历的，对于我们来说这没有绝对的好与坏，事情本来就是这样的。我们能否以平常的心态来走这不同的路，道路好时坚定自己的信念向前走，道路不好时也要照样坚定自己的信念向前走！

不要奢求要达到什么目标，就是坚持自己的信念一直不停地、自信地向前走，我们要坚信这个世界上没有什么改变不了的事情！

在诺曼·卡曾斯所写的《病理的解剖》一书中，说了一则关于20世纪最伟大的大提琴家之一——卡萨尔斯的故事。这是一则关于信念和更新的故事。

他们会面的日子，恰在卡萨尔斯九十大寿前不久。卡曾斯说，他实在不忍看那老人所过的日子。他是那么衰老，加上严重的关节炎，不得不让人协助穿衣服。呼吸很费劲，看得出患有肺气肿；走起路来颤颤巍巍，头不时地往前颠；双手有些肿胀，十根手指像鹰爪般地钩曲着。从外表看来，他实在是老态龙钟。

就在吃早餐前，他贴近钢琴，那是他擅长的几种乐器之一。他很吃力地坐在旁边钢琴凳子上，颤抖地把那勾曲肿胀的手指抬到琴键上。

霎时，神奇的事发生了。卡萨尔斯突然像完全变了个人似的，显出飞扬的神采，而身体也开始活动起来，仿佛是一位的钢琴家。卡曾斯描述说："他的手指缓缓地舒展移向琴键，好像迎向阳光的树枝嫩芽，他的背脊直挺挺的，呼吸也似乎顺畅起来。"弹奏钢琴的念头完完全全地改变了他的心理和生理状态。当他弹奏巴赫的一首曲子时，是那么纯熟灵巧，丝丝入扣。随之他奏起勃拉姆斯的协奏曲，手指在琴键上像游鱼轻快地滑着。"他整个身子像被音乐融解，"卡曾斯写道，"不再僵直和佝偻，代之的是柔软和优雅，不再为关节炎所苦。"

在他演奏完毕，离座而起时，跟他当初就座弹奏时全然不同。他站得更挺，看起来更高，走起路来双脚也不再拖着地。他飞快地走向餐桌，大口地吃着，然后走出家门，漫步在海滩的清风中。

我们常把信念看成是一些信条，而它就真的只能在口中说说而已。但是从最基本的观点来看，信念是一种指导原则和信仰，让我们明白人生的意义和方向，信念是人人可以支取且取之不尽的；信念像一张早已安置好的滤网，过滤我们所看到的世界；信念也像脑子的指挥中枢，指挥我们的脑子，按照所相信的去看事情的变化。卡萨尔斯热爱音乐和艺术，那不仅会使他的人生美丽、高贵，而且每天都带给他神奇。

就是信念，让他每天从一个疲惫的老人化为活泼的精灵，是信念，让他活下去。

斯图尔特·米尔曾说过："一个有信念的人，所发出来的力量，不亚于99位仅心存兴趣的人。"这也就是为何信念能开启卓越之门的缘故。

若能好好地控制信念，它就能发挥极大的力量，开创美好的未来；反之，它也会让你的人生毁灭。

可以说，信念是一切奇迹的萌发点。

罗杰·罗尔斯是美国纽约州历史上第一位黑人州长，他出生在纽约声名狼藉的大沙头贫民窟。这里环境肮脏，充满暴力，是偷渡者和流浪汉的聚集地。在这儿出生的孩子，耳濡目染，他们从小逃学、打架、偷窃甚至吸毒，长大后很少有人从事体面的职业。然而，罗杰·罗尔斯是个例外，他不仅考入了大学，而且成了州长。

在就职那天的记者招待会上，一位记者向他提问："是什么把你推向州长宝座的？"面对300多名记者，罗尔斯对自己的奋斗史只字未提，只谈到了他上小学时的校长——皮尔·保罗。

1961年，皮尔·保罗被聘为诺必塔小学的董事兼校长。当时正值美国嬉皮士流行的时代，他走进大沙头诺必塔小学时，发现这儿的穷孩子比"迷惘的一代"还要无所事事。他们不与老师合作，旷课、斗殴，甚至砸烂教室的黑板。皮尔·保罗想了很多办法来引导他们，可是没有一个是奏效的。后来他发现这些孩子都很迷信，于是在他上课的时候就多了一项内容——给学生看手相，他用这个办法来鼓励学生。

当罗尔斯从窗台上跳下，伸着小手走向讲台时，皮尔·保罗说："我一看你修长的小拇指就知道，将来你是纽约州的州长。"当时，罗尔斯大吃一惊，因为长这么大，只有他奶奶让他振奋过一次，说他可以成为5吨重的小船的船长。这一次，皮尔·保罗先生竟说他可以成为纽约州的州长，着实出乎他的意料。他记下了这句话，并且相信了它。

从那天起，"纽约州州长"就像一面旗帜，罗尔斯的衣服不再沾满泥土，他说话时也不再夹杂污言秽语。他开始挺直腰杆走路，在以后的40多年间，他没有一天不按州长的身份要求自己。51岁那年，他终于成了纽约州长。

信念是任何人都可以免费获得的，相信自己，信念能让人创造奇迹。一个人拿到一副坏牌，一定要从心底树立一个坚实的必胜信念。树立信念，你就有希望扭转局势。

在荆棘的道路上，唯有信念和忍耐才能开辟出康庄大道。

——松下幸之助

智慧悟语

一个没有信念的人，只能平庸地活着；反过来，拥有信念就能不畏任何艰难，因为信念的力量惊人，它可以改变恶劣的现状，形成令人难以置信的圆满结局。

生活中的任何改变，工作旅程的任何一部分，都是从心灵的路程开始的。真正的变化来自内心，生活就是不断解决各种问题的一个过程。无论做什么事情，只要精神高度专一并有耐心，无论遇到多大的困难都不轻言放弃，奇迹都是有可能发生的。

点亮人生

有一句禅语叫：掬水月在手。天空的月亮太高，凡人的力量难以企及，但是开启智慧，掬一捧水，月亮美丽的脸就会笑在掌心。

关键是人在生命的极点时，在完全不可能的情况下，主观是否奋力一搏，是否愿意还能挣扎一下？

遗憾的是，很多时候，我们的精神先于我们的身躯垮下去了。

人在任何时候都不应该放弃信念和希望，信念和希望是生命的维系。只要一息尚存，就要追求，就要奋斗。其实，大自然始终在启迪着人们——在春花秋叶舞蹈般潇洒的飘落里，蕴含着信念和希望；巨大岩石的裂缝中钻出的小草，昭示着信念和希望；不断被山风修改着形象的悬崖边的苍松和手心水中的明月无不向我们展示着信念和希望。朋友，在任何时候，无论处在什么样的境遇，都不要放弃希望和信念，如果你的心灵已太久不曾有过渴望的涌动，请你轻轻地将它激活，让它焕发健康的亮色。

一场突然而至的沙尘暴，让一位独自穿行大漠者迷失了方向，更可怕的是连装干粮和水的背包都不见了。翻遍所有的衣袋，他只找到一个泛青的苹果。

"哦，我还有一个苹果。"他惊喜地喊道。

他攥着那个苹果，深一脚浅一脚地在大漠里寻找着出路。整整一个昼夜过去了，他仍未走出空阔的大漠。饥饿、干渴、疲惫，一齐涌上来。望着茫茫无际的沙海，有好几次他都觉得自己快要支撑不住了，可是看一眼手里的苹果，他抿抿干裂的嘴唇，陡然又增添了些许力量。顶着炎炎烈日，他又继续艰难地跋涉。三天以后，他终于走出了大漠。那个他始终未曾咬过的青苹果，已干巴得不成样子，他还宝贝似的擎在手中，久久地凝视着。

在人生的旅途中，我们常常会遭遇各种挫折和失败，会身陷某些意想不到的困境。这时，不要轻易地说自己什么都没了，其实只要心灵不熄灭信念的圣火，努力地去寻找，总会找到能渡过难关的那一个"苹果"。攥紧信念的"苹果"，就没有穿不过的风雨、涉不过的险途。

所以，无论面对怎样的环境，面对多大的困难，都不能放弃你的信念，放弃对生活的热爱。因为很多时候，打败自己的不是外部环境，而是你自己。

不可能的字只有在愚人的字典里才可以翻出。

——拿破仑

智慧悟语

大千世界，瞬息万变，什么都可能发生。明白了这一点，我们就应该学习成功者，祝贺幸运者，宽容、理解意外和失误者。由此联想到，许多事情是需要我们去大胆解放思想先行先试的。敢想敢试，许多认为不可能的事就可能变成现实，就可能创造奇迹，就可能梦想成真；而如果墨守成规，畏首畏尾，许多有可能的事也会变成不可能，梦想就永远只是个梦想！

只要有一个信念，那么就可以做到想要的任何事。在我们的生活中会碰到许多的挫折，但如果我们坚持着，那么就一定会成功的。所以在碰到困难时，我们不能退缩。勇敢地大步向前可能收获的比想象的要多得多。所以大家一定要怀着一颗上进的心，因为一切皆有可能。没有做不到，只有想不到。

在遇到困难的时候我们要坚持，结局可能会令你吃惊，因为一切皆有可能。我们只要做最好的自己就够了。

点亮人生

一个小孩在看完马戏团精彩的表演后，随着父亲到帐篷外拿干草喂养表演完的动物。

小孩注意到一旁的大象群，问父亲："爸，大象那么有力气，为什么它们的脚上只系着一条小小的铁链，难道它们无法挣开那条铁链逃脱吗？"

父亲笑了笑，耐心为孩子解释："没错，大象是挣不开那条细细的铁链。在大象还小的时候，驯兽师就是用同样的铁链来系住小象，那时候的小象，力气还不够大。

它起初也想挣开铁链的束缚，可是试过几次之后，知道自己的力气不足以挣开铁链，也就放弃了挣脱的念头。等小象长成大象后，它就甘心受那条铁链的限制，而不再想逃脱了。"

在大象成长的过程中，人类聪明地利用一条铁链限制了它，虽然那样的铁链根本系不住有力的大象。在我们的成长环境中，同样也存在着许多肉眼看不见的铁链。自我们懂事之时起，就当这些铁链当成了习惯，把自己长久地困在一个狭小的世界里，自得其乐地享受着一片自认为已经很大的天空。

其实，每个人都可以，差别只在于面对人人信以为真的"不可能"，你是否有突破的勇气与力量。

科尔刚到报社做广告业务员时，经理对他说，你要在一个月内完成20个版面的销售。20个版面，一个月内。这几乎是不可能的，因为他了解到报社最好的业务员一个月最多才销售15个版面。

但是，他不相信有什么是"不可能"的。他列出一份名单，准备在拜访别人以前招揽不成功的客户。去拜访这些客户前，科尔把自己关在屋里，把名单上的客户念了10遍，然后对自己说："在本月之前，你们将向我购买广告版面。"

第一个星期，他一无所获；第二个星期，他和这些"不可能的"客户中的5个达成了交易；第三个星期他又成交了10笔交易；月底，他成功地完成了20个版面的销售。

在月底的业务总结会上，经理让科尔与大家分享经验。科尔只说了一句："不要恐惧被拒绝，尤其是不要恐惧被第一次、第十次、第一百次、甚至上千次拒绝。只有这样，才能将不可能变成可能。"报社同事给予他最热烈的掌声。

我们时常碰到：这样的情况当你准备尽力做成某项看起来很困难的事情时，就会有人走过来告诉你，不可能完成。其实，"不可能"只是别人抛出的铁链，是一种人们普遍认定的思维定式。世界著名科学家贝尔纳曾说："妨碍人们创新的最大障碍，并不是未知的东西，而是已知的东西。"思维定式顽固地盘踞在人们的头脑中，使人们永远只能在自己成长的那个范围中循环往复。事实上，当你努力挣脱那个心中的范围时，就能看到一些自己从未看到过的东西，认识一个自己连想都没有想到过的世界。

套在每个人脚上的铁链，也只有自己才能挣脱。别再相信所谓的"不可能"，即使是困在井底的青蛙，只要它愿意也能跳出来，欣赏无际的天空，何况是潜力无穷的你。

> **对于凌驾命运之上的人来说，信念是命运的主宰。**
>
> ——海伦·凯勒

📖 智慧悟语

信念是人们在一定的认识基础上，对某种思想理论、学说和理想所抱的坚定不移的观念和真诚信服与坚决执行的态度，是认识、情感和意志的融合和统一，是一种综合的精神状态，不是一种单纯的知识或想法。在本质上，信念表达的是一种态度。

信念强调的不是认识的正确性，而是情感的倾向性和意志的坚定性，它超出单纯的知识范围，有着更为丰富的内涵，成为一种综合的精神状态。

圣雄甘地通过自己在南非的经历，尤其是用于捍卫反抗殖民者暴力统治的权利，建立了他对于非暴力的信念，而他敢于运用非暴力，不但是因为他的宗教情结，更是因为他了解英国的法律。所以，对于信仰和法制的信念，他坚信非暴力可以取得胜利。

甘地的一生，充满沉静、执着、乐观和仁爱，这些都是来自他的信仰和信念。对于这些价值的坚持，使得他成为一名真正意义上的信仰者……不仅仅表现在宗教仪式，而是深信并身体力行。

✒ 点亮人生

信念会影响我们的情绪，导致我们的行为发生改变。卓越的人生应该是有坚定的信念和良好的意志力，信念引导行动。有信念就是相信自己，相信自己的人就会产生一种暗示，能够自我激励。不同的信念活出不同的人生。

画家谢坤山在 16 岁时因为一场高压电打击的意外，使他失去了一个眼睛，失去了双手和一条腿。这样的打击谁都很难承受，但是他决定认真面对，他说他从来不去看他所失去的，只想着他还拥有的！他努力学习用口衔笔作画，现在成为一个激励许多年轻学子的榜样。一个足以毁灭一个人的意外，让可能一辈子做苦工的年轻人蜕变为被全球各处邀请演讲的知名讲员，苦难成就了他与众不同的人生。

当意外发生时，亲朋好友看到肢体残疾的谢坤山，纷纷认为不要救，让他一走了之。然而，他的母亲却独排众议，坚持一定要救他，她说："即使把他救醒了，只要他能再喊一声'妈'，这样就够了！"就因为这一句话，谢坤山砥砺自己："你没有理由放弃自己啊！你没有理由把妈妈要给你的第二次生命，过得忧伤悲愁，你应该去找你人生的方向、生命的出口。"

"命运"这个词是一把两刃的刀，可以使人稍得慰藉，却也使得人失去动力。

透过家庭里的教育，培育优质的生命信念比相信命运重要得多。人生充满变数，没有人能承诺我们的一生永远是晴天；没有人能预知草莽中是否潜藏毒蛇猛兽；没有人能勾勒出命运的风刀霜剑；也没有人能揣算出何时将至"大限"。

然而，外界虽不能把握，行动却可以产生力量。力量的源泉就来自于坚强的信念。信念，是精神上的一种特殊能力。真正意义上的信念，永远是不可战胜的。在它的面前，一切障碍都得低头。

有一年，一支英国探险队来到了撒哈拉沙漠的某个地区。他们在茫茫的沙海里负重跋涉，阳光下，漫天飞舞的风沙就像烧红的铁砂一般，扑打着探险队员的面孔。他们口渴似炙，心急如焚——大家的水都没有了。这时，探险队队长拿出一个水壶，说："我这里还有一壶水。但穿越沙漠前，谁也不能喝。"

于是，一壶水，成了队员们穿越沙漠的信念的源泉，成了求生的寄托。水壶在队员手中传递，那沉甸甸的感觉，使队员们濒临绝望的脸上，又显露出坚定的神色。最终，探险队顽强地走出了沙漠，挣脱了死神之手。大家喜极而泣，用颤抖的手，拧开了那壶支撑他们精神和信念的水——但缓缓流出来的，却是满满的一壶沙子！

只要心头有一个坚定的信念，努力拼搏，就一定会渡过难关。在困境中，如果你认为自己真的失败了，那么，你就会一蹶不振，如果你对自己说："一定要坚持！"那么，你就会走过险途，获得胜利。

第五章 从绝望之山劈希望之石

黑夜无论怎样悠长，白昼总会到来。

——莎士比亚

智慧悟语

希望是生命不竭的源泉所在。它是引爆生命潜能的导火索，是激发生命激情的催化剂。对生活充满希望的人，每天都将过得生机勃勃、激昂澎湃，即使他身处逆境，也会忘记叹息和悲哀，不会把生命浪费在一些无足轻重的小事上。

成功学大师拿破仑·希尔说："没有任何东西能够换取希望对于人的价值。当我们面对失败的时候，当我们面对重大灾难的时候，我们都应该将人生寄托于希望，希望能够使我们淡忘自己的痛苦，为我们汲取继续走向成功的力量。"

点亮人生

心怀希望的人，无论自己面临多么恶劣的环境，都能够乐观对待。正如英国诗人托马斯·胡德所说："即使到了我生命的最后一天，我也要像太阳一样，总是面对着事物光明的一面。"

要想永远乐观很简单，就要每天给自己一个希望。

在一个偏僻的村落里，有一位历尽沧桑的老人。由于命运的捉弄，她几乎经历了一个女人所能遭遇的一切不幸。然而她却用一颗满盛着希望的心灵演绎了一个幸福美丽的人生。18岁时，她嫁给了邻村的一个生意人，可刚结婚不久，丈夫外出做生意，便一去不回。有人说他死在了响马的枪下，有人说他病死他乡了，还有人传说他被一家有钱人招了去，当了养老女婿。当时，她已经怀了孩子。

丈夫不见踪影几年以后，村里人都劝她改嫁。没有了男人，孩子又小，这寡居的生活到什么时候是个头？她没有走。她说丈夫生死不明，也许在很远的地方做了大生意，没准哪一天发了大财就回来了。她被这个念头支撑着，带着儿子顽强地生活着。她甚至把家里整理得更加井井有条。她想，假如丈夫发了大财回来，不能让他觉得家里这么窝囊寒酸。这样过去了十几年，在她儿子17岁那一年，一支部队从村里经过，她的儿子跟部队走了。儿子说，他到外面去寻找父亲。

不料儿子走后又是音信全无。有人告诉她说她儿子在一次战役中战死了。她不信，一个大活人怎么能说死就死呢？她甚至想，儿子不仅没有死，反而是做了军官，等打完仗，天下太平了，就会衣锦还乡。她还想，也许儿子已经娶了媳妇，给她生了孙子，回来的时候还是一家子人了。

尽管儿子依然杳无音信，但这个想象给了她无穷的希望。她是一个小脚女人，不能下田种地，她就做绣花线的小生意，勤奋地奔走四乡，积累钱财。她告诉人们，她要挣些钱把房子翻盖一下，等丈夫和儿子回来的时候住。

有一年她得了大病，医生已经判了她死刑，但她最后竟奇迹般地活了过来，她说，她不能死，她死了，儿子回来到哪里找家呢？这位老人一直在村里健康地生活着，过了百岁的年龄，她依然做着她的绣花线生意，她天天算着，她的儿子给她生了孙子，她的孙子也该生孩子了。这样想着的时候，她那布满皱纹与沧桑的脸上，即刻会容光焕发。

每天给自己一个希望，所以故事中的老人才能顽强而快乐地生活。

在不断前进的人生中，凡是看得见未来的人，就一定有能力把握现在，因为他内心始终存在着美丽的风景，他知道自己的人生将走向何方。留住心中的"希望种子"，你就会有一个无可限量的未来，心存希望，任何艰难都不会成为我们的阻碍。只要怀抱希望，生命自然会充满激情与活力。

每天给自己一个希望，我们就能够充满勇气地面对自己的生活，而不是将时间花费在无尽的悲哀和苦闷上，生命有限但希望无限，每天给自己一个希望，我们就能够拥有一个丰富多彩的人生。

每朵乌云背后都有阳光。

——吉伯特

智慧悟语

社会在发展，科技在进步，生活水平在提高，但唯独人类的屈辱和古代一样，没有变化。现代人并没有因物质的丰富而减少痛苦，相反，焦虑和苦闷反而与日俱增。这是因为世界是不圆满的，不圆满就会有不如意，不如意就会有痛苦。

生活中，当人们感到烦恼和痛苦的时候，不妨什么事都往好处想一想，向前看，需要忍辱的事就少了，日子自然过得轻快多了。

老子曾说："唯之与恶，相去几何？善之与恶，相去若何？"赞美和批评，有多大差别呢？好事和坏事，有多大差别呢？这意思是告诉我们，不要太执着于寻常好坏对错的评价，凡事不妨往好处想。

点亮人生

古人祈祷神灵消除灾害，总不把白色额头的牛、高鼻折额的猪以及患有痔漏疾病的人沉入河中用作祭奠。这些情况巫师全都了解，认为他们都是很不吉祥的。不过这正是"神人"所认为的世上最大的吉祥。

大学毕业生迈克是一家大公司的高级主管，他面临一个两难的境地。一方面，他非常喜欢自己的工作，也很喜欢工作带给他的丰厚薪水——而且他的位置使他的薪水只增不减。但是，另一方面，他非常讨厌他的老板，经过多年的忍受，最后他发觉已经到了忍无可忍的地步。在经过慎重考虑之后，他决定去猎头公司重新谋一个高级主管的职位。猎头公司告诉他，以他的条件，再找一个类似的职位并不费劲。

回到家中，迈克把这一切告诉了他的妻子。他的妻子是一个教师，那天刚刚教学生如何重新界定问题，也就是把你正在面对的问题换个角度思考，把正在面对的问题完全颠倒过来看——不仅要跟你以往看这问题的角度不同，也要和其他人看这问题的角度不同。她把上课的内容讲给了迈克听，这给了迈克以启发，一个大胆的想法在他脑中浮现。

第二天，他又来到猎头公司，这次他是请猎头公司替他的老板找工作。不久，他的老板接到了猎头公司打来的电话，请他去别的公司高就。尽管他完全不知道这是他的下属和猎头公司共同努力的结果，但正好这位老板对于自己现在的工作也厌倦了，所以没有考虑多久，就接受了这份新工作。

这件事最美妙的地方，就在于老板接受了新的工作，结果他目前的位置就空出来了。迈克申请了这个位置，于是他就坐上了以前他老板的位置。

在这个故事中，迈克本意是想替自己找个新的工作，以躲开令自己讨厌的老板。但他的太太教他换个角度思考，就是替他的老板而不是他自己找一份新的工作，结果，他不仅仍然干着自己喜欢的工作，而且摆脱了令自己烦心的老板，还得到了意外的升迁。

一位成功学专家说过，你不可以改变一件已经变糟的事情，但你可以选择快乐地对待它，这样，无论你遭遇什么，你都能够在其中发现乐趣。

《人生光明面》的作者诺曼·皮尔博士接受电视访问时，节目主持人问他："皮尔博士，你会对何种范围内的事情保持积极的思考或态度呢？"皮尔博士回答说："我只对我能控制的事情持积极的想法。"他又说："如果我买的一架飞机不幸坠毁了，那么，这就不是我能控制的事情。对此，我不会有什么积极不积极的态度，因为，不管我怎么想，也不能使飞机不失事或完好如初。"

人们为了生活总是要工作做事，在工作得十分疲惫时，常常发出这样痛苦的感叹："这工作简直不是人干的活。"但是，打篮球累不累？其实它比做这份工作更累。那为什么人们打篮球就那么开心呢？为什么不把这份工作看成是打篮球呢？跟人吵架了，确实很气人。要是在电影里看见这样的情节，反而觉得好玩有趣，那么不妨将这场争吵当成一场电影呢？吵完了架，再回忆一下这场"电影"里的情节，批判一下彼此的表现，是否能和电影中的演员们相媲美，这时，不快早已消失得无影无踪了。

人生中的许多问题，其发生与否，并非我们所能左右的。不过，你要是能控制你对于这些问题的反应态度，就等于控制了它们对你的影响。既然如此，当你感到糟糕时，不妨多往好处想，多向前看，这样你就会感到快乐了。

> **如果你没法做希望做的事，就应当做你能够做的事。**
>
> ——谚语

智慧悟语

天下没有过不去的火焰山，没有过不去的坎，天无绝人之路。这些都是前人们的人生感悟。不要对这些老话嗤之以鼻，仔细去品味，其中都充满韵味。现代社会生活节奏加快，压力巨大，每天都有人因为各种原因结束自己的生命，或者生活在巨大的痛苦之中。但是，这样做真的有必要吗？与其痛苦、绝望，不如往积极的方面想想。不论条件和环境多么差，只要活着，总能有所改变。穷则变，变则通。

充满希望的人，不会无所事事，虚度时日，时刻有坚定的心态，积极的行动。凡是有所成就的人，向来如此，他的人生经历也许很曲折坎坷，但绝对充实饱满，这就叫人生阅历。阅历丰富的人不会绝望。因为一旦绝望，他就失去行动的动力，生活便成为一潭死水。

点亮人生

在日本有一个学业优秀的青年，他去一家大公司应聘，结果名落孙山。这位青年得知这一消息后，深感绝望，顿生轻生之念，幸亏抢救及时，自杀未遂。不久传来消息，他的考试成绩名列榜首，是统计考分时，电脑出了差错，他被公司录用了。但很快又传来消息，说他又被公司解聘了，理由是一个人连如此小的打击都承受不起，又怎么能在今后的岗位上建功立业呢？

在我们的周围，有很多人之所以没有成功，并不是因为他们缺少智慧，而是因为他们在面对事情的艰难时没有做下去的勇气，他们自认为已陷入绝境，只知道悲观失望。

其实，人生没有绝望的处境，只有对处境绝望的人。即使自己是一粒细沙，也要相信自己能够成为一颗珍珠。只有抱着这样的信念，我们才能走向成功。

有一位穷困潦倒的年轻人，身上全部的钱加起来也不够买一件像样的西服。但他仍全心全意地坚持着自己心中的梦想，他想做演员，当电影明星。好莱坞当时共有500家电影公司，他根据自己仔细划定的路线与排列好的名单顺序，带着为自己量身定做的剧本前去一一拜访，但第一遍拜访下来，500家电影公司没有一家愿意聘用他。

面对无情的拒绝，他没有灰心，从最后一家被拒绝的电影公司出来之后不久，他就又从第一家开始了他的第二轮拜访与自我推荐。第二轮拜访也以失败而告终。第三轮的拜访结果仍与第二轮相同。但这位年轻人没有放弃，不久后又咬牙开始了他的第四轮拜访。当拜访到第 350 家电影公司时，老板竟破天荒地答应让他留下剧本先看一看。他欣喜若狂。几天后，他得到通知，请他前去详细商谈。就在这次商谈中，这家公司决定投资开拍这部电影，并请他担任自己所写剧本中的男主角。不久这部电影问世了，名叫《洛奇》。

这位年轻人的名字就叫史泰龙，后来他成了红遍全世界的巨星。

其实，陷入绝望的境地往往是对今后的路没有信心，或者是对曾经得到而又失去的东西感到痛心，所以有人会因此而绝望。人常说，"绝境逢生"，这个词能够出现就有它出现的道理，很多时候，有些事情看起来是没有回旋的余地了，但只要不放弃，很可能就会出现转机。

常言道："留得青山在，不怕没柴烧。"任何时候，只要人在就有希望，遇到任何处境都不至于绝望，流过血，流过泪，付出了汗水，痛哭过后，擦干眼泪，一切可以重新开始。

所以，不论是遇到什么困难，不论困难在现在看来是如何的糟糕，千万不要以为没有了办法。也不要因为一次失败就认为自己无能，每一个人的成功几乎都是由不断失败，再不断爬起来才成长起来的。或者每当觉得开始绝望的时候，多鼓励自己再试一次，很可能会让自己跨越了苦难的沼泽地，给自己一个机会，生活的机会才会留给自己。

希望是唯一所有的人都共同享有的好处；一无所有的人，仍拥有希望。

——塞利斯

智慧悟语

世事无常，我们随时都会遇到困厄和挫折。遇见生命中突如其来的困难时，你都是怎么看待的呢？不要把自己禁锢在眼前的困苦中，眼光放远一点，当你看得见成功的未来远景时，便能走出困境，达到你梦想的目标。

当我们处于厄运的时候，只要我们仍能在自己的生命之杯中盛满希望之水，那么，无论遭遇什么样的坎坷和不幸之事，我们都能永葆快乐心情，我们的生命才不会枯萎。

我们生活在一个竞争十分激烈的社会，有时在某方面一时落后，有时困难重重，有时失败连连，甚至有时被人嘲笑……无论什么时候，我们都不能放弃努力；无论什么时候，我们都应为自己播下希望的种子。

内心充满希望，它可以为你增添一分勇气和力量，它可以支撑起你一身的傲骨。当莱特兄弟研究飞机的时候，许多人都讥笑他们是异想天开，当时甚至有句俗语说："上帝如果有意让人飞，早就使他们长出翅膀。"但是莱特兄弟毫不理会外界的说法，终于发明了飞机；当伽利略以望远镜观察天体，发现地球绕太阳而行时，当权派曾将他下狱，命令他改变主张，但是伽利略依然继续研究，并著书阐明自己的学说，终于在后来获得了证实。最伟大的成就，常属于那些在大家都认为不可能的情况下，却能坚持到底的人。坚持就是胜利，这是成功的一条秘诀。

点亮人生

一位心理学家讲了他所做过的一个试验：将两只大白鼠丢入一个装了水的器皿中，它们会拼命地挣扎求生，一般维持的时间是8分钟左右。然后，他在同样的器皿中放入另外两只大白鼠，在它们挣扎了5分钟左右的时候，放入一块可以让它们爬出器皿的跳板，这两只大白鼠得以爬出来。若干天后，再将这对大难不死的大白鼠放入同样的器皿，结果真的令人吃惊：两只大白鼠竟然可以坚持24分钟——3倍于一般情况下能够坚持的时间。

这位心理学家总结说：前面的两只大白鼠，因为没有逃生的经验，它们只能凭自己的体力来挣扎求生；而有过逃生经验的大白鼠却多了一种精神的力量，它们相信在某一个时候，一块跳板会救它们出去，这使得它们能够坚持更长的时间。这种精神力量，就是积极的心态，或者说，是内心对一个好的结果心存希望。

暂时的落后一点都不可怕，自卑的心理才是可怕的。人生的不如意、挫折、失败对人是一种考验，是一种学习，是一种财富。我们要牢记"勤能补拙"，既能正确地认识自己的不足，又能放下包袱，以最大的决心和最顽强的毅力克服这些不足，弥补这些缺陷。人的缺陷不是不能改变，而是看你愿不愿意改变。只要下定决心，讲究方法，就可以弥补自己的不足。

没有希望的人生不算人生，没有未来的人生最空虚。

——池田大作

智慧悟语

失望是什么？我们是否逃避了就没有了失望？希望是什么，难道就那样遥远？摆脱冬天最后一层冰雪的桎梏，春天再次开启四季的轮回之门；摆脱蛹中的最后一次挣扎，终于破茧为蝶；同样，摆脱失望的最后一秒，我们就会迎来下一次希望。人们习惯于赋予春天温柔的性格，殊不知，它也经过了夏、秋、冬的蜕变；人们习惯于观看蝴蝶的翩翩起舞，殊不知它经过了多少次挣扎。

美好的希望不是凭空产生的，必须先付出漫长的垂死挣扎。事物的联系是普遍存在的，所以说失望无处不在，希望随后就到来。生活不是呆板的平面画，而是立体的雕塑；不是平静的海底，而是波光粼粼的湖面，所以说希望总与失望长伴，它们是双胞胎，他们是人与影子，从不分离。这是不可违背的客观规律。失望时，愚昧的人会感伤和叹息；而明智的人会向上攀登。矛盾是对立统一的，遵循规律的人获得成功，不理它的人总是沮丧。

失望并不可怕，怕的是不会运用失望；失望并不可怕，怕的是违反矛盾的特性；失败并不可怕，怕的是在倒数第二秒放弃了最后。黎明前的黑暗是为了给我们更好的期望，等到了黎明，光明也就在眼前。

点亮人生

希望在前，我们能不断向前。这一秒不要失望，我们下一秒就有希望。

人生中有许多事情让人痛苦欲哭，几欲绝望，这些事情我们别无选择。那么之后呢？之后是否就把阳光和欢乐拒之门外？别人误会你了，你难道连自己也不相信？朋友离开你，你难道连自己也遗弃？不要忘记，经历风雨后就有许多怡人的风景。生活有时捉弄人，但事实上，它对每个人都是公平的，它给你失望，在前面的不远处就一定给了你希望，坚持下去，拨开迷雾，这一秒不失望，下一秒就有希望。

我们渴望着成功，渴望着像比尔·盖茨、戴尔·卡耐基一样富有，但像盖茨、戴尔这样的幸运儿能有几人？励志大师拿破仑·希尔深信："失败"是大自然对人类的严格考验，它借此烧掉人们心中的残渣，使人类这块"金属"因此而变得更加纯净。他忠告道："命运之轮在不断地旋转，如果它今天带给我们的是悲哀，明天它将为我们带来喜悦。"既然这样，我们还有什么理由失望？

没有坚定的意志，如何有希望？生活中不如意，我们可以哭，但不可以失望。"山重水复疑无路，柳暗花明又一村"。我们谁也不知道今后会发生什么，只有一点可以肯定，希望总是有的。

失望是希望前的曙光，希望便是失望的产儿，生活就是希望与失望结合的一场彩排。一次次的失败，就像黑夜里的明灯，指引你到达成功的彼岸。让我们笑对失望，因为有希望在等待！

我们必须接受有限的失望，但是千万不可失去无限的希望。

——马丁·路德·金

智慧悟语

我们所有的思想和情感都能给予我们力量并能激励我们的行动和改变我们的生活。但是，在这些力量中，哪一个是最有力的？有的人说是"爱"。在开始时，我也同意这种说法，但再一想，我认为应该是希望。字典里对希望的解释是：希望是达到的某种目的或出现的某种情况。要知道，一个人只要有希望，世界上没有他不能忍受的事。

点亮人生

临床医生和护士认为，希望对病人的生与死有决定性的影响，所以他们总是给予病人最大的希望。

失去了希望，就等于失去了活力、生气和诞生的理由。希望，是世界上最珍贵的礼物。如果你或者你认识的人正在与疾病、压抑，或坏习惯作斗争的话，希望，即对事件趋向好转的坚定信心，正是你所需要的，而且越多越好。

然而，希望给人的是美好的，绝望给人的却是悲惨的。那么，不用说，大家都知道，人们只是喜欢希望，而厌恶绝望。可是，希望比天都高的时候，肯定绝望就会比海更深了。我们的眼里、心中只肯容纳美好的希望，就是不能容纳丑陋的绝望。既然我们的审美观都是一样相似，可是绝望依然猖狂地成长着。

你的成长源于你拥有的一个接一个的梦，从心开始，寄予希望，寄予盼望。

第四篇

你幸福了吗

第一章　幸福有标准吗

生活中最大的幸福是坚信有人爱我们。

——雨果

📚 智慧悟语

爱心是在别人遭遇困难时伸出的一只手，爱心是你投入募捐箱里的一枚钱币，爱心是对失败者一个鼓励的眼神，爱心是对自卑者一个明媚的微笑……

当一个人得到他人的爱心，那么这个人是幸福的，因为在自己最孤立无援的时候，能得到别人无私的帮助；当一个人奉献自己的爱心，那么，这个人也是幸福的，因为他虽然可能会失去一些东西，却得到了心灵的愉悦和灵魂的升华。正如巴尔德斯所说："把别人的幸福当作自己的幸福，把鲜花奉献给别人，你的心中也会春暖花开。"

爱心是没有贵贱之分的，只要你想真心地帮助一个人，无论你献出的是一沓崭新的纸币，还是一个简单的微笑，是鼎力相助，还是几句安慰的话语，你都会受到同样由衷的感激，因为在爱的天平上，它们是等量的。

在现实生活中，爱心似乎离我们越来越远了。公交车上，一位青年把座位让给年过七旬的老大爷，当我们为之感动时，部分人却对此嗤之以鼻，把这说成"虚伪"；大马路上，一位老人被撞倒在地，好心人把老人送往医院却被说成是"肇事者"……我们不禁发问，究竟该如何让爱心远离凄风苦雨，像鲜花一样绽放出最迷人、最灿烂的花朵呢？

哲人说："没有比足音更遥远的路途，没有比行动更美好的语言。"放开顾忌，揭去隔阂，带上一份坦诚与爱心，在漫漫的人生旅途中，让我们学着陶渊明，执杖撒子，播下无数爱的种子，也是幸福的种子。每当走得累了、乏了，回头看看，你会发现身后的路是一片花团锦簇，美不胜收，这就是你收获的幸福。

点亮人生

上天给予每个人的爱是一样多的，只是有些爱在不经意间从指缝中溜走，有些爱我们曾拥有过，现在却已远离，有些爱我们正在拥有着，却未曾感受到。直到失去的那一刻才发现这份爱是如此珍贵。为什么拥有时却没有发觉过，没有珍惜过，没有付出过，没有感动过……

在马斯顿一个偏远的小镇，有一个小名叫贡捷的女孩。她从小愤世嫉俗，富有正义感和同情心，她7岁皈依天主教，18岁进入修道院，在她以后70多年的人生中都在与那些在饥饿和死亡线上挣扎的人们同甘共苦。哪里有战争，哪里发生自然灾害，哪里有瘟疫流行，哪里就有她的身影。她先后在115个国家建立543个收容所、孤儿院和艾滋病疗养中心。她"给贫穷者中之最贫穷者，卑贱者中之最卑贱者点燃了爱的明灯"，她被称为"贫困者之母"。她就是受世人景仰的诺贝尔和平奖获得者——特蕾莎修女。特蕾莎修女一生都在为救助世界上最无助的人而操劳、忙碌，她把自己的一切都献给了慈善事业。

上天的恩赐不是让你失去时才懂得珍惜，而是要在没有失去时学会发现身边的爱，拥有现在的爱、学会保护，学会关心，学会回报，这样的你才会幸福快乐。

幸福不是一个目标，而应该是一个过程，是与人生同步的一个过程。拥有爱就会拥有幸福。爱的过程就是一种幸福的过程。人大多时候都在关注自己所没有的而忽略了自己所拥有的，所以心灵总是处于饥渴状态，有无穷无尽的欲望需要一一填补，活得很累，自然也就幸福不起来，而拥有一颗感恩而充满爱的心则会拥有更多的幸福。

一个年轻的女子和男友拌了几句嘴，俩人便赌气说要分手。偏偏她在工作中又遇到了一些挫折，老板每天拿着不信任的目光看着她，她感觉人生一下子跌到了低谷。极度郁闷中，她甚至想到了自杀。

一天晚上，女子坐在灯下写遗嘱，反反复复写了几遍都觉得不合适。这时她的父亲端着一杯浓茶进来了，轻轻地将茶放在女儿的桌前。看到了满地的纸团，父亲心疼地摸摸她的头："又在写文章吗？不要太累着自己了。"女儿抬起头来，正迎上了父亲慈爱的目光。她端起茶来，轻轻地啜了一口，这一刻，她深深地感到久违的幸福又回到了身边，它就在这一杯浓茶里，就在父亲的眼神里。自杀的念头顿时消散得无影无踪了。

岁岁年年花相似，年年岁岁人不同。有些爱即使重来，有些人却已不在，生命因爱而美丽，也会因失去爱而凋零。一次的失去并不代表失去一切，除了爱情，还有亲情和友情。不能因为一次的失去而存有重来一次的梦幻，那样会失去更多的爱，失去整个世界，失去生存的勇气。失去了你爱的人，还会有爱你的人，用真心去感受爱你的人对你的关心，挂念，你会感受到温暖和幸福，还会找到你爱的人。

重来与不重来并不重要，重要的是在失去中我们学会了去珍惜身边的爱，懂得在乎你拥有的东西。心疼你的父母，天冷时打个电话，带去问候；过节时，回家陪陪父母，这是他们最大的欣慰；爱你的朋友，生日时发条短信，送上你的祝福。朋友有难时，出手相助，即便是平平淡淡的几句话也是一种安慰。记住那些关爱你的眼神，记住那些爱你的亲人。不要因一次的失去而看淡整个世界，丧失生存的勇气，放弃你拥有的美好和幸福。失去的不会再回来，懂得把握现在的，拥有就是幸福。不要等到重来的时候，才知道拥有爱比失去爱更幸福。

> **人生最大的快乐不在于占有什么，而在于追求什么的过程中。**
>
> ——本生

智慧悟语

快乐的人生不在山珍海味，而在清新和淡雅；不在盲目追求，而在真诚相待；不在别人的施舍，而在自己的努力；不在遥远的未来，而在当下的获得。追求快乐的人生不在于"快乐"二字，而在于快乐的过程。

追求完美的结果是人人向往之事，其实享受过程也不乏其美妙之处，因为你永远也到达不了终点，而在到达终点的每一个过程中，如果你勇往直前，难道不是一种享受？

实际上人生除了起点和终点外，其他的都是一个过程，而且起点和终点所有人都是一样的，赤条条的来，赤条条的去，什么也带不走。所以，人与人之间的主要差别，在于过程的体验不同。我相信没有哪个人是为了体验痛苦而来的，我们的目的都是追求幸福，享受快乐。但是我们的人生过程不会是一味地痛苦和幸福，苦辣酸甜都会体验到。

怎样让人生过程充满着快乐和幸福呢？要品味过程，享受过程，我们要珍惜每一刻、每一次的人生体验。比如我们每天享受阳光，已经司空见惯；每天享受细雨清风，已经习以为常，因为太普通、太容易就能感受到阳光和风雨，所以我们不知道珍惜。

点亮人生

生是开始，死是结束，中间的是过程，人生就是如此。不问来处，不问去处，只问今在何处，才是现实。对于一个人来说，从胎儿，婴儿，孩童，少年，青年，中年，到老年，是这个过程诠释了生命的真谛，它包含了人活着的酸甜苦辣，凸显着人生得意的光芒和失意的暗淡。

人们苦苦追求，苦苦寻觅，只为了得到一个结果，但当你得到了那个果时，常会变得失望，反而是在争取的过程中，你尝遍了各种快乐和心酸，那种滋味才令人回味无穷。不要因为在人生过程中失去了那些得到的东西而忧心忡忡，因为已经得到，就不怕失去。否则，在你不断为失去而感叹时，你会错过大好的时光，而说不定你错过的时光，会让你得到更好的事物。

有位孤独者倚靠着一棵树上晒太阳，他衣衫褴褛，神情萎靡，不时有气无力地打着哈欠。

一位僧人由此经过，好奇地问道："年轻人，如此好的阳光，如此难得的季节，你不去做你该做的事，懒懒散散地晒太阳，岂不辜负了大好时光？"

"唉！"孤独者叹了一口气说，"在这个世界上，除了我自己的躯壳外，我一无所有。我又何必去费心费力地做什么事呢？每天晒晒我的躯壳，就是我要做的所有的事了。"

"你没有家？"

"没有。与其承担家庭的负累，不如干脆没有。"孤独者说。

"你没有你的所爱？"

"没有，与其爱过之后便是恨，不如干脆不去爱。"

"你没有朋友？"

"没有。与其得到还会失去，不如干脆没有朋友。"

"你不想去赚钱？"

"不想。千金得来还复去，何必劳心费神动躯体？"

"噢，"僧人若有所思，"看来我得赶快帮你找根绳子。"

"找绳子干吗？"孤独者好奇地问。

"帮你自缢。"

"自缢？你叫我死？"孤独者惊诧道。

"对。人有生就有死，与其生了还会死去，不如干脆就不出生。你的存在，本身就是多余的，自缢而死，不是正合你的逻辑吗？"

孤独者无言以对。

"兰生幽谷，不为无人佩戴而不芬芳；月挂中天，不因暂满还缺而不自圆；桃李灼灼，不因秋节将至而不开花；江水奔腾，不以一去不返而拒东流。更何况是人呢？"僧人说完，拂袖而去。

人生是过程，这是一个最简单但又最不为人注意的错误。人生目标是我们永远的明天，我们的人生永远是今天，是此刻，是转瞬即逝的现在！

有目标的人是活得有意义的人，能看重人生本身这一过程并把握住过程的人是活得充实而真实的人。"没白活一辈子"，应该是目的和过程两方面都有质量。许多人活了一辈子，到头来还没有得到人生过程的乐趣，没有享受人生，这是一种生命自觉与自省的缺乏。沉浮和动静皆人生，体悟每种境遇，不以物喜，不以己悲，得失和沉浮皆是人生所获的赐予。

如果我们总用一种效益坐标来判别人生的状况，前进为正，后退为负，上升为优，下沉为劣，那么，我们就永远不能读懂人生。所以，在追求幸福的过程中，才是最幸福的。既然每个人的未来结果是相同，均为赤条条来去无牵挂，那么还不如在追求一切的过程中好好享受，这才不枉在尘世走一遭。

凡事顺遂并非等于幸福，在追求幸福的途中，或许才是最幸福的时刻。

> **对于大多数人来说，他们认定自己有多幸福，就有多幸福。**
> ——林肯

智慧悟语

幸福属于情感世界，是一种感觉，即一种满足感。幸福是无处不在的，每个人都有属于自己的幸福，要自己去发现、去把握。只是有时人要求太多，因此而没有见到那些本身就拥有的幸福。善于抓住幸福的人才懂得什么是幸福。世上最珍贵的，不是得不到，也不是已失去，而是把握住眼前幸福。

人活着是为了生活得更快乐、更幸福，而幸福生活要自己去努力争取。这种追求和努力让单调乏味的工作充满生趣，可以让你身心健康，生活得和平而安逸。

其实生活即是奋斗和收获，人生短暂，但应有合适目标，无论做什么总要有所作为，生活应丰富多彩，应不断求索，不断追求奋斗，尽管前进的道路上有汗水可能还有眼泪，也要不断奋斗、永不方言弃。

许多人在经过岁月流年后才明白，幸福很简单。其实，只要心灵有所满足有所慰藉即是幸福。

点亮人生

一个人的幸福并不代表是否他拥有什么，而在于他怎样看待所拥有的。生活并不缺少快乐，缺少的是你发现快乐的眼睛。

也许你并不富有，但你有健康身体；也许你没有令人羡慕的地位，但你有个幸福美满家庭；也许你不出名，但你有宁静而不受干扰的生活。一些人刻意地追求所谓的快乐，付出了巨大代价后却仍然感觉一无所有，因为他违背了幸福的含义。

幸福只是一种个人的感觉罢了。生活本来就有太多的诱惑，太多的追求和渴望会让原来简单纯粹的人生变的迷茫与困惑起来。什么是幸福？每个人的答案和标准都不同，不过有一点是肯定的——活着就是幸福，可以看到早上升起的太阳是一种幸福，可以听到家人在餐桌上唠叨个没完那也是一种幸福，可以和好朋友插科打诨也是种幸福……幸福很多很多，而在于你有没有认真体会它。

幸福，好比时光老人给每个人每天 24 小时一样均等，只是，因每个人的态度不同而使幸福变得不公平，悲观的人认为，幸福是那遥不可及的地平线，可望而不可即；乐观的人认为，幸福就在身边……

一个幸福的人不是由于他拥有的多少，而是懂得发现和寻找，且具有博大的胸襟、雍容大雅的风度。很多时候，幸福就像野草一样蔓延疯长，像空气一样弥散于四周，只要你留意，得到它其实很简单。人所处的环境不同，但凡福祸相依，苦乐参半，只要从容处世，看淡得失，积极努力地发掘生活中美好的一面，幸福的感觉就会接踵而来的。幸福其实就在我们身边、就在我们眼前、就在时空的分秒间……

只要你有一件合理的事去做，你的生活就会显得特别美好。
——爱因斯坦

智慧悟语

幸福——无数人为之疯狂，为之迷惘。但真正能得到幸福的往往是那些将生活融入忙碌中的人，这些人很少让自己停下来，总能让自己有事做。其实幸福的真谛就是这样，想让自己幸福的人就必须克服空虚，而要克服空虚就必须有事做。

有事做的人之所以能感到幸福，是因为他们时时刻刻都被他们所做的事情充实着，他们的心远离空虚，拥有一种满足感。李白是幸福的，他幸福是因为他没有因不能做官而萎靡不振，而是乐此不疲地从事他的诗文创作；苏轼是幸福的，他幸福是因为他没有在坎坷的仕途中颓废，而是一直过着让自己充实的生活；牛顿也是幸福的，他幸福是因为他总是站在巨人的肩膀上寻求真理，孜孜不倦地做着事情。幸福就得有事做，忙碌之中自会有幸福来报到。

点亮人生

当你在做完一件事时，那种从心底油然而生的幸福感就会如浩浩荡荡连绵不断的海水涌上心头。幸福就是望着自己制作的小船在水中荡漾，随波漂荡；幸福就是看着自己栽下的小树一天天伸枝展叶；幸福就是看着自己生产的商品被一件件推销出去。用这些实际行动换取的幸福比起某些人为了得到幸福而缘木求鱼，整天空想着如何得到幸福要划算得多。爱迪生的幸福就是研制出了两千多项发明，莱特兄弟的幸福就是制造出了世界上的第一架飞机，罗斯福的幸福就是领导美国走出了经济危机，贝多芬的幸福就是创作了无数广为流传的名曲……幸福离我们并不遥远，只要我们认认真真地去做好自己手中的事，在做事的过程中慢慢地去体会。

幸福就在生活中，有事做的人更懂生活，他们拥有更多的生活经验，更能够品味生活的乐趣，获得的幸福也就会更多。生理上的病痛和心灵上的打击并不能击垮我们读懂生活，体验幸福的脚步。谁都没有也无法夺走你享受幸福的权利，只要你不以毫无幸福感为托词，一蹶不振，而是充满信心去做一件事，那么，你的生活就会充满幸福。

抛开懒惰，在行动中寻找幸福。

> ## 醉心于某种癖好的人是幸福的。
> ——萧伯纳

智慧悟语

每个职场中人，都有自己的工作，每天上班下班，按工作范围和程序行事。有的人参加工作几十年，大小有个头衔，上有领导，下有部属，工作兢兢业业，处世谦虚谨慎，等完成一天的工作，已是身心疲惫。时间长了，免不了对职业产生怠惰，对别人缺乏热情。使自己的生活单调枯燥，人生缺乏色彩，生存的质量大打折扣。而业余爱好正是丰富人生的添加剂，是愉悦身心的有效药。

人们的业余爱好，按各人的秉性脾气、文化程度、经济社会条件不同而各式各样。

比如，爱运动的人，有条件的就可以经常去游游泳，打打羽毛球。一般老百姓起码也可以早晨跑跑步，晚饭后散散步，有钱的老板可以进高档会所去愉悦身心，强身健体。一些爱好文学的人可写写诗，填填词。爱好戏剧的可参加票友会。有的人"吹拉弹唱，琴棋书画"样样爱好，是为上乘。这些业余爱好，可使一个人的人生丰富多彩，有滋有味，可使一个人的身心健康乐观，生活充实。

其实，人都是需要有一点爱好的。能够将爱好与事业结合起来自然是一件愉快的事情，但对于大多数人来说，工作和爱好是很难统一的。倘若你的日常工作不能发挥你的创造力，甚至压抑了你的天性、埋没了你的"本事"，那么你该另找一种业余爱好，才不至于浪费自己的才华；倘若你的职业使你精力疲倦，又觉得单调乏味，你也该另找一种业余爱好，借以舒畅身心，调节情绪。

点亮人生

有爱好的人是值得交往的，这样的人起码是一个快乐的人，一个充实的人，交往起来会很有"味道"。我们可以有自己的业余爱好，可以爱好写作、爱好摄影、爱好书法、爱好赛车、爱好垂钓、爱好旅游、爱好收藏古玩。因此，一个鲜活的爱好是有滋有味、有情有趣的。

一个人爱好什么，是很随心的，爱好往往是发自内心的一种冲动。人各有志，爱好不同。不良嗜好会影响工作和生活，甚至会贻害自己，所以选择适当的爱好可以遵循这样三条原则：一是自己确实感觉到有趣的，而不是随波逐流；二是对自己身心健康有利，而不能玩物丧志；三是可持续发展的，不能三分钟热度，因为越是到年老越需要有爱好。如果人活一辈子没一点爱好，那是很可悲的。

但爱好与工作不同，两者不能混淆。工作一定要尽心尽力去做好，而爱好就是爱好，想做就做，不想做就不做。没有任何压力，也缺少功利色彩。爱好写作不一定要成为作家，热爱书法不一定去当书法家。喜欢唱歌高兴了就唱几句，不管它是不是跑调八千里，因为并非要去做歌唱家。

一个人可以有一种或者多种爱好，但个人的爱好绝对不能影响工作、影响家庭，更不能妨碍别人。非得把爱好当成是"崇高"的追求不可，非要闹出点动静搞出点名堂来不可，患得患失，自寻烦恼，那就失去了爱好的本意，失去快乐的享受了。

第二章 世界上有值得抱怨的事吗

> **人生是不公平的，习惯去接受它吧。请记住，永远都不要抱怨！**
>
> ——比尔·盖茨

智慧悟语

也许贫困的生活像枷锁一样困扰着你，没有亲朋好友，无依无靠地生活在异国他乡。你急切地希望减轻自己身上沉重的负担，然而，生活仿佛陷入黑暗的深渊之中，负担是如此沉重。于是，你不停地抱怨，感叹命运对自己的不公，抱怨自己的父母、自己的老板，抱怨上苍为何如此不公，让你遭受贫困，却赐予他人富足和安逸。

停止你的抱怨吧，让烦躁的心情平静下来。你所埋怨的并不是导致你贫困的原因，根本原因就在你自身。你抱怨的行为本身，正说明你倒霉的处境是咎由自取。

喜欢抱怨的人在世上是难有立足之地的，烦恼忧愁更是心灵的杀手。缺少良好的心态，如同收紧了身上的锁链，将自己紧紧束缚在黑暗之中。

没有人会因为坏脾气和消极负面的心态而获得奖励和提升。仔细观察任何一个管理健全的机构，你会发现，最成功的人往往是那些积极进取、乐于助人，能适时给他人鼓励和赞美的人。身居高位之人，往往会鼓励他人像自己一样快乐和热情。但是，依然有人无法体会这种用意，将诉苦和抱怨视为理所当然。

一句古老的格言是这样的："如果说不出别人的好话，不如什么都别说。"这句格言在现代社会更显珍贵——几乎所有机构，无论大小，吹毛求疵、流言蜚语和抱怨永不止息。

点亮人生

美国作家鲍温的一本《不抱怨的世界》在 2009 年掀起了一股 21 天改变抱怨心态的热潮，一只小小的紫手环更是成了这股热潮的代言。确实，抱怨只能毁坏你的人生，与其抱怨，不如改变。但要消灭抱怨，靠的不仅仅是戴在手上的那个手环，而是你心中的紫手环。

一个快乐的人谈到他的秘诀时说：

"我把下面一段话写在洗手间的镜面上,每天早上刮胡子的时候都念它一遍:我闷闷不乐,因为我少了一双鞋,直到我在街上,见到有人缺了两条腿。"

一名飞行员在太平洋上独自漂流了20多天才回到陆地,有人问他,从那次历险中他得到的最大教训是什么。他毫不犹豫地说:"那次经历给我的最大教训就是,只要还有饭吃、有水喝,你就不该再抱怨生活。"

经常抱怨的人,不但会招致他人的反感和厌恶,而且极易使自己沦为负面情绪的奴隶,进而遮住人生灿烂的阳光,阻断事业辉煌的道路。

儿科病房里,躺着两个可爱的小女孩,她们都因为患有先天性心脏病而接受了手术治疗。手术使得小女孩幼嫩的胸脯上留下了一道永远无法消除的伤疤。

一个小女孩很伤感,常常泪水涟涟地说:"这可恶的伤疤使我不再完美,我诅咒!"而另一个小女孩却笑盈盈地对人说:"感谢这伤口,它使我拥有了美好的生命,我感激!"

两个女孩对所发生事件的评价是如此的不同,这必然会对处理问题的态度发生影响,也会对她们今后的生活之路产生影响。其实抱怨是于事无补的,与其抱怨不如通过努力增强实干,用行动去证明自己。人往往是在克服困难的过程中产生勇气,并培养坚毅和高尚的品格的。常常抱怨的人,终其一生都不会有真正的成就。不妨想一想,你喜欢哪一种伙伴呢?是那些总在抱怨的人,还是那些乐于助人的人、有活力、值得信赖的人呢?

跌了跤,埋怨门槛高。

——谚语

智慧悟语

在日常工作和生活中,我们随处可以找到喜欢抱怨的人。抱怨自己的专业不好,抱怨住处很差,抱怨没有一个好爸爸,抱怨工作环境差、工资少,抱怨空怀一身绝技没人赏识。其实,现实有太多的不如意,就算生活给你的是垃圾,你同样能把垃圾踩在脚底下,登上世界之巅。

或许你正住在一间条件并不好的小屋中,但是你却渴望拥有宽大而干净的房屋,但现实是,你并没有条件拥有这样的房子。怎么办?发发怨气,就会有人送给你吗?那只是做白日梦。眼下你要做的是凭借你自己的能力把小屋布置得更实用、更雅致、更舒适。

让屋子里整洁,尽自己所能,将它布置得温馨而又朴素大方;精心做好一些简单的食物，把普通的饭桌收拾得整齐利落；如果你买不起地毯，那就让微笑和热情当作地毯铺满你的小屋——这样的房间，即使经受风吹雨打也不会摇摆坍塌。

其实，没有一种生活是完美的，也没有一种生活会让一个人完全满意，我们做不到从不抱怨，但我们至少应该让自己少一些抱怨，而多一些积极的心态去努力进取。

点亮人生

请停止无休止的抱怨吧！把抱怨的时间用于付出的努力上，你才能进入崭新的、更友善的环境中。毕竟抱怨于事无补，反而会给你带来伤害。下面我们就来细数一下抱怨的坏处，从而给你不抱怨的理由。

分内的事情你可以逃过不做吗？既然不管心情如何，工作迟早要做，那何苦叫别人心生不快呢！有发牢骚的工夫，还不如动动脑筋想想办法：事情为什么会这样？我所面对的可恶现实与我所预期的愉快工作有多大的差距？怎样才能如愿以偿？

没有人喜欢和一个满腹牢骚的人相处。再说，太多的牢骚只能证明你缺乏能力，无法解决问题，才会将一切不顺利归于种种客观因素。若是你的上司见你整日哼哼唧唧，他恐怕会认为你做事太被动，不足以托付重任。

同事只是你的工作伙伴，而不是你的兄弟姐妹，就算你句句有理，谁愿意洗耳恭听你的指责？每个人都有貌似坚强实则脆弱的自尊心，凭什么对你的冷言冷语一再宽容？很多人会介意你的态度："你以为你是谁？"何况很多人不会把你的好放在心上，一件事造成的摩擦就可能使对方认为你一无是处。

理由已经很充分，现在缺少的就是行动。让我们远离抱怨，重新发现生命的可爱，重新拥抱生活的阳光，好运气也会随之而来。

> **不抱怨的好习惯，不仅净化自己的心灵，也温润人与人之间的关系。**
>
> ——邱德才

智慧悟语

在生活中，我们事事要求公平，要求按照自己的意愿发展。如果稍出差错就觉得老天对自己不公平，抱怨或牢骚就产生了。抱怨是一种心理不平衡的反应，是一种追求完美的心理和情绪化心态的外在表现。

你周围有没有这样的朋友？他每天都会有许多不开心的事，总在不停地抱怨。你喜欢和这样的人打交道吗？生活中，每个人都会遇到烦恼，明智的人会一笑了之，因为有些事是不可避免的，有些事是无力改变的，有些事情是无法预测的。能补救的应该尽力补救，无法改变的就该坦然面对，调整好自己的心态做该做的事情。

无法挽回的东西就忘掉它；有机会补救的，要抓住最后的机会。后悔、埋怨、消沉不但于事无补，反而会阻碍前进的脚步。

只要你看开生活中的不公平，它就再也伤害不了你，反而会成为一种激励你上进的力量。300年前，弥尔顿在失明后，也发现了同样的真理："思想的运用和思想的本身，就能把地狱造成天堂，把天堂造成地狱。"

拿破仑和海伦·凯勒就是弥尔顿这句话的最好例证：拿破仑拥有一般人所追求的一切——荣耀、权力、财富——可是他却对妻子说："我这一生从来没有过一天快乐的日子。"而海伦·凯勒——又瞎、又聋、又哑——却表示："我发现生命是这样的美好。"

点亮人生

别人给我的痛苦、烦恼，我不喜欢，因此我也不愿加给任何一个人痛苦、烦恼。你说一个人能够做到这样的修养，多了不起！

生活中，每一个人都将面对很多的不如意，有很多人在做着简单的工作，有些人怀才不遇，苦于自己的才华得不到赏识。但如果你总是抱怨，我的职业不好，我的职位不好，我的环境不好……你就会为没有取得好成绩找出成千上万个理由。这就会对你造成心理暗示，使你敷衍生活，敷衍工作，以为凡事只做到差不多、说得过去、不让别人挑出毛病来就行了。殊不知，这种"并不多"导致的最后结果却是"差很多"，生活的烦恼痛苦反而越来越多。

要知道，对生活不抱怨，用积极的态度面对，自然也会成为快乐的人。只因为生活中一扇门如果关上了，必定有另一扇门打开。失去了这种东西，必然会在其他地方有所收获。关键是你要有乐观的心态，相信有失必有得，以更明智的态度面对今后的生活。

有两个人在大海上漂泊，想找一块生存的地方。

他们首先到了一座无人的荒岛，岛上虫蛇遍地，处处都潜伏着危机，条件十分恶劣。

其中一个人说："我就在这了。这地方虽然现在差一点，但将来会是个好地方。"而另一个人不满意，于是他继续漂泊，后来他终于找到一座鲜花烂漫的小岛，岛上已有人家，他们是18世纪海盗的后裔，几代人努力把小岛建成了一座花园。他便留在这里做了小工，生活不好不坏。

过了很多年，一个偶然的机会，他经过那座他曾经放弃的荒岛，于是决定去拜访老友。岛上的一切使他怀疑是不是走错了地方：高大的屋舍、整齐的田畴、健壮的青年、活泼的孩子……老友已因劳累、困顿而过早衰老，但精神仍然很好。尤其当说起变荒岛为乐园的经历时，更是神采奕奕。最后老友指着整个岛说："这一切都是我用双手干出来的，这是我的岛屿。"

那个曾经错过这座小岛的人此时不但没有愧疚，而且还抱怨说："为什么上天这么厚爱你，当时你要留我在这个岛上，也许会比现在更好。"

那个爱抱怨的人即使当初留在岛上，他也不会干出什么成就来的。因为这种人常常抱怨命运不公，却不看自己为理想干了些什么。

优秀的人，都是不抱怨的人。他们总是会把消极的想法从自己内心中扫除殆尽，让自己的内心充满阳光、充满希望。成功只垂青积极主动的人，只要你敢于担当，勇于接受挑战，任何艰难险阻都会变成坦途。任何事情就怕人去"做"，只要你敢于去做，事情就会自然而然地变得顺畅了。之后，你会发现，原来让自己思虑重重的困难，竟然本是小事一桩。

放平心态，你一样也能活得很好，就像下文中的万兽之王。

有一天，素有万兽之王之称的狮子，来到天神面前："我很感谢你赐给我如此雄壮威武的体格，如此强大无比的力气，让我有足够的能力统治这整片草原。"

天神听了，微笑地问："但是这不是你今天来找我的目的吧！看起来你似乎为了某事而困惑呢！"

狮子轻轻吼了一声，说："天神真是了解我啊！我今天来的确是有事相求。即使我的能力再好，每天鸡鸣的时候，也会被鸡鸣声吓醒。神啊！祈求你，再赐给我一种力量，让我不再被鸡鸣声吓醒吧！"

天神笑道："你去找大象吧，它会给你一个满意的答复的。"

狮子兴冲冲地跑到湖边找大象，还没见到大象，就听到大象踩脚所发出的"砰砰"响声。狮子加速跑向大象，却看到大象正气呼呼地在踩脚。

狮子问大象："你干吗发这么大的脾气？"

大象拼命摇晃着大耳朵，吼着："有只讨厌的小蚊子，总想钻进我的耳朵里，我都快痒死了。"

狮子离开了大象，心里暗自想着："原来体形这么巨大的大象，还会怕那么瘦小的蚊子，那我还有什么好抱怨的呢？毕竟鸡鸣也不过一天一次，而蚊子却是无时无刻地骚扰着大象。这样想来，我可比它幸运多了。"

生活就是这样的，有时给我们带来快乐，有时给我们带来烦恼，有时对我们公平，有时又让我们觉得委屈，我们就在公平与失衡的纠缠中一天天度过。可是，突然有一天生活中都是公平的事情，没有人再给我们不公平的待遇了，我们也许还真的很难适应，因为没有不公就不能体会公平的美好与难得，这也许就是痛并快乐着的生活真谛吧。

生活中处处都有不公平，如果人们一味地自爱自怜：上天为什么对我这么不公平？只会让自己在痛苦的深渊中越陷越深。相反，如果你坚强一点，学会利用你的不公平，它就可能转变为你的财富。

当面对挫折的时候，我们不要抱怨，因为正是那些刻骨铭心的疼痛，才让我们认识到自己的不足，才能激励我们奋起直追，弥补自己的不足。正是那一次又一次的跌倒，我们才学会了站立。

要替别人寻找借口，但千万不要替自己找借口。

——爱迪生

智慧悟语

在学习或工作中，我们常常能够听到的是各种各样的借口："我没学过"，"我没有足够的时间"，"我没那么多的精力"，"这不是我负责的"……

其实，在每一个借口的背后，都隐藏着丰富的潜台词，只是我们不好意思说出来，甚至我们根本就不愿意说出来。借口让我们暂时逃避了困难和责任，获得了些许的心理慰藉。但是，借口的代价无比高昂，它给我们带来的危害一点也不比其他任何恶习少。

许多借口总是把"不""不是""没有"与"我"紧密地联系在一起，其潜台词就是"这事与我无关"，不愿承担责任，把本应自己承担的责任都推卸给别人。一个团队中，是不应该有"我"与"别人"的区别的。一个没有责任感的员工，不可能获得同事的信任和支持，也不可能获得上司的信赖和尊重。如果人人都寻找借口，无形中会提高沟通成本，削弱团队协调作战的能力。

找借口的人一个直接后果就是容易让人养成拖延的坏习惯。如果细心观察，我们很容易发现，在每个组织里都存在着这样的人：他们每天看起来忙忙碌碌，似乎尽职尽责了。但是，他们把本应该一小时完成的工作变得需要半天时间甚至更多。因为工作对于他们，只是一个接一个的任务，他们寻找各种各样的借口，拖延逃避。

寻找借口的人总是因循守旧的人，他们缺乏一种创新精神和自动自发的工作能力。因此，期许他们在工作中做出创造性的成绩是徒劳的。借口会让他们躺在以前的经验、规则和思维性上舒服地睡大觉。借口只能让人逃避一时，却不可能让人如意一世。没有谁天生就能力非凡，正确的态度是正视现实，以一种积极的心态去努力学习、不断进取。

借口给人带来的严重危害是让人消极颓废。如果养成了找借口的习惯，当遇到困难和挫折时，就不会积极地去想办法克服，而是去找各种各样的借口。其潜台词就是"我不行""我不可能"。这种消极心态剥夺了个人成功的机会，最终让人一事无成。优秀的人从不找借口，他们总是把每一项工作尽力做到最好。

在现实生活中，我们不缺少借口，缺少的是努力完成工作而不是找借口的精神。

点亮人生

不要总给自己找借口，借口让人活得心安理得，也让人活得虚无缥缈。不要总给自己找借口，借口不是生活的必需品，坦诚直率的人不需要它。也许某日，我们为搪塞什么事、为了不失面子被它击溃，可是，你想过吗？我们可能由此失去了良心一角。

一个漆黑、凉爽的夜晚，坦桑尼亚的奥运马拉松选手阿赫瓦里吃力地跑进了墨西哥市奥运体育场，他是最后一名抵达终点的选手。

这场比赛的优胜者早就领了奖杯，庆祝胜利的典礼也早已结束，因此，阿赫瓦里一个人孤零零地抵达体育场时，整个体育场已经空荡荡的。阿赫瓦里的双腿沾满血污，绑着绷带，他努力地绕完体育场一圈，跑到终点。在体育场的一个角落，享誉国际的纪录片制作人格林斯潘远远看着这一切。接着，在好奇心的驱使下，格林斯潘走了过去，问阿赫瓦里为什么这么吃力地跑至终点，这位来自坦桑尼亚的年轻人轻声地回答说："我的国家从两万多公里之外送我来这里，不是仅仅叫我在这场比赛中起跑的，而是派我来完成这场比赛的。"

没有任何借口，没有任何抱怨，职责就是他一切行动的准则。

不找任何借口看似冷漠，缺乏人情味，但它可以激发一个人最大的潜能。无论你是谁，在人生中，无须找任何借口，失败了也罢，做错了也罢，再妙的借口对于事情本身也没有用处。

要成功，就不要给自己寻找借口，不要抱怨外在的一些条件，当我们抱怨的时候，实际上是在为自己找借口。而找借口的唯一好处就是安慰自己：我做不到是可以原谅的。但这种安慰是有害的，它暗示自己：我克服不了这个客观条件造成的困难。在这种心理暗示的引导下，就不再去思考克服困难、完成任务的方法，哪怕是只要改变一下角度就可以轻易达到目的。

不寻找借口，就是永不放弃；不寻找借口，就是锐意进取……要成功，就要保持一颗积极、绝不轻易放弃的心，尽量发掘自己的优势，让自己能有向前走的力量。即使最终失败了，也能吸取教训，把失败视为向目标前进的垫脚石，而不要让借口成为我们成功路上的绊脚石。所以，千万不要找借口，把寻找借口的时间和精力用到努力学习中，成功属于那些不寻找借口的人！

生活就是一面镜子，你笑，它也笑；你哭，它也哭。

——萨克雷

智慧悟语

为什么抱怨的人会说生活得这么累，因为他只看到了自己的付出，而没有看到自己的所得，而不抱怨的人即使真的很累，也不会埋怨生活，因为他知道，失与得总是同在的，一想到自己获得了那么多，真是高兴啊。

人生中有哪一种生活是完美的？有哪一种生活能尽如我意？没有。对此我们能毫无抱怨吗？似乎也不能。但我们起码可以让自己少一些抱怨，而多一些积极的心态，因为如果抱怨成了一个人的习惯，就像搬起石头砸自己的脚，于人无益，于己不利，生活就成了牢笼一般，处处不顺，处处不满，反之，则会明白，自由地生活着，其实本身就是最大的幸福，哪会有那么多的抱怨呢？

我相信一句话：如果你想抱怨，生活中一切都会成为你抱怨的对象；如果你不抱怨，生活中的一切都不会让你抱怨。

有些时候那些不顺心的日子，我们也总感觉活得真烦。在寻找了千百种理由之后，当我们回首曾经走过的那些岁月，也许会发现，其实生活赐予自己的，并没有与别人有什么本质的不同，不同的仅仅是我们的胸襟中是不是具有一份"平淡与坦然"。所以，忧伤痛苦的时候，与其躲在角落里抱怨，不如把痛苦和磨难当作提高自我的"垫脚石"，当作进步阶梯的"扶手"，当作是生活对自己的一份馈赠。假如生活给我们的只是一次又一次的失意，一次又一次的磨难，其实，这也没什么，因为那只是命运剥夺了我们活得高贵的权利，但并没有夺走我们活得快乐和自由的权利。

点亮人生

在做一件事情的时候，你是否问过自己："我做过的事情，是否让我自己满意？"如果目前你能做的事情、你所处的位置连你自己都不满意，那说明你还没有做到卓越。

如果一个人满足于现状，满足于给别人打江山，那么，他就永远只能是一个打工仔。要想改变自己受人"折磨"的现状，必须改变你自己。

李嘉诚年轻的时候在一家塑胶公司工作，他业绩优秀，步步高升，前途光明。如果是一般人，对此也许心满意足了，然而，此时的李嘉诚虽然年纪很轻，但通过自己不懈的努力，在他所经历的各行各业中都有一种如鱼得水之感，他的信心一点一点地开始膨胀起来。他觉得这个世界在他面前已小了许多，他渴望到更广阔的世界里去闯荡一番，渴望能够拥有自己的事业，闯出自己的天下。

于是，李嘉诚不再满足于现状，也不愿意享受安逸。正干得顺利的他准备再一次跳槽，重新投入竞争的洪流，以自己的聪明才智开始新的人生搏击。

他的老板自然舍不得放他离去，再三挽留，但李嘉诚去意已决。老板见挽留不住李嘉诚，并未指责他"不记栽培器重之恩"，反而约李嘉诚到酒楼，设宴为他饯行，令李嘉诚十分感动。

席间，李嘉诚不好意思再加隐瞒，老老实实地向老板坦白了自己的计划：

"我离开你的塑胶公司，是打算自己也办一家塑胶厂，我难免会使用在你手下学到的技术，也大概会开发一些同样的产品。现在塑胶厂遍地开花，我不这样做，别人也会这样做。不过我绝不会把客户带走，不会向你的客户销售我的产品，我会另外开辟销售线路。"

李嘉诚怀着愧疚之情离开塑胶公司——他不得不走这一步，要赚大钱，只有靠自己创业。这是他人生中一次重大转折，他从此迈上了充满艰辛与希望的创业之路。

正是要求改变现状的欲望改变了李嘉诚的一生。你是否有改变自己的强烈欲望？你是否有做富人的雄心壮志？

人都有一种思想和生活的习惯，就是害怕自己的环境改变和思想变化，大多数人喜欢做大家经常做的事情，而不喜欢做需要自己变化的事情。很多时候，我们没有抓住机会，并不是因为我们没有能力，也不是因为我们不愿意抓住机会，而是因为我们惧怕改变。人一旦形成了思维定式，就会习惯地顺着定式的思维思考问题，不愿也不会转变方向、换个角度想问题，这是很多人的一种愚顽的"难治之症"。

能够勇敢地面对变化，其实是超越了自己，这样的人自然很容易获得成功。比尔·盖茨就是一个的例子。比尔·盖茨还是一名学生的时候，在学校过着非常舒适的大学生活，如果走出校园去创业，就是一个很大的变化，但是比尔·盖茨毅然决定改变现状，他凭着自己的才华和毅力终于成为世界上首屈一指的富翁。

在生活的旅途中，我们总是经年累月地按照一种既定的模式运行，从未尝试走别的路，这就容易衍生出消极厌世、疲沓乏味之感，从而心生抱怨，所以，不换思路、不思改变，生活就会单调乏味。很多人走不出思维定式，所以他们走不出贫穷；而一旦走出了思维定式，也许可以看到许多别样的人生风景，甚至可以创造新的奇迹。因此，从舞剑可以悟到书法之道，从飞鸟可以造出飞机，从蝙蝠可以联想到电波，从苹果落地可悟出万有引力……常爬山的应该去跋山涉水，常跳高的应该去打打球，常划船的应该去驾驾车。换个位置，换个角度，换个思路，寻求改变，也许你的命运就会在一瞬间得到改变。

第五篇

健康，上帝赐予人类最珍贵的礼物

第一章　节制和劳动是人类的两个真正医生

健康是一种自由——在一切自由中首屈一指。

——亚美路

智慧悟语

　　健康是人生的第一财富，是成功的载体，如果没有健康的身体作保证，理想、事业、幸福、成功都将不复存在。忽视健康，单纯追逐金钱的生活是最不明智的。一心追逐金钱，为自己的生命套上沉重的枷锁，终日辛劳，不但丝毫体会不到生活的乐趣，还要以自己的健康作为代价。

　　铁打的身子也挡不住病，再大无畏的精神和坚强的意志，在"病"前都得屈膝。人生就如一场独自一人演绎的"舞台剧"，无论内容是否能打动人心，表演者是否演技超群，也无论是否有人在台下观看，有一点是绝对不会变的，那就是：在这出人生的"舞台剧"，"舞台"必不可少。而作为表演者的我们，很多时候竟会忽略了这个最基本的要素，一如每天呼吸的我们总是会忽略空气的存在一样，但离开了它，一切都将沦入黑暗，一切都将归零，这个"舞台"就是我们的健康。

点亮人生

有人曾在背后嘲笑拿破仑："我见过他之后，发现他一无是处，只是看起来很健康而已。"嘲笑者正是那种轻视健康的价值的人。

医生说，拿破仑的脉搏从来不超过 62 次。"我还从来没听到过自己的心跳，简直就像我没有心跳一样，"拿破仑自己开玩笑说，但是他又说，"大自然赋予我两种有价值的才能：只要想睡就能睡，不能吃喝过度……吃得太多会使人生病，吃得不够量却从来不会使人生病。"长时间的骑马、乘车增强了他的体质，"水、空气和爱干净是我喜爱的药物"。他能一口气乘车将近 500 英里，从蒂尔西特到德累斯顿，到目的地之后依然精神饱满；他能在马上骑 50 英里，从维也纳到塞默灵。在那里吃早饭，当天晚上再回到中布伦，继续工作。他能骑马奔驰 5 个小时，从巴利阿多里德到布尔戈斯。他经过长时间的骑马和行军，于午夜抵达华沙，早晨七点又接见新政府成员。与英格兰的战争爆发后，他与 4 位秘书连续工作了三天三夜，然后在热水里泡几小时并口授快信。他对梅特涅说："有时候死亡只是由于缺少活力。昨天，我从马车里甩了出来，我以为这下完了。但我正好有时间对自己说：'我不会死。'别的任何人碰上这事，也许会丢了性命。"

伟大的人物往往有着旺盛的生命力，因而身体中焕发出的生命力量是巨大的。这种力量就是拿破仑 24 小时不离马鞍的精神，就是富兰克林 70 岁高龄还露营野外的执着。格莱斯顿在 84 岁高龄的时候还能紧握船舵，每天行走数公里，到了 85 岁时还能砍倒大树。这些无不依赖于此。

而有些年轻人还不到 30 岁，就已显得老态龙钟。刚开始时他们也有着巨大的"资本"——宝贵的脑力、才能和体格，这些东西别人无法控制，可还不到中年，他们就把自己巨大的资本挥霍一空。他们把自己的身体弄得像生了锈的机器。他们损耗脑力的方法更是五花八门，比如，动不动就发怒、烦躁、苦恼、忧郁，这些心理与其他的坏习惯比起来，对生命的损害不知道要大多少倍！于是，疾病开始找上他们。

100000……健康是"1"，家庭、事业、名利、幸福均是"1"后面的"0"，在健康的基数上，一切才有意义。没有"1"，后面有再多的"0"也毫无意义。生命只有一次，再多的名和利与生命相比，永远也只能是"0"，健康才是那唯一的"1"，失去健康也就意味着失去了一切。繁忙的工作之余，给自己留出一点休息的时间；频繁的快餐之间，给自己一次品尝健康美食的机会；端坐于电脑之外，给自己一个机会活动活动筋骨……珍爱自己的人生"舞台"，远离亚健康，才能演绎出最绚烂的"剧目"。

养生之道，常欲小劳。

——孙思邈

智慧悟语

劳动对健康长寿很有好处。据调查，世界上没有一个长寿的人是懒汉，也没有一个高龄老寿星是厌恶劳动的。高龄老人，大多数是从事体力劳动的人，他们都有热爱劳动的良好习惯。科学研究证明，劳动是健康长寿的一个必要条件。

我国唐代著名医学家孙思邈，活到一百零一岁，他在总结健身长寿的经验时说。"养生之道，常欲小劳。"意思是说，要健康长寿，必须经常参加一些力所能及的体力劳动。

据报道，有52个90岁以上的老年人，平均寿命为102岁，最大年龄111岁，其中经常从事体力劳动的有48人，从事脑力劳动的四人。这四个从事脑力劳动的人，也经常在空余时间，参加一些适当的体力劳动。

经常参加体力劳动，为什么能使人健康长寿呢？人们都有体会，参加劳动以后，饭量增加，消化良好，觉睡得香甜。这些都说明，体力劳动能使人体各种功能得到增强，尤其是能增强抵抗疾病的能力。劳动可以加强心脏、肝脏、肾脏、肠胃等内脏的功能，还可以调节神经系统的功能，使神经系统的各种反射更加敏锐。可见经常参加一些轻微的体力劳动，能增强体力，使新陈代谢旺盛，对健康长寿很有帮助。

点亮人生

很早人们就注意到，从事体力劳动的人，动脉硬化的发病年限比较迟，老年以后，动脉硬化的程度也比较轻。实践证明，动脉硬化的人，城市比农村发病率高，脑力劳动者比体力劳动者发病率高。适当参加体力劳动有助子防止动脉硬化。

有的老年医学工作者认为，老年人参加劳动最好选择他们喜爱的项目，比如养花、种菜等。那么他参加这种劳动的时候，就会感到精神愉快，也不容易疲劳，对身心健康更为有利。

孙思邈是我国唐代著名医药学家，对于养生保健，他常以"流水不腐，户枢不蠹"来比喻，提出"养性之道，常欲小劳"。"小劳"就是适度劳动。孙思邈年轻时常常荷锄挎篓，长途跋涉，步入深山老林采药。直到晚年，他仍然坚持参加力所能及的劳动。他在居住地附近开辟了一个药圃，栽培各种药用植物。尽管他"幼遭风冷，屡造医门，汤药之资，罄尽家产"，体质屏弱，但最终仍享102岁的高寿，且建树颇丰。

古今中外的寿星，大多是勤于"小劳"的实践者。有人对新疆地区部分长寿者进行调查，发现73％的寿星都是长期从事农业劳动的农民。广西巴马地区的90岁以上的老人，几乎全是体力劳动者。日本对一些百岁以上老人的调查也发现，有半数在75岁时，1/3的老人在80～84岁时仍没有中断体力劳动。至于脑力劳动者中的寿星，也几乎无不热爱劳动或喜好运动。这方面的例子不胜枚举。

宋代大文豪苏东坡说："农夫小民，终岁勤苦而未尝告病，此何其故也？夫风霜雨露寒暑之变，此疾之所由生也。农夫小民，盛夏力作，而穷冬暴露，其筋骸之所冲犯，肌肤之所浸渍，经霜露而狎风雨，是故寒暑不能为之毒。今王公大人处于重屋之下，出则乘舆，风则袭裘，雨则御盖，凡所以虑患之具莫不备至。畏之太甚而养之太过，小不如意，则寒暑入之矣。是故养生者，使之能逸而能劳，然后可以刚健强力，涉险而不伤。"

我国古代300多位皇帝的平均寿命不足40岁，尽管他们的死因很多，但终年养尊处优，出舆入辇、不劳而获，无疑是重要的原因之一。随着社会的发展，现代人的体力劳动日趋减少，劳动强度亦大大降低。过于安逸少动，致使机体各系统、器官的功能降低，免疫力下降，导致种种疾病的发生。人们把一些体态肥胖，四肢疲软，易患糖尿病、冠心病等疾病者，称为"现代闲逸病"患者。不少专家认为，消除"现代闲逸病"的方法就是"勤"，不可忽视劳动的健身作用，要勤于参加各种生产劳动或体育锻炼，以达到养生、健体的目的。

劳动为什么有助于健康长寿呢？首先，劳动能运动形体、流畅气血、锻炼筋骨，起到调节精神的作用。经常劳动，可以促进饮食的消化，增加冠状动脉的血流量，改善心肌的营养和新陈代谢，增强神经、肌肉的弹性和张力。其次，体力劳动是防止早衰的重要手段之一。步入中年之后，随着年龄的增长，人体的组织器官都会出现老化。经常劳动的人，因"用进废退"，可增加肌肉的新陈代谢，减慢生理性萎缩，从而有效地防止或延迟关节僵直、骨质疏松等衰老现象的发生，为健康长寿打下良好基础。

> **运动敲开永生的大门。**
>
> ——泰戈尔

📚 **智慧悟语**

大自然中精美奇妙的工作，必须不停地循序活动着，才能靠其计划得以完全。

试将一只手包扎起来，只不过几个星期的时间，再把它放开，你就会发现比起那只经常运用着，活动着的手臂显然软弱无力了。所以，不活动对于周身的肌肉都有同样的影响。

运动系统是身体一大系统之一，是由两百多块骨骼，一百多个关节，600多块肌肉所组成，一旦这些组织长时间的不活动，不久就要变成僵直的。

运动是我们生存的定律。身体的各部都照着规律活动，全身就刚强有力。否则，停止不动就要腐败死亡。

关于运动的重要，我们听人讲的不少，书上写的也很多，只是仍有许多人不加注意。有的人因为身体内部各器官都壅塞了，反就显得肥胖了；还有些人变得羸屠瘦弱，这是因为体内的精力都为消化过量的饮食而耗尽了。血液的不清，使肝脏的负担过分的滤清之责，疾病于是就发生了。

凡是终日坐着的人，无论冬夏，只要天晴，每日应该做些户外的运动。走路比坐车好，因为能牵动更多的肌肉，而且可使肺部活动。急步行走的时候，肺就不能不加快工作。这种运动对于身体大多都要比吃药好些。

医生常劝病人出国，到什么温泉或名胜的地方去改换水土，但大数的人，只要能饮食节制，举行散心快乐的运动，往往就能够把病治愈，如此，既省光阴，又省金钱。

牧师、教员、学生和其他用脑力的人，常常因为用脑过甚，且无体力的运动来调节，以致生病。这些人所缺少的，就是一种更活动的生活。绝对节制的习惯，加以适当的运动，就足以保持身体和脑力双方的强健，且能加增用脑之人的耐久力。

点亮人生

不活动是酿成疾病的一个原因。运动能加增并调和血液的循环，但在安闲的时候，血液便不能流畅，以致身体所一刻不能少的血液的更换，便受阻止，皮肤也因之麻木了。血液因运动而流畅，皮肤常在健康的情形中，肺内充满了新鲜的空气，体内不洁之物，就可以尽量地排泄了。但不活动呢？体内一切污物都堆积起来了，排泄器官就负了双重的担子，疾病也因之而生了。当身体不活动时，血液循坏便趋于迟滞，筋肉的体积与力量也就减退了。

身体运动，舒畅地享用空气和日光——上天厚赐予人的恩物——便能将生命与体力赋予许多瘦弱可怜的病人不可恙患虚弱久病的人，终日无所活动。

虚弱久病的人，如果没有什么可以供他们的消遣和注意，他们的思想就要集中在自己身上，脾气就变得急躁易怒；而且他们往往就整天地专想不快乐的事，保存着恶劣的心绪，把自己的环境和前途，看得比现实的景况更坏，以致一点事也不能做了。

因为缺少运动而损害了身体，丢了性命的比死于操劳过度的人还多。凡可在户外做适当运动的人，血液循环大概都良好而且旺盛。

早起运动，在户外悠游自在地漫步于清新的空气中，栽培花卉、果木和蔬菜，对于血液循环是必需的。这也是安全的保障，可以避免伤风、咳嗽、脑出血，或肺溢血、肝炎、肾炎、肺炎以及其它病症。

> **以无节制的行为违反健康而行事，这就是以自己的情欲背叛了健康。**
>
> ——德谟克利特

智慧悟语

节制是自我的一种控制力，也是内在的一种抑制力。品格的力量是由二者组合而成——意志的能力和自制的能力。

那些能在辱骂的暴风雨中屹立不动的人，乃是各类英雄之一。制服己心，就是要自抑于纪律之下；抗拒邪恶，依据伟大公义的标准来管制一言一行。

点亮人生

为了保持健康，凡事节制实属必须。劳作、饮食要有节制。只有这样，才能避免肉体和灵性上的死亡。

恢复健康是一大珍宝，是人类所能享有的最大福气，倘若损失了健康，则任何一项成就均不能保证你会享福。若枉用我们的健康，实是一项大罪。

许多人，甚至那些相信真理的人们在内，对于健康及节制的道理蒙昧无知，真是十分令人悲叹！他们应受教导，律上加律，令上加令。必须唤醒良心，注意实际真正改良原理的责任。

凡事有节制、有规律，便能生出奇妙的能力，较比环境或天赋更足以助长人温和宁静的性情。这种性情使人生在安稳的坦途上极有价值。

同时，也必发现这样得来的一种自制力，正是每个人战胜坚苦的世事及实现的一种最有价值的工具。

第二章　生命不能承受过劳之重

只知工作不知休息的人，犹如没有刹车的汽车，其险无比。

——福特

智慧悟语

随着现代生活节奏的加快，人们的工作陷入各种坎坷、挫折、磨难和那些不顺心、不如意的事情中，这些令人不快的事情让人感觉疲倦、无奈和痛苦。所以，越来越多的人走进了一个工作的误区，让心灵和身体处在无尽的忙碌状态中，他们以为这样就没有时间烦恼和痛苦了。结果却恰恰相反，他们疲于奔命，只是让自己又陷入另一个烦恼、痛苦的旋涡。事实上走出烦恼，远离痛苦的方法只有一个；学会工作，学会休息，让工作和休息适当地结合在一起，才是最好的生活。休息不是一种空虚状态，也不是一段假期，休息是工作与娱乐的合二为一，工作因为这种结合而变得崇高。有位伟人说："乐意工作的人，身心永远年轻，而能把工作与休息变作一种乐趣的人，是天下最聪明的人。"因此，当工作是一种快乐时，生活是甜的；当工作是一种负担时，生活是苦的。

点亮人生

健康的时候，人们会忘记肉体，专注地从事各自的工作，而当健康受影响时，人们才感觉到肉体的痛苦。

曾经有一位医生替一位成就卓越的实业家看病，劝他多多休息。实业家恼火地抗议："我每天承担巨大的工作压力，没有一个人可以分担一丁点儿的业务，大夫，你知道吗？我每天都得提着一个沉重的手提包回家，里面装的是满满的文件呀！"

"回家就该休息了呀！为什么晚上还要批那么多文件呢？"医生很奇怪地问道。

"那些都是当天必须处理的急件。"实业家不耐烦地回答。

"难道没有人可以帮你忙吗？你的助手、副总呢？"

"不行啊！这些只有我才能正确地批示呀！而且我还必须尽快处理，要不然公司怎么办？"实业家摆出一副不屑的样子。

"这样吧，我现在给你开个处方，你能否照办？"医生没有理会实业家，似乎心里已经有了决定。

实业家接过处方——"每个星期抽空到墓地走一趟，每天悠闲地散步两小时。"

"每个星期抽空到墓地走一趟？这是什么意思？"实业家看到处方很是惊讶。

"我知道你看了处方会很惊讶，"医生不慌不忙地回答，"我希望你到墓地走一趟，看看那些已经与世长辞的人的墓碑，他们中有许多人生前与你一样，甚至事业做得比你更大，他们中也有许多人跟你现在一样，什么事都放心不下，如今他们全都长眠于黄土之中，然而整个地球的转动还是永恒不断地进行着。谁离开这个世界地球都照样转。我建议你每个星期站在墓碑前好好想想这些摆在你面前的事实，也许会得到一些解脱。"

听到这里，实业家安静了下来，悄悄与医生道别。他按照医生的指示，放缓生活的步调，试着慢慢转移一部分权力和职责，一年后，让他想不到的是这一年企业业绩反倒比以往任何一年都好。

没有什么事值得你牺牲健康去换取，地球离开谁都会转动，你离开健康，生命的质量就会下降。这位医生所开的处方真够特别，却十分有效。到墓地去走走，看看无论怎样叱咤风云的人物最终都要宁静地长眠于地下。受到这样的震撼，实业家终于改变了对自己健康的态度。

人要学会悠闲地生活，什么事都得拿得起放得下，没有你，地球仍然会旋转，没必要把自己搞得很紧张，凡事都要自己扛。虽说正常的压力可以让你保持奋发的精神，不断刺激你，让你在高效率之下创造性地工作，但我们如果能够学会控制压力，或许还会有意想不到的更好效果。

> **当我们正在为生活疲于奔命的时候，生活已经离我们而去。**
> ——约翰·列侬

智慧悟语

无休无止的快节奏生活给现代人带来丰厚的物质回报的同时，也给人们带来了心理的焦虑、精神的疲惫和健康的每况愈下。

1989 年，意大利记者、美食评论家卡洛·佩特里尼成立了"国际慢餐协会"，拉开了全球"慢生活"运动的帷幕。"慢生活"不是懒惰、无所作为和不思创新。放慢生活的速度不是故意拖延时间，而是让我们做事有计划性，清理掉不必要的应酬和耗时项目，让生活更有效率，希望人们活在一个更美好的世界。它是一种平衡，该快则快、能慢则慢，尽量以音乐家所谓的正确的速度来生活。

"慢生活"追求的最佳心理状态应该是"工作再忙心不忙，生活再苦心不累"。就让我们从身边的一点一滴做起，从慢慢吃开始，放慢生活的脚步。让生活在"加急时代"的你、我、他，学会珍视健康，享受生活。

点亮人生

40岁的阿利是一位IT高级主管，他的好脾气在单位是出了名的，但最近部门的销售形势出现了"瓶颈"，尽管大家都很卖力，但业绩榜上还是"吃白板"。

有一天，总经理关起门，"和颜悦色"地给他上起了销售培训课，即便没有一句训斥的话，可他还是觉得脸上挂不住。恰巧，工作一向认真的助理丽丽把一份报告打错了，于是一股无名之火窜了上来，他拍着桌子，把报告扔到了丽丽头上，小姑娘眼泪滴滴答答地往下流，他还仍然扯着嗓子不罢休！后来冷静下来，他自己也觉得有些失态，很是懊悔。

其实，这些坏情绪都是压力带来的，当压力越来越大，你的情绪就越来越差。然而，这还不是最可怕的，一旦压力超过了你的心理承受极限，大脑神经系统功能就会紊乱，出现失眠、头痛、焦虑、强迫、心慌、胃部不适等精神症状和躯体症状，进而引发身体疾病。

陈先生是一家企业的营销主管，每年的销售任务都很重，同行业竞争又特别激烈。他说自己都快成了"空中飞人"了，一个城市接一个城市地出差，没有节假日，有时候午饭都没时间坐下来吃，常常是边走、边吃、边思考。最近他经常感到胸闷不舒服，刚开始没有太在意，后来，情况更加严重，出现气短、心跳加快、出虚汗等现象，到医院检查才知道患了冠心病。

生活中，像陈先生这样的人还有很多。由于工作节奏的不断加快，人们身不由己地过着超速的日子，许多人在不知不觉中损害了自己的身心健康。人们不得不时时刻刻想着自己的工作，累了、倦了、病了也要坚持，因为他们害怕一旦慢下来、停下来就会被别人超越，那么以前的努力就全白费了。在这种思想的控制下，人的精神处于越来越紧张的状态。受压抑的感情冲突未能得到宣泄时，就会在肉体上出现疲劳症状，甚至引起心理的扭曲变态，导致心理疲劳。在此种情况下，一旦发生弹性疲乏，势必造成精神上的崩溃。

长期从事快节奏工作的人还会出现神经衰弱的各种症状，例如，烦躁不安、精神倦怠、失眠多梦等神经症状，以及心悸、胸闷、筋骨酸痛、四肢乏力、腰酸腿痛和性功能障碍等其他症状，甚至可能引发高血压、冠心病、癌症等疾病。可以说，快节奏工作的人永远在寻找"奶酪"，但永远无法跷起二郎腿享受"奶酪"。

如今，"慢运动"正越来越受青睐。事实上，"慢半拍运动"在国外早就开始流行了，很多人长期坚持"每天一万步"的健身方法。如在离家还有一段距离，下车步行回去，周末到近郊散步。"慢运动"可以为常常心急火燎的人"去去火"，就在慢慢走的同时，你将收获身心的健康和愉悦。因"慢运动"具有塑身、减压、美容、治病等功效，所以成为不少上班族的首选。更多的人不希望做"时间的奴隶"，在运动中适度地放慢节奏，对人自身来说，是一种和谐。对于压力大的上班族来说，慢运动是更适合的一种运动。

> # 保持健康是做人的责任。
>
> ——斯宾诺莎

智慧悟语

善待压力还要讲辩证法。压力有内外之分，有时内外交加，要正确处理内外关系，利用好内外资源，做到内外逢源，不要形成内外交困。压力有大小，大者不慌乱，小者不忽视。既敢担当，又善分解，弹好钢琴，积聚众力，形成合力。处理好量力而行和尽力而为的关系。"尽力"挖潜，促进事情的完满；"量力"握度，把事情做到恰到好处；"量"准"行"稳，驾驭局面，方可游刃有余。

压力不可怕，压力不可少，善待压力，有正确的心态，有积极的态度，有驾驭的能力，有对路的方法，就能把一个个压力变成一个个动力，从而最大限度地发挥自己的积极性、主动性和创造性，更好地担负起自己的使命。

点亮人生

体力与精力是宝贵的，所以我们保持它们。换一句话说，如果我们能够获得更多的体力、精力，使我们在事业上能有更良好、更迅速的发展。如果你是一个想成大事的年轻人，就必须懂得"努力自爱"。也就是说，要尽力保持身心健康。

人们对几年前的一部电影《蒋筑英》可能还记忆犹新，蒋筑英是我国著名的光科学家，最终因积劳成疾而英年早逝。

陕西省作协前主席路遥，创作小说《人生》时已身患重病，差点撒手人寰。为路遥治病的老中医劝他不要太玩命，但路遥说反正时间不多了。几年后，一部反映中国当代青年成长经历的长篇小说《平凡的世界》问世，立刻引起了轰动。《平凡的世界》成了新时期中国文学长篇小说领域里的制高点。然而不久以后，心力交瘁的路遥与世长辞。

"壮志未酬身先死，长使英雄泪满襟"，这是纪念诸葛亮的一句诗。诸葛亮是三国时期一位足智多谋的政治家、军事家。他"鞠躬尽瘁，死而后已"的精神不知感动了多少仁人志士。为了统一天下、结束混乱的局面，诸葛亮事必躬亲，但终因身体不佳而未能完成统一天下的重任。

世间有千千万万的人，就因为对身体不曾注意与留心，以致毁掉了自己的身体，从而未能有所作为。有些人有着很好的天赋，但最终只取得微小的成功，就因为在无意中损伤了自己的身体。

假如我们在饮食上能够注意营养平衡，能够过一种简单而有节制、有规律的生活，我们就没有经常服药的必要。但是许多年轻人因为工作关系，中午，他们往往会站在小食堂的柜台旁很匆忙地吞一块夹肉面包、喝一杯牛奶就算了事，以为这样一来时间工作两不误。殊不知，假如他们走进一家餐馆，从容地吃一顿营养而可口的午饭，餐后再休息一会儿，在未继续工作以前，使胃得以消化，这对于他们的身体，都是大有裨益的。

善待压力要提升自己。打铁先得自身硬，压力变为动力不是水到渠成，自然而然的，它需要有向上求变的思想基础，需要转化条件，需要奋斗能力。没有这些，压力就会变成吃力，变成无能为力，到头来，就会被淘汰了。所以，面对压力，我们要积极应对，最管用的方法是改变自己，充实自己，提高自己。有丰厚的底蕴垫底，就能正确引导、化解各种压力，使之成为自己前进的动力。充实靠平时，提高靠点滴，改变靠持续。名帅英才之所以能运筹于帷幄之中、决胜于千里之外，之所以能在纷纭繁杂中料远若近、举重若轻，未雨绸缪、谋虑渊深，之所以能在穷途困境中化险为夷，转败为赢，柳暗花明，绝非一念之计、一日之功，而是长久充实积累、改变提高自己的结果。在这个问题上，不能有侥幸心理，过了一关算一关；不能有凑合心理，挡了一时算一时。习多思考，勤实践多历练，勤交流多感悟，勤挖潜多提高，识以领其先，见则明其髓，干则务其实，练就一身硬功夫，什么压力也不在话下。

好的习惯愈多，则生活愈容易，抵抗引诱的力量也愈强。
——詹姆斯

智慧悟语

培养良好的生活性格、习惯是获取人生幸福的关键。人们常说性格决定命运，其实是在说生活性格、习惯决定命运。我们个人性格、习惯的表现，也就是我们以自己性格的思维习惯和行为习惯行事，正是这两种习惯决定了我们每个人生活中的命运。

性格、习惯是人生中的一柄双刃剑，用得好，它会帮助我们轻松地获得人生的快乐与成功；用得不好，它会使我们的一切努力都变得很费劲，甚至能毁掉我们的一生。所以能否改掉坏习惯，培养好习惯，就是能否获取人生幸福的关键。

性格、习惯是潜意识的功能。我们在日常生活中学习游戏、跳舞或开车，是在意识的指导下一次次地重复动作，直到在潜意识中留下深深的"印迹"为止。然后，我们的潜意识会为我们产生自动的习惯动作。其实生活中没有其他东西更能像习惯这样证实潜意识的神奇。习惯就像一根拴住你的绳子，在你每天重复这种行为时，这根绳子就会变得越来越粗，越来越控制住你，让你无法挣脱。于是你就成了习惯的奴隶。所以习惯又被人们称为第二天性，它是潜意识对言行的自动反应。

那我们如何才能用好这根绳索，让自己获得比较科学的自由呢？克服不好的性格、习惯是正确意识选择的结果。假如你选择了做某件事情，并不断地重复，你的潜意识就认为你想做那件事，就让它变成你的习惯。

点亮人生

毋庸置疑，健康和富足可以给我们带来快乐，这种快乐是单纯而美好的。但健康和富足通常来源于你个人的努力和习惯，就如同拿破仑·希尔所说："健康和富足都是习惯的产物。所以我们只有远离不良的生活习惯，自己获得身心健康，才会轻轻松松地获得这种再简单不过的快乐。"

有两个人，一个是体弱的富翁，一个是健康的穷汉。两人相互羡慕着对方。富翁为了得到健康，乐意出让他的财富；穷汉为了成为富翁，随时愿意舍弃健康。一位闻名世界的外科医生发现了人脑的交换方法。富翁赶紧提出要和穷汉交换脑袋。其结果，富翁会变穷，但能得到健康的身体；穷汉会富有，但将病魔缠身。

手术成功了。穷汉成为富翁，富翁变成了穷汉。但不久，成了穷汉的富翁由于有了强健的体魄，又有着成功的意识，渐渐地又积起了财富。同时，他总是担忧着自己的健康，一感到些微的不舒服便大惊小怪。由于他总是那样担惊受怕，久而久之，他那健壮的身体又回到原来多病的状态里，或者说，他又回到了以前那种富有而体弱的状况中。

那么，另一位新富翁又怎么样呢？他总算有了钱，但身体屡弱。然而，他总是忘不了自己是个穷汉，有着失败的意识。他不想用换脑得来的钱建立一种新生活，而不断地把钱浪费在无用的投资里，应了"老鼠不留隔夜食"这句老话。

钱不久便挥霍殆尽，他又变成原来的穷汉。然而，由于他无忧无虑，换脑时带来的疾病也不知不觉地消失了。他又像以前那样有了一副健康的身子骨。最后，俩人都回到了原来的模样。

由此，希尔指出："健康和富足都是习惯的产物。"所以，为了有一个健康的身体，我们应该做到：

吸烟者应自觉遵守公共场所"禁止吸烟"的规定，即使是在家里也应坚持不吸烟，这样，不仅有助于增进"烟民"的健康，同时也有助于增进亲人的健康。

缓解工作中的压力，调好工作节奏，做到有张有弛。可以通过自己的业余爱好，如集邮、收藏、钓鱼、跳舞、旅游等方法，缓解紧张情绪。

食物的功能在于供给我们活动所需要的能源，你的饮食习惯应该以此为唯一目标。如果把消化系统想象成一座工厂，则为了使它能正常运转，必须供给它不同的原料。如果配料不当，则工厂很可能无法完成制造任务，或是制造出一些有瑕疵的产品，甚至有些原料会积存在各个角落，以致工厂的墙壁开始膨胀，最后墙崩屋垮，整个工厂不是完全不堪使用，就是需要进行重大修缮。

> 休息是为了更好地工作。
>
> ——列宁

智慧悟语

很多人因为想要获得事业上的成功，总是强迫自己无休止地工作。他们拒绝休假，公文包里塞满了要办的公文。如果要让他们停下来休息片刻，他们也会认为纯粹是浪费时间。这些人都成功了吗？没有，他们中很多人不但没有成功，相反，使自己身心疲惫，有的甚至疏远了亲人，造成家庭的破裂。休息和运动一样重要。如果缺乏休息，身体会积劳成疾。因此，我们把休息称为是对身体的充电。

每当电池快没电时，我们就要及时充电，如此才能确保它继续正常运作。人也一样，经过一天的持续工作之后，我们的能量需要进行补充，否则很难在第二天保持旺盛的精力。

我们要学会休息，以确保自己能有充沛的精力去工作。当有人感到心力交瘁之时，可能会使自己的健康状态和工作能力停滞，作出言行不合时宜的举动来。此时你的身体就像一只耗掉大部分电量的蓄电池，无法再如平时一般正常工作。

什么是正确的休息方法呢？一般人可能会认为，最有效的休息方法就是睡眠。许多人因为工作过度繁忙而长期失眠，因此对于自己的疲倦感到无能为力。但事实证明，睡眠并不是唯一的休息方式。

当一个人工作太久了，疲惫和压力就会产生，这时如果不改变一下工作的步调，很可能会造成情绪不稳定、慢性神经衰弱以及其他的毛病，这时需要调节一下。调节不一定需要休息，从脑力劳动转换去做几分钟体力劳动，从坐姿变为立姿，绕着办公室走一两圈，都可以迅速恢复精力。

🖋 点亮人生 ....

人类的心灵需要安静、独处与平和的时间，以利于忘记竞争的压力。因此，不妨在自己繁忙的时间表上，安排几分钟或十几分钟静坐默想的时间，以获得内心的平静，让自己摆脱竞争的忙碌和工作的压力，退一步看看自己究竟在做什么。

当然，小睡也是一种有效的休息和恢复精力的方法。小睡与正常睡眠不矛盾，它因人而异，有时打个盹儿就能起作用。通常正常的睡眠以能恢复体力即可，不可贪睡；而白天的小睡则是一种既不多占时间又能有效地恢复体力的休息方法。

深呼吸是最简单、最方便的休息。它只需持续两分钟，你所要做的就是深吸——把空气直接送入腹部，让自己切实感到胃部随着吸入的空气而膨胀起来。

我们虽然一直在呼吸，但是由于匆忙，由于不断增强的压力，呼吸变得很浅，因此，根本无法获得足够的氧气。要想克服这种缺氧带来的副作用，你只需要如上所说，慢慢地深呼吸两分钟，每天重复三四次甚至五六次。

休息是为了获得更好的状态，掌握了有效休息的方法，你的工作效率也将大大提高。聪明的人，会挣钱，爱工作，更要会休息。人就像机器，无休止地运行只会死机。

工作过度紧张或是长期承受心理压力，缺乏适当的休息的人，就会出现生理疲乏和精神疲乏，产生一系列劳累和疲倦症状：如：体力下降；工作效率低；精神不集中；记忆力差等，更为严重的会导致疾病的发生，经研究发现，可引发高血压、冠心病、癌症、消化性溃疡、紧张性头痛、偏头痛等多种身心疾病。因此，健康的人经过适当的休息后，可以恢复体力和精力；患病的人经过充足的休息后，可以促进康复。

休息是一种宁静、安详、无焦虑、无拘无束的一种状态。即在没有任何情绪压力下的松弛状态。合理的休息可使人在一段时间内，从生理和心理上得到松弛，以解除疲劳或身心不适，恢复体力和精力。

休息的先决条件：

1. 生理上的舒适，在休息之前把身体的不适降到最低程度。

2. 心理上的放松，减少焦虑，消除紧张情绪。

3. 解除一切的焦虑和个体压力。

4. 休息的环境必须清洁、舒适、安静，避免各种不良因素的干扰。

5. 休息前要进行自我放松，取自然姿势，配合深呼吸，充分放松身心。

6. 养成良好的生活习惯，晨起规律的身体运动可促进睡眠，但大运动量的活动锻炼则会干扰睡眠，晚上轻度的运动亦有利于睡眠，尤其在睡前 2~3 小时进行的运动可使体温下降，产生疲劳感，易于身体放松，但过度疲劳后则不易入睡。

7. 养成良好的休息、睡眠习惯，以促进自然入睡和休息。

8. 充足的睡眠：一般成年人以每日 8 小时为佳，维持生理需要的基本睡眠时间每日不得少于 5 小时，否则易引起身心疾病。而长时间的过度的睡眠会使二氧化碳在体内潴留，也同样不利于身心健康！

建立身体的工作既是在睡眠的时候做成的，则定时及充足的睡眠实为必要，尤其对青年人更是如此。身体是革命的本钱，也是每个人生活、学习和从事一切活动的本钱。正如庄子所说："形劳而不休则弊，精用而不已则劳"——身体要是不停地使用就会疲劳，长期疲劳而不休息就会得病。

你若用不健康的方式生活，任何化妆术都无济于事。

——索菲娅·罗兰

智慧悟语

生活方式因素，又称为健康行为因素，它包括嗜好（如吸烟、酗酒等这些生活方式因素）、饮食习惯、风俗、运动、精神紧张、劳动与交通行为等。对于都市人来说，生活方式又是怎么影响了我们呢？

吸烟、喝酒是人们常见的不良生活习惯，由于长期吸烟使烟毒有害因子的破坏作用累积，引起肌体免疫功能低下，自由基增多而诱发各种疾病。曾有研究表明：吸烟者比不吸烟者患慢性支气管炎的危险性高 2.8 倍，肺气肿高 4.2 倍，恶性高血压高 3 倍，吸烟人群呼吸系统和心脑血管疾病的发病率明显高于不吸烟者；而饮酒则更易患肾炎、胃溃疡、肝炎、肝硬化等消化系统疾病。

可见，生活于钢筋水泥的都市人群，由于应酬多，生活不规律，导致生出许多慢性病，但他们对生活方式与健康的认识却令人吃惊。据调查，竟然有 37% 的人不知道吸烟有害，34.2% 的人认为过度饮酒无害。这种认识上的不足，必然会对人们的生活方式产生不良影响。

哲学家马卡斯·奥里欧斯说："人们为自己寻找退避之所：乡间、海边、山上的房子，你们也一定非常希望得到这些房子。殊不知这是一种平凡人的做法，因为无论何时你想退避独处时，其力量是在你自己手里。"

一个人想退到更安静、更能免于困扰的地方，莫过于退入自己的灵魂里面，特别是沉潜在平静无比的思绪里。我敢肯定地说，除了宁静是心里的最好状态外，别无他物。那么，马上退避，重整你自己吧！

点亮人生

医学家预言：大约在 2015 年，发达国家和发展中国家的人的死亡原因大致相同——生活方式、疾病将成为人类头号杀手！这个预言唤起了大众对生活方式与生命长度之间关系的关注。

意大利山区有一个叫坎普迪米里的小村庄，那里的居民以长寿著称。当地人认为，健康不需刻意追求，长寿的经验就是生活简单。在该村的 850 名居民中，有 10 人超过 100 岁，50 多人在 90 岁以上，还有很多超过 80 岁的老人，仍显得格外健康和精力充沛。

据说 20 年前，当地曾有一家医院，因 10 多年没有一个病人上门而被迫关门。有人认为当地人长寿的原因可能与当地清新的空气和水源有关。因为坎普迪米里数百年来都以矿泉水闻名，这些矿泉水可以预防血管硬化；还有人认为当地人长寿与他们的健康饮食有关，他们常吃的食品主要包括橄榄油及新鲜的自制面包、意大利粉、胡萝卜、洋葱、西红柿、海鲜、橄榄油炒蜗牛、青豆、豌豆等。103 岁的玛吉说："避免喝碳酸饮料、咖啡和任何含有烟碱和咖啡因的物质，每天坚持锻炼。我在早饭前和早饭后都要慢走 1.6 公里，并在健身房骑车大约 10 公里，还坚持举 5 磅重的哑铃。"当地居民普遍认为，他们没有刻意追求长寿，只是简单的山区生活习惯使他们健康长寿。一位 104 岁的老人表示："我们只是呼吸新鲜的空气，饮用清纯的泉水，进食健康的食物，过着非常平静的生活和享受子孙满堂的安乐日子。"热爱生活和劳动也是他们长寿的原因之一。

瑞士一家研究机构通过对荷兰 1000 名老年人进行的调查显示，生活方式可决定寿命长短。健康长寿的秘诀在于心态乐观、饮食均衡和生活有规律。

消闲方式也直接影响到他们的身心健康。患慢性病较多的人如果注重进行一些健身性的休闲活动，建立良好的个人生活方式，并保持愉悦的心理状态及较为广泛的人际关系，就会大大减少患病的机会。

第二次世界大战结束的前几天，有人说杜鲁门总统比以前任何一位总统更能负荷总统职务的压力与紧张，认为职务带来的很多难题并没有使他"衰老"或吞蚀他的活力，认为这是很不简单的事。杜鲁门的回答是："我的心里有个掩蔽的散兵坑。"他又说，像一位战士退进散兵坑以求掩蔽、休息、静养一样，他也定时地退入自己的心理散兵坑，不让任何事情打扰他。

我们每一个人心里都需要有一间恬静的房子，像是海洋深处不受侵扰的安静中心，无视海面兴起的汹涛骇浪，安然地享受自己宁静的天地。

安德鲁·杰克逊，1837年曾任美国总统，美国历史上最出色的政客之一，这里是关于他的一个小故事。

他妻子死后，杰克逊对自己的健康状况变得非常担忧，家中已经有好几个人死于瘫痪性中风，杰克逊因此认定他必会死于同样的症状，所以，他一直在这种阴影下极度恐慌地生活着。

一天，他正在朋友家与一位年轻的小姐下棋。突然，杰克逊的手垂了下来，整个人看上去非常虚弱，脸色发白，呼吸沉重，他的朋友走到他身边。

"最后它还是来了，"杰克逊乏力地说，"我得了中风，我的整个右侧瘫痪了。"

"你是怎么知道的呢？"朋友问。

"因为，"杰克逊答道，"刚才我在右腿上捏了几次，一点感觉也没有。"

"可是，先生，"和杰克逊下棋的那位姑娘说道，"你刚捏的是我的腿啊！"

有时候，我们就会因为太紧张而对生活进行一些错误的判断。所以我们需要修建一座内心的恬静房子，适当地让自己放松和休息，它的功用就像消除心理压力的一间厢房一样，消除你的张力、忧虑、压力、迫力与拉力，使你清新焕发，让你在平常的日子里，更充分地准备应付第二天。

相信每一个人的内心都有一处恬静的中心，从不受外扰移动，像轮轴的数学中心点一般，永远保持固定不动。我们所要做的，就是去发掘这个内心安静的中心点，并且定期地退到里面去休息、静养、重整活力。

第三章　去浮戒躁最养生

一张一弛，文武之道。

——《礼记》

智慧悟语

紧张而繁忙的都市生活让现代人在忙中变成了"茫人"。他们不懂得及时刹车，及时休息，整天将自己像根绳子一样紧紧地绑在一个地方，久而久之，身体像大楼一样渐渐垮塌，精神也萎靡不振，对生活和工作造成严重影响。除了基本的健康知识和恰当的消息外，保持我们健康体魄的关键还在于乐观的心态与正确的生活方式。

点亮人生

在第一台蒸汽机的轰鸣声中，人类进入了工业时代。这个时代以速度为尊，一切追求快节奏、高效率，只有竞争，只有不断"搏出位"才能获得短暂的"安全感"。可是，这却让老年疾病年轻化，人类病谱复杂化，死亡的降临神速化。

2002年1月22日，澳大利亚年纪最大的寿星洛基特欢庆了他的111岁生日，家人为他举行了隆重的庆祝活动。1891年出生的洛基特曾在欧洲参加过第一次世界大战，多次负伤，是目前澳大利亚健在的一战老兵中年纪最大的一位。洛基特有三子一女，年龄都在70岁以上，和父亲一样，他们的身体也都十分健康。洛基特被他所居住的城市看作是"镇城之宝"。在他111岁生日的庆祝活动上，身体依然十分硬朗的洛基特希望自己能够成为世界上最长寿的人。当人们问到他长寿的秘诀时，洛基特毫不犹豫地说："保持乐观，永远都不要着急！因为忧虑会令你折寿。"

英国时间专家格斯勒曾说："我们正处在一个把健康变卖给时间和压力的时代。"而且，这种变卖是不需要任何契约的，是以一种自愿的方式把我们的健康甚至幸福抵押出去。

这就是我们这个时代的主旋律，在这样的社会大环境下，各个年龄阶段的人都无一幸免，不知不觉被卷进"快餐生活"的大潮。可是我们很快就发现快餐生活危害健康。

一只小老鼠在路上拼命奔跑，乌鸦问它："小老鼠，你为啥跑得那么急？歇歇腿吧。"

"我不能停，我要看看这条道的尽头是个啥模样。"小老鼠回答，继续奔跑。一会儿，乌龟问："你为啥跑得这么急？晒晒太阳吧。"小老鼠依旧回答："不行，我急着去路的尽头，看看那里是啥模样。"一路上，问答反复。

小老鼠从来没有停歇过，一心想到达终点。直到有一天，它猛然撞到了路尽头的一个大树桩，才停下来。

"原来路的尽头就是这个树桩！"小老鼠喟叹道。

更令它懊丧的是，它发现此时的自己已经老迈："早知这样，还不如好好享受那沿途的风景，该多美啊……"

事实上，乐观的心境与健康的身体离我们并不远，只要我们懂的张弛有度的生活，就能获得它的垂青。现代都市人想要健康少病，在日常生活中注意一个"慢"字是非常重要的，在一定程度上可以说是养生保健的关键。

养身之道，以"君逸臣劳"为要。

——曾国藩

智慧悟语

"生于忧患，死于安乐"谁人都不陌生，这句话同样适用于养生。人们一旦享受了安逸就意志消沉，从而丧失了积极奋斗的心。在养生中，一味地享受安逸，不利于身体健康，一味地纵欲更是于身有害。人活着，就不应该过分安于现状，只懂得贪图欢乐。

曾国藩对于逸与劳的辩证关系有着自己的见解。养身之道，省思虑、除烦恼，二者皆所以清心，"君逸"之谓也；行步常勤，筋骨常动，"臣劳"之谓也。阁下虽自命为懒人，实则懒于"臣"而不甚懒于"君"。盖早岁偏激之处至今尚未尽化，放思虑、烦恼二者不能悉蠲。以后望全数屏绝，不轻服药，当可渐渐奏效。所以他无论何时都时常自省，来审查自己是否滋养与安逸的温床，忘记了忧患。更是时刻提醒自己，警醒自己。

虽然曾国藩的嗜好给他带来种种益处，但是曾老也时常为自己过分沉溺于其中而感到懊恼。"每日除下棋看书之外，一味懒散……日内荒淫于棋，有似恶醉而强酒者，殊为愧悔。"他总是将自己处于一种紧张的状态之中，时刻准备好迎接命运的挑战。他更是用书中先哲的例子教育自己"职分所在，虽曰读古书，其旷官废弛，与废于酒色游戏者一也。庄生所谓臧毂所业不同，其于亡羊均也"。

点亮人生

世上的人们所尊崇看重的，是富有、高贵、长寿和善名；所爱好喜欢的，是身体的安适、丰盛的食品、漂亮的服饰、绚丽的色彩和动听的乐声；所认为低下的，是贫穷、卑微、短命和恶名；所痛苦烦恼的，是身体不能获得舒适安逸、嘴里不能获得美味佳肴、外形不能获得漂亮的服饰、眼睛不能看到绚丽的色彩、耳朵不能听到悦耳的乐声。我们总是在无形之中一步步朝着安逸靠近，一步步远离忧患意识，最终慢慢地走向死亡。

就拿鱼和飞蛾的一生来对比。它们的一生虽简短而平凡，却各有不同。飞蛾的前大半生是生活在蛹里的，它在里面沉默地生活、成长。终于到了破蛹而出的时刻，可飞蛾的身体每向前移一步，身上便要承受蛹壳的割划，就像安徒生笔下在王子的舞会中翩翩起舞的小美人鱼，一边美丽着，一边承受着锥心之痛……终于，飞蛾战胜了磨难，扑向蓝天，与白云共舞。

鱼一生都生活在柔软的水中，它的生活是安逸顺畅的。每当风浪即将来临，鱼便慌乱地游到水面，东游西窜，惊慌失措，风浪一到便躲到水底再也不敢出来。终于有一天，鱼碰到了自己所谓的"磨难"，这磨难只是碰掉了一块鳞，鱼就怕得不得了，把这碰掉的一块鱼鳞当成是什么天大的磨难，结果在担惊受怕中鱼把自己生生的吓死。鱼其实是可以不死的，如果它能够懂得居安思危，正视苦难，早早地锻炼悠游的能力，它自然可以在风浪中活得逍遥自在。

人们活着应该时刻有一种忧患的意识，只有这样才能更加注重关心自己的身体，不会养尊处优，丢掉延年益寿的机会。

素食为延年益寿之妙术。

——孙中山

智慧悟语

近代很多名人都倡导素食，近代天津最早的女教育家吕碧城女士，亦曾撰写《素食者是真理之光》一文，极力倡导素食的好处。

点亮人生

在现在，吃素已然成了一种时尚。传的风风火火的"周一请吃素"的活动，频繁出现。明星提倡吃素，为了保持自己的好身材；动物保护者提倡吃素，因为他们关爱生命。但是无论吃素的理由怎么千变万化，最普遍的还是为了养生。

简单地说，素食有五大好处。

第一，为自己的腰包减负，吃素就是最佳的选择。无论你是自己做饭还是去饭店点餐，素菜的价格都远远低于荤菜。这样你能节省一大笔开支。

第二，素食给你带来健康。因为素食者较少酸性体质，吃素的人比吃荤的人生病概率要低，尤其是很少有患癌症的。

第三，吃素者精神饱满，耐力很强。例如动物中的鸽子，只吃高粱、谷子，但是飞行起来路途之远令人咋舌；驴子、牛、马也是素食的动物，只吃草，偶尔吃些谷物，可它们的体力是虎豹狮狼所不能及的，拉车载货，吃苦耐劳，堪称大力士。饮食清淡还有益于头脑清晰，神志清醒，所以脑力者也适于素食。

第四，吃素能美容，能达到自然减肥的效果。吃素能促进新陈代谢，从而把体内积蓄的脂肪和糖分燃烧掉。常吃素还能使人的皮肤红润光滑，显得更加年轻。因为饮食习惯的关系，西方人比东方人吃素吃的要少，以肉食居多，西方人一到四十岁左右，尽显老态，皮肤皱纹尽出。东方人三餐主要以蔬菜、水果、谷物为主，能延缓身体老化，保持青春活力，所以在西方人的眼中，东方人的年龄往往是个谜。

第五，吃素是一种文化。吃素是一种天人合一、返璞归真的文化。吃素的人更能体验出自然的可贵。吃素是养心的善举。常言道"养生贵在养心"，素食主义正以一种天然温和的姿态慢慢成为养生队伍中的生力军。

> **养生宜动，养心宜静。动静适当，形神共养，培元固本，才能使身心健康。**
>
> ——杨志才

智慧悟语

在医学上，"过劳死"属于慢性疲劳综合征，是超负荷工作导致的过度劳累所诱发的未老先衰、猝然死亡的生命现象。现在社会上受到"过劳死"威胁的主要是记者、企业家和科研人员。

据调查，目前新闻工作者中有79%死于40~60岁，平均死亡年龄45.7岁。此外，中科院的调查显示，科研人员的平均死亡年龄在52.23岁，15.6%死于35~54岁。而一项对中国3539位企业家的调查显示，90%的人表示工作压力大，76%的人认为工作状态紧张，25%的人患有与紧张有关疾病，而上海、北京、广州三地的企业高管慢性疲劳综合征罹患率最高。

如今"过劳死"这个词开始频繁地出现在人们的生活中，也让很多人开始反思自己的生活，关注自己的健康。但是，紧张的工作、现实的压力，让很多人在担心、害怕一段时间后，又恢复了以往忙碌的生活，甚至比以前更忙，于是，"过劳"继续侵蚀着人们的健康，并且变本加厉。

点亮人生

利奥·罗斯顿是美国最胖的好莱坞影星。1936年，在英国演出时，他因心肌衰竭被送进汤普森急救中心。抢救人员用了最好的药，动用了最先进的设备，仍没挽回他的生命。

临终前，罗斯顿曾绝望地喃喃自语："你的身躯很庞大，但你的生命需要的仅仅是一颗心脏！"

罗斯顿的这句话，深深触动了在场的哈登院长，他流下了泪。为了表达对罗斯顿的敬意，同时也为了提醒体重超常的人，他让人把罗斯顿的遗言刻在了医院的大楼上。

1983 年，一位叫默尔的美国人也因心肌衰竭住进了医院。他是位石油大亨，他在美洲的十家公司陷入危机。为了摆脱困境，他不停地往来于欧亚美之间，最后旧病复发，不得不住进来。他在汤普森医院包了一层楼，增设了五部电话和两部传真机。当时的《泰晤士报》是这样渲染的：汤普森——美洲的石油中心。

默尔的心脏手术很成功，他在这儿住了一个月就出院了。不过他没回美国。他回到苏格兰乡下有一栋别墅，这是他 10 年前买下的，他在那儿住了下来。

1998 年，汤普森医院百年庆典，邀请他参加。记者问他为什么卖掉自己的公司，他指了指医院大楼上的那一行金字。不知记者是否理解了他的意思，总之，在当时的媒体上没找到与此有关的报道。

后来人们在默尔的一本传记中发现这么一句话："富裕和肥胖没什么两样，也不过是获得超过自己需要的东西罢了。"

在效率就是生命的大时代中，人们以"工作奴隶"的形象出现在职场，为了成绩、为了加薪，为了保住工作岗位，每个人都在拼命。累死一个人对家庭而言重于泰山，对企业和用人单位而言却是轻于鸿毛，但一个人被累死的影响不应止于此。

诸多生活压力，让男人们每天十几个小时在外，三五个小时在床，成为名副其实的工作机器。而诸多就业歧视与潜在的失业危机迫使女人忙得不像女人。我们干着工作，加着班，劳碌之外很少能想到生活本来的颜色。今天，我们认真审视"过劳死"，体味着在物质和精神双重困境下的挣扎。其实，面对死亡的最大意义在于，不论你是老板还是打工者，为了我们自己和身边的每个人都能像正常人一样生活，从现在开始，让生活的脚步慢下来吧！

日本"过劳死"预防协会认为，一旦有下述表现，你可能已经身陷"过劳"之中：

1. 过早地挺起"将军肚"。30 岁～50 岁就大腹便便，出现高血脂、高血压等。

2. 脱发乃至早秃。每次洗澡都会掉许多头发，提示压力大，精神紧张。

3. 性能力下降。人到中年，男子阳痿或性欲减退，女子过早闭经，都是健康衰退的第一信号。

4. 记忆力减退，甚至忘记熟人的名字。

5. 精力很难集中。

6. 睡着的时间越来越短，睡醒仍感疲乏。

7. 头痛、耳鸣、目眩。

8. 经常后悔，情绪易波动，易怒、烦躁、悲观，且难以控制。

9. 经常爱上厕所，小便频繁，尤其是面临突发事件时。

一身所宝，唯精气神。

——林佩琴

智慧悟语

"人老原来有药医"，老病有药医，这个药不是外药，道家叫作内丹、天元丹，也就是精、气、神。

道家认为，人老是有药可医的，这个药就是道家的内丹、天元丹，也就是中医理论中的精、气、神。

那么，什么是精气神呢？"精"有广义与狭义之分。广义的精，包括血、津、液等，是生命活动的物质基础，称为"脏腑之精"；狭义的精，是指具有生长发育及生殖能力的物质，称为"生殖之精"，二者相互滋生、促进。"气"也有两种含义：一指体内流动着的精微营养物质，如营气、卫气等；一是指脏腑生理功能。如脏腑之气、经脉之气等。气是在一定物质基础上产生的生命运动形式，对人体有重要的调控作用；"神"也分两种：广义是人体活动现象的总称；狭义指人的精神思维活动。所谓"得神者昌，失神者亡"，即指神的重要性。

中医学认为，"精、气、神乃人体之'三宝'"，"不可损也，损之则伤生。"自古以来，人们把保养精、气、神视为健康长寿的人生三宝，因为它们是构成人体、维持生命活动的基本物质，是脏腑功能综合活动的结果。精充、气足、神全是人体健康的标志；精亏、气虚、神弱为疾病与衰老的原因。为此，重视保养精、气、神是健康长寿的诀窍。

那么，应该怎样保养精、气、神呢？古人通过千百年来的无数实践，总结出"寡欲以养精，寡言以养气，寡思以养神"的要诀。

点亮人生

寡欲就是要求人们不要纵欲。泛指人体的"精气"，也就是中医所说的"元气"。"精"为构成人体的物质基础，是生命的根本。精为人体各器官的生理功能，养精就是要保护好各个器官的正常生理功能。

中医认为"欲多则损精"，"多欲则志昏"，"淫声美色破骨之斧锯也"。纵欲不仅丢失过多的精液，同时也可导致机体内分泌紊乱，损及五脏之精，"肝精不固，目眩无光；肺精不交，肌肉消瘦；肾精不固，神气减弱；脾精不坚，齿浮发落。若耗散真精不已，疾病随生，死亡随至。"因此，清心寡欲是养生之道的一个重要方面。

寡言是要求人们不要经常喋喋不休，大喊大叫，以保持"元气"充足。气，是构成人体的最基本物质，它具有动而不息的特征，维持并推动着人体的生命活动。中医认为，人体血脉、百骸、九窍所充盈者曰气。用今天的话来说，就是人体内的组织细胞要通过新陈代谢，不断获得氧气和排出二氧化碳，而机体各组织细胞要获得氧气和及时排出二氧化碳，必须通过呼吸系统和血液循环系统协调配合才能完成。肺泡是进行气体交换的主要场所，通过血液这个媒介，以肺泡交换来的氧气，源源不断地被运送到机体各个组织的细胞中去。

一个人若经常喋喋不休地大喊大叫，势必消耗肺气，影响呼吸器官的正常功能，从而致使体内元气不足，削弱机体各器官的生理功能，外邪乘虚而入，导致百病丛生。有些人喜欢追求刺激，群聚一起搞恶作剧以取乐，狂呼乱叫，嬉笑不已，这样只会损精耗气，使人精神飞驰，血气流荡，变生它疾。

寡思是要求人们不要常常胡思乱想，或者想入非非，以致用脑过度，影响大脑皮层正常生理功能。《内经》有"思伤脾""思则气结""多思则神殆"之论述。人的大脑为人体指挥机关，如果让其过于劳累，得不到必要的休息，指挥就会失误。如经常用脑过度，使中枢神经过度疲劳，就会感到头昏脑涨，记忆力减退，注意力不集中。久之，则百病丛生，妨碍身体健康，诸如失眠、神经衰弱、月经不调、经闭、胃肠神经功能紊乱、高血压、冠心病，甚至癌症，等等。

尽管"凡人不能无思"，但要有个限度，不要在微不足道的小事上苦想冥思，更不要为身外之物煞费苦心。"不思声色，不思胜负，不思得失，不思荣辱，心不劳，神不疲"，如此这般，才可以把思想负担尽量减轻，有利于达到"全神息虑"，以防"神虑精散"，方可益寿延年。

由此可见，在日常生活中坚持以"三寡"养"三宝"，是保持身体健康和精力充沛的重要途径，是养生的秘诀、延年益寿的良方。

第六篇

舍与得，人生最大的选择题

第一章　以舍为得，屈伸自如

> **君子有所为，有所不为。**
>
> ——孔子

智慧悟语

"君子有所为，有所不为。""有所为"是主动选择，"有所不为"是敢于放弃。一个人能力再强、精力再多，也不可能无所不为，什么都想做只能是什么也做不好，选好自己应该做的才是最关键的。

譬如，世间行业千千万万，哪行做好了都能赚钱。每天都有企业垮台、破产，每天同样也有新的企业诞生。经营任何一种行业的商人，都应经营自己熟悉的主业，把它研究深、研究透，方能成为该行业的老大。

作为一个成熟的商人，你要学会放弃，那些你不熟悉的行业，千万不要轻易进入。看到别人在赚钱，不要眼红心动，否则，今天的投资，意味着明天的垮台！

商人们，千万不要有了点钱，就认为什么生意都可做，什么行业的钱都想赚！

作为领导也是这样，有些领导喜欢揽权，大事小事都要亲力亲为，结果人累得够呛，事情也没办好。其实，很多时候，我们真需要后退，因为后退是为了更好地前进！我们都有这样的感觉：赛跑时，先将身体重心后移，再向前跑，这是为了积蓄起跑的力量；打拳时，先将手缩回，再出拳击打，这样出拳的力量才更大；劳动清雪时，先将锹后摆，再向外扬，这样雪才会听话地被送出很远。

当我们成功时，适当地后退，是享受喜悦之余能保持清醒的头脑；失意时，适当地后退，是调节自己失落的心情，冷静思考；愤怒时，适当地后退，是缓解失衡的心理，调节良好的心态……

点亮人生

艾森豪威尔在他的《远征欧陆》一书中，说马歇尔"轻视那些事必躬亲的人，他认为那些埋头于琐细小事的人，没有能力处理战争中更重要的问题"。他讲美国的军事原则是："为战区司令官指定一项任务，给他提供一定数量的兵力，在他执行计划的过程中，尽可能少加干涉。"如果他的战果不能令人满意，"那么，正当的办法不是对他们进行劝说、警告和折磨，而是用另一个司令官替代他"。

艾森豪威尔在这里讲的"琐细小事"和"尽可能少加干涉"的内容都是指有所不为的范畴。战区司令官对那些琐细小事有所不为，是为了集中精力研究整个战区的大事，要在全局上有所为；更高一级的统帅对战区的事情少加干涉，也正是要研究更大的战略问题，在更高的层次、更广泛的意义上有所为。因此，不妨说有所不为才能有所为。

很多人都梦想能拥有一份好工作，这份工作最好是能带来财富、名声、地位，为人称羡。但事实上，在激烈的市场竞争中，已经没有哪一种工作是真正的热门行业，无论何种工作，都无法提供完全的保障。那么如何以不变应万变，取得一份较为实际，同时又富含理想色彩的工作呢？以下建议不妨一试：

首先，放长线钓大鱼。没有哪份职业是永远的热门。选择行业要充分考虑自己的兴趣、能力，你的就业磨合期以及这一职业的未来前景。

其次以智能求生存。你需要不断充电，不仅做个"专才"，更要做复合型人才。

再次，个人主导生活，选择有丰厚收入的工作原本无可厚非，但不能放弃其他的追求，如自由时间、健康和幸福的家庭等。因此，一份相对自由、能充分发挥个人才智的工作将更受人的青睐。

有所为有所不为，有利于集中力量，把宝贵的、有限的资源用在最急需的地方，争获最佳的效益；有利于集中人力、物力、财力办更大、更重要的事情；有所为、有所不为需要胸有全局、目标高远，心中无数、虚浮懒散者做不到有所为有所不为。胸有全局是能分清轻重缓急、该取该舍、科学规划、科学设计；目标高远是瞻前顾后、虑及未来，以高度的责任感和使命感对待自己的选择。显然，短期行为、急功近利与此格格不入；有所为、有所不为需要有自觉的意识，善于调动一切积极因素，解放智慧。如果无所不管、思想僵化，局面不会是生动活泼的。

成事不说，遂事不谏，既往不咎。

——孔子

智慧悟语

孔子是要告诉我们：做事情不要被已经发生的相关的事情所困扰，只要是正确的，就要义无反顾地走下去，没有必要因为做错了事情而悔恨，眼光要向前看。生活中，人们总有不能摆脱这样或那样事情的束缚，因此面对众多的突如其来的"大事""烦心事"，大多数人不但不知该如何应对，有时还会背上沉重的心理负担，这样对身体和心理健康都是不利的。所以我们就要学会舍弃，适时的放松心态，从容地看待那些"大事"，用一颗做"小事"的心态去面对、去处理。

都说人间有三苦。一苦是：你得不到，所以你痛苦；二苦是，你付出了许多代价，得到了，却不过如此，所以你觉得痛苦；三苦是：你轻易放弃，后来却发现，原来它在你生命中是那么的重要，所以你觉得痛苦。

人间有三乐。一乐是：你得到了，所以你快乐；二乐是：你付出了许多代价，最终得到了，但它是值得的，所以你快乐；三乐是：你很快放弃没有必要的负担，所以你快乐。

人间的三苦三乐，是我们常有的体验。许多人曾为得到的而快乐，也曾为失去的而难过。不少人曾为付出许多的时间和精力追求功名利禄，最终是得到了，后来发现不过是如此。有人为了理想而付出了许多心力，但是最终无怨无悔，因为它是值得的。另一些人，不重视曾拥有的亲情、友情、时间、机会和健康，等到无法挽救时，才发现原来它在自己的生命中是如此的重要，而有人能很快地放弃没有必要的贪心、攀比、嫉妒、仇恨，因而活得自由自在。

点亮人生

人生中，左右为难的情形会时常出现：比如面对两份同样具有诱惑力的工作，两个同样具有诱惑力的追求者。为了得到这"一半"，你必须放弃另外"一半"。若过多地权衡，患得患失，到头来将两手空空、一无所得。我们不必为此感到悲伤，能抓住人生"一半"的美好已经是很不容易的事情。

两个朋友一同去参观动物园。动物园非常大，他们的时间有限，不可能所有动物都参观到。他们便约定：不走回头路。每到一处路口，选择其中一个方向前进。

第一个路口出现在眼前时，路标上写着一侧通往狮子园，一侧通往老虎山。他们琢磨了一下，选择了狮子园，因为狮子是"草原之王"。又到一处路口，分别通向熊猫馆和孔雀馆，他们选择了熊猫馆，熊猫是"国宝"嘛……

他们一边走，一边选择。每选择一次，就放弃一次，遗憾一次。时间不等人，他们失去的将更多。只有迅速做出选择，才能减少遗憾，得到更多的收获。

选择和取舍时必须要有理性、睿智和远见卓识，不可鼠目寸光，不可急功近利，更不可本末倒置，因小失大。选择不是一锤子的买卖，不能因为一粒芝麻丢却西瓜；不能因为留恋一棵小树而失去整片的森林。

鲁迅在拯救人的灵魂和人的身体之间选择了成为一代文豪；迈克尔·乔丹放弃了棒球运动员的梦想，选择成为世界篮坛上最耀眼的"飞人"球星；帕瓦罗蒂放弃了教师职业，选择成为名扬世界的歌坛巨星。

有些选项看似诱人，但如果不适合自己，那就要果断舍弃。做出什么样的选择，要视自身条件和具体情况而定，要有主见，不能人云亦云。

人生的大多数时候，无论我们怎样审慎地选择，终归都不会尽善尽美，总会留有缺憾，但缺憾本身也是一种美。

社会大舞台上，每个人都是自己生活和生存方式的编导兼演员。只有学会正确地进行选择，有所为，有所不为，才能演绎出精彩的人生喜剧。

只要你不计较得失，人生还有什么不能克服的。
——海明威

智慧悟语

得失总是牵动人心的，我们会因为有所得而欣喜不已，我们也会因为失去而悲伤心痛。很多时候，我们的心境会不自觉地随着人生的得失而起起落落。对此，《论语》概括为"小人长戚戚"：因为"小人"的欲念太多，心里记挂的事情太多，便很容易患得患失、忧心忡忡，局促不安，所以就会常心怀戚戚。

世间之人，多为受得失所困的"小人"。哲学家冯友兰认为：要认识世界存在的必然性，就是"知命"，就是个人对外在的成败得失在所不计。如果这样行事为人，在某种意义上说，我们就永不失败。这就是说如果我们做应当做的，遵行了自己的义务，这义务在道德上便已完成，而不在于从外表看，它是否得到了成功，或遭到了失败。能够这样做，人就不必拳拳于个人得失，也不怕失败，就能保持快乐。这就是孔子何以说："知者不惑，仁者不忧，勇者不惧。"也是因为，孔子又说："君子坦荡荡，小人长戚戚。"

✎ 点亮人生 ....

　　医治"长戚戚"的办法，就是竭尽所能地做自己当做之事便已足够，最后结果无论好坏，只需坦然接受即可。冯友兰一生都在坚持做他认为应该做的事——哲学研究，期间有过同代学者的非议，也曾有过社会变迁带来的方向转变，但无论外在的世界如何变化，人们的评价是褒是贬，他始终不改初衷。秉持着他自己的人生原则，尽职尽责为应为之事，将得失置之脑后，才越过人生的一道道沟沟坎坎，圆满地走到了人生的终点。这便是所谓的"去留无意，漫天边云卷云舒；宠辱不惊，闲看庭前花开花落。"真正能达到此种境界的人，实在是凤毛麟角。

　　一位年轻的法师下山去办事，在河边的大树下发现了一个襁褓，里面是一个出生不久便被父母遗弃的婴儿，黑黑的眼睛，红红的脸。出于恻隐之心，他小心翼翼抱起婴儿，也不下山去办事了，径直到寺院向老住持报告了这件事。老住持召集大院众僧，在没有办法的情况下，同意把孩子暂时寄养在寺院。就这样用米汤与奶粉喂养婴儿三天。

　　这天，从山下上来三个女施主。一位是女儿出走一年多一直没有消息的母亲，为女儿来祈福，求佛帮她女儿消灾免难的；第二位是代她白发老母为弟弟在外做生意发了财来谢菩萨的；只有第三位是虔心来拜佛的。这三个人进了寺院，先去奉上供品后坐定休息，以消除刚才上山时的疲劳。

　　刚一坐下，突然听到一阵婴儿哭声，三个人便悄悄议论起来。在寺院从未闻过婴儿声，第一个施主便说："大概是哪个小和尚的私生子吧！"另一个说："要么是老和尚为了延年益寿请来奶妈住在这里供奶，把孩子也带来了。"只有第三个施主说："罪过！罪过！千万不能乱讲师父的坏话。这肯定是法师们从哪个地方为救苦难搭救出的婴儿吧。"

　　正在轻轻议论间，山门外大道上又进来一男一女两个年轻人，他们一到大殿，倒头就拜，先拜佛，然后转身上前给师父们磕头行礼，硬要塞一个红包，师父们不要，他们说全靠师父们照顾了他们特意放在河边的孩子，大家都被这个人搞糊涂了。这时，三位女施主起身抬起头，她们的视线与这对男女青年的视线碰在了一起，此时，大家都惊呆了，站在那里半天说不出话来。

　　原来，刚进来的女青年就是第一位女施主的女儿，而男青年则是第二位施主的弟弟，因女方的母亲不同意两人的婚事，女青年一气之下与在外做生意的男朋友私奔，离家出走，把孩子放在河边，看着师父抱走才离开。前两位施主这时恨不得找个地洞钻下去，真是既惭愧又高兴。高兴的是家里添丁加人，悔恨的是自己以小人之心，度君子之腹。为自己诽谤寺院的法师而羞愧，在佛前不停地忏悔着。只有第三位施主仍在心中默默念佛。

低头做自己应该做的事情，不要介意别人的流言蜚语，只要尽力了，就可以无愧地对自己说："天空不留下我的痕迹，但我已飞过。"这样就赢得了一个广阔的心灵空间，得而不喜，失而不忧。这才是真正的大胸怀，大境界。

在英国有位孤独的老人，无儿无女，又体弱多病，他决定搬到养老院去。老人宣布出售他漂亮的住宅。

因为这是一所有名的住宅，所以购买者闻讯蜂拥而至。住宅的底价是8万英镑，但人们很快就将它炒到10万英镑，而且价钱还在不断攀升。老人深陷在沙发里，满目忧郁。是的，要不是健康状况不好的话，他是不会卖掉这栋陪他度过大半生的住宅的。

一个衣着朴素的青年来到老人面前，弯下腰低声说："先生，我也想买这栋住宅，可我只有1万英镑。""但是，它的底价就是8万英镑，"老人淡淡地说，"而且现在它已经升到10万英镑了。"青年并不沮丧，他诚恳地说："如果您把住宅卖给我，我保证会让您依旧生活在这里，和我一起喝茶、读报、散步，相信我，我会用整颗心来照顾您！"

老人站了起来，挥手示意人们安静下来。"朋友们，这栋住宅的新主人已经产生了，就是这位小伙子。"

青年就这样赢得了经济上的胜利，梦想成真。

在人的一生中，都无法避免困难和问题。物质上需要帮助、支持；精神上需要理解、鼓励；兴趣上需要满足、发挥……如果我们能想他人之所想，急他人之所急，及时给他人以物质和精神上的帮助和安慰，在他心里就会产生巨大的震撼力，而对自己，则减掉了许多原来扔也扔不掉的精神负担。

给予，即是爱；占有、获取并不是爱的本质。只有心甘情愿地付出、尽心竭力地奉献、不需偿还地给予，才是爱；想的是被他人拥有，或者为他人献出一切，才是爱。"只要人人都献出一点爱，世界将变成美好的人间。"只要自己先献出一点爱，生活就会增添一分光彩，只要人人献出一点爱，那么整个社会将会因此而更加温馨与幸福！

给予的方式并不相同：有有条件的，有无条件的；有有限的，有无限的；有忘我的，有为我的；有精神的，有物质的。在物质给予：有等价的，有不等价的；有先给后取的，有先取后予的。精神的东西，理解与鼓励；物质的东西，互相馈赠。古希腊哲学家伯利克说过："我们结交朋友的方法，是给他以好处。当我们真的给他人以恩惠时，我们不是因为得失而这样做，乃是由于我们慷慨而这样做，并不后悔的。"

总而言之，一个并不准备承担付出的人，最终得到的是痛苦和孤独。朋友间的幸福快乐，更多地存在于慷慨地给予之中。因为"不行春风，难得秋雨"！

不但给予他人，也要善于给予。只要善于给予，那么生活中能够给予的东西就太多了。为别人奉献自己，牺牲时间，是一种给予；为别人的幸运和成功而庆幸，是一种给予；能从别人的观点看事物，容许别人有自己的意见和特色，也是一种给予；谨慎——避免鲁莽的言行，耐心——倾听别人的倾诉，同情——分担别人的悲痛等，都是一种给予。

生活中我们应该保持一颗仁爱之心，保持对真、善、美的追求，地位、财富固然重要，真正使人获得永久尊重和帮助的还是那颗善良的心。把你无私的爱献给周围的人——父母、同学、朋友以及那些陌生人，这样不管你有什么梦想，他们都会帮你实现。

为了更好地一跃而后退。

——列宁

智慧悟语

人生时空本就是圆的。在我们的世界里，既有前面的半个世界，还有后面的另外半个世界。第二个世界就叫作"回头"。

后退，适当的后退，绝不意味着认输，绝不意味着妥协，更不意味着失败，它是为了更好地前进！

只有你在做好后退一步的准备之后，才有可能厚积薄发，走得更远、更踏实。正如老子说："以退为进，以与为取"，这种思想是很值得我们借鉴的。那是一种豁达的人生态度，更是一种大彻大悟的生命体验。人们常说"知进退为英雄"，讲得也是这个道理。很多时候，我们会觉得烦恼无尽，其实不过是自己走不出一个心理的误区，不懂得遇事要学会刚柔相济，柔而克刚；同时更不相信后退原来是向前的道理。适时的后退是一种眼光、是一种境界，还是一种生存和处世的智慧。人生在世起落寻常，当进则进、当退则退、进退有据，高下在心。如此就会获得清明的内省，带着一份自信和坚定，从容不迫地开始稳步前行。而这时你会不经意地发现，成功和幸福其实早已不再那么遥远。

点亮人生

退一步海阔天空，退是一种积蓄的生命姿态。君不见，运动健将在冲跳前往往有后退的姿势；拉弓射箭必须架弓在弦上，呈屈退的状态。只有这样，才能跳得高、射得远。

以退为进，是人生的一种大智慧。退步并不是忍让和怯懦，而是坚韧和刚强，真正的大丈夫是能屈能伸的，退只是表象，蓄势待发才是本质。

退步本身就是在前进，退是在积蓄前进的力量，正所谓磨刀不误砍柴工。

一位学僧斋饭之余无事可做，便在禅院里的石桌上作起画来。画中龙争虎斗，好不威风，只见龙在云端盘旋将下，虎踞山头作势欲扑。但学僧描来抹去几番修改，仍是气势有余而动感不足。

正好禅师从外面回来，见到学僧执笔前思后想，最后还是举棋不定，几个弟子围在旁边指指点点，就走上前去观看。学僧看到禅师前来，就请禅师点评。

禅师看后说道："龙和虎外形不错，但其秉性表现不足。要知道，龙在攻击之前，头必向后退缩；虎要上前扑时，头必向下压低。龙头向后曲度愈大，就能冲得越快；虎头离地面越近，就能跳得越高。"

学僧听后非常佩服禅师的见解，于是说道："师傅真是慧眼独具，我把龙头画得太靠前，虎头也抬得太高，怪不得总觉得动态不足。"

禅师借机开示："为人处世，亦如同参禅的道理。退却一步，才能冲得更远；谦卑反省，才会爬得更高。"

另外一位学僧有些不解，问道："师傅！退步的人怎么可能向前？谦卑的人怎么可能爬得更高？"

禅师严肃地对他说："你们且听我的诗偈：手把青秧插满田，低头便见水中天；身心清净方为道，退步原来是向前。你们听懂了吗？"

学僧们听后，点头，似有所悟。

"向前"与"后退"不是绝对的，假如在欲望的追求中，灵性没有提升，则前进正是后退；反之，若在失败和挫折以后，心性有所觉醒，则后退正是前进。

"退后原来是向前"，或许能称之为人生哲学。人生本来就不是一帆风顺的，人生际遇有时候也会充满戏剧化。所以，我们应该冷静思考，沉着应对。能申能屈，君子之行也！禅师此刻在弟子们心中插满了青秧，不知弟子们是否看见了秧田的水中天？

星云大师说，世上有的人只知道前面的世界，只晓得向前迈进，却不知后面还有一个更宽广的世界。遇到困难不懂得转身，不懂得回头，经常撞得鼻青脸肿。进是前，退亦是前，何处不是前？在与他人发生冲突时，与其因为正面冲撞而阻断了自己的去路，莫不如忍得一时，谦让一步，与人方便，也与己方便。

人常有一种错误倾向：看高不看低，求远不求近，殊不知"登高必自卑，行远必自迩"的道理。

有时候，退让并不是完全消极，反而是积极转进。低下头来，低头便见水中天。

懂得给自己留条退路，遇事才有转圜的空间，如果处处将自己限定，将永远走不出自设的死胡同。

东汉末年的许攸，本来是袁绍的部下，虽说是一名武将，却足智多谋。官渡之战时，他为袁绍出谋划策，可袁绍不听，他一怒之下投奔了曹操。曹操听说他来，没顾得上穿鞋，光着脚便出门迎接，鼓掌大笑道："足下远来，我的大事成了!"可见此时曹操对他很看重。

后来，在击败袁绍、占据冀州的战斗中，许攸又立了大功，他自恃有功，在曹操面前便开始不检点起来。有时，他当着众人的面直呼曹操的小名，说道："阿瞒，要是没有我，你是得不到冀州的!"曹操在人前不好发作，只好强笑着说："是，是，你说得没错。"但心中已十分嫉恨，许攸并没有察觉，还是那么信口开河。

有一次，许攸随曹操进了邺城东门，他对身边的人自夸道："曹家要不是因为我，是不能从这个城门进进出出的!"

曹操终于忍耐不住，将他杀掉。

好的东西，每一个人都喜欢；越是好吃的东西，越是舍不得给别人，这是人之常情。要是你有远大的抱负，不要斤斤计较成绩的取得究竟你占有多少份，而应大大方方地把功劳让给你身边的人，特别是让给你的上司。这样，做了一件事，你感到喜悦，上司脸上也光彩，以后，上司少不了再给你更多建功立业的机会。否则，如果只会打眼前的算盘，急功近利，则会得罪身边的人，将来一定会吃亏。对于让功的事，让功者本人是不适合宣传的，自我宣传总有些邀功请赏、不尊重上司的味道，你让功的事只能由被让者来宣传。虽然这样做埋没了你的才华，但你的同事和上司总有机会设法还给你这笔人情债的。

如烟往事俱忘却，心底无私天地宽。

——陶铸

智慧悟语

有人这样问："爱情没有了，回忆起来甜蜜多一点，还是痛苦多一点？"我们常常会遇到这样的问题，很多人觉得失去了当然是痛苦大于幸福，想起分手时刻的那些伤感，都会让人心中隐隐作痛。而有一个人却说："分手了，我记得最多的还是甜蜜，因为我忘记了那个人和那些痛苦，留在记忆里最多的还是曾经有一份很美的爱情。"的确，很多时候，我们伤心痛苦，主要还是因为我们无法忘记。我们总是无法忘记那些伤痛和失意，那些记忆犹如明镜一般被我们悬挂起来，每天都在看，每时都在想，这样我们又怎能快乐呢？所以，在失意的时候，人应当学会忘记，忘记那些不快，才能够真正地快乐，才能开始新的生活。

生于尘世，每个人都不可避免地要经历凄风苦雨，面对艰难困苦，想开了就是天堂，想不开就是地狱。而忘记就是一剂良药，弥合你的伤口，使你怀着新的希望上路。

人的一生，就像一趟旅行，沿途有数不尽的坎坷泥泞，但也有看不完的春花秋月。如果我们的一颗心总是被灰暗的风尘所覆盖，干涸了心泉、暗淡了目光、失去了生机、丧失了斗志，我们的人生岂能美好？如果我们能始终保持一种健康向上的心态，即使我们身处逆境、四面楚歌，也一定会有"山重水复疑无路，柳暗花明又一村"的那一天。

悲观失望者一时的呻吟与哀叹虽然能得到短暂的同情与怜悯，但最终的结果必然是别人的鄙夷与厌烦；而乐观上进的人，经过长期的忍耐与奋斗，最终将赢得的不仅仅是鲜花与掌声，还有那饱含敬意的目光。

🖋 点亮人生

虽然每个人的人生际遇不尽相同，但命运对每一个人都是公平的。因为窗外有阳光也有阴霾，就看你能不能磨砺一颗坚强的心、一双智慧的眼，透过岁月的流沙寻觅到辉煌灿烂的星星。如果你永远忘不掉曾经的荆棘，那么你也将永远畏惧前行。

很多人在失意的时候学会了抱怨，学会了沉沦。忘不掉别人给予的伤痛，莫过于拿别人的错误来惩罚自己。就如失恋，不是因为你不够优秀，也不是因为你倒霉，而是你在错误的时间遇到了不合适的人，分开很正常，因为你需要腾出时间和位置去给那个适合你的人。如果你的记忆里装满了曾经的伤，又怎能给新的那个人空间呢？一个塞满了旧的回忆的大脑，永远无法让新鲜的东西装进来。

在生活中，有很多的无奈要我们去面对，有很多的道路需要我们去选择，忘记一些原本不应该属于自己的，去把握和珍惜真正属于自己的，去追寻前方更加美好的！忘记一些烦琐，为大脑减负，忘记那些怅惘，为了轻快地歌唱；忘记一段凄美，为了轻柔地梦想。忘记，是一种伤感，但更是一种美丽。

如果不忘记许多，人生无法再继续。

——巴尔扎克

⚙ 智慧悟语

记忆，是人类最伟大的财富，是它让我们有那么多的关于生活和生命的感受：酸甜苦辣，各有滋味。然而，一个人如果把什么都记得很清楚，大脑里充满了各种各样的记忆，回味幸福使人高兴得发晕，而回味烦恼时也可能使人发狂。因此，我们应当学会记忆生活中那些快乐的事，遗忘生活中那些痛苦和烦恼的事，这样，你才能每一天都快乐。

在生活中，总有那么多琐事，总有那么多不如意，又何必统统都锁在心里，倒不如学会遗忘，将烦恼放逐，只有这样我们才能开心地生活。只有学会遗忘，方能将失望变成乐趣，将抑郁升华为一种欢悦。

人是群居动物，社会是群体现象，而人与人又如此地不同，因此，人们难免在和他人相处时发生一些不愉快的冲突。此时，为了使自己的身心张弛有度，也为了能和周围的人与事融洽相处，学会遗忘是生活中必不可少的。其实，生活中有很多的事情是不需要铭记在心的，比如朋友间的无端猜忌、亲人之间的误解争执、恋人间的情感纠葛、夫妻间的小小口角等，这些小事都没必要记在心上。当过往云烟搅得你心烦意乱、给你带来种种困扰的时候，你就会感觉到遗忘确实是一剂良药。

点亮人生

不能给别人带来快乐幸福的东西，就应遗忘。在人生的旅途中，有太多的成与败、得与失、恩与怨、是与非等，若都牢记心中，任凭那些伤心事、烦恼事纠结于脑际，那就等于给自己套上了沉重的枷锁，背上了不可卸载的包袱，就会活得很苦、很累，生命之帆就会偃旗息鼓，就会在茫茫的大海中迷航、触礁，甚至倾覆。如果我们善于遗忘，把不该记忆的东西统统忘掉，就会给我们带来无比轻松的美好生活。

遗忘是一种能力，对已经过去的无关紧要的事物，要糊涂一点，健忘一点，朦胧一点。及时将这些东西像清理电脑病毒一样删除出去，不让它们在大脑中占有一席之地，否则电脑就会死机，就得重装程序。一个人学会了遗忘，就是学会了如何健康地生活，就能让自己精力充沛地面对现在，创造生命亮丽的风景线。

有位智者，和一位朋友结伴外出旅行。行进在一个山谷时，智者一不留神跌倒在悬崖边，他的朋友拼尽全力拉住他，不使他葬身谷底。智者得救后执意在石头上镌刻下这件事情。有一天，在海边，两个人为一点儿小事争吵起来，朋友一怒之下，给了智者一个耳光。智者捂着发烧的脸颊，说："哼，我一定记下这件事！"于是他找来一根棍子，在退潮的沙滩上写下了这件事。朋友看后感到疑惑，智者笑了，说："我告诉石头的都是我唯恐忘记了的事，而我告诉沙滩的，都是我唯恐记住的事，我要让沙滩替我忘记，就这样。"

《列子·周穆王》里就记载了一个因记忆而苦，因遗忘而乐的故事：

宋国有个叫华子的人患了遗忘症，"朝取而夕忘，夕与而朝忘，在途则忘行，在室则忘坐，今不识先，后不识今"，"荡荡然不觉天地之有无"。后经一神医治好了病，使其把平生数十年的存亡得失、哀乐好恶都记忆起来，回到了现实的人生。但他又记得太牢，"忧忧万绪，须臾不忘"，以致怒而黜妻罚子，操戈逐人，弄得鸡犬不宁，还不如患遗忘症时活得开心。

瑞典著名心理学家拉尔森说过这样一句话："心理存在'毒素'的人永远不会感觉到生活的美好，而排除'毒素'的最好方法就是学会遗忘。"

生命中，有些能够遗忘的就遗忘吧，只要能还心灵一份宁静，轻松活着总比带着怨恨活着好。如果你还是看不开、想不开，那就这样安慰自己吧：我们是为关心我们的人而活着的，不是为了伤害我们的人而活着。活着就已经很好了，就让往事都随风而去吧。当然，我们发自内心去直面自己过去生活中所犯的错误，能承认错误需要勇气，更是一种自知之明，承认错误并不是要我们惭愧，而是为了记住那些前车之鉴，以便更好地处理今后的生活。

关心那些值得我们去爱的人吧。不会遗忘，就不会体会到现在的美好，幸福不会因为你的"无法遗忘"而驻足，勇敢地对自己说："一切其实都没有什么大不了的，如果无法放下，可以选择淡忘！"

在现实生活中，我们常会看到这样一种现象：有些人记忆力总是特别好，把一些鸡毛蒜皮、零零碎碎的事都记得一清二楚，对什么事都斤斤计较，耿耿于怀，结果不但精神萎靡，而且一副病秧子的模样；一些人则看得很开，该忘的统统都忘记，精力充沛、朝气蓬勃、身心健康。由此可见，遗忘不仅是一种风度，还是一种健康的生活方式。

物无美恶，过则为灾。

—— 辛弃疾

智慧悟语

我们自认为行走于世上时，自己拥有了很多，实际上却时有时无，如果拥有成了我们的负担，还不如舍弃。

宋代词人辛弃疾的这句话告诉我们，想拥有，是因为占有欲在作怪，如果舍得放弃，就不会再生痛苦。生活就是如此，有时候，痛苦和烦恼不是由于得到太少，反而是因为拥有太多。拥有太多，就会感到沉重、拥挤、膨胀、烦恼、害怕失去。

人生有得就有失，得就是失，失就是得。所以，人生最高的境界就是，该放下放下，该拿起拿起，因此也就无得无失。但是人们都是患得患失，未得患得，既得患失。明智的做法是学会放弃。放弃是一种境界，大弃大得，小弃小得，不弃不得。

拥有是一种简单原始的快乐，拥有太多，就会失去最初的欢喜，变得越来越不如意。

有一位贫穷的人向智者哭诉："我生活得并不如意，房子太小、孩子太多、太太性格暴躁。您说我应该怎么办！"

智者想了想，问他："你们家有牛吗？"

"有。"穷人点了点头。

"那你就把牛赶进屋子里来饲养吧。"

一个星期后，穷人又来找智者诉说自己的不幸。

智者问他："你们家有羊吗？"

穷人说："有。"

"那你就把它放到屋子里饲养吧。"

过了几天，穷人又来诉苦。智者问他："你们家有鸡吗？"

"有啊，并且有很多只呢。"穷人骄傲地说。

"那你就把它们都带进屋子里吧。"

从此以后，穷人的屋子里便有了七八个孩子的哭声、太太的呵斥声、一头牛、两只羊、十多只鸡。三天后，穷人受不了了！他再度找到智者，请他帮忙。

"把牛、羊、鸡全都赶到外面去吧！"智者说。

第二天，穷人来看智者，兴奋地说："太好了，我家变得又宽又大，还很安静呢！"

只有生活在宁静的状态下，才有情趣欣赏世界可爱的一面，体会别人的人情道义和善良，才有机会享受真正属于自己的人生。穷人的烦恼，不是源自房子太小，也不是因为孩子太多，更不是因为太太的性格暴躁，而是因为他拥有太多，且又不舍得放手。

有时候压力是自己施加给自己的，就像故事中的穷人，要的太多，想掌控的太多，而又无力承担，拥有就会成为负担。将心放宽，将压力释放出去，自然会得到心的宽敞。

人生在世，有许多东西是需要不断放弃的。在仕途中，放弃对权力的追逐，随遇而安，得到的是宁静与淡泊；在淘金的过程中，放弃对金钱无止境的掠夺，得到的是安心和快乐；在春风得意、身边美女如云时，放弃对美色的占有，得到的是家庭的温馨和美满。

能够做到坦然放手，一无所有之时，心态自然能够得到调和。已经一无所有，又何必担心会失去呢？丢掉过于沉重的包袱，不害怕失去，即使在喧嚣的都市中，我们也能获得一份心灵的宁静。在那里，看生命在谷底与波峰之间起伏，看心情在阴霾与晴朗之间兜转，感受春日暖阳，也体验冬季严寒。这一切，无不精彩，无不丰富。

第二章　吃亏才能有作为

无为而无不为。

——老子

智慧悟语

　　所谓"处无为之事"是说为而无为的原则，一切作为，应如行云流水，义所当为，理所应为，做应当做的事。

　　人生每走到一个关口，都应放下心来想，人生在世本来就有得必有失，有失必有得，得与失犹如人生的两个支撑点：一个在空中悬挂，另一个在地下徘徊。得与失犹如走路，在人生中无数的得与失交替中前进；得与失绘成一个坐标，那是人生曲线，标志着奋争，更标志着品位。

　　每个人所走的路不同，得失也千差万别，但有一条却是共同的：那就是不管是感情、金钱，还是荣誉……总之，对这些身外之物，一定要做到：失要失得起，拿要拿得起。一个人面对得失时，应当泰然自若。得志时须心谦身平，不狂妄，不做得意忘形的蠢事，要知道，人生不仅有得意的时候，也会有失意的时候。即使自己的成功不是靠机遇，而是靠自己奋斗所得，但要想到天外有天，人外有人，更不可骄傲，否则也许得就变为失了。失意的时候，切忌自暴自弃，自己把自己打败才是最彻底的失败。

　　人是世界的匆匆过客，在这个看似短暂的人生之旅中，得点儿，失点儿，又有何妨呢？我们应该保持良好的心境，不要让自己背上沉重的思想包袱，总之，一句话："得之淡然，失之泰然，坦坦荡荡，磊磊落落。"不曾得到的东西未必是最好的，同样，得到的东西，也未必是自己真正所需的。

　　做人处世，效法天道，尽量地贡献出自己的力量，不辞劳苦，不计名利，不居功，秉承天地生生不息、长养万物的精神，只有施出，而没有丝毫占为己有的倾向，更没有要求回报。人们如能效法天地而做人处事，才是最高的道德风范。而计较名利得失，怨天尤人，便是与天道自然的精神相违背。所谓"处无为之事"说的就是"为而无为"的原则：一切作为，应如行云流水，义所当为，理所应为，做应当做的事。做过了，如雁过长空，不着丝毫痕迹，没有纤芥在心。

点亮人生

孔子一心向老子问"礼"，于是便带着弟子们来到了洛阳。老子把孔子师徒引入大堂，入座之后，孔子表明来意，老子点头微笑。孔子师徒正准备洗耳恭听之时，不想老子却说："你们看我这些牙齿如何？"孔子师徒莫名其妙地看了看老子七零八落的牙齿，不知何意。随后，老子又伸出舌头问："那么，我这舌头呢？"孔子又仔细看了看老子的舌头，灵光乍现，醍醐灌顶，孔子顿悟，微笑着答道："先生学识渊博，果然名不虚传！"

后来，师徒几人辞别老子，起身返回鲁国。弟子子路却疑云重重，不得释然。颜回问其何故，子路说："我们大老远跑到洛阳，原本想求学于老子，没想到他什么也不肯教给我们，只让看了看他的牙齿和舌头，这也太无礼了吧？"颜回答道："我们这次来不枉此行，老子先生传授了我们别处学不来的大智慧。他张开嘴让我们看他牙齿，意在告诉我们：牙齿虽硬，但是上下碰磨久了，也难免残缺不全；他又让我们看他舌头，意思是说：舌头虽软，但能以柔克刚，所以至今完整无缺。"子路听后恍然大悟。

颜回继续道："这恰如征途中的流水虽然柔软，但面对挡道的山石，它却能穿山破石，最终把山石都抛在身后；穿行的风虽然虚无，但它发起脾气来，也能撼倒大树，把它连根拔起……"孔子听后称赞说："颜回果然窥一斑而知全豹，闻一言而通万里呀！"

满齿不存，舌头犹在，无为而作，才能完成应当所为之事。所以，有时，不必偏执地追求"有为"和"大用"，中国历史上有许多人，上至帝王将相，下至布衣隐士，似乎本身都无所作为，但却成就了大作为，就是因为他们谙熟了老庄"无用之才有大用"的处世之道。以虚无的胸怀包容一切功用，一切为我所用，才是真正的大用。

东汉末年曹操阵营有两个著名谋士，一是杨修，一是荀攸。杨修自恃才高，处处点出曹操的心事，经常搞得曹操下不了台，曹操"虽嘻笑，心甚恶之"，终于借一个惑乱军心的罪名把他杀了，而荀攸则完全是另一种下场。荀攸有着超人的智慧和谋略，不仅表现在政治斗争和军事斗争中，也表现在安身立业、处理人际关系等方面。他在朝二十余年，从容自如地处理政治旋涡中上下左右的复杂关系，在极其残酷的人事倾轧中，始终地位稳定，立于不败之地。

在当时的社会政治、经济条件下，曹操虽然以爱才著称，但作为封建统治阶级的铁腕人物，铲除功高盖主和有离心倾向的人，却从不犹豫和手软。荀攸正是很注意将超人的智谋应用到防身固宠、确保个人安危等方面。那么，荀攸是如何处世安身的呢？

曹操有一段话很形象也很精辟地反映了荀攸的这一特别谋略："公达外愚内智，外怯内勇，外弱内强，不伐善，无施劳，智可及，愚不可及，虽颜子、宁武不能过也。"可见荀攸平时十分注意周围的环境，对内对外，对敌对己，迥然不同，判若两人。参与谋划军机，他智慧过人，迭出妙策；迎战敌军，他奋勇当先，不屈不挠。但他对曹操，对同僚，却注意不露锋芒、不争高下，把才能、智慧、功劳尽量掩藏起来，表现得总是很谦卑、文弱、愚钝。

荀攸大智若愚、随机应变的处世方略，使得在与曹操相处二十余年中，关系融洽，深受宠信。从未得罪过曹操，偶使曹操不悦，也从不见有人到曹操处进谗言加害于他。建安十九年，荀攸在从征孙权的途中善终而死。曹操知道后痛哭流涕，对他的品行推崇备至，赞誉他是谦虚的君子和完美的贤人，这都是荀攸无为而作、明哲保身的结果。

荀攸正是因为深谙老子"无为"之道，无为而为，反而能够有所作为。这正如许多世间之法则，不要走向极端，因为那更容易灭亡。走在两个极端之间，这样你才能更长久地生存下去，并开创自己的另一番事业。

所谓"无为而为"也就是不求回报地付出。有古语说，人到无求品自高。现代人说，赠人玫瑰，手有余香。这两句话道出了"无为而为"的好处——成全了别人，同时也提升了自己。

知足得安宁，贪心易招祸。

——谚语

智慧悟语

人来到世界的时候，手是攥紧的，似乎在说："世界是我的。"他离开世界时，手是张开的，仿佛在说："瞧啊，我什么都没有带走。"生命就在收手和放手之间寻求着平衡。

人生在世，当我们为自己着想时，也不忘给予别人，所得的不仅仅是物质上的享受，还能得到心灵的宽慰。

学会知足，无疑会帮助我们在纷繁芜杂的生活中形成一个良好的心态，无论风云怎样变幻莫测，也能泰然处之。知足，知现在所得已经足矣，但对将来所求还是不足的。这样，以一颗平常心去对待现在的处境，而用一颗进取心去开创美好的未来。因为知足，便没有了患得患失，没有了负担，轻装上阵自然如鱼得水。所以，今天已有知足不是放弃努力和追求，相反，是对自己过去努力的肯定，为下一次的付出提供一个美丽的心情！

其实知足与不足只是相对而言。常言道："比上不足，比下有余。"比上是和我们自己的理想比，比下是和我们自己的生活比。理想的境界里通常都是一些难以实现的愿望，因而我们尝到的自然也就是一种苦涩的滋味。而比下那是当然有余了，这便是我们常常所说的知足。在生活中运用起来却几乎是百试百灵。就比如：当一个苹果吃了只剩下半个的时候，不要总是抱怨，只剩下半个了，而应该这样想，我现在还有半个呢。

点亮人生

无论是金钱、物质还是情感上，人们一旦享受过多，所求便会更多。然而，"贪"字却令人不知餍足，最后为了奢求和不择手段，这一个"贪"字竟是凭地折磨人，的确应当戒之。

彭泽少时家贫，苦志励学，明孝宗弘治三年考中进士，历官至刑部郎中，后因得罪有势的宦官，被外放为徽州知府。

彭泽的女儿临出嫁，彭泽便用自己的俸银做了几十个漆盒当作陪嫁，派属吏送回家中，彭泽的父亲见后大怒，立刻把漆盒都烧了，自己背着行李奔波几千里来到徽州。

彭泽听说父亲突然来到，不知家中出了什么大事，忙出衙相迎，却见父亲怒容满面，一句话也不说。

彭泽见状，也不敢造次发问，见父亲满面风尘，又背负行李，便使眼色让手下府吏去接过行李。

彭泽的父亲更是有气，把行李解下，掷到彭泽的脚下，怒声道："我背着它走了几千里地，你就不能背着走几步吗？"

彭泽被骂得哑口无言，抬不起头来，只得背着行李，把父亲请进府衙。

彭泽的父亲进屋后，既不喝茶，也不落座，反而命令彭泽跪在堂下，府中官吏们纷纷上前为知府大人求情，全不济事，彭泽只得跪在父亲面前，却还不知为了何事。

彭泽的父亲责骂彭泽："你本是清贫人家子孙，如今做了几天官，就把祖宗家风全忘了，皇上任命你当知府，你不想着怎样使百姓安居乐业，却学着贪官的样子，把官中财物往自己家搬，长此下去岂不成了祸害百姓的贪官？"

彭泽此时方知父亲盛怒是为了何事，却不敢辩解，府中衙吏替他辩白说东西乃是大人用自己俸银所买，并非官家钱物。

彭泽的父亲却说："开始时用自己的俸银，俸银不足便会动用官银，现在不过是几十个漆盒，以后就会是几十车金银。向来贪官和盗贼一样，都是从小利开始，况且府中官吏也是朝廷中人，并不是你家奴仆，你却派人家几千里地为自己的女儿送嫁妆，这也符合道理吗？"

彭泽叩头服罪，满府官吏也苦苦求情，彭泽的父亲却依然怒气不解，用来时手拄的拐杖又痛打彭泽一顿，然后拾起地上还未解开的行李，径自出府，又步行几千里回老家去了。

彭泽受此痛责，不但廉洁自守，不收贿赂，而且不再挂心家里的事，一心扑在府中政务上，当年朝廷审核官员业绩，以徽州府的政绩最高。

彭泽受此庭训，可称得上是当头棒喝，他以后为官一生，历任川陕总督、左都御史、提督三边军务、兵部尚书等要职，都是掌握巨额军费，不要说有心贪污，即便按照常例，也会积累一笔十代八代享用不尽的财富。彭泽却为将勇，为官廉，死后破屋几间，妻子儿女的生活都成问题。彭泽之所以能清廉如此，自当归功于他父亲的教育。

彭泽清廉一世，值得借鉴，只可惜难有人做到。事实上人人都有欲望，都想过美满幸福的生活，都希望丰衣足食，在所难免，但不能把欲望变成不正当的欲求，变成无止境的贪婪。在自己得到幸福的时候，别忘了给予他人帮助，这便是佛家所说的布施。

布施并不是要我们倾尽所有，而是一种依靠舍得来消除奢求的弊病，让自己的心胸敞开，而不要因为小名小利而变得心胸狭窄，惹人生厌。星云大师给世人的启示正是通过"舍"来医治人们内心的贪婪，帮助人们回归真善美的本性。

其实，我们可以换一个方法思考自己的"失去"，须知有舍才得，安知失去就不是福呢？

医治"贪"病要用"舍"字。一切都是为自己着想，不肯予利益于别人，天下可爱的东西恨不得完全归诸自己一人，管什么别人的幸福，谈什么别人的安乐，他人的死活存亡都与自己没有关系，因此贪病就会缠绕到我们的身上来了。假若懂得了舍，见到别人精神或物质上有苦难，总很欢喜地把自己的幸福安乐利益施舍给人，这样，贪的大病当然就不会生起了。

> 吃亏是福。
>
> ——郑板桥

智慧悟语

从人的本性来说，几乎每个人都是"便宜虫"，几乎每个人都希望有时候能占点小便宜。这并不意味着人们没有这些小便宜就没法生活了，恰恰相反，这些小便宜对绝大多数人甚至是可有可无的。

不妨再进一步分析一下：人与人相处，如果一个人从来不吃亏，只知道占便宜，到最后，他很可能成为孤家寡人，因为别人不愿意与这样的人打交道。因为与这样的人打交道，一不小心就吃亏，有谁愿意？除非别人愿意吃这个亏。从另一个角度看，如果我们在许多时候乐意吃亏，别人与我们打交道就会放心，就会愿意与我们打交道，而且只要别人是一个正常的人，在适当的时候，我们肯定会有不同程度的回报！这里有一个先后的问题，让我们自己先吃亏，别人在适当的时候也会主动吃亏的，人与人之间的关系也就会逐步融洽。

"吃亏"不光是一种境界，更是一种睿智。能够吃亏的人，往往是一生平安，幸福坦然。不能吃亏的人，在是非纷争中斤斤计较，他只看局限在："不亏"的狭隘的自我思维中，这种心理会蒙蔽他的双眼，势必要遭受更大的灾难，最终失去的反而更多。

吃亏不但是一种胸怀、一种品质、一种风度，更是一种坦然、一种达观、一种超逸。

点亮人生

清朝康熙年间，张英在外地做官。忽然有一天，他收到了老家人的一封来信。

原来，张家与邻居的房屋共用一墙。张家想翻修老屋，邻居出来干预，说那堵墙是他们祖上传下来的，不是张家的，张家无权拆掉。因此两家起了争执。这官司打到县里，尚无结果，双方都难免求人说情。张家人自然想到了做官的张英，想来有张英出面说情，这官司就必赢无疑了。

张英考虑再三，给家人写了一封劝他息事宁人的信，同时又另附了一首打油诗：

千里告状只为墙，

让他一墙又何妨；

万里长城今犹在，

不见当年秦始皇。

张家人接到信，羞愧难当，当即撤了诉状，向邻居表示不再相争。那邻居也被张英的一片至诚所感动，表示也不愿继续闹下去。于是两家重归于好，仍然共用一墙。这在当地一直传为佳话。

一段佳话，留下了"吃亏是福"的千古趣谈，也留下了一种为人处世的智慧。让出一堵墙，却换来了两家人融洽的关系，何乐而不为呢？

我们无论处于何时何地，都会遇到各种各样的人，都要与各种各样的人相交相处。在人际关系中，难免会出现磕磕碰碰，难免会发生问题。有人说，只要有人的地方，就会有争斗。若想与他人和平相处，就要拥有一个良好的人际关系网。在原则范围内，偶尔的吃亏，偶尔的退让，既是一种包容的胸怀，也是一个友好的讯号。若太过计较，双方都将陷入泥潭而难以挣脱，就像是那些在篓中互相钳制难以逃生的螃蟹。

一个青年到河边钓鱼，遇到一捕蟹老人，身背一个大蟹篓，但没有上盖。他出于好心，提醒老人说："大伯，你的蟹篓忘了盖上。"

老人回头看了他一眼，微微一笑："年轻人，谢谢你的好意。不过你放心，蟹篓可以不盖。要是有蟹爬出来，别的蟹就会把它钳住，结果谁都跑不掉。"

那一篓互相钳制的螃蟹是否曾想到，钳住别人也就堵住了自己的出路。

为人处世中，留三分余地给别人，就是留三分余地给自己。在足够宽敞的空间里，我们才能翩翩起舞，跳一支高贵优雅的人生探戈。

探戈是一种讲求韵律节拍，双方脚步必须高度协调的舞蹈。探戈好看，但要跳好探戈绝非一件轻而易举的事，很多高手均需苦练数年才能练就炉火纯青的舞技。跳探戈与处世，有着许多异曲同工之处，亲子、朋友、同事和上下级之间，如果能用跳探戈的方式彼此相处，彼此协调，知进知退，通权达变，不但要小心不踩到对方的脚，而且要留意不让对方踩到自己的脚。这样，人与人之间才能和睦相处，恰到好处。

难得糊涂。

————郑板桥

智慧悟语

难得糊涂是一种人生境界。郑板桥书写的"难得糊涂"，是他一生的体验和总结，成为一些人修炼本性的格言。难得糊涂，是人屡经世事沧桑之后的成熟和从容。这种糊涂与不明事理的真糊涂截然相反，它是人生大彻大悟之后的宁静心态的写照。

难得糊涂是一种"悟"。顿悟者寡，渐悟者多。从精明于世到"糊涂"一生是一种选择，意味着要有所放弃。对于绝大多数人来说，放弃（名利、地位、金钱，等等）是一个痛苦的过程。但是只有经过一番"痛苦"的洗涤、磨炼之后，才能够使自己的灵性得到升华。因此，才谓之"难得"二字。难得糊涂的人是真正的智者，曾经沧海阅尽人间兴衰，从苦辣酸甜的百味中，体验到人间争强好胜的无聊，争名逐利的无耻，从而淡泊功名利禄，不去计较个人的成败得失，一切都淡然处之，以静养心。

鲁迅先生曾专门揭示了"难得糊涂"的真正含义，他说："糊涂主义，唯无是非观等等——本来是中国的高尚道德。你说他是解脱、达观吧，也未必。他其实在固执着什么，坚持着什么……"

正如鲁迅先生所说的"在坚持着什么"，其实难得糊涂的人实际上是再清醒不过了。之所以要"糊涂"，是因为将世上的一些事情看得太明白、太清楚、太透彻，因为有某种无以言表的原因，不得不糊涂起来。生活中，在该装糊涂时不妨就糊涂一把。

点亮人生

宁武子是春秋时代卫国有名的大夫，经历卫国两代的变动，由卫文公到卫成公，两个朝代完全不同，宁武子却安然做了两朝元老。国家政治上了正轨，他的智慧、能力发挥得淋漓尽致；当政治、社会一切都非常混乱，情况险恶，他还在朝参政，但在"邦无道"时，却表现得愚蠢鲁钝，好像什么都很无知。但从历史上看他并不笨，对于当时的政权、社会，在无形之中，局外人看不见的情形下，他仍在努力挽救，表面上好像碌碌无能，实际却有所作为。所以，孔子给他下了一个断语："宁武子，邦有道则知，邦无道则愚。其知可及也，其愚不可及也。"意思是说，宁武子这个人，当国家有道时，他就显得聪明；当国家无道时，他就装傻。他的那种聪明别人可以做得到，他的那种装傻别人就做不到了。

结合宁武子的故事和孔子的话，我们可得出"大智若愚"与"难得糊涂"的结论。聪明难得，糊涂更加难得。人活在世上，谁不愿意聪明自信，大展宏图呢？谁不愿意春风得意，成为万人瞩目的对象呢？但有时，一个人太过突出，反而容易成为众矢之的。所以，必要时，一个人需要隐匿锋芒，学会揣着明白装糊涂。

我们知道，"愚不可及"是一个贬义词，是说一个人蠢到家了。如果谁不小心被套上了这个词，那么这个人必定是愚蠢至极。中国古代的道家和儒家都主张"大智若愚"，而且要"守愚"。其实在"若愚"的背后，隐含的是真正的大智慧大聪明。聪明难，糊涂更难，装糊涂就是难上加难。

"糊涂"常使我们心境平静、无欲无贪，正如"值利害得失之会，不可太分明，太分明则起趋避之私"一样。在瞬息万变的现代社会中，凡事非要寻出个究竟，有时是不现实的，倒不如多一点"糊涂"，少一点执拗。

> 人皆养子望聪明，我被聪明误一生。唯愿孩儿愚且鲁，无
> 灾无难到公卿。
>
> ——苏轼

智慧悟语

苏轼的这首《洗儿》诗可以说是他对自己一生因聪明而受苦的深刻写照。所以自己深知聪明之害，以至于希望自己的儿子愚蠢一点，才能躲避各种灾难。聪明是人们交际失败的根源，这正是聪明人苏学士对于后来人的忠告。

在现实生活中，很多人都藏着一颗所谓"聪明"的心。人们常说"聪明反被聪明误"，这反映出了所谓"聪明"的最终结果：反被聪明误。

例如，《红楼梦》里的王熙凤，她是何等冰雪聪明，人们一方面惊叹于她的无与伦比的治家才能和应付各色人等的技巧，另一方面也感慨于她悲惨的结局。大家感叹她简直就是人中之尖子，恐怕这世上有很多男人都不及她。她八面玲珑，九面处世，外柔内刚；她表面向你微笑，心里却在给你下套子。一个看上她美色的贾瑞被她的计策整得一缕孤魂上青天；一个看上她老公的尤二姐被她的两面三刀给逼得吞金自尽；而她的"偷梁换柱调包计"李代桃僵，则送掉了黛儿的性命。整个荣宁两府在她的整治下服服帖帖，秦可卿出殡这样的大事到了她手里简直是小菜一碟。她能说会道，贾府上下没有不知道她琏二奶奶的厉害的。

可王熙凤却是一个精明过头的女人，精明到处处好强、事事争胜，哪儿都落不下她，因而得罪了太太太，得罪了众人，加之贾母撒手人寰，她的靠山没了，终于落到"叫天天不应，叫地地不灵"的地步，最后以悲惨收场。

点亮人生

在日常生活中，我们经常可以看到一种看上去十分聪明的人，为人处世都是精明得很，与他们相处、交朋友，却也常常令人苦不堪言，唯有避而远之。

菲奥腓是个精明干练的人，说起话来滴水不漏，她很为此得意，常在众人面前自我表白说："我这个人啊，别的不敢说，就是有个精明劲儿！什么事也瞒不了我！"菲奥腓这句话倒不是吹牛，至少办公室里的一切都逃不过她的眼睛：吉拉下午无精打采的是因为和男朋友吵架了；索格昨天没跟领导请假又溜出去了；经理昨天找山姆谈话，准是山姆又打小报告了……大家都说菲奥腓的眼就跟探照灯似的，到处寻找目标。不仅如此，菲奥腓的精明还体现在从来都不肯吃亏上。

菲奥腓是事事都要争光的，小到电影票，过节分礼品，大到学习名额，提干、涨

工资，总之，公司里干什么都别想亏待了她，公司里的领导同事都对她非常有成见，大家一看到菲奥腓就厌烦，背地里叫她为"多余的人"。今年4月，公司裁员，上面规定各科室自己选人，那些大家都不喜欢、都不想让留下的人就下岗，结果菲奥腓真成了多余的人，于是灰头土脸地下岗了。

菲奥腓看起来很聪明，但却在聪明上吃了亏，栽了跟头，过于聪明的人和同事、朋友等相处时总要出问题，就因为你的过于聪明，使得对方退避三舍，生活中过于聪明的人人缘通常不太好，而有些看起来糊涂点的人往往给人感觉很厚道，人缘反而更好。

这是因为，人生在世，聪明过了头只会令自己过于斤斤计较，陷入追名逐利、痛苦的境地里，如果能够厚道一些，在有些问题上"糊涂"一些，宽容一些，少计较一些，那么，这个人生才是圆融的，才是可爱的！

第七篇

人际交往：己所不欲，勿施于人

第一章　欣赏他人即庄严自己

> 赞美别人就是把自己放在同他一样的水平上。
>
> ——歌德

智慧悟语

很多时候，人们能够看到自己的优点，看到自己的成就，自信心往往会极度膨胀，沉浸在自我欣赏的幸福中，或是尽情享受他人对自己的恭维和嫉妒。长此以往，人们就变成习惯于被欣赏、以自我为中心的人，不善于把注意力投放到别人身上，不会去主动欣赏别人，也就不懂得学习他人的长处，为己所用，因此进步的空间极小。而且，这样的人，往往给人以自私自利的恶劣形象，让身边的朋友一个个都离开，让自己陷入孤独的痛苦之中。

赞美别人，可以使我们的心灵在欣赏与赞美中得到净化。赞美别人，可以使我们的内心满溢着爱，从而建立健康和谐的人际关系。如果经常赞美别人便会发现我们身边有太多美好的东西，我们的生活充满了阳光，会发自心底对生命对生活充满感激。在这个节奏飞快的现代社会，在这个无暇沟通的生活环境中，学会赞美别人，人与人之间便会多一分理解，少一点戒备；多一分温暖，少一点冷漠；多一分融洽，少一点隔阂。

赞美，必须是发自内心地对他人的认可；必须是源于真诚地对他人的肯定；必须是怀着善意地对他人的鼓励；在赞美他人的同时，其实我们自己也能由衷地分享到快乐和心喜的情趣。

一位西班牙学者说："智者尊重每个人，因为他知道人各有所长，也明白成事不易。学会欣赏每个人会让你受益无穷。"因为欣赏别人是建立在赞同的基础上的，这也是一个学习的过程。

欣赏别人，不仅能给人以抚慰、温馨，还能给人以鞭策，使人的潜能被充分地激发出来，去争取更大的成功。懂得欣赏别人，别人也许也在欣赏你，久而久之，别人的优点也成了你的优点，别人的美丽也成了你的美丽，你也会成为一道亮丽的风景。

点亮人生

看不到别人优点的人，可以用"一叶障目"来形容。"一叶障目"是讲述的是这样一个故事：

从前，楚国有个家里很穷的书呆子，成天琢磨着"天上掉馅饼"的好事。

某天，他看到一本书上写着："如果得到螳螂捕捉蝉时用来遮身的那片叶子，就可以把自己的身体隐蔽起来，谁也看不见。"这可把书呆子给乐坏了，他在心里想："如果我能得到那片叶子，我就可以去偷点金银珠宝回来，这样我们家就不穷了。"

于是，书呆子每天都在树林里找来找去，寻找那片可以隐身的叶子。终于有一天，他看见一只螳螂隐身在一片树叶下捕捉蝉，于是他兴奋地摘下那片叶子，可一阵风吹来，那片叶子掉在了地上，和地上的其他叶子混在了一起，分辨不出来了。没办法，书呆子只好把地上的落叶都装了起来，带回了家。

回家以后，为了找出那片隐形叶，书呆子每拿起一片叶子挡住自己，就问妻子："你能看见我吗？"妻子不明白他的用义，于是便老老实实地回答："看得见。"他问得多了，妻子就有点不耐烦了，心想："你逗我玩呢？那我也逗你玩。"因此，当书呆子再拿起一片叶子时，妻子说："你在哪儿呢？怎么不见了呢？"

书呆子乐坏了，拔腿就往门外跑，嘴里喊着："我终于找到了！"妻子正忙着干活，也没管他。

到了街上的店铺里，书呆子用树叶挡住自己，当着店主的面，随手拿了几件东西就走，被店主抓了起来。书呆子大吃一惊："你怎么能看见我呢？"

书呆子因为犯了偷窃罪，被送到了县衙里受审，县官觉得很奇怪，居然有人敢在光天化日之下偷东西，便问他究竟是怎么回事，书呆子说出了事情的原委，县官不由得哈哈大笑，把他放回了家。

"一叶障目"的故事看似是一个笑话，其实它就是在隐射那些自以为是的人们，只懂得关注自己，而不懂得去关注别人。生活中，很多人常常会不自觉地和那个"一叶障目"的人一样，被眼前的一片薄薄的叶子蒙蔽了自己的眼睛，使得他们无法看到其他东西，而这片叶子的名字，就叫作自我。

美国心理学家威廉·詹姆斯曾说："人性中最深切的心理动机，是被人赏识的渴望。"我们都渴望得到别人的欣赏，同样，每个人也应该学会欣赏别人。其实，欣赏与被欣赏是一种互动的力量之源，欣赏者必具备愉悦之心，仁爱之怀，成人之美的善念；被欣赏者也必发生自尊之心，奋进之力，向上之志。

有一个富翁，非常苦恼地去找智者解惑。

富翁说："我感觉自己很孤独。妻子经常动不动和我吵架，孩子也不愿意搭理我，我的生意越来越惨淡，因为那些曾经和我合作过的人总是觉得我无法给予他们更多的价值。这到底是为什么呢？"

智者笑了一笑，站到他的身后，然后递给他一面铜镜，问他说："你从铜镜中看到了什么？"

富翁仔细看了看，然后回答说："我呀！"

智者语重心长地说道："铜镜中明明还可以看到我的脸，为什么你只专注于你自己，而忽略了我的存在呢？"

生活就像是一面镜子，许多人也像这个富翁一样，只从生活的这面镜子中看到了自己，而忽视镜子中的其他人，即便他们是和自己关系非常接近的亲朋好友。当你太过于注重自己的存在，过分欣赏自我，自然不会有余暇去欣赏别人的优点，也自然就不会得到别人的理解。试问，有谁愿意和一个自私自利、眼中只有自己的人打交道呢？

一个人要获得别人的肯定，先得美化自己的心灵，改善自己的风度，提高自己的能力，使自己有被欣赏的资本。将心比心，既然你希望得到别人的关注和欣赏，那么同样，别人也希望得到你的关注和欣赏。因此，在欣赏自己的同时，别忘了欣赏他人。

> **如果你想要说服他人，应该首先从称赞与欣赏他人开始。**
> ——戴尔·卡耐基

智慧悟语

对于人来说，没有相互欣赏，就没有了合作，没有了鼓励，没有了进步。

欣赏，是进入心灵的阳光，是融化坚冰的暖流，是沟通人与人关系的桥梁，也是做人的必修课。

学习欣赏，必须打开心灵的窗户；学会欣赏，首先要学会尊重。想要每一天的生活、工作和情感，都在幸福、快乐、愉悦中度过，就必须让欣赏的阳光进入心灵，善待生活、工作和他人……

欣赏，是一种胸怀、一种雅量，能阅人、能容人，放大他人优点，缩小他人缺点。学会欣赏，就会明白每一个人都是独立的、自由的，每一个个体都希望得到关爱、尊重和理解。学会欣赏，就能"大其心以容天下之物，和其心以敬天下之人"。

漫漫人生，我们无法预测生活中的每一个节点；朝夕劳作，我们不能避免工作中的每一处失误；多彩世界，我们难以绕开情感中的每一场波澜……学会欣赏，就不会以小人之心度君子之腹；理解欣赏，就不会以己之言堵他人之口；懂得欣赏，就不会要求"玫瑰花散发出和紫罗兰一样的芳香"。

真诚的欣赏，既能让别人感觉自身价值，也能让自己从中受益。学会欣赏，眼中就会少一点对人生的哀怨；理解欣赏，就会对平凡的工作多一分热爱；懂得欣赏，就能化解不必要的猜疑和纠纷。开启了欣赏的智慧，就能给平凡的生活增添亮色；拥有了欣赏的情怀，就能使枯燥的工作焕发生机；掌握了欣赏的艺术，就能让往日的情感保持温度。

点亮人生

学会欣赏，就能从失望中看到希望，既能随遇而安不失本色，又能顺势而为因势利导；理解欣赏，就能从消极中走向积极，既能同心同德起家于白手，又能上下同心创造伟业；懂得欣赏，就能从困境中转入佳境，既能历尽劫波情意在，又能赠人玫瑰手留余香；学会欣赏，认真倾听就会成为一种习惯；理解欣赏，及时赞许就会真正发自心田；懂得欣赏，尊重竞争对手就会有更好的体现；学会欣赏，即使高手如林，您也不会妄自菲薄；理解欣赏，即使先天不足，也会努力向上；懂得欣赏，即使身陷困境，也会充满希望。

每一个成功的人的背后，都有欣赏自己、发现自己的"贵人"。他们的鼓励、支持和欣赏，激发了个人潜能，最终将成就英才。相反，没有人去欣赏、发现，即使是千里马，也可能郁郁而终、没有作为。我们每一个人，都离不开他人的鼓励，同样，我们也应该怀着爱心，去欣赏和鼓励他人。

学会欣赏他人是做人的一种至高境界，欣赏与被欣赏同样是快乐的，成功的。欣赏，让您在生活中成长为仁者；欣赏，让您在工作中成长为智者；欣赏，让您在情感中成长为爱者。以仁者智者爱者的情怀，去欣赏生活工作情感中每一天，就会有更多的发现，收获更多的快乐。

> ## 称赞不但对人的感情，而且对人的理智也起着巨大的作用。
> ### ——列夫·托尔斯泰

智慧悟语

虽然我们一直在强调自己的事情不要受到别人情绪的影响，可是很多时候别人的鼓励往往会让我们更有力量，别人的讥讽和嘲笑会让我们的内心备受伤害。所以，当别人处于困难之中的时候，我们不能只冷眼的旁观，而应该适当地给予支持和鼓励，让他在精神上得到一丝慰藉。

欣赏是激励和引导，是理解和沟通，是信任和支持，它能让平凡的生活蜕变为美丽和谐的艺术，有了欣赏，一切美好愿望都具备了实现的可能性。善于理智欣赏他人的人，也会得到他人的欣赏和帮助，创造一个宽松和谐、洋溢着浓浓人情味的温馨世界。

"适时的欣赏是免费的，但它却价值连城。"沃尔玛连锁创始人山姆·沃尔顿如是说。

欣赏是我们自信的来源，价值感的写照。我们得到别人欣赏时，就等于有人直接告诉我们的价值所在。人类最根本的需求就是期望得到别人的认可和接纳。欣赏，是别人给予我们最强有力的支持。而当我们欣赏他人时，第一个受益者也是我们自己，因为欣赏是一种流动的温暖感，当我们使用它的时候，自己的身心会先明亮起来。

医学专家研究证明，欣赏不但能使我们的心理层面得到满足，对生理方面也有非常积极的作用。无论是给予还是接受欣赏，都会触动人类大脑中控制快乐幸福的中枢神经，让神经末梢产生类似抗抑郁药才能带来的兴奋感觉——甚至即使我们明知对方的欣赏并非真诚，也会同样如此。

点亮人生

一个驯兽师在训练鲸鱼的跳高，在开始的时候他先把绳子放在水面下，使鲸鱼不得不从绳子上方通过，鲸鱼每次经过绳子上方就会得到奖励，它们会得到鱼吃，会有人拍拍它并和它玩，训练师以此对这只鲸鱼表示鼓励。当鲸鱼从绳子上方通过的次数逐渐多于从下方经过的次数时，训练师就会把绳子提高，只不过提高的速度会很慢，不至于让鲸鱼因为过多的失败而沮丧。训练师慢慢地把绳子提高，一次一次地鼓励，鲸鱼也一步一步地跳得比前一次高。最后鲸鱼跳过了世界纪录。

无疑是鼓励的力量让这只鲸鱼跃过了这一载入吉尼斯世界纪录的高度。对一只鲸鱼如此，对于聪明的人类来说更是这样，鼓励、赞赏和肯定，会使一个人的潜能得到最大限度的发挥。可事实上更多的人却是与训练师相反，起初就定出相当的高度，一且达不到目标，就大声批评。

观众的掌声对一个赛场上的球队有没有好处？答案是肯定的。每个球队都知道，赛场上天时、地利、人和都是非常重要的。观众鼓励球队的热情是支持球队打赢球最重要的力量之一。每个球队都承认，球迷的打气使他们感觉自己受到了尊重，情绪激动，斗志昂扬。

同样的道理，在日常生活中，鼓励也是很重要的一个因素，而且也是很有用的。在家庭里，夫妻应该彼此鼓励，父母与子女应该彼此鼓励；在工作中，老板和员工更是应该彼此鼓励；在生活中，朋友之间也彼此鼓励。

亨利·汉克，是印第安纳州洛威市一家卡车经销商的服务经理，他公司有一个工人，工作愈来愈差。但亨利·汉克没有对他吼叫，而是把他叫到办公室里来，跟他进行了坦诚的交谈。

他说："希尔，你是个很棒的技工。你在这里工作也有好几年了，你修的车子也很令顾客满意。有很多人都称赞你的技术好。可是最近，你完成一件工作所需的时间却加长了，而且你的质量也比不上你以前的水平。也许我们可以一起来想个办法解决这个问题。"

希尔回答说他并不知道他没有尽他的职责，并且向他的上司保证，他以后一定改进。最后他也确实那样做了。

不要吝啬自己的鼓励！有的时候，你的一句鼓励可能会让对方终生受益。给同学一点鼓励，在他考试没考好的时候，送上一句"下次努力，你的成绩肯定会很好的"；在朋友遇到困难时，送上一句"你平时那么棒，这些困难算什么"，多给大家鼓励。一句鼓励的话，相信会给失意的人很大帮助。

有一个比你强的对手是件好事。

——歌德

智慧悟语

小草生长在瓦砾之中，战胜了艰难的生存环境，显示出它生命的精彩；苍松矗立于峭壁之上，战胜严寒，抵抗风雪，巍然挺立，绽放出生命的精彩。

生命就是这样，其价值不在长短，而在意义。有意义的生命才会精彩，精彩的生命才会有意义，快出发吧，寻找你的对手，让你的生命折射出迷人、永恒的光彩。

点亮人生

战国时期，七雄并列，七个强有力的对手开始了长达百余年的角逐。最后，时势中的英雄秦始皇诞生，他运筹帷幄之中，决胜千里之外，将六个对手一一击垮，"秦王扫六合，虎视何雄哉！"英雄铸就于对手之中。如果没有一群强有力的对手，英雄怎能矗立于人群。

也有战败的英雄，如项羽，在一曲"力拔山兮气盖世，时不利兮骓不逝，骓不逝兮可奈何，虞兮虞兮奈若何"中拔剑自刎，一世英雄就此阴阳相隔。他在与对手的较量中，光明磊落，豪气盖天，成就了他这个失败的英雄。

所以说，英雄诞生于对手之中，不管你是胜是败，只要你在较量中不断奋进，不言放弃，你就是英雄。

知音难寻，对手更难求。没有对手，你将会不知所往，你的生命因此也毫无意义！

当然，在与对手的竞争中，更要光明磊落，心态平和。

譬如周瑜，在千方百计算计对手诸葛亮不成，反倒"赔了夫人又折兵"，终于仰天长啸："既生瑜，何生亮！"郁郁而终。相反，廉颇蔺相如的和解换来的是千古佳话；诸子百家，百花齐放赢取的则是思想的碰撞。

所以，在较量中，心态平和、大度宽容成就的是双方的进步，而挖空心思陷害对手只能害己损人。历史长河的竞争中造就了无数的对手，没有对手的人将泯灭在长河中，在对手中崛起的是英雄，而心态平和的较量将赢取互利的进步。

人在境况不佳时，更应该保持心灵的平衡，感激对手，善待对手，你才能从对手那里找到自己的不足，得到帮助，从而化不利为有利，改变生存状况。

第二章 同声相应，同气相求

己所不欲，勿施于人。

——《论语》

智慧悟语

柏杨先生在其《不再托人带东西》的文章中提到了这样一种现象：但凡有朋友去往外地，必有一大群人前来请其带东西，"拒绝吧，情断义绝，一旦倒毙街头，狗都不理。接受吧，实在力不从心。每到一个地方，光也不敢观，亲也不敢探，一头就撞进百货公司，一面采购，一面心里嘀咕，不知道称不称主顾的心，满不满客户的意，至于送货到府，更是急急如丧家之犬，忙忙如漏网之鱼，好容易万事已毕，又要赶赴下一站矣。"在如今交通与信息如此发达的今日，就算远隔重洋，买东西也已极为方便了，但人们还是偏要请朋友带。显然，在开口的那一刹那，人们的心中只有自己，而没有朋友，更别说设身处地为朋友想了。因此，柏杨先生在文章的结尾呼吁："我们盼望的是，每个中国人都应有设身处地为别人想一想的教养。珍惜友情，爱护自己所爱的。……别把自己的面子，建立在困扰别人的行为上。"

点亮人生

人，就是这样，所以人总怪人家不了解自己，而对于自己是不是了解别人这个问题，就不去考虑了。学会换位思考，将心比心，善于站在别人的立场上考虑问题，是一个人成大事和获取成功的关键。

东汉末年，曹操和袁绍在官渡打仗。当时曹军远不如袁军强大，但袁绍刚愎自用，不纳忠言，一再坐失战机；曹操则富有谋略，善于用兵。结果，战事以曹操的胜利而告终。

打败袁绍后，曹军将士在袁军的帐篷里搜到了一些信件，全是曹操手下的一些文臣武将与袁绍暗中勾结、示好献媚的信。有人建议，把这些写信的人全都抓起来杀掉。

可是，曹操不同意这样做。他说："当初袁绍的力量十分强大，连我自己都感到难以自保，又怎么能责怪这些人呢？假如我站在他们的位置，当时也会这么做的。"

于是，曹操下令把信件全部烧掉，对写信的人一概不予追究。那些原本惶恐不安的人，一下子把心放到肚子里，从此对曹操更加忠心耿耿、卖力相助了。

曹操的这种为人处世的态度，使他更多地赢得了人心，愿意投奔他并甘心为他效力的人越来越多。这样，曹操的力量便越来越强大，手下谋臣将士如云，他借此很快打败了那些割据一方的诸侯，统一了中国北方。

一句"假如我站在他们的位置"，将曹操的换位思考展现无遗，也正是凭着这种态度，他换来了众多愿为他出生入死的文臣武将，从而，成就了一代枭雄。换位思考到底是什么呢？其实就是"移情"，要从内心深处站到他人的立场上去，要像感受自己一样去感受他人。但不幸的是，许多人的换位思考却缺少了"移情"这一个根本要素。他们或是站在自己的位置上去"猜想"别人的想法及感受，或是站在"一般人"的立场上去想别人"应该"有什么想法和感受，或是想当然地假设一种别人所谓的感受。这样的换位思考，其实仍然局限于自己设定的小圈圈之中，绝对无法体验他人真正的感受和思想。

人们常说，良好的沟通是心与心的沟通，生活中那些"善解人意"的人往往受到大家的喜爱和尊敬，原因就是他们能够做到将心比心，用别人的眼光来想问题、看世界，以别人的心境来体会生活，以最真切的方式感受别人的欢乐与忧伤，这样便拉近了人与人之间的距离，融洽了人与人之间的关系。

> **无聊的人是把拳头往自己嘴巴里塞的人，也是"我"字的专卖者。**
>
> ——福特

智慧悟语

在人际交往中，有时候一个字的力量就足以让彼此和谐的关系瞬间瓦解，这便是"我"字当先惹的祸。

然而，人人都爱说一个"我"字，但对别人说的"我"字却不感兴趣。这是为什么？

从人的本性上来说，人们最关心的首先是他自己，只是各人所关心的角度不同而已；有的人首先关心的是自己的物质享受，有的人首先关心的是自己的高尚品质、道德和情操，然后才是自己的物质利益。前者为了满足其私欲，往往不择手段，什么坏事都干得出来。后者为了自己光辉的人生，千方百计反对、制止各种损人利己的行为，用毕生精力，甚至用生命来维护、创造大多数人的物质利益（当然，他自己的物质利益也包括在内）。二者都为各自的追求奋斗不止。要奋斗，就必须时刻考虑到自己的目标、计划，手段、后果，等等。这就是人们总是爱说"我"的原因。

《福布斯》杂志上曾登过一篇名为《良好人际关系的一剂药方》的文章，其中有几点值得借鉴：语言中最重要的 5 个字是："我以你为荣！"语言中最重要的 4 个字是："您怎么看？"语言中最重要的 3 个字是："麻烦您！"语言中最重要的 2 个字是："谢谢！"语言中最重要的一个字是："你！"那么，语言中最次要的一个字是什么呢？是"我"。

的确，一般人在说话中总是"我"字挂帅。商务交谈时，如果你在说话中，不管听者的情绪或反应，只是一个劲地强调"我"如何如何，那么必然会引起对方的厌烦与反感。谈话如同驾驶汽车，应该随时注意交通标志，也就是说，要随时注意听者的态度与反应。如果"红灯"已经亮了仍然往前开，闯祸就是必然的了。

点亮人生

一次，梁飞接到某知名企业老总的电话，说是对他们公司最新研发的某电子技术十分感兴趣，想约个时间见面，详细了解一下这项电子技术。这个电话让梁飞喜出望外，表示愿意在这位老总有时间的时候前去拜访，详细介绍这项电子技术。

在约定的那天，梁飞志心想："我一定要争取到彼此合作的机会。"到了老总办公室，相互简单自我介绍之后，梁飞开始详细介绍这项电子技术，老总静静地聆听，偶尔插入一个问题，表现得并不是太热情。梁飞介绍完后，老总并没有与梁飞深入交谈，反而只是让他留下一份详细的介绍资料。老总冷漠的态度让梁飞纳闷不已，却又不好开口询问，只得讪讪离去。

事后，梁飞通过朋友联系到老总秘书，才明白那次老总态度冷漠的原因，原来梁飞在介绍电子技术的时候，在开始的五分钟内就用了30个"我"字。在整个介绍的过程中"我"的出现率更是居高不下，这让老总感觉梁飞是一个极其自我的人，需要重新考虑彼此的合作事宜。

梁飞的这次经历告诉我们，一个"我"字，就足以让你丧失合作机会。还有许多人和梁飞一样，为这个"我"字付出了惨重代价，但是他们在失败之后并未觉醒，也没有意识到"我"字的巨大危害性。

人的心理就是这么微妙，同样的事往往会因说话者的态度不同，而给人以完全不同的感觉。如果你在说话中，不管听者的情绪或反应如何，只是一个劲地提到我如何如何，那么必然会引起对方的反感。如果改变一下，把"我"改为"我们"，这对你并不会有任何损失，只会获得对方的好感，使你同别人的友谊进一步地加深。

人们最感兴趣的就是谈论自己的事情，总是"我"字不断，往往会给人以狂妄自大的感觉，容易引起他人的反感，不利于彼此的交往。因此，人们在说话时，要学会把"我"变为"我们"，可以巧妙地拉近双方距离，使对方更容易接受你。

大直若屈，大巧若拙，大辩若讷。

—— 老子

智慧悟语

最正直的东西好像是弯曲一样，最灵巧的东西好像是笨拙一样，最卓越的辩才好像是口讷一样。

中国有句俗语说："沉默是金。"阿拉伯也有句俗语说："你要说话时，你的话必须要比沉默更有益。如果你的话只是为了说而说，那将损毁语言的魅力，倒不如沉默。"

即使一个人非常明确自己的心意，且能够游刃有余地驾驭语言，他通过语言所表达出来的也是"第二义"，是残缺不全的。更何况，有的时候，未经思考心里的话一旦说出口，就会造成某种错误。所以，当你不能充分确定自己的话会对他人有益的时候，就应该选择沉默。一个充分开启了灵性的人，能够从沉默中悟出禅的道理。

苍天在造人的时候，为什么让人有两只眼睛，两个耳朵，却只有一张嘴吗？为的就是让人多看、多听、多想，而少说。这也契合了人们常常推崇的"沉默是金"理念。

点亮人生

曾经有个小国到中国来，进贡了三个一模一样的金人，皇帝十分高兴。但是小国的使臣出了一道难题：这三个一模一样的金人哪个最有价值？

皇帝思来想去，试了许多办法，还请来工匠仔细检查，称重量，看做工，没有发现有任何区别。怎么办？皇帝十分苦恼，使节还在宫中等着答案。泱泱大国，如果连这种小事都无法解答，实在有失上邦之仪。最后，一位老大臣想到了方法。

皇帝将使节请到大殿，老臣胸有成竹地拿出三根稻草分别从金人的耳中插入：第一根稻草从金人的另一边耳朵出来了；第二个金人的稻草是从嘴巴里直接掉出来；而第三个金人，稻草进去后掉进了肚中，没有任何响动。老臣当即说道："第三个金人最有价值！"使节默默无语，点头称是。

看完这个故事，我们就不难明白：为什么人长两个耳朵一张嘴巴呢？是为了多听少说。

寡言，此事最为紧要。孔子云："驷不及舌，可畏哉！"

装聋作哑之人是不会和人起争斗的，因为他听不到也说不出。别人也不会找这种人斗，因为斗了也是白斗。他如果还一再挑衅，只会凸显他的好斗与无理取闹。面对沉默，很多攻击便如同拳头打在棉花上，使攻击的对方使不上劲又无法发泄，最后只能怏怏而退。

诗曰："不智之智，名曰真智。蠢然其容，灵辉内炽。用察为明，古人所忌。学道之士，晦以混世。不巧之巧，名曰极巧。一事无能，万法俱了。露才扬己，古人所少。学道之士，朴以自保。"人与人的言语交锋里，这样的回答才是最好的回答。

世事纷繁复杂，真真假假，看着聪明其实愚蠢至极；看着英俊潇洒却是外强中干；看着是占尽便宜其实是满盘皆亏。沉默是金，有些人以为就是不开口，少说话。其实，这并不是说要你成天板着脸，冷冰冰地让人难以琢磨，而是适时适度地运用沉默的力量，该说的时候说，不该说的时候就要紧闭自己的嘴巴，以免招致口舌之灾。

第三章　在出世和入世间自在游走

> 做人要低姿态，做事要高水平。
>
> ——谚语

智慧悟语

做人一定要懂得低调才好，因为只有懂得低调做人，才不会引来别人的嫉妒，才能平安无事，才能生活圆融、快乐。

低调做人，是一种品格、一种风度、一种胸襟、一种智慧，是做人的最佳姿态。想成就大事的人必要宽容于人，才能得到别人的赞赏和钦佩，这正是人能立世的根基。根基既固，才有枝繁叶茂，硕果累累；倘若根基浅薄，便难免枝衰叶弱，不禁风雨。低调做人，不仅可以保护自己、融入人群，与人们和谐相处，也可以让人暗蓄力量、悄然潜行，在不显山不露水中成就事业。做人只有低调一点，方可成功。

低调做人就是当你在做每件事的时候不要想着有什么好处；高调做事，就是你在做每件事的时候尽自己最大的努力把事情做好，不论结果如何自己没有后悔！

点亮人生

汉代名将韩信，他在未成名之前，有一次走在淮阴的路上，有个不良少年看他不顺眼说："你看起来挺神气，不过，只是中看不中用。有气魄的话，你就来杀我；不敢，就从我胯下爬过去。"韩信忍一时之气，从别人胯下爬过。他的这种低姿态，肯收敛一时意气的低调，让他以后立了不少战功。而且后来韩信被贬为淮阴侯之后，深知高祖刘邦畏惧他的才能，所以从此常常装病不参加朝见或跟随出行。他的这种低调实在令人值得学习。

当然，我们所说的低调不是自卑自贱，是有傲骨而不显傲气，自信而不自以为是，给自己留有余地。不张扬，成功了会有惊喜，失败了不会招来冷语。低调一点，也可以少一点压力，活得轻松。学会低调做人，就要不喧闹、不做作、不招人嫉，即使你认为自己满腹才华，也要学会藏拙。

而且，在现实生活中，人们往往认同的高调出击并不一定就意味着成功；相反，低调的做法却往往为自己赢得了机会，赢得了成功。

有一位高校的计算机博士，毕业之后，他决定找一份适合自己的工作，但结果却出乎他所料，好多家公司一看他是博士都不愿意贸然录用他。思前想后，他决定收起所有证明，拿专科学历去求职。不久，他被一家公司录用为程序输入员，这对他来说简直是大材小用，但是他仍然干得一丝不苟。不久，老板发现他能看出程序中的错误，非一般的程序输入员可比，这时他亮出了自己的学士证，于是老板给他换了个与大学毕业生对口的专业。过了一段时间，老板发现他时常能提出许多独到的、非常有价值的建议，远比一般的大学生要高明。这时，他又亮出了自己的硕士证，于是老板又提升了他。再过一段时间，老板觉得他还是与别人不一样，就找他谈话，此时他才拿出了自己的博士证，老板对他的水平有了全面认识，毫不犹豫地重用了他。他终于获得了老板的赏识，他以一种低调的方式一步步接近了目标，取得了成功。

低调做人，是做人的根本。在待人处世中一定要低调，特别是当自己处于不利的位置时，不妨先退让一步，这样做，不但能避其锋芒，脱离困境，而且还可以另辟蹊径，让自己重新占据主动。

其实，低调做人充分展现的也是一种谦逊的态度，一种面对成绩、成功而非常平和的心态，修炼到这种境界，才是真正的大智慧者。

爱因斯坦是 20 世纪世界上最伟大的科学家之一，他的相对论以及他在其他方面的研究成果对于我们来说真是一笔取之不尽、用之不竭的财富。然而，他还是在有生之年不断地学习、研究，活到老，学到老。有位年轻人问爱因斯坦，说："您已在物理学界取得了巨大的成就，何必还要孜孜不倦地学习呢？"爱因斯坦并没有立即回答他这个问题，而是找来一支笔、一张纸，在纸上画上一个大圆和一个小圆，对那位年轻人说："在目前情况下，在物理学这个领域里可能是我比你懂得略多一些。正如你所知的是这个小圆，我所知的是这个大圆。然而，整个物理学知识是无边无际的。我又怎能不继续学习呢？"

低调做人就是用平和的心态来看待世间的一切。如果能够在成功面前还能保持这样平和的低调，那么人生便能去留无意，望天上云卷云舒；便能贫贱不能移，富贵不能淫，威武不能屈，便能获得一片广阔的天地，成就一份完美的事业，取得更大的辉煌和成功。

人生处世要懂得低调，则酷暑寒冬都美，南北西东都好，高低上下都妙，人我界限都无。低调里蕴藏着深奥的人生哲理与处世妙诀。

> 夫唯不争，故天下莫能与之争。
>
> ——老子

智慧悟语

无休止的争辩是一种无聊之举。不争辩不是懦弱无能的表现，相反正是一种睿智的态度。天下最接近"道"、最有智慧的人，便是不争的人。因为不争，内心才无比沉静。这样的人交友真诚，言语诚实可信，做事的时候必能尽其全力，因为他们不争，所以，才没有过失。

不争的人，不自我表扬，反而能显现其优势；不自以为是，反而能彰显其实力；不自我夸耀，反而能够见功；不自我矜持，反而能够长久。这都是不争显现出来的结果。林语堂先生也说，正因为不争，天下才没人能与他争，他的不争就是他的强大和力量之源，世上便无人能与他相比。

点亮人生

不争，便可以少去许多烦恼。世间的许多忧虑都是因为某种利益的你争我夺得来的。放弃争的念头，生活也许就会悠闲快乐许多。

在风景如画的美国加利福尼亚，年轻的海洋生物学家布兰姆做了一个十分重要的观察实验。一天，他潜入深水后，看到了一个奇异的场面：一条银灰色大鱼离开鱼群，向一条金黄色的小鱼快速游去。布兰姆以为，这条小鱼在劫难逃了。然而，大鱼并未恶狠狠地向小鱼扑去，而是停在小鱼面前，平静地张开了鱼鳍，一动也不动。那小鱼见了，便毫不犹豫地迎上前去，紧贴着大鱼的身体，用尖嘴东啄啄西啄啄，好像在吮吸什么似的。最后，它竟将半截身子钻入大鱼的鳃盖中。几分钟以后，它们分手了，小鱼潜入海草丛中，那大鱼轻松地去追赶自己的同伴了。

此后数月布兰姆进行了一系列的跟踪观察研究，他多次见到这种情景。看来，现象并非偶然。经过一番仔细观察，布兰姆认为，小鱼是"水晶宫"里的"大夫"，它是在为大鱼治病。鱼"大夫"身长只有三四厘米，这种小鱼色彩艳丽，游动时就像条飘动的彩带，因而当地人称它"彩女鱼"。

鱼"大夫"喜欢在珊瑚礁或海草丛生的地方游来游去，那是它们开设的"流动医院"。栖息在珊瑚礁中的各种鱼，一见到彩女鱼就会游过去，把它团团围住。有一次，几百条鱼围住一条彩女鱼。这条彩女鱼时而拱向这一条鱼时而拱向另一条鱼，用尖嘴在它们身上啄食着什么。而这些大鱼怡然自得地摆出各种姿势，有的头朝上，有的头向下，也有的侧身横躺，甚至腹部朝天。这多像个大病房啊！

布兰姆把这条彩女鱼捉住，剖开它的胃，发现里面装满了各种寄生虫、小鱼以及腐蚀的鱼虫。为大鱼清除伤口的坏死组织，啄掉鱼鳞、鱼鳍和鱼鳃上的寄生虫，这些脏东西又成了鱼"大夫"的美味佳肴。这种合作对双方都很有好处，生物学上将这种现象称为"共生"。在大海中，类似彩女鱼那样的鱼"大夫"共有45种，它们都有尖而长的嘴巴和鲜艳的色彩。

这些鱼"大夫"的工作效率十分惊人。有人在巴哈马群岛附近发现，那儿的一个鱼"大夫"，在6小时里竟接待了300多条病鱼。前来"求医"的大多是雄鱼，这是因为雄鱼好斗，受伤的机会较多；同时雄鱼比雌鱼爱清洁，除去脏东西后，它们便容光焕发，容易得到雌鱼的垂青。有趣的是，小小的彩女鱼在与凶猛的大鱼打交道时，不但没受到欺侮，还会得到保护。布兰姆对几百条凶猛的鱼进行了观察，在它们的胃里都没有发现彩女鱼。然而，他却多次看到，这些小鱼进入大鲈鱼张开的口中，去啄食里面的寄生虫，一旦敌害来临，大鲈鱼自身难保时，它便先吐出彩女鱼，不让自己的朋友遭殃，然后逃之夭夭，或前去对付敌人。

在这个例子中，我们看到了生物之间彼此依靠、共栖共生的生存法则。特别是彩女鱼与其他鱼类之间那种温情脉脉的共存关系，不由得让人感到一丝温馨。与之相比，人类的很多行径却显得非常丑恶，为了一时的名利争得你死我活。合作是维持秩序、克服混乱的重要法则，一旦要各自居功、互不相让，这个法则必然遭到破坏，世间的秩序将无从谈起。林语堂先生在《八十自叙》中曾说，自己始终喜欢革命，却不喜欢革命家，他极讨厌政客，绝不加入任何团体与人争吵；从这两句话不难看出，先生极力想远离那些被利益纷争缠绕的环境和身份，他想做个清净的人。远离这些，便可达到此种目标，或许正因为如此，林语堂先生才会从厦门大学文科主任的职位上请辞，不做他人争权夺利的牺牲品。活得随意，远离烦恼。

老子说："只有无争，才能无忧。"利人就会得人，利物就会得物，利天下就能得天下。所以善利万民的人，如同水滋润万物而与万物无争，不求所得。所以不争之争，才是上等的策略。事事斤斤计较、患得患失，事事强出头，只会让自己活得更累。当你同别人争名夺利时，你也成了别人的眼中钉、肉中刺。

不争，才能争来生活的智慧和快乐。铭记此话，生活就会更加美好。

人必须有出世的精神，才可做入世的事业。

——柏杨

智慧悟语

柏杨先生的这一人生智慧也是对人生哲学的深刻理解。

生活中，人们总是牵挂得太多，太在意得失，所以情绪才会起伏。被负面性牵着鼻子走的人，不可能活出洒脱的境界。爱默生曾解释过什么是成功："笑口常开；赢得智者的尊重和孩子的热爱；获得评论家真诚的赞赏，并容忍假朋友的出卖；欣赏美的事物，发掘别人的优点；留给世界一些美好，无论是一位健康的孩子，一个小园地或一个获得改善的社会现状都可以；知道至少一人因你的存在而过得更快乐自在，这就是成功。"以出世的心做入世的事，不让世俗功利蒙蔽你的心灵，淡然面对得失，坦然接受成败，才能超脱物我，找到生命的真谛。

柏杨做到了：他是出世的，他跳出了世俗生活的局限之中，站在一个"登泰山而小天下"的高度，观看世间百态；他远离了世俗的功利与喧嚣，看淡了个人的成败与得失，过着宛若陶渊明笔下"心远地自偏"的宁静生活。同时，他又是入世的，他的著作都围绕着现实问题而展开，试图用最激烈的方式唤醒那些沉睡许久的东西，用最犀利的笔锋让人们看到平日里习以为常的陋习。他一生都在实践着出世与入世的最佳结合。

点亮人生

中国古代历史上，有许多人如柏杨先生一样，演绎出了一段段出世心境入世行的佳话，唐朝的李泌便是其中之一，他睿智的处世态度充分显现了一位政治家、宗教家的高超智慧。该仕则仕，该隐则隐，无为之为，无可无不可。

李泌曾写过一阕《长歌行》，将内心对名利功绩的感受描绘得淋漓尽致。"天覆吾，地载吾，天地生吾有意无。不然绝粒升天衢，不然鸣珂游帝都。焉能不贵复不去，空作昂藏一丈夫。一丈夫兮一丈夫，千生气志是良图。请君看取百年事，业就扁舟泛五湖。"

李泌一生中多次因各种原因离开朝廷这个权力中心。唐玄宗天宝年间，当时隐居南岳嵩山的李泌上书玄宗，议论时政，颇受重视，遭到杨国忠的嫉恨，毁谤李泌以《感遇诗》讽喻朝政，李泌被送往蕲春郡安置，他索性"潜遁名山，以习隐自适"。自从肃宗灵武即位起，李泌就一直在肃宗身边，为平叛出谋划策，虽未身担要职，却"权逾宰相"，招来了权臣崔圆、李辅国的猜忌。收复京师后，为了躲避随时都可能发生的灾祸，也由于平叛大局已定，李泌便功成身退，进衡山修道。代宗刚一即位，便强行将李泌召至京师，任命他为翰林学士，使其破戒入俗，李泌顺其自然，当时的权相元载将其视作朝中潜在的威胁，寻找名目再次将李泌逐出朝廷。后来，元载被诛，李泌又被召回，却再一次受到权臣常衮的排斥，再次离京。建中年间，泾原兵变，身处危难的德宗又把李泌招至身边。

李泌屡蹶屡起的原因，在于其恰当的处世方法和豁达的心态，其行入世，其心出世，所以社稷有难时，义不容辞，视为理所当然；国难平定后，全身而退，没有丝毫留恋。李泌已达到了顺应外物、无我无己的境界，又如儒家所说，"用之则行，舍之则藏"，"行"则建功立业，"藏"则修身养性，出世入世都充实而平静。李泌所处的时代，战乱频繁，朝廷内外倾轧混乱，若要明哲保身，必须避免卷入争权夺利之中。心系社稷，远离权力，无视名利，谦退处世，顺其自然乃李泌处世要诀。

人生究竟是什么？不过一杯水而已。上天给了每一个人一杯水，于是，你从里面饮入了生活。杯子的华丽与否显示了一个人的贫与富，杯子只是容器，杯子里的水，清澈透明，无色无味，对任何人都一样。不过在饮入生命时，每个人都有权利加盐、加糖，或是其他，只要自己喜欢，这是每个人生活的权利，全由自己决定。看透了人生的本质，便不会被繁华遮蔽了双眼，人生不过一杯水，用出世的心做入世的事，便能充分品味水的甘甜。

功成身退，天之道也。

——老子

智慧悟语

功业既成，引身退去，天道使然。花开花谢，自然之道。老子对人生的洞察是智者的深邃，一眼便窥透了深层中的人性内核。人莫不爱财慕富，贪恋权势，但凡能够及时抽身引退，总能一生圆满。

"功成身退"并非指一定要隐居山林，归隐田园。功成身退其实是一种对待功名的态度，即使有了大功劳也不居功自傲，飞扬跋扈为谁雄，只会引来无妄之灾。

数千年来，中国历史一直上演绎着"飞鸟尽，良弓藏；狡兔死，走狗烹"的悲剧，政治的险恶，入世与出世，成为中国仁人志士艰难的抉择，铿锵刚劲，又痛苦无奈。青史上许多留名之人终其一生都在寻找"功"与"身"的平衡点。"儒"是进取的，是理性的，是社会的，是宗族的，是油然于心的；而"道"，则是个人的，是直觉的，是天然的，是无可奈何的。儒和道，看似不相融，其实却息息相通，犹如一面古镜的正反两面。

懂得功成身退的人，是识时务者，他知道何时保全自己，何时成就别人，以儒雅之风度来笑对人生。

点亮人生

金熙宗天眷二年，石琚考中进士，任邢台县令。当时官场腐败，贪污成风，邢台守吏更是贪婪恶暴，强夺民财。在此环境之下，石琚却保持着清醒的头脑，他不仅不贪不占，还多次告诫别人不要贪取不义之财。他常对人说："君子求财，取之有道，怎么能利令智昏，干下不仁不义之事呢？人们都知钱财的妙处，却不闻不问不义之财所带来的隐患，这是许多人最后遭祸的根源啊。"

有人对石珺的劝告置之一笑，还嘲笑他说："世事如此，你一个人能改变得了吗？你的这些高论说来动听，实际上却全无用处，你何苦自守清贫，不识时务呢？要知无财才是大祸，你身在祸中，尚且不知，岂不遭人耻笑？切不可再言此事了。"石珺又气又怒，他当面对邢台守吏又规劝说："一个人到了见利不见害的地步，他就要大祸临头了。你敛财无度，不计利害，你自以为计，在我看来却是愚蠢至极。苦海无边，回头是岸。我实不忍见到你东窗事发的那一天。"邢台守吏拒不认错，私下竟反咬一口，向朝廷上书诬陷他贪赃枉法。结果，邢台守吏终因贪污受到严惩，其他违法官吏也一一治罪，石珺因清廉无私，虽多受诬陷却平安无事。

石珺官职屡屡升迁，有人便私下向他讨教升官的秘诀，石珺总是一笑说："我不想升迁，凡事要凭良心，这个人人都能做到，只是他们不屑做罢了。"来讨教的人不信此说，认为石珺是在敷衍自己，心怀怨气，石珺见此又是一笑道："人们过分相信智慧之说，却轻视不用智慧的功效，这就是所谓的偏见吧。"

金世宗时，世宗任命石珺为参知政事，万不想石珺却百般推辞。金世宗十分惊异，私下对他说："如此高位，人人朝思暮想，你却不思谢恩，这是何故？"石珺以才德不堪作答，金世宗仍不改初衷。石珺的亲朋好友力劝石珺，他们惶急道："这是天下的喜事，只有傻瓜才会避之再三。你一生聪明过人，怎会这样愚钝呢？万一惹恼了皇上，我们家族都要受到牵连，天下人更会笑你不识好歹。"石珺面对责难，一言不发。他见众亲友喋喋不休，最后长叹说："俗话说，身不由己，看来我是不能坚持己见了。"

石珺无奈接受了朝廷的任命，私下却对妻子忧虑地说："树大招风，位高多难，我是担心无妄之灾啊。"他的妻子不以为然，说道："你不贪不占，正义无私，皇上又宠信于你，你还怕什么呢？"石珺苦笑道："身处高位，便是众矢之的，无端被害者比比皆是，岂是有罪与无罪那么简单？再说皇上的宠信也是多变的，看不透这一点，就是不智啊。"

石珺在任太子少师之时，曾奏请皇上让太子熟习政事，嫉恨他的人便就此事攻击他别有用心，想借此赢取太子的恩宠。金世宗听来十分生气，后细心观察，才认定石珺不是这样的人。金世宗把别人诬陷他的话对石珺说了，石珺所受的震撼十分强烈，他趁此坚辞太子少师之位，再不敢轻易进言。

大定18年，石珺升任右丞相，位极人臣，前来贺喜的人络绎不绝。石珺表面上虚与委蛇，私下却决心辞官归居。他开导不解的家人故旧说："我一生勤勉，所幸得此高位，这都是皇上的恩典，心愿已足。人生在世，祸在当止不止，贪心恋栈。"他一次又一次地上书辞官，金世宗见挽留不住，只好答应了他的请求。世人对此事议论纷纷，金世宗却感叹说："石琚大智若愚，这样的大才天下再无二人了，凡夫俗子怎知他的心意呢？"石琚可谓深谙进退之道，能进能退，把握得极其有度，所以才能在官场混迹多年而屹然不倒。

提及石琚，不由想到李斯，当初他贵为秦相时，"持而盈""揣而锐"，最后却以悲剧告终。临刑之时，李斯对其子说："吾欲与若复牵黄犬，出上蔡东门，逐狡兔，岂可得乎？"他临死才幡然醒悟，渴望重新返璞归真，在平淡生活中找寻幸福，但悔之晚矣。

进一步，容易；退一步，难。大多数人能成功，却不能全身而退；少数人看透功名实质，重视过程，淡看结果，终能功成身退。

能够把功劳让给和你一起奋斗的人们，从表面上看来你是受到损失了，其实这正是最难把握的地方，最难舍弃的东西你都肯舍弃，这样才显得你有大胸怀。最终你会发现受益的还是你自己，就像老子所说的"无私乃大私也"。

孤独有时是最好的交际，短暂的索居能使交际更甜蜜。
——弥尔顿

智慧悟语

孤独是一种人生感受，而独处是一种人生境界。如果过于活跃而不知独处，那么生活往往会演变成一种灾难。

独处是一种调剂。长期处于人与人之间复杂的公关、交往沟通、协调、磨合、疏导，独处是一种有益的调剂。它可以使自己紧张的神经松弛下来，可以让自己暂时进入一种安静清新的生存空间。就像交响乐经过热烈激昂的高潮后一下转入悠扬抒情的曲调一样，顿时让人产生凉爽、甜美的感觉。时时接受孤独洗礼的人，在人群中往往显得更加游刃有余。因为最难与之相处的，恰恰是自己。而独处、索居就是学会同自己相处的过程。把这个功夫做好了，自然在处理人际关系方面更加得心应手。

澳大利亚一位动物学家从亚马孙带回两只猴子，一只健硕，一只羸弱。把它们分别关在两只笼子里，精心饲养，观察它们的生活习性。

一年后大猴子莫名其妙地死掉了。为继续研究，动物学家又从巴西弄来一只更大的猴子，可是不到半年又死了。动物学家解剖了两只猴子的尸体，却没有找到死亡原因。

后来，动物学家又去亚马孙，对那里的猴群进行研究。结果他发现，凡是健硕的猴子，人际关系都好，其他猴子找到食物都愿意分它一份。它们在猴群中从不安静，喜欢嬉戏追逐。然而，这类猴子被捉住却很少能活过一年。而那些善于晒太阳和闭目养神的猴子，由于不入群，因此很少能分享到其他猴子的食物，这类猴子长得都比较弱小，但被捉住后却可以活下来。

其结论是：缺乏交往的生活是一种缺陷，缺乏独处的生活则是一种灾难。因为没有朋友而感到孤独，是值得怜悯的；因为不喜欢交际而选择独处，是值得钦佩的。

点亮人生

擅长交际固然是一种能力，而乐于独处同样是一种能力。后者比前者似乎更能考验一个人的修养层次。交际只要花时间去投其所好，便能很容易交到一般意义上的朋友，而独处，若没有超人的定力与开阔的胸襟，则根本就做不到。

恰恰是那些喜欢交际的人，一旦失去了喧哗与热闹，才会感到孤单，无所适从；喜欢独处的人，反而不会被孤单所困扰，他们尽情地享受沉思默想的美好体验，甚至会忘记时间的流逝。

独处，从心理学的角度讲，是进行内在经验的整合，它会使人变得睿智而从容；而交际，是人对信息的吸收与释放，期间固然也有思考，但那思考是肤浅而仓促的。这时候，就需要通过独处来梳理交际时获得的凌乱而纷杂的信息，取其精华，去其糟粕，使之真正为我所用，成为我的有机组成部分。

只喜欢交际，或者说花大量时间交际，而不耐独处，头脑中堆放的大量杂乱的信息，而得不到反刍与消解，人会变得轻浮，迷茫。只喜欢独处，而不喜欢与人交际，老死不与人往来，人会变得呆板，僵化，缺乏活力与激情。读书，看电视，都是单方面的交流，没有思想的碰撞，算不得交往。

少了功利性的交往，必然澄澈而轻松，人人向往。网上聊天为什么那么有魅力，因为那就是一种全无禁忌的交往，双方可以随心所欲地交流，可以达到一种任逍遥的美妙境界。

第四章　若想人信己，先要己信人

> 口是心非的人总以为别人也是口是心非的。
>
> ——巴尔扎克

智慧悟语

诚信是相互的，你若能以诚待人，那么对方也会真诚地对你。不要因为别人因耍小伎俩得逞便怀疑诚信的意义，觉得社会中只有油头滑脑的人才吃得开。这些都是一时的风光，早晚是要栽大跟头的。小信成则大信也，平日里每一件事、每一句话都信守承诺，言行一致，时间长久，别人眼中的你就是一个值得相信的人。有了诚实忠信的性格，会给你的人生带来极大的价值。君子坦荡荡，小人长戚戚。心胸诚恳，活着便潇洒许多，自在许多。

信，乃人性的底线、品格的基石，失去了信义，一切将不复存在。生活中油嘴滑舌之徒，不仅对别人信口开河，对他人的言行举止也时刻存有疑心。欺骗他人的同时又不信任他人，试想和这样的人打交道是多么恐怖的事情。

在人与人之间，人与社会之间，一切都要言而有信，有伟大的胸襟，能够爱人。假使一个人对这些都做到了，再同有学问、有道德的人做朋友以学习仁道，如果还有剩余的精力，然后再"学文"，那是你的志向与兴趣问题。

子曰："人而无信，不知其可也。大车无輗，小车无軏，其何以行之哉？"孔子说为人、处世、对朋友，"信"是很重要的，无"信"绝对不可以。所以孔子说："人而无信，不知其可也。"

点亮人生

"大车无輗，小车无軏。"輗和軏都是车子上的关键所在。做人也好，处世也好，为政也好，言而有信，是关键所在，有如大车的横杆，小车的挂钩，如果没有了它们，车子是绝对走不动的。一个人失去信义，便无所依托，长此以往，别人对其只会敬而远之。信口开河、言而无信，只会让自己失去做人的从容与真挚，同时失去别人的真诚以待。

信，人之言为信，言而无信则非人。无论做什么，经商也好，做学问也好，当官也好，言而有信都是第一位的。

信，人之言为信，言而无信则非人。诚信，就好像是人生的保护色。生活中，我们需要真诚面对生活的态度。在开始追求自己的事业时，如果能下定决心，将自己的诚信心态当作事业的资本，做任何事都要求自己不违背诚信心态的话，那他在日后，即使不一定功成名就，也肯定不至于一败涂地。反之，一个在事业征途中失掉诚信心态的人，则永远不能成就真正伟大的事业。

刘宇大学毕业后，在父亲开的清洁公司干活。父亲用一桶清洗液和一把钢丝刷，头顶烈日为儿子上了重要的一课：每一件工作都好比是你的签名，你的工作质量实际上等于你的名字，只要脚踏实地，以一颗虔诚的心对待你的工作，迟早会出人头地。他按照父亲的教导，用钢刷蘸着清洗液把砖头洗得干干净净。

后来，刘宇在西南食品超市由包装工升为存货管理员，整天干着装装卸卸、摆摆放放这些细小麻烦的工作，但刘宇始终一丝不苟、乐此不疲。有朋友屡次劝他："别把青春耗费在这种没出息的事情上！"他却不以为然，仍是坚守着自己的工作信条：工作无大小，干好当下每件事。朋友认为他是个大傻瓜，一辈子也干不出什么名堂来。他却为自己能干好这件谁都不愿干的工作而自豪不已。他相信父亲的话："只要自己不断努力，只要以一颗虔诚的心认真地做好每件事，上帝一定会眷顾你的。"

果不其然，数年后刘宇脱颖而出，成为拥有8家商店、一年总营业收入达几千万的大老板。而当初劝他的朋友们大都默默无闻。

一个人只要心诚，就可能战胜任何艰难险阻，甚至可以创造奇迹。因此，无论外界如何喧嚣，我们都要固守一颗虔诚的心。虔诚的心是对正念的把握，是对信念的秉持。纤尘不染，杂念俱无，集念于一处，力量就是最大的。

有了"诚心"，会少许多抱怨；有了"诚心"，会少许多冷漠，有了"诚心"，会多几分热情，有了"诚心"，会多一分理解：有了"诚心"，会让人们的关系变得友好，变得温馨。

心诚不诚，也许骗得了别人，但终归骗不了自己。当然，结果的好与坏也存在着许多不确定因素，但总有一些因素是由心而定的。相信：忠诚地对待自己的理想、真诚地对待自己的学业和事业、坦诚地对待自己的亲人和朋友……好的结果就会出现，忠诚度、真诚度、坦诚度越高，好的结果就会越早出现。

> 被人揭下面具是一种失败，自己揭下面具是一种胜利。
>
> ——雨果

智慧悟语

在复杂的大千世界中，人们或许是经历过无情的伤害，或许是不想让他人见到自己的丑处、弱点，于是许多人都戴上一副面具招摇过市，以为这样就可以万事大吉。

时间久了，这面具就很难摘下，反而成为心灵的负担。其实，根本不需要什么面具来遮掩。而且，面具再牢固，总有被人看破的一天。与其被别人揭开真面目那样窘迫，不如自己大胆地除去面具，以本来的面目示人对己，又何尝不是一种人生的快意。

一个过于正直的人常常因为过于耿直而失去友谊，有时因为得罪他人而使自己失去权力或利益，所以很多人宁愿不要正直这种品德。所谓的聪明人总是巧言令色，欺骗那些相信他的人，而真正的诚实无欺者总是把欺骗看成一种背信弃义，情愿做光明磊落的刚正不阿者，而不愿做所谓的聪明人，所以他们总是和真理站在一起。如果他们和别人有意见分歧，这不是因为他们变化无常，而是因为别人抛弃了真理。

诚实无欺者看似单纯，常会被自作聪明者嘲笑，但一个言行诚实的人，有正义公理作为后盾，所以能够毫不畏缩地面对世界。一个行为上充满欺骗的人，在真理面前会无所遁形，因为他常常连自己的那一关都过不了。

点亮人生

诚实无欺是一种美德，它令人焕发出坦荡从容的气度，绽放人格的光彩。自古以来，它始终是人性之美的根本所在。可以说，这种品格是成功者首先要具备的，它历来被伟人们所尊崇。

美国前总统林肯，在年轻时就是诚信哲学的忠实拥护者。林肯当小职员时，诚实而勤快。一天，一位妇女来商店买了一些小物品，结算的结果是应付2美元6.25美分。

付完款后，那位妇女高高兴兴地走了。但是林肯对自己的计算结果感到没有把握，于是又算了一遍，结果让他大吃一惊，他发现各种款额加起来后应该是2美元。

"我让她多付了6.25美分。"林肯不安地想。

钱不多，许多店员不会把它当回事，但是林肯决定负起责任。

"必须把多收的钱还回去。"他决定。

如果那位女顾客就住在附近，把钱还给她轻而易举，但她却住在两三英里之外的地方，这并没有动摇林肯的决心。天已经黑了，他锁好店门，步行来到那位女顾客的住处。到达后，他把事情讲述了一遍，将多收的钱如数奉还，然后心满意足地回了家。

真诚而无欺的人，首先做到的是从不自欺，然后才是不欺人。他的所作所为，不仅使自身获得轻松快乐，也值得他人信赖。正是这样的为人方式，使林肯赢得他人的信任和崇敬。

阿瑟·项伯拉托里是一家大型航运公司的董事长。在他10岁那年的一个夏天，正值经济大萧条的1935年，他开着一辆密封式运货小卡车，每天向100多家商店送特制食品。在炎热的天气里，干几个小时的报酬只是一块腊肉三明治、一瓶饮料和50美分的现金。但由于这是他的第一份工作，所以他认为辛苦一些也是正常的。

在不送货的日子里，他便到一家偏僻的糖果店干活。一次扫地时，他看见桌子下有15美分，便捡起来交给店主。店主拍拍他的肩膀说，自己是有意将钱扔在那儿的，要试试他是否诚实。阿瑟·项伯拉托里在整个高中阶段都为这位老板干活。诚实让他保住了当时非常难找的那份工作，也正是诚实成为他后来创办企业且兴旺发达的关键。

高尚的人并不因别人是何等人而忘记自己应当做怎样的人。在他们看来，不欺骗、不做作，才会让自己得到信任。要相信，面对一个绝不为个人利益放弃诚实的人，人人都会真诚接纳他，愿意和他交往，并真心地在他困难或创业时期，助他一臂之力。

> 走正直诚实的生活道路，必定会有一个问心无愧的归宿。
> ——高尔基

智慧悟语

很多人总觉得周围的人难以信任，对一切都抱有一颗戒备的心，然后感叹世事难料，人心不古。其实，在抱怨别人没有真诚对待自己的时候，你是否问过自己，你以一颗真诚的心对待这个世界了吗？如果你对他人失去了真诚，又有什么资格获得真诚呢？

真诚是去感染他人而不是等价的交换，真诚是触及心灵的感动。真诚有时候也会让我们自己的情感和利益受损，因为我们是在毫无戒备的情况下去与人为善的。我们要以一种平常的心态去看待事物，真诚也许今天让我们吃亏上当了，虚伪也许会让我们争点光占到便宜，但是从长远发展的眼光来看，用今天的吃亏上当换回明天的辉煌和事业的巅峰，与得不偿失的鼠目寸光，有奶便是娘的人要强百倍不止。所以，凡是能一直保持正直诚实作风的人，到最后都会赢得他人的尊敬，而自己也会拥有坦坦荡荡的人生轨迹。

英国诗人乔叟曾说过："真诚才是人生最高的美德。"我们去用一颗真心去善待我们身边所有的人，并不是一种投资心理。也不是我今天对你好你以后就要对我怎么样的心态，而是一种不需要他人帮助也要以真诚对待别人。做什么事我们自己首先要把握我们在做这件事的动机是什么，我们的动机不是我们拿真诚来换回别人的真诚。要知道我们是带着这样一个目的和动机去的，我们本身就不够真诚的。

点亮人生

在美国南北战争期间，有位年轻人找到林肯，要求他开一张去南方的通行证。

林肯说："战争正在进行，你去南方干什么呢？"

　　年轻人说："去探亲。"

　　"那你一定是个北方派，你去劝说一下你的亲友们，让他们放下武器。"林肯高兴地说。

　　那年轻人说："不！我是个南方派，我要去鼓励他们，要他们坚持到底。"

　　林肯很不高兴："年轻人你来找我干什么？你以为我能给你通行证吗？"

　　年轻人沉着地说："总统先生，我在学校读书时，老师就给我们讲'诚实的林肯的故事'，从此，我便下定决心要学习林肯，一辈子不说谎。我不能为了一张通行证而改变自己说话做事都要诚实的习惯。"

　　林肯被年轻人真诚的话语打动了："好吧，我给你开一张。"说着，在一张卡片上写下了这样一行字："请让这位年轻人通行，因为他是一位信得过的人。"

　　年轻人用他的真诚打动了林肯，获得了在当时的情况下几乎不可能获得的探亲机会，这就是真诚的力量。然而，世间的许多人却始终不明此理，坚持"挟心而与天下游"，最后换来的，便是捷克作家米兰·昆德拉所说的"人类一思考，上帝就发笑"的结果。

　　敞开心扉，真诚地对待他人，或许也会有被误解的时候，但那段"真诚的精神"，终将落入世人的眼中和心中。

修养：做一个有灵魂的人

第一章　修养是灵魂的洗礼

> **习惯能成就一个人，也能摧毁一个人。**
>
> ——拿破仑·希尔

智慧悟语

　　拿破仑·希尔作为现代成功学大师和励志书籍作家，曾经影响了美国两任总统及千百万读者。他所创立的成功学和他的成功原则，都和他的热情一样，惠及世界的各个角落。而他对于成功的见解，也让我们对成功的定义有了更深刻的认识。

　　成功者之所以成功，不是因为他们有着多么高的天赋和过人的才华，而是因为他们有着良好的习惯，并善于用良好的习惯来提高自己的工作效率，进而提高自己的生活品质。他们发现，好习惯能改变命运，使自己过上充实的生活；好习惯能使身心健康，邻里和睦，家庭幸福美满。

　　习惯是一种顽强的力量，它可以主宰人的一生。因此，我们每个人都要养成良好的习惯，无论从学习到工作，从为人到处世，在我们生活的各个方面……如果养成良好的习惯，就会受益终生。

　　或许你习惯了懒懒散散、心灰意冷的日子，或许你对抽烟、酗酒、拖延、懒惰等坏习惯熟视无睹，那么你就不要再慨叹生活对你的不公，你就不要说梦想很难实现，更不要说你的经历很倒霉。归根结底，这一切都是你的坏习惯在作祟。如果你永远抱着这种坏习惯不放，却还在想着成功，那真是难于上青天。

点亮人生

一个好习惯能够让人受益终身，但是一个坏习惯有时候却会给我们带来不好的影响，甚至造成无法挽回的后果。

有一个猎人，他在一次打猎中捡回一只老鹰蛋，回到家里，他把老鹰蛋和母鸡正在孵的鸡蛋放在一起。

没过多久，小鹰和小鸡一起出世了。在母鸡的照顾下，小鹰很开心地和小鸡们生活在一起。

小鹰当然不知道自己是一只鹰，它和小鸡们一样学习鸡的各种生存本领。母鸡也不知道它是一只鹰，母鸡像教育其他小鸡那样教育小鹰。这只小鹰一直按照鸡的习惯生活。

在它们生活的地方，不时有老鹰从空中飞过。每当老鹰飞过时，小鹰就说："在天空飞翔多好啊，有一天我也要那样飞起来。"

听它这么说，母鸡每次都要提醒它："别做梦了，你只是一只小鸡！"

其他小鸡也一起附和："你只是一只鸡，你不可能飞那么高！"

被提醒的次数多了，小鹰终于相信它永远不可能飞那么高。小鹰再看到老鹰飞过时，它便主动提醒自己："我是一只小鸡，我不可能飞那么高。"

就这样，这只鹰到死那一天也没有飞翔过——虽然它拥有翱翔蓝天的翅膀和体格。

看看我们自己，看看我们周围，看看芸芸众生，好习惯造就了多少辉煌成果，而坏习惯又毁掉了多少美好的人生！习惯一旦形成，它就极具稳定性，心理上的习惯左右着我们的思维方式，决定我们的待人接物；生理上的习惯左右着我们的行为方式，决定我们的生活起居。日常的生活本身就是习惯的反复应用，而一旦遇上突发事件，根深蒂固的习惯更是一马当先地冲到最前面，所以，当我们的命运面临抉择时，是习惯帮我们做的决定。

面对人生，你可以开放你的内心，当机立断，运用自己内在的能力，挣脱消极习惯的捆绑，改变自己所处的环境，投入另一个崭新的积极领域中，使自己体会到全新的生命活力。

每一个人的心灵都有一扇窗。打开房间的一扇窗，清风就会透过窗台，吹拂到我们的脸上；花香也会随之而至，使整个房间充满香气。打开心窗，让阳光照亮你心中的每一个角落，这样就可以赶走焦虑留下的阴影，走向自信自我。

人若无欲品自高。

——陈伯崖

智慧悟语

身处这样一个浮躁时代，人们往往心浮、躁动，被不断衍生的欲望所牵绊蒙蔽。我们开始变得不容易满足，得到了还想要更多，似乎我们已经难以找到那一种宁静、平和的精神境界。

孔子也讲到"无欲则刚"，意在告诉人们：一个真正强大的人是"没有欲望"的——因为没有"欲望"，所以才不会患得患失。

"无欲而刚"从另一层面来看也可以解释为"人若无欲品自高"。就是说，人若没有私欲，品格自然高尚、不染尘泥。著名学者季羡林先生的一生就恪守着"人若无欲品自高"的为人处世原则。季老曾经表示过自己并不是不喜欢名利，名利心人人都有，要做到"无欲"很难，所以老子也只说"清心寡欲"，一个人能让自己变得不那么贪婪已经很了不起了。但他是一个非常正直的学者，一生治学严谨，绝不会沽名钓誉。一个人能把名利看得淡一些，境界就会高一些。

因此，一个人要想使自己的智慧清明起来，必须先放下一切，使自己真正空起来，才能拥有无限的可能。

点亮人生

唯有宁静的心灵，才不会眼热权势显赫，不奢望金银成堆，不乞求声名鹊起，不羡慕美宅华第，因为这些欲望只能加重生命的负荷，加速心灵的浮躁，而与豁达康乐无缘。

老街上有一位老铁匠。由于早已没人需要打制铁器了，现在他改卖铁锅、斧头和拴小狗的链子。他每天悠闲地躺在门内的竹椅上，手里拿一个半导体收音机，身旁是一把紫砂壶，货物摆在门外，不吆喝，不还价，晚上也不收摊。

他的生意也没有好坏之说，每天的收入正好够他喝茶和吃饭。他老了，已不再需要多余的东西，因此他非常满足。

然而，有一天老铁匠的这种宁静生活被打破了。那天，一个商人路过老街，发现了老铁匠的那把紫砂壶，发现是清代制壶名家戴振公的作品，愿意花10万元买下它。尽管老铁匠拒绝了，但附近的人们知道这个消息后，蜂拥而至，有的问还有没有其他的宝贝，有的开始向他借钱，更有甚者，晚上来推他的门。他的生活被彻底打乱了，他不知该怎样处置这把壶。

当那位商人带着 20 万元现金，第二次登门的时候，老铁匠再也坐不住了。他叫来左右店铺的人和前后邻居，拿起一把斧头，当众把那把紫砂壶砸了个粉碎。

现在，老铁匠还在卖铁锅、斧头和拴小狗的链子，据说他活了 100 多岁。

人生中有太多的名利诱惑加重了人们的欲求，而做到真正的无欲则刚是需要淡泊、坚定的信念的。人格的伟大之处就在于：它超出了欲望的需求而追求品德的完善。一个人做到无欲的时候，就是放弃了心中的杂念，就是清空了心灵中积存的枯枝败叶。清空了心灵，才能最大限度地获得生命的自由、独立；清空了心灵，才能收获未来的光荣与辉煌。

回首向来萧瑟处，归去，也无风雨也无晴。

——苏轼

智慧悟语

苏轼一生经历坎坷，但面对逆境，却一直怀着达观豁然的心态。在他的诗词里，这种从容的人生豪情随处可见。苏轼写的《定风波》体现了他对待人生风雨的淡定豁达。做人就要学会宠辱不惊，得意之时不忘形，失败则继续努力，无论怎样的上升和降落，都应泰然处之，从容淡定地面对人生。

有一则有趣的笑话：下雨了，大家都匆匆忙忙往前跑，唯有一人不急不慢，在雨中踱步，旁边跑过的人十分不解："你怎么不快跑？"此人缓缓答道："急什么，前面不也在下雨吗？"

从某种角度看，当人们在面临风雨匆忙奔跑之时，那个淡然安定欣赏雨景的人，其实深谙从容的生活智慧。在现代都市竞争的人性丛林，从容淡定是一种难以达到的大境界，别人都在杞人忧天，慌不择路，只有他镇定从容。

其实，沮丧的面容、苦闷的表情、恐惧的思想和焦虑的态度是你缺乏自制力的表现，是你不能控制环境的表现。它们是你的敌人，你要把它们抛到九霄云外。面对得意和失意，都能从容面对，这样才算达到了一种较高境界。

点亮人生

宋代苏东坡在江北瓜州任职，和江南金山寺只一江之隔，他和金山寺的住持佛印禅师经常谈禅论道。一日，苏轼自觉修持有得，撰诗一首，派遣书童过江，送给佛印禅师印证，诗云："稽首天中天，毫光照大千；八风吹不动，端坐紫金莲。"八风是指人生所遇到的"嗔、讥、毁、誉、利、衰、苦、乐"八种境界，因其能侵扰人心情绪，故称之为风。

佛印禅师从书童手中接过，看了之后，拿笔批了两个字，就叫书童带回去。苏东坡以为禅师一定会赞赏自己修行参禅的境界，急忙打开禅师之批示，一看，只见上面写着"放屁"两个字，不禁无名火起，于是乘船过江找禅师理论。船快到金山寺时，佛印禅师早站在江边等待苏东坡，苏东坡一见禅师就气呼呼地说："禅师！我们是至交道友，我的诗、我的修行，你不赞赏也就罢了，怎可骂人呢？"禅师若无其事地说："骂你什么呀？"苏东坡把诗上批的"放屁"两字拿给禅师看。禅师呵呵大笑说："言说八风吹不动，为何一屁打过江？"苏东坡闻言惭愧不已，自认修为不够。

正如《菜根谭》里说："宠辱不惊，闲看庭前花开花落；去留无意，漫随天外云卷云舒。"为人能视宠辱如花开花落般的平常，才能"不惊"；视职位去留如云卷云舒般变幻，才能"无意"。"闲看庭前"大有"躲进小楼成一统，管他冬夏与春秋"之意；"漫随天外"则显示了目光高远，不似小人一般浅见的博大情怀；一句"云卷云舒"又隐含了"大丈夫能屈能伸"的崇高境界。对事对物，对功名利禄，失之不忧，得之不喜，正是"淡泊以明志，宁静以致远"。

不管过去的一切多么痛苦，多么顽固，把它们抛到九霄云外。不要让担忧、恐惧、焦虑和遗憾消耗你的精力。要主宰自己，做自己的主人，从从容容才是真。

志不立，天下无可成之事。

——王阳明

智慧悟语

"无论做什么事，怕就怕在'认真'二字。"认真就是你用生命，用真实的感情，用全部的热情，坚持不懈地去做一件事的态度。一个人的成功，一定是他比较认真。假如一个人还没有成功，那他一定还不够认真。

认真是我们对生活、对人生的一种态度，一个懂得事事都认真的人一定是一个热爱生活且懂得生活的人，他也许会是一个平凡的人，但绝对不会是一个平庸的人，他的生命将因为他的认真而变得充实。他的人生没有虚度年华，而且在认真对待每一件事情中富有了巨大的意义。

人生只有一次，而且时光短暂易失，没有比这仅有一次的人生更加值得我们去认真对待的了。不管我们的人生发生什么样的事情，遇到什么样的人，我们都应该认认真真地对待我们生命中的每一分、每一秒。我们为什么不能做到更好呢？结果也许是重要的，但与过程相比则算不上什么，人生原来也只是一个过程而已，因此，不管结果如何，我们都应该认真地对待每一件事情，力求将其做到最好。

点亮人生

认认真真地去干好手中的每一件事情便是成佛。认真对于我们每一个平凡的人来说都是一种生活姿态，一种对生命历程完完全全地负起责任来的生活姿态，一种对生命的每一瞬间注入所有激情的生活姿态。

荷兰思想家斯宾诺莎一生贫苦潦倒，以打磨眼镜片维持生活。白天，他在昏暗狭小的作坊里一丝不苟地淬炼、打磨、装配，每个程序都精益求精，劳动情状几乎比夜晚在灯下写哲学著作还要虔诚。在他生活的城市里，没有人意识到斯宾诺莎将会成为影响人类精神领域的大思想家，却都知道他是手艺精湛的工匠。艰辛的劳动使斯宾诺莎双目失明，英年早逝。但若没有认真打制眼镜片的劳动姿态，也就不可能有在思考和写作中燃烧自我的精神境界。前者为后者奠定了寻求永恒价值的根基，后者是前者在另一种劳动形态上的升华。在为世人寻求光明这个意义上，斯宾诺莎打制的每一副镜片与写下的每一页手稿都具有同等的价值。

通过"认真"这扇发掘人类高贵性的窗口，我们的心房将洒满黄金般的阳光，所有的沮丧与失望将被战胜。认真是我们用以观察和感觉宇宙的全部推力和压力的方法，它在最细微的缝隙中发挥作用，但它展开了宽广的前景，以认真的姿态生活的人，也正脚踏实地地走在通向真理的道路上。

> 做人之道，圣贤千言万语，大抵不外"敬恕"二字。
>
> ——曾国藩

智慧悟语

曾国藩熟读经史，对圣贤之道一直心向往之，并且努力实践。他认为古代的贤人在为人处世上虽然各有姿态，但是总不离"敬"和"恕"二字。

曾国藩所说的"敬"，就是要以恭敬的态度对待万事万物，这是一个人提升自己涵养的最佳途径。敬人者，人恒敬之；而"恕"就是由己推人，能够设身处地地为他人着想，因此往往能够宽恕、原谅别人的过失。如果说"敬"是对自己的一种态度，那么，"恕"就是对别人的一种态度。要是在复杂的官场上学会宽恕，原谅他人，是非常困难的事情，也正因为如此，一个懂得原谅别人的人，更能赢得别人的尊敬。

曾国藩初办团练时，他的湘军与绿营兵难免发生摩擦。一天黑夜，两方的人闯入曾国藩行台。曾国藩把事情的经过告知巡抚，巡抚不理，曾国藩只好第二天将兵营迁至城外，以避绿营乱兵。有人问为什么不和绿营的兵一较高下，曾国藩叹息一声说："大难未已，吾人敢以私愤渎君父乎？"意思是说，大敌当前我怎能为了个人利益而泄私愤呢？

曾国藩能推己及人，既坚持自己的原则，又不苛求别人与自己一样。因为他知道每个人都有自己行为处事的道理，自己应该站在更高的位置上看待其他人的举动，心平气和地去接受不同的人和事，正是做到了这一点，他才能够成为一代名臣。

点亮人生

一个人如果胸怀浩大，那么再多的烦恼也会轻若微尘。如果不能张开心胸，又怎么把握得住大局？如果能像曹操那样包容宇宙，日月之行，若出其中；星汉灿烂，若出其里，再大的事情也会变得微不足道。

春秋时鲍叔牙和管仲是好朋友，俩人相知很深。他们俩曾经合伙做生意，一样地出资出力，分利的时候，管仲总要多拿一些。别人都为鲍叔牙鸣不平，鲍叔牙却说，管仲不是贪财，只是他家里穷。

管仲几次帮鲍叔牙办事都没办好，三次做官都被撤职，别人都说管仲没有才干，鲍叔牙又出来替管仲说话："这绝不是管仲没有才干，只是他没有碰上施展才能的机会而已。"

更有甚者，管仲曾三次被拉去当兵参加战争而三次逃跑，人们讥笑他贪生怕死。鲍叔牙再次直言："管仲不是贪生怕死之辈，因为他家里有老母亲需要奉养啊！"

后来鲍叔牙帮助小白夺取王位后，又力荐管仲为相。

鲍叔牙和管仲不管有无利益分歧，鲍叔牙都始终能够谅解而不怪罪他，反而为他说好话，这种胸怀，也常常让管仲佩服不已。如果没有鲍叔牙的体谅与包容，恐怕也就没有后来齐国的强大了。

多给别人一个机会，也就多给了自己一分希望。世上还是礼尚往来、投桃报李之人多，而恩将仇报者少。曾国藩能够以包容的心去对待他人，自然也能够赢得他人的尊重与敬爱，能在险恶的官场中给自己多留一分平安之地。

第二章　做情绪的主人

愤怒是为了别人的过错而惩罚自己。

——蒲柏

智慧悟语

生活中，我们感受周围的事物，形成一种观念，作出判断，无一不是由我们的心灵来进行的。然而，不好的情绪常常折磨我们的心灵，使我们做事出现种种偏差。所以说，那些能取得成就的人往往是能驾驭情绪的人，而经常败得一塌糊涂的人通常是被情绪驾驭的人。

任何人遭遇灾难，情绪都会受到影响，这时一定要操纵好情绪的转换器。面对无法改变的不幸或无能为力的事，抬起头来，对天大喊："这没有什么了不起的，它不可能打败我！"或者耸耸肩，默默地告诉自己："忘掉它吧，这一切都会过去！"

情绪是可以调适的，只要你操纵好情绪的转换器，随时提醒自己、鼓励自己，将生气转化为动力，就能成功。

点亮人生

有这样一个故事：

有一位妇人脾气十分古怪，经常为一些无足轻重的小事生气。她也很清楚自己的脾气不好，但她就是控制不了自己。

朋友对她说："附近有一位智者，你为什么不去向他诉说心事，请他为你指点迷津呢？"于是她就抱着试一试的态度去找那位智者。

她找到了智者，向他诉说心事，态度十分恳切，渴望从智者那里得到启示。智者一言不发地听她阐述，等她说完了，就把她领到一座房中，然后锁上房门，无声而去。

妇人本想从智者那里听到一些开导的话，没想到智者一句话也没说，只是把她关在这个又黑又冷的屋子里。她气得跳脚大骂，但是无论她怎么骂，智者就是不理会她。妇人实在忍受不了，便开始哀求，但智者还是无动于衷，任由她在那里说个不停。

过了很久，房间里终于没有声音了，智者在门外问："还生气吗？"

妇人说："我只生自己的气，我怎么会听信别人的话，到你这里来！"

智者听完，说道："你连自己都不肯原谅，怎么会原谅别人呢？"于是转身而去。

过了一会儿，智者又问："还生气吗？"

妇人说："不生气了。"

"为什么不生气了呢？"

"我生气有什么用呢？只能被你关在这个又黑又冷的屋子里。"

智者说："你这样其实更可怕，因为你把你的气都积压在了一起，一旦爆发，会比以前更加强烈。"说完又转身离去了。

等到智者第三次问她的时候，妇女说："我不生气了，因为你不值得我为你生气。"

"你生气的根还在，你还没有从气的旋涡中摆脱出来！"智者说道。

又过了很长时间，妇人主动问道："智者，你能告诉我气是什么吗？"

智者还是不说话，只是看似无意地将手中的茶水倒在地上，妇女终于顿悟：原来，自己不气，哪里来的气？心地透明了，了无一物，何气之有？

实际上我们自己不生气就什么事情都没有了，生气都是自找的，在生气的时候我们要适当地进行情绪转换，掌控好自己的情绪。

被称为"世界剧坛女王"的拉莎·贝纳尔在一次横渡大西洋途中，突遇风暴，不幸在甲板上滚倒，足部受了重伤。她被推进手术室，面临锯腿的厄运时，突然念起自己所演过的一段台词。记者们以为她是为了缓和一下自己的紧张情绪，可她说："不是的！是为了给医生和护士们打气。你瞧，他们不是太严肃了吗？"

威廉·詹姆斯说："完全接受已经发生的事，这是改变不幸命运的第一步。"接受无法抗拒的事实，既然是第一步，那么有没有第二步？有。拉莎手术圆满成功后，她虽然不能再演戏了，但她还能演讲。她的演讲，使她的戏迷再次为她鼓掌。

拉莎·贝纳尔在面对无法抗拒的灾难时，能跳出焦虑、悲伤的圈子，踏上一个新的里程，她转换了自己的情绪，并继续努力，最终得到了别人的肯定。

不良情绪会干扰我们的心智，但不是不被战胜的。能够把自己的坏情绪转化成为一种力量，是一种精神上的成功，也是一种人生智慧。

我只有一个忠告——做你自己的主人。

——拿破仑

智慧悟语

悲观的人总是受累于情绪，似乎烦恼、压抑、失落甚至痛苦总是接二连三地袭来，于是频频抱怨生活对自己不公平，企盼某一天欢乐从此降临。但喜怒哀乐是人之常情，想让自己在生活中不出现一点烦心之事几乎是不可能的，关键是如何有效地调整、控制自己的情绪，做生活的主人，做情绪的主人。

很多乐观的人都善于控制自己的情绪，让自己活在快乐之中。人生在世，总会遇到很多悲伤与痛苦，如果不能掌控自己的情绪，就会成为情绪的奴隶，又何来乐观心态？

斯摩尔曾经说过："做情绪的主人，驾驭和把握自己的方向，使你的生命按照自己的意图提供报酬。"

记住，你的心态是你——而且只是你——唯一能够完全掌握的东西，学着控制你的情绪，并且利用积极心态来调节情绪，超越自己，走向成功。

人的一生不可能总是一帆风顺，在遇到挫折和失败时，学会做自己的主人可以让我们战胜一切挫折和失败。

点亮人生

在我们的精神活动领域，在我们的日常生活里，在我们的事业中，在我们渴望成功甚至正在走向成功的道路上，都会出现大大小小、不同程度的挫折和失败，我们应该尝试通过心理调控去战胜自我、战胜环境，使自己安然地渡过危机。

弗兰克是一位犹太裔心理学家，第二次世界大战期间，他被关押在纳粹集中营里，受尽了折磨。父母、妻子和兄弟都死于纳粹之手，唯一的亲人是他的一个妹妹。当时，他常常遭受严刑拷打，死亡之门随时都有可能向他打开。

有一天，他在赤身独处囚室时，忽然悟出了一个道理：就客观环境而言，我受制于人，没有任何自由；可是，我的自我意识是独立的，我可以自由地决定外界刺激对自己的影响程度。

弗兰克发现，在外界刺激和自己的反应之间，他完全有选择如何做出反应的自由与能力。

于是，他靠着各种各样的记忆、想象与期盼不断地充实自己的生活和心灵。他学会了心理调控，不断磨炼自己的意志。他的自由的心灵早已超越了纳粹的禁锢。这种精神状态感召了其他的囚犯。他协助狱友在苦难中找到了生命的意义，找回了自己的尊严。

在弗兰克生命中最痛苦、最危难的时刻，在弗兰克精神行将崩溃的临界点，他靠自己的顿悟、靠成功的心理调控磨炼了意志。从而不仅挽救了他自己，而且挽救了许多与他患难与共的生命。

由于苦难、逆境，甚至是生理缺陷，产生和造就出了一些伟大的人物，因此在很多人的心目中便形成了一种对苦难和逆境的崇拜，而这种崇拜往往是盲目和消极的。不论逆境还是顺境，都要有一种积极健康的人生态度，即使步入顺境也要努力为自己设置新的目标，在追求这一目标中迎接新的困难和挑战，从而发展和完善自己的人格，而不可以倒退或停留，在困苦中应该保持积极的心态。

一个有抱负的人，必定想在社会中实现自己的理想，让自身价值得到社会承认。但是我们每跨出一步，必然会遇到一些意料不到的阻力。不同的环境对人们的作用是不同的，顺境与逆境、苦难与舒适使当事者付出的代价也是不同的。

天下本无事，庸人扰之而烦耳。

——陆象先

智慧悟语

烦恼由心产生。"天下本无事，庸人自扰之。"只要你不自扰，不要做个庸人，就是幸福人生的法门。如果一个人在面对世事变幻的时候，能够始终保持自己的本心，不自寻烦恼，不没事找事，不自作聪明，心中有一只不动莲花，只等花苞绽放，一个快乐圆满的人生就很容易获得。要知道，许多让你感到不痛快的事情，往往不是由外界环境造成的，那都是你从地上一个个拾起来的废物，不断给自己的真身洒下脏水，让你的身心枯黄的结果。

"无故寻愁觅恨，有时似傻如狂。"这是《红楼梦》里的一句诗，写的是贾宝玉令人难以琢磨的多愁性情。其实，正如南怀瑾所指出的，很多人都在"无故寻愁觅恨"，现在还是心情愉悦的，转眼就情绪低落了。"有时似傻如狂"，没有理由的变得"疯疯癫癫"，为什么呢？说不清道不明。

《西厢记》就有句这样的话："花落水流红，闲愁万种，无语怨东风。"没得可怨的了，把东风都要怨一下。哎！东风很讨厌，把花都吹下来了，你这风太可恨了。然后写一篇文章骂风，自己不晓得自己在发疯。这就是人的境界，花落水流红，闲愁万种是什么愁呢？闲来无事在愁。闲愁究竟有多少？有一万种，讲不出来的闲愁有万种。结果呢？一天到晚怨天尤人，没得可怨的时候，就怨起风物来了。风物哪里得罪你了呢？还是说不清楚。其实，常人会在那无故寻愁觅恨是无事找事，自寻烦恼，这样的情况太多，放下很不容易，就连参悟佛法的高僧也会犯相同的错误。

点亮人生

"百年三万六千日，不在愁中即病中。"古人的诗句可谓一语道破了人生的真谛。世人每天都在忙碌、不安和烦恼中度过，一个烦恼过去，下一个烦恼又来了，愁工作、愁财富、愁子女，甚至有时候顾影自怜……总之，各种各样的烦恼层出不穷，永不停息。但是，当你静下心来想想，一些事情是不是本来就无足轻重？哪些烦恼都是"自找"的呢？

白云守端禅师在方会禅师门下参禅，几年来都无法开悟，方会禅师怜念他迟迟找不到入手处。一天，方会禅师借着机会，在禅寺前的穿地上和白云守端禅师闲谈。方会禅师问："你还记得你的师傅是怎么开悟的吗？"白云守端禅师回答："我的师傅是因为有一天跌了一跤才开悟的，悟道以后，他说了一首偈语：我有明珠一颗，久被尘劳封锁，今朝尘尽光生，照破山河万朵。"

方会禅师听完以后，大笑几声，径直而去。留下白云守端禅师愣在当场，心想："难道我说错了吗？为什么师傅嘲笑我呢？"白云守端禅师始终放不下方会禅师的笑声，几日来，饭也无心吃，睡梦中也经常会无端惊醒。他实在忍受不住，就前往请求禅师明示。

方会禅师听他诉说了几日来的苦恼，意味深长地说："你看过庙前那些表演猴把戏的小丑吗？小丑使出浑身解数，只是为了博取观众一笑。我那天对你一笑，你不但不喜欢，反而不思茶饭，梦寐难安。像你对外境这么认真的人，连一个表演猴把戏的小丑都不如，如何参透高深的禅呢？"

对外在的一些事物都在乎得茶饭不思，一筹莫展，肯定是什么都参不透、想不通的。"多情自古空遗恨，好梦由来最易醒。"所有人都在"无故寻愁觅恨"。南怀瑾说：这就是人生。好梦最容易醒，醒来想再接下去都接不下去，所以，不要去叫醒梦中人，让他多做一会儿好梦。佛总说唤醒梦中人，到底是慈悲还是狠心？或许一切众生都应让他做一会儿好梦，并没有叫醒他的必要。

经得起各种诱惑和烦恼的考验，才算达到了最完美的心灵健康。

——培根

智慧悟语

烦恼如同不良生活习惯导致的疾病，淡定从容的生活态度，是免于烦恼的健康的生活习惯。但这种良好的习惯并非每个人都有，即使是得道的高僧偶尔也会心生妄念，自寻烦恼。

无法保持平静淡定、对任何事都深思不已、纠缠不休的人，心湖就会被烦恼的风掀起波澜。人生若能从容淡定，便会远离烦恼，体验另一种生命，另一番境界。人生总会有各种纷繁复杂的问题，面对这些问题，如果不能保持淡定从容，自然会烦恼不已。

人的心能大能小，亦可净可浊，由此既能生快乐，又能生烦恼。人生的痛苦和悲哀都是来源于自己的心。一个人心中若太过执着，自然会迷失在欲望的丛林中，分辨不出正确的方向；只有心如泉水般清澈，如月光般轻盈，如莲花般纯净，才能拥有快乐的心境，拥有单纯的幸福。既然人生的痛苦大多来自人的内心，那么，为何人的心总是不能保持一种平衡稳定的状态，而注定要为尘事所扰呢？

点亮人生

一位大师有一个爱抱怨的弟子。有一天，大师派这个弟子去集市买了一袋盐。弟子回来后，大师吩咐他抓一把盐放入一杯水中，然后喝一口。"味道如何？"大师问道。"咸得发苦。"弟子皱着眉头答道。随后，大师又带着弟子来到湖边，吩咐他把剩下的盐撒进湖里，然后说道："再尝尝湖水。"弟子弯腰捧起湖水尝了尝。大师问道："什么味道？""纯净甜美。"弟子答道。"尝到咸味了吗？"大师又问。"没有。"弟子答道。大师点了点头，微笑着对弟子说道："生命中的痛苦是盐，它的咸淡取决于盛它的容器。"

这是一则智慧故事，感悟了其中妙处的众生，你愿做一杯水，还是一片湖？有人说，人生像是一个苦瓜，即使在圣水中浸泡，在圣殿中供养，放入口中，苦味依然不减，这是人生苦的本质；其实人生更像是一杯白开水，放入蜂蜜就是甜的，放入盐粒就是咸的，放入茶叶有些苦涩，放入咖啡就有醇香。心是苦的，人生便如苦海无边；心是甜的，人生处处都是曼妙风景。

淡然安定面对各种问题的人，必定深谙从容的生活智慧。庸人都在杞人忧天、慌不择路，只有智者镇定从容。生活中总有不尽如人意的地方，关键在于你怎样看待。

有繁杂的人生才是最真实的，烦恼根本没有必要，淡定从容、妄念不生地对待纷扰的人生才是最舒坦的。

> 获得平静的不二法门便有三道大关，依次是自制、自治与自清。
>
> ——丹尼尔·戈尔曼

智慧悟语

自我节制，自我约束，是一种控制能力，它让我们减少了许多莽撞的行事和不必要的遗憾。伟大的诗人歌德也曾经告诫人们：不论做任何事情，自律都至关重要。

自律在我们生活中的重要性无异于爱于我们生活中的重要性，因为自律在一定程度上便正是爱自己和爱别人的体现。我们常常以为小孩子是最不会自律的，然而并非如此，他们之所以不自律是因为本身并不以为这件事情于它们来说是重要而富有意义的。

当他们渴望一件事情的时候，譬如游戏中，他们便非常完美地诠释了自律的存在，因为他们自己是一点也不会违背游戏规则，反而努力地让周围的玩伴也遵守游戏规则。他们高兴，心中便有一种满足感，这是一种运动着的宁静，让人喜欢。

要想获得平静，没有自律是行不通的，世界上没有十全十美的人，每个人都会有缺点、错误。一个自律的人应该经常检查自己，对自己的言行进行自省，纠正错误，改正缺点，让生活变得更为妥帖。

我们常常觉得，自由自在才是好的，若某天受到自己或别人的性情支配，则自然而然会感到自己受到了束缚，不自觉地便会产生厌烦感；而正是这种厌烦让我们失去了平静，也失去了品味人生的大好时光。所以，若能克服自己的琐碎好恶、愤怒暴躁、怀疑妒忌，以及种种善变的情绪，那么我们便能将幸福收入囊中，充满香味。

一个自律的人，应该是一个懂得自爱、勇于自省、善于自控的人。自律，它能使人明于自知，使人养成良好的行为习惯，使人学会战胜自我，使人身心健康，使人高尚起来，建立良好的人际关系。同时，它是一个修养的起点和基本要求，也是一个人行动自由所必须的条件。

自律在最初是难以完全办到的，假如我们常常受到内心多变的情绪左右的话，则我们需要他人或外力协助自己踏稳生活的步伐。一旦进入自律的境界，我们便能以自己的心灵力量直捣问题的核心，美好生活。

点亮人生

谈到自律我们无一例外地会首先想到伟人，譬如，鲁迅等，这让人感慨，因为正是他们拥有了这样或那样我们常人所没有的，或是所坚持不下来的，我们才没有达到伟人那样的高度。所以，勤于读书的时候不妨多读些传记吧，看看伟人们的辛酸而又坚强的经历，我们很难不因此受到巨大的鼓舞。

鲁迅是我国现代著名的文学家、思想家和革命家。他自幼聪颖勤奋，12岁时便到三味书屋跟随寿镜吾老师学习，在那里攻读诗书近五年。

鲁迅13岁时，他的祖父因科场案被逮捕入狱，父亲长期患病，家里越来越穷，他经常到当铺卖掉家里值钱的东西，然后去药店给父亲买药。有一次，父亲病重，鲁迅一大早就去给父亲买药，回来时老师已经开始上课了。老师看到他迟到了，就生气地说："十几岁的学生，还睡懒觉。下次再迟到就别来了。"鲁迅听了，点了点头，没有为自己做任何辩解，低着头默默回到自己的座位上。

第二天，他早早来到学校，在书桌右上角用刀刻了一个"早"字，心里暗暗地许下诺言：以后一定要早起，不能再迟到了。

在以后的日子里，父亲的病情更重了，鲁迅更频繁地到当铺去当东西，然后到药店去买药，家里很多活都落在了鲁迅的肩上。他每天天不亮就早早起床，料理好家里的事情，之后又急急忙忙地跑到私塾去上课。虽然家里的负担很重，可是他再也没有迟到过。

鲁迅17岁时从三味书屋毕业，18岁那年考入免费的江南水师学堂；后来又公费到日本留学，学习西医。1906年鲁迅放弃了医学，开始从事文学创作，先后在北京大学、北京师范大学等学校任教，成为中国新文学运动的倡导者。

鲁迅的伟大并不仅仅在于这里，还在于他的忍耐力以及很多优秀的品质。当我们阅读了他的人生经历之后，我们便会全身充满力量。让我们把这种力量发挥出来吧，而不是任其在尘世中慢慢消散！

> 习惯形成性格，性格决定命运。
>
> ——毛姆

智慧悟语

生活中有的人天性淳朴、与世无争，所以他走到哪里想的都是成人之美，因此而受人欢迎；而有的人睚眦必报、斤斤计较，无论与谁相处都觉得自己吃了亏，所以人们也不愿与这种人接触。前者人见人爱，见之忘俗；后者人人避之，唯恐不及。所以说人的性格在一定的程度上决定了自己拥有什么样的前途、什么样的未来。

对于这决定人们未来的性格，我们必须要在日常生活中注意修行。保持、提升自己性格中高尚、合理的部分，修去自己的贪嗔痴、修去性格中所有消极的、不合理的部分。高尚、合理的部分是哪些呢？英勇、刚强、仁慈、自信活力、温文儒雅、温和友善等。消极的、不合理的部分是什么呢？急躁、霸道、冲动、易怒、粗暴、优柔寡断等。

生活中一个人要改变自己的性格又谈何容易，必须要在日常生活中慢慢修行。有很多人花去多年的时间而改变自己的性格，而有的人是通过一件刻骨铭心的事情来改变，当然也有人是受了团体或他人的影响来改变，其实人的性格不需要刻意去改变，只要去掉生活中的贪嗔忧愁烦恼，摈弃一些不好的习惯，达到无忧无虑的境界就可以了。

英国作家毛姆曾说："习惯形成性格，性格决定命运。"人生就是性格的悲喜剧。如果一个人要想改变自己的命运，那么就得先从改变自己的不良性格开始，性格是一场修行，修行的内容就是对人们生活的考验，一个敢于挑战命运的人，首先要从挑战自己的性格开始。因为性格决定命运，当然，这一点我们可以举例说明：从孔子的弟子子路的身上我们就能得到证实，子路性格豪爽正直，为人耿直，在众多弟子中常常只有他敢顶撞他的老师，但是子路的刚烈性格造成了他的不幸结局。

点亮人生

其实，性格的形成与我们每一个人的主观努力是相关的。如果我们有一个好的心态，肯主动努力改造、完善自己的性格，那么我们的命运也会随之发生转变。

1887年，三名瑞典人从瑞典的斯德哥尔摩出发，向北进入了北极圈，展开了他们跨越极点的旅行。

当时正是北极的夏天。无论白天还是晚上，都是极地的白昼。三个人驾驶着雪橇，一路上心情非常愉快。到了出发的第五天，在距离极点还有三百公里的时候，天气突然发生了变化。寒风夹杂着大片大片的雪花和冰粒吹过来，让他们几乎寸步难行。他们只好停下来，扎好帐篷躲了进去。没想到，这一停就是一个星期。一个星期之后，暴风雪一点都没有停下来的意思。三个人的给养一天天地减少，他们开始怀疑是否还能坚持下去，并成功穿越北极。

其中一个人沮丧地说："即使明天天气就好转，剩下的给养也难以让我们成功穿越北极，再遇上这样的天气，又没有给养，只有死路一条。"他的失望很快传染了另外一个人。两个人都表示，如果明天天气还不好转，他们就马上回转，放弃这次北极冒险。

只有第三个人一点都不灰心，他坚持说："如果明天天气好转，剩下的给养再加上猎杀一些海豹，足以维持到穿越北极；况且，现在正是北极的夏天，再遇上这样恶劣天气的机会是非常小的。"

第二天一早，天气真的好转了。但前两个人已经失去了信心，三个人无法统一意见，于是他们把给养分成了三份，每人各取一份。认定此行无法成功的两个人带上属于他们的那一份原路返回，而第三个人独自上路。

事情的发展正如第三个人所预计的。在此后的几天，天气迅速好转，再没有遇到过大规模的暴雪，而他依靠自己猎杀的海豹，加上分得的那份给养，成功穿越了北极。

性格的不同导致了这些穿越者不同的命运。的确如此，同样的事情在不同人的眼中会有完全不同的感觉。在拥有积极性格的人眼中，他把克服困难视为一件有趣的事情，乐意面对它，战胜它；但在拥有消极性格的人眼中却相反，即使是一点小小的挫折，也会如遇洪水猛兽，感到走投无路；即使是一点点小失败，也会觉得天塌地陷。两种不同性格的人，其各自的命运可想而知。

人的性格是需要修行的，如果我们能不断地对自己的性格进行完善，让我们的性格变得越来越好，那么我们的人生也将会越来越幸福。

第三章　学习是一种信仰

学而不思则罔，思而不学则殆。

——孔子

智慧悟语

孔子意在告诫人们，学习和思考有着辩证的关系，一味地读书而不思考，就会茫然不解，只能被书本牵着鼻子走；只是空想而不进行一定书本知识的积累，就会疲惫而无所获。因此，学习要做到学思相结合。

理学大师朱熹的《观书有感》中有一首诗："半亩方塘一鉴开，天光云影共徘徊。问渠哪得清如许，为有源头活水来。"在这首诗中，诗人借池塘来比喻读书，读书好比池塘，不是死水一潭，而是灵动不断有新鲜生命注入的过程。这个道理与孔子的话在内涵上是一致的，都强调了读书思考的重要性。

人们经常提倡"苦读书"，却对"如何读书"问题疏于论述，自古传下来的许多著名读书故事，"悬梁刺股""凿壁偷光""踏雪囊萤"云云，都意在强调人们苦读再苦读，"学而不思则罔，思而不学则殆"这个真理却常常为人们所忽视。我们读书的时候，实际上是别人在代替我们思想，我们只不过重复他的思想活动的过程而已。就像儿童启蒙习字时，用笔按照教师以铅笔所写的笔画依样画葫芦一般。因此，我们在读书时如果不自行思索，会觉得很轻松。然而这时候，我们的头脑实际上已经成为别人思想的运动场了。

读书知"出"知"入"，这才是严肃的求学态度和科学的求学方法。读书要力求深入，融会贯通，吃透精神实质；而且，读了以后还要能够跳出书本，学会运用，不能"死读书"，做书本的奴隶。

点亮人生

朱熹讲读书要做到"三到"：心到、眼到、口到。三到中最重要的是心要到，用心灵的眼睛来读书。我们应该意识到，是人在读书，而不是书在读人。因此，人动书自动，人活书自活，不要让书把人的脑筋套成死脑筋。

南宋学者陈善曾经说过："读书须知出入法。始当求所以入，终当求所以出。见得亲切，此是入书法；用得透脱，此是出书法。盖不能入得书，则不知古人用心处；不能出得书，则又死在言下。唯知出知入，乃尽读书之法也。"此言深中肯綮，道出了读书之法的精髓。开始读书时要求得怎样才能进去，最后要求得怎样才能出来。同样，读书要在不疑处生疑，大家都觉得习以为常的东西，你能打上问号，就是一种难能可贵的能力。善于提出问题进行创新，就能在书山学海中出入自如。

> ## 知之为知之，不知为不知，是知也。
> ——《论语》

智慧悟语

孔子意在教育人们要实事求是，不要不懂装懂，承认自己有不懂的地方，本身就是认识上的一种进步。

孔子的这句话我们从小就学过，可是有几个人能真正地理解并做到呢？在我们身边，不懂装懂，自以为是，因羞于脸面而不敢去问的人并不在少数。实际上，学习上不怕一知半解，不怕一无所知，怕只怕不懂却要装懂，而不懂装懂本身就是一种无知的表现，它比无知还可怕。有的人自己虽然没有高人一等的智慧，却装出一副什么都知道的样子，这样最终会被人们所耻笑。

然而，那些真正的学问家，因为懂得学无止境，所以总能看到自己无知的一面。学海无涯，我们所学所知的，不过是沧海一粟，倘若再自欺欺人，强不知以为知，那么一切文明就没有发展创造的空间了。

著名的古希腊大哲学家苏格拉底学识渊博，然而他从来不会自满，他曾讲过："我唯一知道的就是我一无所知。"他以最简洁的形式表达了他想进一步开阔视野的理想姿态，至今仍有很多人信奉他的这句名言。这一点就像稻穗一样，越是成熟的稻穗越是往下弯腰，所以一个人的学问越高也就越发显得谦虚。一个人无论多么伟大，多么有才能，都会有不知道的地方，说不知道并不是就意味着无能，反而在勇敢承认的同时能够获得更多的称赞。

俗话说，半瓶水咣当，一瓶水摇不响。一个瓶子装满了水似乎也就是空的了。其实，求知的最高境界就是"无知"，只有是空空的，才能容纳更多的东西，因为天是空的，所以才能容纳得下宇宙。人生在社会上必须要有"空杯"的心态，你只有将自己的姿态放低，才能从别人那里学到知识、智慧。大海之所以能成为大海就因为它总是在最低处，因而所有的溪流都汇集到大海的怀抱中。知识越是渊博的人，胸怀就会变得越宽广，这样他获取的东西就会越多。法国数学家笛卡尔说过：愈学习，愈发现自己的无知。可见，知识越是增加，"无知感"越是强烈，这就是有成就的伟人、学者们的普遍体会。

学问愈深，未知愈重；越是学识渊博，越要虚怀若谷。对不知道的东西，我们不仅要老实地承认"不知道"，而且要敢于说"不知道"。敢于承认自己不知道的东西，不但是谦逊，更是智慧。

点亮人生

世界著名物理学家、获诺贝尔物理学奖的美籍华人丁肇中在接受中央电视台《东方之子》采访时，曾对很多问题都表示"不知道"。有一次，他在为南航师生做学术报告时，面对同学提问又是"三问三不知"："您觉得人类在太空能找到暗物质和反物质吗？""不知道。""您觉得您从事的科学实验有什么经济价值吗？""不知道。""您能不能谈谈物理学未来20年的发展方向？""不知道。"一个诺贝尔奖的获得者竟然三问三不知！这让在场的所有同学都倍感意外，但不久全场的人都给予了丁肇中最热烈的掌声。

其实，丁肇中教授大可不必说"不知道"，他完全可以用一些专业性很强的术语糊弄过去，但是，这位诺贝尔奖得主却选择了最老实、最坦诚的回答方式，毫不矫揉造作。也许，一些人在说"不知道"时往往被看作是孤陋寡闻和无知的表现，但丁先生的"不知道"不但无损于他的科学家形象，更凸现了他做人的谦逊和科学家治学的严谨态度，不禁令人肃然起敬。

美国现代物理学家费曼说，科学家总是与疑难和不确定性打交道的。当一个科学家不知道一个问题的答案时，他就是不知道，只有秉持这样的科学态度，才能不断地"格物致知"，获得新认识，达到新境界。这种坦然与诚实，不仅是科学家、艺术家和领导干部应该具有的，对于我们普通人来说，也是不可或缺的。面对社会上虚伪掩饰的风气盛行，"知之为知之，不知为不知"这句千古名言值得每个人深深反思。

> 人在学问途上要知不足……学力越高，越能知不足。知不足就要读书。
>
> ——冯友兰

智慧悟语

在漫漫人生长途中，一个人该用什么样的态度来学习呢？那就是必须每时每刻都保持一种谦虚谨慎的态度，只有虚怀若谷，一个人的内心才能不断吸纳知识，才能不断进步。

冯友兰先生便是一个始终秉持着谦虚的精神面对学术的人。面对广博的中国哲学与世界哲学，他从未为自己所了解的东西而满足，反而是一种永不知足的心，让他不断地走向更为广阔的哲学世界。于是，他成为了了解中国哲学不可跨越的人物，他成为世界范围内不容忽视的哲学家。正如他自己所说："人在名利途上要知足，在学问途上要知不足。在学问途上，聪明有余的人，认为一切得来容易，易于满足于现状。靠学力的人则能知不足，不停留于现状。学力越高，越能知不足。知不足就要读书。"这便是他学术成功的动力。

点亮人生

世间总有一些无知的趾高气扬者，他们自以为"天下无敌"，到头来却也不过是只一捅即破的"纸老虎"而已。

一个博士被分到一家研究所，在那里，他学历最高。

有一天，他到单位后面的小池塘钓鱼，正好正副所长在他两旁，也在钓鱼。他只是微微点了点头，这两个本科生，有啥好聊的呢？

不一会儿，正所长放下渔竿，伸伸懒腰，"噌、噌、噌"从水面上如飞地走到对面上厕所。博士眼珠瞪得都快掉下来了。水上漂？不会吧？这可是一个池塘啊。

正所长上完厕所回来的时候，同样也是"噌、噌、噌"从水上漂回来了。怎么回事？博士生又不好去问，自己是博士生啊！

过了一会儿，副所长也站起来，"噌、噌、噌"飘过水面上厕所去了。这下子博士更是差点昏倒：不会吧？到了一个江湖高手云集的地方？

博士生也内急了。这个池塘两边有围墙，要到对面上厕所非得绕10分钟的路，而回单位又太远，怎么办？

博士生也不愿意去问两位所长，憋了半天后，起身往水里跨：我就不信本科生能过的水面，我博士生不能过。只听"咚"的一声，博士生栽到了水里。

两位所长将他拉了出来，问他为什么要下水，他问："为什么你们可以走过去呢？"

俩所长相视一笑："这池塘里有两排木桩子，由于这两天下雨涨水正好在水面下。我们都知道这木桩的位置，所以可以踩着桩子过去。你怎么不问一声呢？"

博士把学历看得高过一切，他甚至以为学历高的自己是无所不能的，所以才在两位学历比自己低的人面前闹了笑话。其实，他哪里知道，学历并不代表一切，只有学习的能力才是最重要的，而这种能力中至关重要的一个因素就是谦虚。南宋著名诗人杨万里，就是一个非常谦虚的人。

江西有个名士，常常说自己学识渊博，天下无人能及。后来，听说杨万里很有名，很不服气，便写了一封信，说要亲自到杨万里的家乡——吉水来拜见他。杨万里早就听说此人骄傲得不得了，就给他回了一封信，说："我很欢迎您的到来，冒昧地向您提个请求，听说你们家乡的配盐幽菽非常有名，很想亲口尝尝，请您来时顺便捎带一点。"

名士拆信一看，一下子愣住了，什么是配盐幽菽呀？从未听说过。他想了很久，也想不出个结果，他又不好意思去问人，只好在街上乱找，但仍然一无所获。后来，他只好空着手来到吉水。见到杨万里后，他寒暄了两句就说："您说的配盐幽菽我找了很久也没有找到。实在抱歉！"

杨万里听了哈哈大笑："你们那里家家户户都有啊！"说着，他随手从书架上取下一本《韵略》，翻开其中的一页。名士一看，上面清楚地写着"豉，配盐幽菽也"一行字。他这才明白，原来配盐幽菽，就是家庭日常食用的豆豉啊！名士看了非常惭愧，他这才明白自己平日读书太少了。从此以后，他再也不骄傲自大、目中无人了。

世间之人，谁都没有骄傲的资本。只有保持知不足的"空杯"心态，才能从别人那里学到知识和智慧；必须时刻保持虚怀若谷的状态，才能将虚空的心越填越满。

> 一点童心犹未灭，半丝白鬓尚且无。
>
> ——林语堂

📖 智慧悟语

成功的路上是没有止境的，学习也是这样的道理。一个人无论取得了怎样的成绩，这些成绩的取得，都是过往经验和知识的积累。如果在取得一定成绩的同时停止学习的脚步，就无法吸收更多给养，也无法为接下来的成功提供潜在的动力。"文无第一，武无第二"，任何领域都是如此。

所以林语堂先生才会在40岁生日的时候写下"一点童心犹未灭，半丝白鬓尚且无"的诗句。他把自己比喻成一个烂漫孩童，天真地看着这个奇异多姿的世界。他觉得自己还有许多东西需要去学，去掌握，鼓励自己探索更多的未知，他甚至会因为别人具备自己没有的才能而苦恼。其实，那时的林语堂先生已经具有相当的地位和名望，他大可因为自己的名望而出书、讲学，但林语堂先生没有这样做。一颗求知的心支撑他一直前行。智者在学习到更多的知识后会更加觉察到自己的"无知"，这种"无知"即是一种大智慧，林语堂先生就是如此。生活中的我们也应学习这种不断学习的精神和行为，要活到老学到老。只有这样，才更加具备生存的资本。

✒ 点亮人生

对"终身学习"的认识，多数人能够认同，但也有一些人信奉"人过三十不学艺"的老观念，感到自己年龄大了，学也学不会，学不学无所谓。其实，学习是一辈子的事，不管年龄多大，只要开始学习，就不为晚，学习者永远年轻。

师旷是春秋时期晋国的乐师。他虽然是个双目失明的人，却依旧热爱学习，在音乐方面的造诣很深。有一天，晋平公问师旷："我70岁了，很想学习，恐怕已经太晚了吧？"师旷反问道："既然晚了，为什么不点起蜡烛呢？"晋平公听后，认为他答非所问，很气愤。师旷解释说："我这个瞎了眼的臣子哪里敢跟君王开玩笑呢？我听人说过：'少年时代热爱学习，好像旭日东升，光芒万丈；壮年时代热爱学习，好像烈日当空，光焰夺目；到了老年，才下决心学习，那就好像晚上点起蜡烛'。"晋平公听了，点头称赞道："你说得真好！"

成功无止境，学习无绝期。成功的人生，应当像河流，在汩汩流淌的过程中，不断汲取它的营养，丰富自己，充实自己。林语堂先生在事业已取得很大成绩的时候仍不断学习，我们这些还在为梦想奋斗的人们，是不是更应像他那样孜孜不倦地追求呢？

第四章　忍耐是一种涵养

忍耐和时间，往往比力量和愤怒更有效。

——拉封丹

智慧悟语

　　耐心是一种成熟的标志。耐心最好的伙伴是信心和决心。人类的决心就像魔术师一样，你想要什么，就一定能得到什么。在有效付出的保障下，有决心和耐心的人一定会得到回报。耐心是一种习惯，更是一种素质，我们太过急功近利，太过浮躁，总嫌付出的回报来得太慢，没有耐心面对成功来临，只好用一生的耐心等待失败，这句话无疑值得仔细品味。

　　孔子的克己复礼是忍耐，他的思想至今在人间散发着理性的光芒，成为众人奉行之本。忍不是懦弱无能，忍是不屑堕入无间地狱的诱惑。忍是以退为进，忍耐是上善，老子曰，上善若水。水是最温柔的，水却又是最强大的。忍就是相信时光的力量，不是依靠自己，而是相信冥冥之中自有公道。

点亮人生

　　著名的推销大师，即将结束他的推销生涯，应行业协会和社会各界的邀请，他将在该城中最大的体育馆，做最后的演说。

　　那天，会场座无虚席，人们在热切地、焦急地等待着那位最伟大的推销员做精彩的演讲。当大幕徐徐拉开，舞台的正中央吊着一个巨大的铁球。为了这个铁球，台上搭起了高大的铁架。一位老者在人们热烈的掌声中，走了出来，站在铁架的一边。他穿着一件红色的运动服，脚下是一双白色胶鞋。

　　人们惊奇地望着他，不知道他要做出什么举动。

　　这时两位工作人员，抬着一个大铁锤，放在老者的面前。主持人这时对观众讲：请两位身体强壮的人，到台上来。好多年轻人站起来，转眼间已有两名动作快的跑到台上。

　　老人这时开口和他们讲规则，请他们用这个大铁锤，去敲打那个吊着的铁球，直到把它荡起来。

　　一个年轻人抢着拿起铁锤，拉开架势，抡起大锤，全力向那吊着的铁球砸去，一声震耳的响声，那吊球动也没动。他就用大铁锤接二连三地砸向吊球，很快他就气喘吁吁了。另一个人也不甘示弱，接过大铁锤把吊球打得很响，可是铁球仍旧一动不动。

台下逐渐没了呐喊声，观众们好像认定那是没用的，就等着老人作出什么解释。

会场恢复了平静，老人从上衣口袋里掏出一个小锤，然后认真地面对着那个巨大的铁球。他用小锤对着铁球敲了一下，然后停顿一下，再一次用小锤敲了一下。人们奇怪地看着，老人就那样敲一下，然后停顿一下，就这样持续地做。

10分钟过去了，20分钟过去了，会场早已开始骚动，有的人干脆叫骂起来，人们用各种声音和动作发泄着他们的不满。老人仍然一小锤一小锤地工作着，他好像根本没有听见人们在喊叫什么。人们开始愤然离去，会场上出现了大块大块的空缺。留下来的人们好像也喊累了，会场渐渐安静下来。

大概在老人进行到40分钟的时候，坐在前面的一个妇女突然尖叫一声："球动了！"霎时间会场内鸦雀无声，人们聚精会神地看着那个铁球。那球动了起来，不仔细看很难察觉。老人仍旧一小锤一小锤地敲着，人们好像都听到了那小锤敲打吊球的声响。吊球在老人的敲打中越荡越高，它拉动着那个铁架子"哐、哐"作响，它的巨大威力强烈地震撼着在场的每一个人。终于场上爆发出一阵阵热烈的掌声，在掌声中，老人转过身来，慢慢地把那把小锤揣进兜里。

老人开口讲话了，他只说了一句话：在成功的道路上，你没有耐心去等待成功的到来，那么，你只好用一生的耐心去面对失败。

忍，是一种力量，是一种慈悲，是一种智慧，更是一种艺术。忍耐能让一个人在清净沉寂中体会生命的真义，忍耐也能让一个人在逆境中蓄势待发等候成功。

> 忍耐虽然痛苦，果实却最香甜。
>
> ——萨迪

智慧悟语

"忍"字心头一把刀，说明忍不是一件容易做到的事。凡是善忍的人，最终都会取得非凡的成就。忍不是退缩，不是迟疑，而是深思熟虑后的一种沉潜，韬光养晦，蓄精养锐，为了更好地前进和采取行动。

一个人手中的牌若很差，则必须保持自强不息的精神，坚持不懈，这样才有可能改变牌局现状，获得最后的成功。

做事最忌半途而废，成功与失败往往只是一步之差，如果多坚持一秒钟，就会多迈一步，这一步就决定了你成功。遗憾的是，很多人往往在最后一秒钟的时候放弃了——

这也许就是失败者比成功者多的一个重要原因。古希腊哲人苏格拉底说："许多赛跑者的失败，都是失败在最后几步。跑'应跑的路'已经不容易，'跑到尽头'当然更困难。"一个人的成功往往来自自己内心的一份坚持，虽然每个人的境遇完全不同，可是他们都没有放弃自己内心的追求！这一点点坚持使他们在竞争中成为真正的赢家！

点亮人生

德国伟大诗人歌德在《浮士德》一书中写道："始终坚持不懈的人，最终必然能够成功。"如果阿里不能坚持下去，也许失败者就是他了。人生的较量就是意志与智慧的较量，轻言放弃的人注定不是成功的人。

约翰尼·卡许早有一个梦想——当一名歌手。参军后，他买到了自己有生以来的第一把吉他。他开始自学弹吉他，并练习唱歌，他甚至创作了一些歌曲。服役期满后，他开始努力工作以实现当一名歌手的夙愿，可他没能马上成功。没人请他唱歌，就连电台唱片音乐书目广播员的职位他也没能得到。他只得靠挨家挨户推销各种生活用品维持生计，不过他还是坚持练唱。他组织了一个小型的歌唱小组在各个教堂、小镇上巡回演出，为歌迷们演唱。最后，他创制的一张唱片奠定了他音乐工作的基础。他吸引了两万名以上的歌迷，金钱、荣誉、在全国电视屏幕上露面——所有这一切都属于他了。他对自己坚信不疑，这使他获得了成功。

卡许接着经受了第二次考验。经过几年的巡回演出，他被那些狂热的歌迷拖垮了，晚上必须服安眠药才能入睡，而且要吃些"兴奋剂"来维持第二天的精神状态。他开始沾染上一些恶习——酗酒、服用催眠镇静药和刺激兴奋性药物。他的恶习日渐严重，以致对自己失去了控制能力。他不是出现在舞台上，而是更多地出现在监狱里了。到了后来，他每天须吃一百多片药。

一天早晨，当他从佐治亚州的一所监狱刑满出狱时，一位行政司法长官对他说："约翰尼·卡许，我今天要把你的钱和麻醉药都还给你，因为你比别人更明白你能充分自由地选择自己想干的事。看，这就是你的钱和药片，你现在就把这些药片扔掉吧；否则，你就去麻醉自己，毁灭自己。你选择吧！"

卡许选择了生活。他又一次对自己的能力做了肯定，深信自己能再次成功。他回到纳什维利，并找到他的私人医生。医生不太相信他，认为他很难改掉服麻醉药的坏毛病，医生告诉他："戒毒瘾比找上帝还难。"

卡许并没有被医生的话吓倒，他知道"上帝"就在他心中，他决心"找到上帝"，尽管这在别人看来几乎不可能。他开始了他的第二次奋斗。他把自己锁在卧室闭门不出，一心一意要根绝毒瘾，为此他忍受了巨大的痛苦，经常做噩梦。后来在回忆这段往事时，他说，他总是觉得昏昏沉沉，好像身体里有许多玻璃球在膨胀，突然一声爆响，只觉得全身布满了玻璃碎片。当时摆在他面前的，一边是麻醉药的引诱，另一边是他奋斗目标的召唤，结果后者占了上风。九个星期以后，他恢复到原来的样子了，睡觉不再做噩梦。他努力实现自己的计划，几个月后，他重返舞台，再次引吭高歌。他不停息地奋斗，终于又一次成为超级歌星。

卡许的成功来源于什么？很简单，就是因为他的坚持。

一个人拿到坏牌之后，不自强永远也不会有出头之日，仅仅一时的自强而不能长期坚持，也不会走上成功之路。因此，坚持不懈的自强，才是扭转牌局的根本力量。

柔弱胜刚强。

——《老子》

智慧悟语

天下没有比水更柔的，也没有什么比水更善于打败坚硬的东西。水平静的时候，润物无声；水强大的时候，足以冲毁城池，淹没大军。温和的人放弃外表的刚硬，保持内心的坚韧，就像水一样柔，也像水一样强大。

人生在世，难免跟别人打交道，也难免言高语低，有些磕磕碰碰的事。这时候，像水一样柔而不弱，既可使自己的心灵免于受伤，也可免于伤害别人，不是很好吗？

第一，保持内心的强大。内心强大的人，因为自信而总是从容不迫，无论别人的态度如何变化，他总是不动声色，泰然自若。假如我们被对方气势汹汹的态度吓得惊慌失措，是对方最乐意看见的结果。不管对方如何表演，仍能保持从容的心态，这样的人是不可战胜的。

第二，温和地对待别人的无礼。在生活中，我们经常会遇到别人无礼的对待，这时候，以无礼反击无礼，只会引起更强烈的人际冲突。如果我们保持温和的态度，就能有效化解别人强硬的态度，立于不败之地。因为在你面前，别人的强硬，就像一块石子投于水池，将消失得无影无踪。

一个温和而冷静的人，他的心就像一条游在深水里的鱼，没有人能伤到他。假如别人无礼的态度使我们很受伤，那固然说明对方缺少修养，也说明我们的内心过于软弱。与其仇视对方，不如努力训练自己的心理承受能力。

第三，任何时候都不要失去自己的教养。温和有礼地对待别人，这是教养。假如别人态度无礼，还有没有必要对他讲礼貌呢？当然有必要。因为教养是我们自己的，不是别人的。无论别人是否有教养，也别忘了自己的修养。

在生活中，很多人总是让别人决定自己的行为。别人态度好，自己便笑脸相对；

别人态度不好，自己便冷语相加。老让别人决定自己的态度和心情，不就是失去了自我吗？作为一个强者，当然应该保持自己独立的心境和行为能力。

第四，处变不惊，静观事态发展。遇到对方突然的挑衅时，可能一时之间不知如何反应，一旦言语不当，可能引起更大的矛盾冲突。这时候，一定要保持冷静，宁可一言不发，也不要轻易发言。直到想好了对策，才作出合理的反应。

点亮人生

古时候，有一位刺史，因为年轻，本州的武官对他不服气，总想找机会给他难堪。有一天，刺史的家童骑马出门，路上遇到武官，没有下马请安，匆匆驱马而过。这在当时是失礼行为，但也不是什么大过。武官正想找刺史的麻烦，哪肯放过这个机会呢？他佯装大怒，跃马追上去，将家童拉下马来，不由分说，用马鞭抽得皮开肉绽。然后，他提着马鞭，主动来见刺史，叙述事情经过后，故意说："我打了您的家童，请让我走吧！"他的意思是请刺史允许他辞职。

这等于给刺史出了一道难题：如果刺史不同意他辞职，就输了一招，武官可就得意了：我打了你的家童，你敢把我怎么样？如果同意他辞职，又有公报私仇之嫌，反而被他抓住了把柄。这位年轻刺史并非等闲人物，他微微一笑，淡淡地说："奴才见了官人不下马，打也可以，不打也可以；官人打了奴才，走也可以，不走也可以。"也就是说，打不打人，那是你的修养；走不走人，那是你的选择，总之跟我无关。

武官听了刺史的话，一时不知所措。如果他辞职的话，是自己让自己吃亏；如果他不辞职的话，是自己扫自己的面子。他默思半晌，无言以对，只得躬身告退。从此，他再也不敢为难刺史了。

这位刺史处变不惊，始终保持温和的态度，使对方找不到任何攻击的把柄，却让自己立于不败之地，这就是一种高明的处世策略。

柔弱不等于软弱。柔弱的意思是保持内心的强大却不外示于人，并尽可能避免伤害他人，也避免自己受伤。

> **愤怒从愚蠢开始，以后悔告终。**
>
> ——毕达哥拉斯

智慧悟语

人要获得某方面的成就，必须学会忍耐。对于时间上的生老病死忧悲苦恼功名利禄人情冷暖等，不但不为所动，而且要能真正地认知处理化解消除。

古希腊哲学家毕达哥拉斯认为人在盛怒下常常会做出不理智的行为，他说："愤怒从愚蠢开始，以后悔告终。"培根则告诫道："无论你怎么表示愤怒，都不要做出任何无法挽回的事来。"

从某种意义上说，忍耐是保全人生的一种谋略，因为小不忍则乱大谋，因为风物长宜放眼量。忍耐是一种弹性前进策略，它是人生的延长线，就像战争中的防御和后退有时恰恰是赢得胜利的一种必要准备。

点亮人生

李忱是唐宪宗李纯的第十三子，于长庆中期被封为光王。在他即位之前，贵为王公的李忱却不得不离京出走，这得从他当时的处境说起。李忱的母亲并不是一个有身份有地位的妃子，她作为当时叛臣的罪孥进宫，结果邂逅了当朝皇帝，生下了李忱，可惜在李忱的幼年，宪宗皇帝就被宦官暗杀了，留下这一对母子，既不能母凭子贵，也不能子凭母贵。

公元820年2月，李恒（李忱之兄）被宦官扶上皇位，是为唐穆宗；4年后穆宗服长生药病逝，其子敬宗李湛接任，但他只活到18岁，驾崩后由其弟文宗李昂、武宗李炎相继接任。

在这长达20年的时间里，三朝皇叔李忱的地位既微妙又尴尬，他只能以黄老之道，韬光养晦，装傻弄痴。尽管他为人低调，不事张扬，但光王的特殊身份，还是让他逃避不了侄儿们猜忌、排斥、挤压的命运。公元841年，唐武宗登基时，李忱为避祸全身，便"寻请为僧，行游江表间"，远离了是非之地。应该说，李忱当时作出的这一抉择，当属大智若愚、达人知命的明智之举。而流放底层，阅尽人世沧桑，也为他将来修成大器提供了一个难得的机会。

李忱效法孔明抱膝于隆中、太公钓闲于渭水，准备待时而动。在唐武宗统治的6年间，他不停地通过秘密渠道打探宫内情况，积极从事夺权的活动，以实现"归去宿龙宫"的夙愿。

公元846年，深谙权谋、忍辱负重的李忱果然在太监们的拥戴下，从侄儿手中夺过大位，成为唐宣宗，时年37岁。由于他长期在民间阅世读人，深知黎民疾苦，故躬行节俭，虚怀纳谏，颇有作为，号称"大中之治"。

李忱能忍人所不能忍，终于忍而后发，摆脱了曾经的屈辱，并达到了自己的目标。可见要做大事，要成大事，关键在于一个"忍"字。

忍耐不是单纯的品格个性，它是一种谋略。善于利用忍耐有助事态向好的方面发展，反之就会恶化，所以说忍耐并不是逆来顺受，屈服于命运。生活的艰辛在人们的心中埋下了太多的隐痛，忍耐却可使人相信，风雨过后必见彩虹。忍耐虽然仅仅是佛家的"忍"中智慧之一，但若能融会贯通，足以叫常人受用一生。

第九篇

追逐缪斯之神

第一章　艺术是征服的人生、生命的帝王

> 艺术是一种审美领悟的习惯，艺术的习惯是享受现实价值的习惯。
>
> ——怀特海

智慧悟语

　　人活在世上，如果一味地追求知识，就会觉得枯燥和乏味，如果能多一点生机和活力，那么生活就会变得有情趣。艺术就为生活增添了色彩。怀特海曾说，艺术是一种审美领悟和享受现实价值的习惯。日落黄昏、潮起潮落都是一种自然之美，都值得欣赏、享受。这就是怀特海所谓的艺术。"伟大的艺术，就是安排环境，使它为灵魂创造生动活泼，却又匆匆流逝的价值。"

　　事物存在都有它的价值，都可以被欣赏。灵魂是需要变化的，人生在世，当一切都变得没有任何起伏的时候，灵魂就迫切地需要一种变化的出现，这为艺术提供了可能性。正如怀特海所说："灵魂大声疾呼地要求要到变化里面去。"变化就代表着艺术的可能性。

　　艺术的价值在于制造一些变化，产生一些活力，而使人感觉到生命的趣味。最重要的是要让人在生存的能力方面，在现实生活的历程中，都可以设法去欣赏。

点亮人生

与其试图改变世界，不如欣赏世界。世界本身很美，只是你没有注意到而已。怀特海曾在《科学与现代世界》一书中说过一段关于艺术的精彩的话。

理智具有伟大的力量，它能够决定人类的生活。伟大的征服者，从亚历山大到恺撒，从恺撒到拿破仑，深刻的改变了人类的生活。但是艺术却带来了翻天覆地的变化。从泰勒斯到现代一系列的思想家，他们的思想能够移风易俗，改革一个时代。与理智相比，个别的又显得微不足道。然而，这些思想家个别看来是无能为力的，但最后却成为世界的主宰。

艺术，就是为生活营造一种审美氛围。而这种营造，是一种创造、一种机遇的把握，是景、物、事、人与情、意、志、性的一种和谐融合。俗语讲："距离产生美。"艺术和生活是存在距离的。真实世界笼罩了雾、雪或雨就容易给人们另外一种联想，其状态使真实世界同你我之间产生了距离，因而有了古往今来的诗情画意等及赋美感的意境。

裴多菲的"生命诚可贵，爱情价更高。若为自由故，二者皆可抛"。在这里根本就没有人和物的。但当读者读到这些火热诗句的时候，心中就可以浮现出一个为自由而献身的崇高形象，激励人们为了自由不懈的努力。再如贝多芬的第九交响曲，表现出压抑、痛苦、忧郁、希望、挣扎、激奋、斗争、挫折，表现出不屈不挠的意志和最后的欢乐，这些思想感情所构成的音乐形象，诉诸于听觉、想象中。使人的灵魂得到洗礼，让人们感受到生命的崇高和生活的丰富。

伟大的艺术，就是为灵魂创造活泼而又易逝的环境。伟大的艺术不仅是一时的刺激。它为灵魂增添了丰富内容，使艺术具有自我达成感并且永恒的存在。艺术的存在不但带给人感官的享乐，同时它又使得灵魂成了永恒价值，超越了自我。

怀特海认为："伟大的艺术还不仅是一时的刺激。它为灵魂增添了自我达成感的恒存的丰富内容。它存在的理由一方面是直接的享乐，另一方面是内在的存在法则，这种法则与享乐并无区别，而是由享乐产生的，它使灵魂变成了永恒价值的体现，超越了他从前的自我。"这种艺术，是每一时代都需要的。

> **音乐和旋律，足以引导人们走进灵魂的秘境。**
>
> ——苏格拉底

智慧悟语

孔子在齐国听到《韶》乐，沉浸在那美妙的境界中，三个月都食不甘味，他说："想不到音乐之美，竟能到如此境界啊！"《韶》乃舜时古乐曲名，也有人认为是赞颂舜的功德的曲子。

辜鸿铭曾说过，中国人过的是一种"心灵的生活"。而音乐无疑是中国人"心灵生活"的一个方面，确实，音乐是一种细腻而丰富的艺术表现形式，它对人的智力发育和情操陶冶都有很大的作用，也为人们的心灵提供了一个得以休憩的空间。

音乐就像润物无声的细雨，悄悄浣洗着人类的心灵，影响着人们的道德、意志、品格、情操。虽然古代儒家将音乐对道德的作用夸大了很多，如"乐者，德之华也"，"审音而知乐，审乐而知政"等，但多听高尚的音乐，确实会使人们的情趣高洁起来，多听铿锵雄壮的声音，也会使人们意志坚强起来，情绪高昂起来。当你的心灵"干燥"，需要一点滋润时，徜徉在音乐中将会是一个最佳选择。

点亮人生

从古至今，很多人都认识到了音乐的特殊作用。就拿先圣孔子来说，他就是十分幸运的，因为，他有一位伟大的母亲，他的母亲懂得用音乐艺术去教育、感染少年时代的孔子，这对他以后的发展是十分重要的。

颜征在，孔子的母亲，由于她教子有方，培养出了千古流芳的孔圣人，所以世人称颜征在为"圣母"。早在孔子还不懂事的时候，颜征在就买来了很多乐器，有时自己为儿子吹弹，有时请人为儿子演奏，有时让儿子自己摆弄。邻里乡人不解其意，颜征在对人们解释说，孩子现在还不懂事，但天长日久，他就会喜欢这些礼器。做人要讲根基，办事要按规矩，没有规矩不成方圆，礼器最讲礼仪与规矩，没有章法就演奏不出动听的乐曲。所以用这些礼器能让孩子早一点懂得礼仪、音律、等级，这对他日后的成长是至关重要的。

在母亲的引导和教育下，孔子对音乐有了浓厚的兴趣，很小就学会了吹、拉、弹、唱。邻里有了婚丧等红白喜事，他都挟着乐器跑去奏乐。长大后，孔子对音乐的爱好有增无减，简直到了胜过吃肉吃饭的地步。他在齐国听《韶》乐，一连三个月，吃饭连肉味都觉不出了。他说："想不到音乐之美，竟能到如此境界啊！"

孔子对音乐有很强的感悟能力。有一次，孔子向鲁国乐官师襄子学琴，一支曲子他一连弹奏了十日也不调换别的。师襄子建议他换个曲子，孔子说："我已经熟悉这支曲子了，但还没有领悟弹奏它的技术。"过了些时候，师襄子说："你已经掌握了弹奏这支曲子的技术，可以弹别的了。"孔子又说："我还没有领悟它的用意。"又过了一段日子，孔子仍在弹那首曲子，师襄子不耐烦地说："你已经了解它的用意了，可以换一支曲子了。"孔子说："我还没有领悟它所描写的人物形象呢。"又过了一些时候，孔子终于停下不弹了，他默然有所思，看向远处，说："我可能领悟到了，这个人又高又大，皮肤很黑，眼睛向上看，好像要统一四方，这不就是周文王吗？"

师襄子听了非常惊讶地说："这支曲子就叫作《文王操》啊！"

从此，孔子对音乐钻研得更深了，他不仅以音乐陶冶情操，还对音乐有了很深的研究，能从音乐中悟出许多深刻的道理。

一位普通的母亲善用音乐的力量，从而培养出了圣人，可见音乐的魅力之强大。

音乐源自人类的精神，是人类灵魂的语言。伟大的音乐家贝多芬认为：音乐是比一切智慧、一切哲学更高的启示。音乐将福音传给众生，使人们相信梦想、欢乐、光明的存在。它犹如明灯，驱赶灵魂的黑暗，照亮了心田；它犹如太阳，用自己独特的光辉恢复万物生机。

搜尽奇峰打草稿。

——石涛

智慧悟语

王羲之是东晋著名的书法家，字逸少，号澹斋。王羲之兼善隶、草、楷、行各体，精研体势，心摹手追，广采众长，备精诸体，冶于一炉，摆脱了汉魏笔风，自成一家，影响深远。其书法平和自然，笔势委婉含蓄，遒美健秀，后人评曰："飘若游云，矫若惊蛇""龙跳天门，虎卧凤阁""天质自然，丰神盖代"，被后人誉为"书圣"。其作《兰亭集序》为历代书家所敬仰，被誉作"天下第一行书"。

王羲之认为，书法作为一门艺术应讲究自然之美，领悟大自然的风韵。自然之道就是游离于四海、尘垢之外，追求自我的释放。受这种观念的影响，王羲之书法追求自然秀美、潇洒飘逸、结构自然生姿、不露人工雕刻之痕，望之唯逸、发之唯静，表现出一种超逸世俗的宁静与朦胧的境界。于是，他醉心于山水林泉的自然之美，崇尚人生的自然放达之美。书法上师法造化，循自然之势，形成自然飘逸的风格。

道家认为，恢复自然本态，清静无为是最高境界。在道家看来，白鹅性格孤傲，超凡脱俗，不与其他动物同流合污，那洁白的羽毛，象征着清雅天真，纤尘不染。白鹅是处身幽静山林用以解脱孤独的对话者，也是修身养性最好的同行者和追求永恒无限的象征者。

点亮人生

自古以来，许多艺术家都有各自的爱好，或是钟情于花花草草，或是沉溺于豢养鸟兽，王羲之的爱好却与众不同，他独偏好养鹅。王羲之爱鹅，他认为养鹅不仅可以陶冶情操，还能从鹅的某些体态姿势上领悟到书法执笔、运笔的道理。不管哪里有好鹅，他都有兴趣去看，或者把它买回来玩赏。

曾经有一个道士，他想要王羲之给他写《道德经》，可是他也知道王羲之是不肯轻易替人抄写经书的。正在他一筹莫展之时，偶然得知了王羲之喜欢白鹅的嗜好，他便托人买来一群品种极好的白鹅，豢养在道观旁的池塘里，打算寻找一个合适的时机献给王羲之。

鹅还未献出，却恰逢一天王羲之与其子王献之乘身于绍兴游览，船到县衙村，见岸边有一群白鹅，王羲之看得出神，询问得知这些鹅为道士所养，河里鹅群悠闲地浮游，一身雪白的羽毛，映衬着高高的红顶，实在逗人喜爱。王羲之在河边看着看着，简直舍不得离开，就派人去找道士，要求把这群鹅卖给他。对王羲之的要求，道士求之不得，便笑着说："既然王公这样喜爱，就不用破费，我把这群鹅全部送您好了。不过我有一个要求，就是请您替我写一卷经。"王羲之求鹅心切，欣然答应了道士提出的条件，毫不犹豫地给道士抄写了一卷经，那群白鹅就被王羲之带回去了。

王羲之"飘若游云，矫苔惊蛇"的书法让世人称奇，他飘逸的圣者风范更让世人倾慕不已。这主要得益于他平时注意观察大自然本身的美妙，善于从身边的事物中挖掘超脱尘世的精妙，融入其心，涵养出一颗飘逸绝尘的心灵。

浮生为偷生，茶中苦香杂。
——古语

智慧悟语

人生是苦，苦涩如茶。暗淡的茶味饱含了人生的沧桑，能够进入人的心灵深处，让激动平静，让思念沉醉，让烦躁消退，让人渐渐进入一种境界，这是一种宽容而且大度的境界。纷杂的人生有痛苦、也有欢乐，一切的一切都让它悄悄流到心田，在生命街口任苦味、香味交融。

"浮生为偷生，茶中苦香杂。人生无一是，各人自得之。浮生不是茶，浮生若游烟。人生非如此，茶亦非人生。若能品得三分苦与香，却有真滋味。"有人这样去品茶之味，犹如品人生之味。

人生多秋，总难以事事如意，且也无法达到古风再现，毕竟红尘俗事难了，可景有心定的意境却还是能够修到的，随心，随缘，随遇，行到水穷处，坐看云起时。落花无言而有言，人淡如菊心亦素。入眼处皆花，花落无声。人亦淡泊自如，若同那菊。

喝茶，喝的是一种心境，感觉身心被净化，滤去浮躁，沉淀下的是深思，品尝着杯中之茶，也回味着人生的苦涩甘甜。杯中的绿叶，和现代沉浮的人生一样。现代人过惯了那种紧张而又复杂的生活，熙熙攘攘，很少有时间静心去考虑人生的沉浮，擎一盏清茶，任丝丝幽香冲淡了浮尘，沉淀了思绪。憩坐都市宁静清雅一角，柔和的音乐若有似无，其实生活本就应该简简单单，复杂的人际关系凝聚了太多的愁绪，其实，太多的愁绪是因为心境的不同而有所不同。现代社会中，抛去纷杂社会的影响，醉心于一盏绿茶，"洁性不可污"的绿茶，其品位如散文；而清奇非流俗的散文，则是色香味俱佳的清茶了。茶之岁月，壶里春秋，云卷云舒，演示着从容不迫、不惊不诧、不癫不狂，从而又泽荡心灵，超尘拔俗。茶事是事，事到无心皆可乐；茗品须品，人非有品。

红尘喧嚣，人生需要拼搏奋斗的激情，也需要返璞归真的休闲。生命只在弹指一挥间，幸福更如昙花一现。人世间本没有什么值得斤斤计较的。人生如茶，宜沉静，宜平淡，宜趁热享用；茶如人生，闻之清香，入口则苦，但细细品味，竟会有一股香甜的太和之气萦绕在口中，令齿颊留芳。

点亮人生

一个流浪歌手，抱着一把电吉他，站在车水马龙的街头唱着一首叫不出名字的歌曲。一曲罢了，他说："我六岁的时候知道自己得了先天性心脏病，这种病无法治愈。妈妈告诉我，以后不能太悲伤，也不能太高兴，因为不论是悲伤还是高兴，都会刺激心脏。"

他笑了，是那种淡得像水一样的微笑。"但是，我还是想做一些努力，为自己筹一些钱，希望能到上海或者北京的大医院去治疗……"

他的歌唱得挺好，人围得越来越多，给的钱也越来越多。有一个人挤进人群，看了看流浪歌手，大声对他说："骗人的吧，街头像你这样的人多的是，谁知道你有没有心脏病？"

流浪歌手的脸抽搐了一下，又浅浅地笑了。他说："不是我选择了此生，而是此生选择了我。"在场的人并没有听懂。

这是一种旷世的淡然情感。命运之潮非常强大，许多时候并非人力所能扭转，"认命"并不见得是一件坏事。"不是我选择了此生，而是此生选择了我"，这样笑对人生，才能把苦难放下，有责任地去面对多舛的命运。

不经一番寒彻骨，哪得梅花扑鼻香。有过经历的生命才会厚重，才会有承载，不管生活中是喜、是悲，把清茶默默地放在唇间，我们不说伤痛不说累，坦然接受生活给我们的一切，此时的自己才是生命中的花季。我们不再年少轻狂，我们懂得爱、懂得珍惜。明白生命中有许多是我们要努力追求不应轻言放弃的。

第二章　阅读，是对心灵的操练

好读书，不求甚解；每有会意，便欣然忘食。

——陶渊明

智慧悟语

　　书，是人类文化遗产的结晶，是人类智慧的仓库。宋代皇帝赵恒有一段著名的言论："富贵不用买良田，书中自有千钟粟；安居不用架高堂，书中自有黄金屋；出门莫恨无人随，书中车马多如簇；娶妻莫恨无良媒，书中自有颜如玉；男儿若遂平生志，六经勤向窗前读。"说明了读书的功用、乐趣无穷。

　　英国学者培根也说过："读书足以怡情，足以博彩，足以长才。怡情也，最见独处幽居之时；其博彩也，最见于高谈阔论之中；其长才也，最见于处世判事之际。"他又说："读史使人明智，读诗使人灵秀，数学使人严密，物理学使人深刻，伦理学使人庄重，逻辑学、修辞学使人善辩；凡有学者，皆成性格。"读书，可以让我们体悟人生，读懂历史，明了世界。

　　许多生活实例告诉我们，丰富的知识能够极大地丰富一个人的内心世界。野蛮的人有了文化素养，可以变得文明；缺乏教养的人有了丰富的知识，可以逐步变得有教养；骄傲的人，多学一些知识，就能看到知识的无穷，从而变得谦虚起来；自卑感强的人，有了丰富的知识，也会看到自身的力量，从而增强自信。丰富的知识不仅能使人变得更加文明，还能使人成熟老练，多谋善断。智勇双全的将领，都与他们博才广学有关；而鲁莽家的蛮干，无不与孤陋寡闻相连。

点亮人生

古今中外，爱读书的人都深知书中的乐趣。

宋苏舜钦将读书当作下酒的菜肴，边读边饮，一夜一斗。

明陈继儒（眉公）曾言："古人称书画为丛篆软卷，故读书开卷以闲适为尚。"清张潮在《幽梦影》中说："少年读书，如隙中窥月；中年读书，如庭中望月；老年读书，如台上玩月。皆以阅历之浅深，为所得之浅深耳。"

斜月小窗勤读书是一种乐趣，红袖添香夜读书是一种乐趣，欧阳修的"马上、枕上、厕上"是一种乐趣，而清代的金圣叹认为雪夜闭户读禁书，是人生最大的乐趣。

宋代女诗人李清照和丈夫赵明诚总爱跑到相国寺去买书籍、碑文，回来相对展玩，一面剥水果，一面赏碑帖，或者一面品佳茗，一面校勘各种不同的版本。后来她在《金石录后序》里写道："余性偶强记，每饭罢，坐归来堂烹茶，指堆积书史，言某事在某书某卷第几页第几行，以中否角胜负，为饮茶先后。中即举杯大笑，至茶倾覆怀中，反不得饮而起。甘心老是乡矣！故虽处忧患困穷，而志不屈……于是几案罗列，枕席枕藉，意会心谋，目往神授，乐在声色狗马之上。"

明代作家袁宏道有一晚在一本小诗集里，发现一个名叫徐文长的同代无名作家时，由床上跳起，向他的朋友呼叫起来，他的朋友拿那本诗集来读，也叫了起来，于是俩人呼叫起来，弄得他们的仆人疑惑不解。

英国小说家乔治·艾略特说她第一次读到卢梭的作品时，好像受了电流的震击一样。

许多有益的好书，具有特殊的营养价值，能增强我们的"抗菌免疫力"。沿着健康的书籍所搭成的"人类进步的阶梯"往上走，我们可以更好地把握人生的真谛，掌握自我塑造和自我修养的钥匙，达到崇高的精神境界。

粗缯大布裹生涯，腹有诗书气自华。

——苏轼

智慧悟语

书籍可以把我们引入一个神奇、美妙的世界，使我们的生活更加丰富多彩、乐趣无穷，同时，还可以使我们从书中获得人生经验。因为人生短暂，不可能事事都去亲身体验，书中的间接经验，将有效地补充一个人经历的不足，增添生活的感受。

"书中自有黄金屋，书中自有颜如玉。"古人常常将读书作为求官得名的途径，这是从功利角度来讲的，读书不是追求物质上的利益，古人还说，腹有诗书气自华，最是书香能致远。多读书，多感悟，方能从中获益良多。

点亮人生

手捧书卷，馨香飘溢，华光绽放。

傍晚时分，执卷而读，看着从窗外斜斜地洒进屋内的几束淡淡的阳光，柔和而细腻，一种亲切与淡定的氛围便悄然地蔓延到心间。当阳光轻灵地在纸上跳跃，当微风静静地在纸上摩挲，窗外树叶斑驳的影子错落着在书页上起舞，一股淡淡的墨香沁人心脾。

古今中外，有那么多名人轶事都与读书有关。晋代车胤家境贫寒，买不起灯油，为了在夜晚读书，他将萤火虫装进纱袋里作为照明之用；寒风凛冽的冬季夜晚，孙康卧雪，只为借着雪的反光享受读书的乐趣；为了读书，汉朝孙敬头悬梁，战国苏秦锥刺股……到了近现代，名人们对书籍的热爱有增无减。书籍带给人精神上的愉悦是任何物质上的享受无法比拟和取代的。

宋朝初年，宋太宗赵匡义非常喜欢读书，他曾命文臣李昉等人编写了一部规模宏大的分类百科全书——《太平总类》。这部书收录了1600多种古籍的内容，分类归成55门，共1000卷。

这部书编完之后，宋太宗给自己定下一个规定，一年之内全部将其看完，也就是每天至少要看两三卷，于是这卷书也被更名为《太平御览》。当宋太宗做出这个决定之后，曾有人觉得皇帝每天要处理那么多国家大事，还要去读这么多部，实在是太过于辛苦，于是劝他多休息，少看一些，以免过度劳神。

可是，宋太宗回答说："我很喜欢读书，从书中我常常能得到乐趣，多看些书，总会有益处，况且我并不觉得劳神。"

于是，他仍然坚持每天阅读三卷，有时因国事耽搁了读书，他也要抽空补上，并常对左右的人说："开卷有益，朕不以为劳也。"

开卷有益，读书，可以彻悟人生道理；读书，可以洞晓世事沧桑；读书，可以广济天下民众。捧一帧书册，看史事五千；品一壶清茗，行通途八百。无须走马塞上，你便可看楚汉交兵；无须程门立雪，你便可听师长之谆谆教诲。

工欲善其事，必先利其器。

——《论语》

智慧悟语

很多人工作一天下来，往往会觉得筋疲力尽，阅读、写作会成为额外的负担。其实，二者并不是仅仅增加了生活、工作的负担，也会净化我们的心灵、增添我们生活的动力。如果不阅读、不写作，或者是应付地阅读、写作，那么我们对事物的分析、洞察能力，就会不可避免地走向衰弱。浮光掠影、敷衍了事的阅读、写作也只是过眼烟云。

写作、阅读都是一个厚积薄发的过程，需要经过长期的积累、不断地磨炼才能够有所成就。积累越深厚，功底才能越厚重。其实，这本身就是一个磨炼意志、提升自我的过程。

"工欲善其事，必先利其器"。职场人士都非常注重提升自己有形、无形的能力，来满足事业长足的发展。谈起工作能力，我们往往会列举出来很多，诸如人际交往能力、组织管理能力、计算机运用能力等。常常会把阅读、写作这些基本功忽略不计，似乎这些能力都不值得一提了。岂不知，真正优秀的阅读、写作能力并非轻而易举就能具备的。好的阅读、写作能力看似简单、平常，却能够让我们的专业如虎添翼、锦上添花。

点亮人生

王冰是一个善于学习的人。他就职于一家会展公司的策划部门，他的策划方案主题鲜明、新颖独特，富有时代感，经常会被公司采纳。他的才华和工作能力颇受领导的赏识。工作两年后他就升为部门的项目主管。他之所以升迁如此快的原因，就在于善于通过阅读、写作的方式学习新东西。每次遇到会展举办的时候，其他的同事都是完成自己分内的工作就万事大吉。而他在完成自己的工作后，总是把其他会展公司的宣传单页、会展材料收集好。他把这些材料分门别类地整理好，并且经常对其他公司的创意进行点评。并且，对国外的会展策划的前沿设计非常感兴趣。时间长了，他的办公室抽屉里，井井有条地整理出了几大本材料。仅他密密麻麻整理的资料就有很多本。

王冰的阅读、写作习惯让他在自己的专业上不断吸取先进的技术和方法，不断总结完善自己。他的方式是值得我们效仿的。要知道，在当今的社会上，离开大学校园，并不意味着学习的结束。只要留心，处处都有值得我们学习的地方。在繁忙的工作中，也要不断地加强学习，苦练内功。阅读、写作就是一种非常好的学习方法。

阅读、写作的内容可以是关于自己的专业建设，也可以是自己的人生感悟。其实，重要的不是这个形式本身，而是我们的思维方式。

李菲供职于一家大型的民营企业，主要负责产品的销售工作。部门给每个员工在每个月都规定了在超过一定额度业绩的情况下，才能发放奖金。同事们为了完成业绩，每天都要想方设法地推销产品，吃闭门羹、遭受白眼，甚至被别人赶出来都是常有的事情，因此销售部门的员工大多数都是一副眉头紧锁、苦大仇深的模样。而李菲的销售业绩一直名列前茅，虽然也偶有下滑，但是她一直看起来精神饱满、神清气爽。大家纷纷向她询问秘诀，李菲说自己的秘诀就是每天坚持做两件事：一件事每天记日记，记下自己的销售情况，也写下自己的心得；另一件事就是睡前读一些人生哲理之类的书。

阅读、写作都是需要细品慢嚼、精雕细琢的，需要充分调动我们的思考力。当我们全身心地投入时，很容易就会忘掉了不快和烦恼，使我们心境平和、宁静，带给我们精神世界的愉悦和升华，是其他方式难以企及的人生境界。

第三章　没有音乐，生命是一个错误

知音少，弦断有谁听。

——岳飞

智慧悟语

　　岳飞在《小重山》一词中有"知音少，弦断有谁听"的感叹，对伯牙的绝琴明志时的心境是一种准确的诠释。伯牙断琴一者作为对亡友的纪念，再者为自己的绝学在当世再也无人能洞悉领会而表现出深深的苦闷和无奈。所以伯牙才会感到孤独，才会发出知音难觅的感慨。

　　仰望苍穹，四顾茫茫，人们越来越感叹知音难觅，自己的心思留与何人猜？在这个充斥着尔虞我诈的欲望人世，哪里还能寻得无欲无利的一颗清白之心？游戏人间的人们已经忘却了自己曾有一颗纯净善良的赤子之心，只知在这纷扰人世间，为自己的一己私利苦苦挣扎，和同道中人拼个你死我活，血汗淋漓。"血浓于水，难以分舍"，这是亲情至圣之所在；"山无棱，江水为竭，冬雷阵阵夏雨雪，天地合，乃敢与君绝"，这是爱情坚贞之所在。古人云："君子之交淡若水。"但是人们往往在收获了爱情与亲情的时候，却苦于难遇知音。

点亮人生

　　《高山流水》，为中国十大古曲之一。而《高山流水》之所以能够传世，更多的是其背后的俞伯牙摔琴谢知音的故事。

　　春秋时代的伯牙，精通音律，琴艺高超，是当时著名的琴师。一夜伯牙乘船游览，面对清风明月，他思绪万千，于是又弹起琴来，琴声悠扬，渐入佳境。忽听岸上有人叫绝，伯牙闻声走出船来，只见一个樵夫站在岸边，他当即请樵夫上船，兴致勃勃地为他演奏。伯牙弹起赞美高山的曲调，樵夫说道："真好！雄伟而庄重，好像高耸入云的泰山一样！"当他弹奏表现奔腾澎湃的波涛时，樵夫又说："真好！宽广浩荡，好像看见滚滚的流水，无边的大海一般！"伯牙兴奋极了，激动地说："知音！你真是我的知音。"这个樵夫就是钟子期。从此俩人成了非常要好的朋友。

两人分别约定，明年此时此刻还在这里相会。第二年，伯牙如期赴会，但却久等子期不到。于是，伯牙就顺着上次钟子期回家的路去寻找。半路上从子期的父亲那里得知子期因为积劳成疾已经去世，听到这个消息后伯牙悲痛欲绝。他随老人来到子期的坟前，抚琴一曲哀悼知己。曲毕，就在子期的坟前将琴摔碎，并且发誓终生不再抚琴。自此始有"高山流水遇知音，伯牙摔琴谢知音"的典故。

有人总是哀叹自己遇不到知己，但他又从不和身边的人交流心里的想法，虽然天天都在一起吃饭、睡觉、逛街、聊天，做一切可以一起去做的事情，但是对于心里的想法，从不表露，不拿出来和他们分享和分担。总是相信，那些可以推心置腹的朋友都在远方，都是过去，相隔千里，那种熟悉不需预热，就可燃烧。现在相处的人，只是命运机缘，如此聚来散去，不留痕迹。因而，少有珍惜。却不知，人生往往是"众里寻他千百度，蓦然回首，那人却在灯火阑珊处"。珍惜身边的人，珍惜身边的友情，你才蓦然发现，原来知己一直在身边，只是你忘记了卸下你的心防，向他们敞开你的心扉。

采菊东篱下，悠然见南山。

——陶渊明

智慧悟语

中国历代文人及其作品，受中国隐逸文化影响甚深。像陶渊明的"采菊东篱下，悠然见南山"的隐士逸志，就让人无限神往和推崇。逸士虽"处江湖之远"，但社会影响力有时并不弱于"居庙堂之高"者。

《平沙落雁》是一首古琴曲，有多种流派传谱。这首曲子，借鸿鹄之远志，写逸士之心胸者。《平沙落雁》的曲调悠扬流畅，通过时隐时现的雁鸣，描写雁群在空际盘旋顾盼的情景。《天闻阁琴谱》中写道："盖取其秋高气爽，风静沙平，云程万里，天际飞鸣。借鸿鹄之远志，写逸士之心胸者也。"也有从鸿雁"回翔瞻顾之情，上下颉颃之态，翔而后集之象，惊而复起之神"，"既落则沙平水远，意适心闲，朋侣无猜，雌雄有叙"，发出世事险恶，不如雁性的感慨的。

现在流传的多数是七段，主要的音调和音乐形象大致相同，旋律起而又伏，绵延不断，优美动听；基调静美，但静中有动音和韵雅，神闲气逸。琴曲以清逸高远之泛音缓缓展开，如一幅写意画卷，使人领略"万里微茫，江涵秋影，雁落平沙，复飞天际之意"。其曲"逸气横秋，旷而弥真，淡泊宁静，意味幽远"。逸士之心胸，由指下自然流出，纤尘不染，从容洒脱。指下如击金石，弦上清风明月。清丽雅和，古逸澹远之琴风在此曲中体现得淋漓尽致。

逸士即隐士，指隐居山林的读书人。孔子云，"天下有道则见，无道则隐"。《易》曰："天地闭，贤人隐。"从现实急流中退却下来的文人，在山林、田园中找到了最后的栖身之所。中国自古以来就有"大隐隐于朝，中隐隐于市，小隐隐于野"的说法。

然而，要真正做到彻底的隐逸，谈何容易。隐者表面上超脱，但内心里也许从未平静过。从这个角度来看，《平沙落雁》的曲中之音和曲外之意，包含了对怀才不遇而欲取功名者的励志，和对因言获罪而退隐山林者的慰藉。

点亮人生

在现代这个讲求高效率的社会，在喧嚣的城市中，人们总是行色匆匆，远离自然，远离自心。也曾想过要放下手边的事情，到一个清静之地归隐休息，甚至要下决心，但往往还是放不下，整天事务缠身，既是去了一个清静之地，也是难以静下心来，总是在想着现实中的事情，就像那些决心不怎么坚定的古代隐士。其实对于人生而言，名利如云烟，走过以后不会留下痕迹。少点功利，多一些超然的心态，人生才不会因功利而受累，因我们的实时的"隐"发挥更大的能量。也许我们可以做的就是像隐于市的那些人，虽然整日在奔波，但是我们要怀一颗清净之心，一颗隐士的心，做到如天地一沙鸥般超然，保持自我纯洁的心性，明心见性，内心自然宁静和美。

> **梅花者，为花之最清；琴者，为声之最清。**
>
> ——《闲云流馨》

智慧悟语

梅花自古以来被视为高洁的象征。历史上也有很多关于梅花的诗句和文艺作品，都写出了梅花高尚纯洁的气质。王冕关于墨梅的诗画，对梅花低调但高雅的风骨描述得淋漓尽致。在古曲《梅花三弄》中，青妙的琴音让人们的眼前隐约浮现出这样一番景象：清幽的天光之下，万物俱静，只听雪花簌簌落下，世界一片雪白，唯有梅花傲然挺立枝头，不惧寒风酷雪，释放娇艳的美丽，任淡淡的清香弥漫开来。一曲《梅花三弄》，品味清光白梅覆雪之寒意，虽体冷而意悠远，音清而神清，琴洁而心洁，语止而心悦。

《梅花三弄》，又名《梅花引》《玉妃引》古琴专辑《闲云流馨》中曾解析《梅花三弄》说："梅花者，为花之最清；琴者，为声之最清。以最清之声写最清之物，仙风傲骨，敷荣生机，皆隐隐限于指下。以此写意君子之气节。"品性高洁的君子也正如这傲立风雪中的梅花一般，卓然于纷扰俗世之上，专注于品悟自己的快乐，冷眼看繁华落尽，心却不染一丝尘埃。

点亮人生

一天，山前来了两个陌生人，年长的仰头看看山，问路旁的一块石头："石头，这就是世上最高的山吗？""大概是的。"石头懒懒地答道。年长的没再说什么，就开始往上爬。年轻的对石头笑了笑，问："等我回来，你想要我给你带什么？"石头一愣，看着年轻人，说："如果你真的到了山顶，就把那一时刻你最不想要的东西给我，就行了。"年轻人很奇怪，但也没多问，就跟着年长的往上爬。斗转星移，不知又过了多久，年轻人孤独地走下山来。石头连忙问："你们到山顶了吗？""是的。""另一个人呢？""他，永远不会回来了。"石头一惊，问："为什么？""唉，对于一个登山者来说，一生最大的愿望就是战胜世上最高的山峰，当他的愿望真的实现了，也就没了人生的目标，这就好比一匹好马折断了腿，活着与死了，已经没有什么区别了。""他……""他自山崖上跳下去了。""那你呢？""我本来也要一起跳下去，但我猛然想起答应过你，把我在山顶上最不想要的东西给你，看来，那就是我的生命。""那你就来陪我吧！"年轻人在路旁搭了个草房，住了下来。人在山旁，日子过得虽然逍遥自在，却如白开水般没有味道。年轻人总爱默默地看着山，在纸上胡乱抹着。久而久之，纸上的线条渐渐清晰了，轮廓也明朗了。后来，年轻人成了一个画家，绘画界还宣称一颗耀眼的新星正在升起。接着，年轻人又开始写作，不久，他就以他的文章回归自然的清秀隽永一举成名。许多年过去了，昔日的年轻人已经成了老人，当他对着石头回想往事的时候，他觉得画画写作其实没有什么两样。最后，他明白了一个道理：其实，更高的山并不在人的身旁，而在人的心里，只有内心的宁静和淡泊，才能超凡于世俗之上，获得真我的意义。

故事中从山上跳下去的那位登山者，执着地追求着攀登上世界最高峰的荣誉，而一旦愿望实现，他却不能将之放下，再继续前行；而另一位年轻人因为遵守石头的承诺，所以他才有机会了悟真正的禅机——世界上更高的山在人的心里，收放之间，总能不断得到提升，只有坦然放下一切名利世俗的牵绊，才能真正提起生命的意义。

身处繁华俗世中的人们，又有几人懂得欣赏"繁华落尽"的美丽，又有几人能真正放下内心的欲望，从名利这场追逐赛中从容退出，寻回人生中那悠然飘扬的一缕浮香，重返人生的悠然与快乐？

行到水穷处，坐看云起时。

——王维

智慧悟语

许多人心底的欲望太多，难以做到完全清空，完全舍弃，全身而入山林，自此不问红尘纷扰。在欲望繁杂的世界中，心出世，身入世的半隐生活成为人们寻求美妙人生的最佳选择。心系田园，也就能处处擦拭心灵上的尘埃，懂得时时维护心灵的纯净，懂得避开名利的陷阱，懂得惬意享受人生。

《渔樵问答》旋律飘逸潇洒，表现出渔樵悠然自得的神态。通过渔樵在青山绿水间自得其乐的情趣，表达出对追逐名利者的鄙弃，此曲反映的是一种隐逸之士对渔樵生活的向往，希望摆脱俗尘凡世的羁绊。《琴学初津》云此曲："曲意深长，神情洒脱，而山之巍巍，水之漾漾，斧伐之叮叮，橹声之欸乃，隐隐现于指下。迨至问答之段，令人有山林之想。"

"千载得失是非，尽付渔樵一话而已。"《渔樵问答》触及人们内心深处对闲适田园生活的渴望，这是纷扰的红尘俗世所不能给予。武侠小说里的武林高手在"功成"之后，总想到"身退"，他们往往会选择一个山清水秀的山林田园之地，男耕女织，安享静谧与平淡。在这样的山高水远之地，他们才能避开江湖的纷纷扰扰，拂拭去心上的尘埃，回复初生时的透彻明净。

红尘再多纷扰，人们也不忘静下心来，寻一个山高水远的心灵栖息地，洗涤心上的尘垢，重返透彻纯净，也就找到了人生快乐的真谛。

点亮人生

陶渊明让闲适的田园生活走进了人们的心扉，而在他身后的王维却在进退两难的处境下，开创了半官半隐，心在山林身陷红尘的隐居新境界。

"空山新雨后，天气晚来秋。明月松间照，清泉石上流。竹喧归浣女，莲动下渔舟。随意春芳歇，王孙自可留。"唐代诗人王维这首《山居秋暝》绝妙地渲染出了他对隐逸生活的向往。在他的许多诗里，都流露出这种深切的隐逸情怀。

随着年岁的增长的阅历的丰富，王维愈发对社会的污秽心生厌恶，消极出世的思想也愈发浓厚起来。"安得舍尘网，拂衣辞世喧。悠然策藜杖，归向桃花源""宁栖野树林，宁饮涧水流。不用食梁肉，崎岖见王侯"其归隐志向表露无遗。早在他青年时就曾隐居过山林一段时间。但终因"小妹日成长，兄弟未有娶。家贫禄既薄，储蓄非有素"，他只能"几回欲奋飞，踟蹰复相顾"。心系山林，却身陷世俗脱身不得，王维就在这样压抑的环境中苦苦寻求山水田园的纯净安谧。中年以后，王维一度家于终南山，后又得宋之问蓝田辋川别业，遂与好友裴迪优游其中，赋诗相酬为乐。

正是由于王维对于自然的爱好和长期山林生活的经历，使他对自然美具有敏锐独特而细致入微的感受，因而他笔下的山水景物特别富有神韵，常常是略事渲染，便表现出深长悠远的意境，耐人玩味。他的诗取景状物，极有画意，色彩映衬鲜明而优美，写景动静结合，尤善于细致地表现自然界的光色和音响变化。他的心也在俗世红尘中寻觅到一种超然的静谧。

只有尝过苦的滋味才会更加珍惜甜。

——屠格涅夫

智慧悟语

快乐无处不在，苦难也无处不在。心要获得如莲花般的"濯清涟而不妖"，却必先沉溺于污浊的泥垢之中，感受黑暗，品味苦痛，方能"出淤泥而不染"。关注你身边的苦痛，同情、帮助你身边的弱者，才能让你的心更柔韧，更能感悟人生的大智慧、大快乐。只有品尝过痛苦，才会更加珍惜来之不易的甘甜。

《汉宫秋月》是饱含着人生悲苦的曲子。它原为崇明派琵琶曲，现流传有多种谱本，由一种乐器曲谱演变成不同谱本，且运用各自的艺术手段再创造，以塑造不同的音乐形象，现流传的演奏形式有二胡曲、琵琶曲、筝曲、江南丝竹等。《汉宫秋月》一曲主要表达的是古代宫女幽怨、悲泣的情绪，以及一种无可奈何、寂寥清冷的生命意境，唤起人们对她们不幸遭遇的同情。

点亮人生

对于人生来说，悲苦从来都是无法逃避的。就算苦多乐少，那也是人生对我们的一种考验。我们要懂得以苦为乐的智慧，享受苦中作乐的那份智慧的坦然，以及化苦为乐的那份潇洒的超然。

人生总是会有太多酸甜苦辣，人的一生也难免会经历风雨。要勇敢地抬起头，坚定心中的信念，做一个生活的强者。学会见人，学会珍惜。因为苦尽之后，甘甜自来。

这些天，玛格丽一直在思索一个问题：怎样才能净化一个人的灵魂？现在她知道了答案。

那是一个天气晴朗的早晨，玛格丽在一家百货公司买东西。刚踏上向下移动的自动扶梯，她便注意到梯边站着一个60多岁的老妇人。她的表情告诉玛格丽，她心里非常害怕。

"要我帮忙吗？"玛格丽转过身问。

老妇人点点头。

等玛格丽回到她身边，她已改变了主意："我恐怕不行。"

"我可以扶着您。"

她低头看着那"怪物"，梯级不断形成、消失，形成、消失，显得犹疑不决。

玛格丽感到，老妇人那突如其来的恐惧，是因为自动扶梯是不通人性的机械。玛格丽把这一点向她挑明，她跟着点点头。玛格丽轻轻抓起她的手背："走吧，好吗？"

开始老妇人还有点恐惧，但当自动扶梯载着她们向下移动时，她稍微松弛了一点。等接近梯底时，她抓住玛格丽的手再度加紧，不过她们已安然到达。

"我非常感谢……"老妇人的声音微微有些颤抖。

"没什么，"玛格丽说，"能替您效劳，我很荣幸。"

那是好几个星期以来玛格丽最愉快的一刻。她在帮助那位老妇人时，觉得自己的心灵纯洁、健全，充满意义。

行走人生路正如爬山一般，那些只顾着仰望山顶，一味向前冲的人们，他们的心盛满的是名利的欲望，而不懂得欣赏身边的美好。其实，生活也要处处留意，留意生活中的灾难、苦痛，品味苦痛，你才懂得对生活感恩，珍视人生的每一步，珍视拥有的幸福欢乐。

万物知春，凛然清洁。

——《神奇秘谱》

智慧悟语

《阳春白雪》是高雅的象征，与俚俗相对，却是"曲高和寡"，知音难觅。也代表了一种独特的自我。

爱因斯坦在看了电影《摩登时代》之后，兴奋地发了一份电报给卓别林："祝贺你，你的美妙作品是所有人都能懂的。"卓别林回了一份电报给爱因斯坦："祝贺你，你的高深作品是少数人才能懂的。"爱因斯坦是幸福的，无论世人如何评说，至少还有一个卓别林懂得欣赏他的作品。

身处俗世中，生命如蚁，大多数人庸庸碌碌地过活，随大流而悲喜。中国人自古有一种精神上的广场恐怖症，他们害怕孤立，渴望把自己融入众人之中，渴望把自己的声音淹没在众人的大合唱之中。这样的人们，害怕"阳春白雪"的寂寞孤独，却又将自己推入了喧嚣尘世的穷极无聊，并未减少心灵的苦痛。倒不如独唱我的"阳春白雪"，不符合他人的下里巴人，做回自己，怡然自得享受人生，也才找回了快乐。

点亮人生

《阳春白雪》分为《阳春》和《白雪》两首器乐曲，《神奇秘谱》在解题中说："《阳春》取万物知春，和风涤荡之意；《白雪》取凛然清洁，雪竹琳琅之音。"表现的是冬去春来，大地复苏，万物欣欣向荣的初春美景。旋律清新流畅，节奏轻松明快。

"阳春白雪"的典故来自《楚辞》中的《宋玉答楚王问》一文。楚襄王问宋玉，先生有什么隐藏的德行吗？为何士民众庶不怎么称誉你啊？宋玉说，有歌者客于楚国郢中，起初吟唱"下里巴人"，国中和者有数千人。当歌者唱"阳阿薤露"时，国中和者只有数百人。当歌者唱"阳春白雪"时，国中和者不过数十人。当歌曲再增加一些高难度的技巧，即"引商刻羽，杂以流徵"的时候，国中和者不过三数人而已。宋玉的结论是，"是其曲弥高，其和弥寡"。"阳春白雪"等歌曲越高雅、越复杂，能唱和的人自然越来越少，即曲高和寡。

当然宋玉与楚襄王的这番讨论的目的不是谈论歌曲本身，而是强调雅与俗的巨大差距，并为自己的才德不被世人承认而辩解。宋玉进而说"鸟有凤而鱼有鲲"，自然非凡间俗物可比。宋玉说，"非独鸟有凤而鱼有鲲也，士亦有之。"最后，宋玉引出了自己的结论，即"夫圣人瑰意琦行，超然独处；夫世俗之民，又安知臣之所为哉？"宋玉的意思是，但凡世间伟大超凡者，往往特立独行，其思想和行为往往不为普通人所理解。

"阳春白雪"这个典故说明了不同的欣赏者之间审美情趣和审美能力存在着的巨大差异。正如西晋葛洪在《广譬》一书中所指出的"观听殊好，爱憎难同"。对于听惯桑间濮上之曲、下里巴人之声的人，当然无法理解阳春白雪和黄钟大吕的高贵雅致。从这点来说，古今并无太大区别。今人欣赏音乐，大都是"入耳为佳，适心为快"。

第四章　翰墨丹青怡性情，蓄静气

> **我们常常喜欢回归自然，以之为一切美和幸福的永恒源泉。**
> ——林语堂

智慧悟语

　　寄情于山水间，我们才能真正体会到"天地有大美而不言"。不管是古人也好，今人也好，总之我们生于天地间，山水总是时刻环绕着我们，躲不掉，也逃不掉。哪怕我们是生活在喧嚣的城市中，湮没在钢筋建筑堆里，我想我们心灵深处最渴望的还是那种回归自然的境地。

　　当我们真切地置身于山水之中，我们才会从繁杂的社会现实生活中解脱出来，在那片刻的安静中，也许我们会思考生活、人生、生命、未知，也许我们会一时顿悟，也许我们会一时光明起来，因为这时我们的心灵融入最清明的世界中，是最宁静的时刻，心在自然中也就感觉到了伟大和力量。真正深受人文山水洗礼过的人，他的心灵一定是安然和谐的，甚至于超凡脱俗。

点亮人生

　　山水画就是中国的风景画，但又不是简单的描摹自然的风光，而是画家的精神的诉求与流露，是画家人生态度的表达，是画家人生追求的体现。山水画的产生是与中国的道家思想密不可分的，道家思想追求的是自然无为，天人合一的精神境界，能"官天地，府万物"，"能胜物而不伤"。道家思想追求素朴自然，简淡肃静的艺术精神，所以山水画多以水墨表现为主，以色为辅。

　　山水画的意境就是山水画所创造的境界。主张以意为主，强调表现，意造境生，营造"山性即我性，山情即我情"的境界。山水画创造的意境不光是优美的景色，山川的风光，更多的是画家理想境界的追求，是超脱于烦琐与庸俗社会的心灵居所。山水画的境界给人的是可观、可行、可游、可居的神游场所，不论是北宗山水还是南宗山水，所表现的意境与功能无不如此，或是仙境一般的缥缈神奇，或是悠闲农夫渔樵的隐居之所。文人山水画多表现的是逸居山林的情趣，素朴自然的水墨风光，宫廷画家的画多表现楼宇宫殿是人间的繁华，也是超脱于人间的世外桃源。不同的人都可以找到自己的心灵居所。这也是画家与观者的心。

山水画是中国人情思中最为厚重的沉淀。游山玩水的文化意识，以山为德、水为性的内在修为意识，咫尺天涯的视错觉意识，一直成为山水画演绎的中轴主线。从山水画中，我们可以集中体味中国画的意境、格调、气韵和色调。再没有哪一个画科能向山水画那样给国人以更多的情感。若说与他人谈经辩道，山水画便是民族的底蕴、古典的底气、我的图像、人的性情。

除李白寄情于山水间怡情寄情找寻一种人生的寄托外，王维的"明月松间照，清泉石上流"；孟浩然的"夜来风雨声，花落知多少"；杜牧的"停车坐爱枫林晚，霜叶红于二月花"。他们同样在山水间寻找一种理想的人生寄托，他们长时间积蕴的关于生活的艰辛、社会的忧患、天地之巨变等方面的感触，在寄情于山水间时，才能从疲惫的现实生活中解脱出来真切地融入到自然和人文景观当中，常常览物抒情，慷慨言志。

> ## 山光悦鸟性，潭影空人心。
>
> ——常建

📖 智慧悟语

中国花鸟画在长期的历史发展中，适应中国人的社会审美需要，形成了以写生为基础，以寓兴、写意为归依的传统。中国花鸟画的立意往往关乎人事，它不是为了描花绘鸟而绘画，不是照抄自然，而是紧紧抓住动植物与人们生活遭际、思想情感的某种联系而给人以强化的表现。它既重视真，要求花鸟画具有"识夫鸟兽木之名"的认识作用，又非常注意美与善的观念的表达，强调其"夺造化而移精神遐想"的怡情作用，主张通过花鸟画的创作与欣赏影响人们的志趣、情操与精神生活，表达作者的内在思想与追求。

自然的怀抱便是母亲的怀抱，人类来自尘土也会归于尘土。当生命存在时，我们的生命在大地上开出各自的花朵，然后我们会消逝，留下思想的芳香。这是一种千帆过尽、阅历人生的大智慧。我们存在并徜徉于自然，感受大自然的深情，便可窥视生命的堂奥。在那里，自然永恒，生命永恒。古人说"非淡泊无以明志，非宁静无以致远"。淡泊是一种真我，是英雄本色。追求随缘境界、自在人生的淡泊者，生活的道路上永远开满鲜花，永远芳香四溢；陷于虚名浮利中的人，生活的道路上会遍布陷阱，即使在生命终结的刹那蓦然回首，可能也无法体会到那难以把握的快乐滋味。

人生像是一株焕发着生机的植物，当大自然将每个生命送到人间时，都赋予了他强壮的身躯和充沛的精力。汲取天地万物之灵气，便能在最短的时间内撑开一片最广阔的绿荫。

点亮人生

"朝饮木兰之坠露兮，夕餐秋菊之落英。"没有自然花鸟的日子，是枯燥乏味的日子。永远像一个纯真无邪的孩子，中国画教授高卉民视花鸟自然为自己人间的乐园。

高卉民在《写意花鸟画随想》一文中，他把绘画的本质概括为"六心"："好的写意花鸟应该是心灵、心思、心绪、心情、心构、心技的天机流露、融合之作。"正如同黑格尔所说："只有心灵才是真实的，只有心灵才涵盖一切，所以一切美只有在涉及这较高境界而且由这较高境界产生时，才真正是美的。"

高卉民对于生活的体悟和审美意象的论述是别具见解、难能可贵的：自然中到处都有可以画的东西，无论是迎风而立的枯草还是经霜残败的荷叶，只要你能使心灵融入自然，使"万物与我为一"，便会发现这些不被人注意的枯枝败叶中蕴含着无限的生命力；体验感受是第一步，要经常深入自然。对自然要有真情、有深情、有激情、有恋情。认识、体察、感受、研究应超出一般人的深度，以自己特殊的感受方式，于人不注意处得其真趣，于人所未见处生画意；大自然生长的花草无论春夏秋冬都有生意，这对自然美的独特发现，源于对花鸟至诚的情感，深入独到的认识……凭借着独特的体认和勤奋的实践，高卉民完成了苏轼所谓的"眼中之竹"化成"心中之竹"的嬗变过程。

花鸟画往往被解读为不是画而是人，因为在艺术的创作中，人类往往是借物写人，借物画人。花鸟画作为一种艺术形式，所表现出来的闲情逸致才是画的精粹之处。在画里，解读出人生的韵味。人生如画，画如人生。

彷徨乎尘垢之外，逍遥乎无事之业。

——《庄子》

智慧悟语

一颗逍遥于尘世之外的心，能看到更多世间的精妙之处，一颗从容自得的心，能够在其艺术作品中得到彰显和印证。

人物画是以人物形象为主体的绘画之通称。中国的人物画，简称"人物"，是中国画中的一大画科，出现较山水画、花鸟画等为早；大体分为道释画、仕女画、肖像画、风俗画、历史故事画等。人物画力求人物个性刻画得逼真传神、气韵生动、形神兼备。其传神之法，常把对人物性格的表现，寓于环境、气氛、身段和动态的渲染之中。故中国画论上又称人物画为"传神"。

在人物画中，笔墨相互为用，笔中有墨，墨中有笔，一笔落纸，既要状物传神，又要抒情达意，还要显现个人风格，其难易程度远胜于山水花鸟画。人物画的精妙之处在于画出人物的传神之处，这就需画者的精到的功夫，当然最重要的还是画家的一颗超然尘世之心。

✒ 点亮人生

人物画总是能抓住事物的特色、人物的个性，从而形成自己特立独行的风格。做人也要活出自己的风范，超然于俗世红尘之上，才能领悟人生至境的欢乐。超然红尘的人毕竟是凤毛麟角，并非人人可得的境界。正因为如此，才愈发珍贵。东晋著名画家顾恺之就属于这超然尘上的凤毛麟角之人。

顾恺之的"画绝"，其画绝就绝在传神。他善于画人物，却往往在画成之后好几年都不给此人点出眼睛。后人称赞顾氏之画"意在笔先，画尽意在"，连东晋著名宰相、"淝水之战"总指挥谢安亦赞叹道："自苍生来未之有也。"

顾恺之的传世之作《洛神赋图》，是他在看过三国时曹操的第三子曹植所写《洛神赋》这篇著名文学作品后有感而画的。传说曹植少时曾与上蔡县令甄逸之女相恋，后甄逸之女被嫁给了他的哥哥曹丕为后，而甄后在生了明帝曹睿后又遭谗致死。曹植在获得甄后遗枕后感而生梦，写出《感甄赋》以作纪念，明帝曹睿将其改为《洛神赋》传世。而洛神是传说中伏羲之女，溺于洛水为神，世人称作宓妃。把此二人相提并论，实际上也是一种对甄后的怀念和寄托。顾恺之读过《洛神赋》后大为感动，一气画成《洛神赋图》。此卷一出，无人再敢绘此图，故成为千百年来中国历史上最为世人所传颂的名画。

顾恺之超然尘世的气度成就了《洛神赋图》的高度，后人难以望其项背，故无人再敢绘其图。人生正是要有这样超然尘上的风范，才能将你的人生引入精妙绝伦的至真至纯胜境。

形质毕肖，则无气韵；彩色异具，则无笔法。

——董其昌

📖 智慧悟语

写意画主张神似，注重心灵感悟的抒发，通过简练放纵的笔致着重表现描绘对象的意态风神，不着重物理表象的真实再现。董其昌有论："画山水唯写意水墨最妙。

何也？形质毕肖，则无气韵；彩色异具，则无笔法。"

写意画着重突出作者个人的品性，也是与天地精神相往来的大自由和大解放。所以，写意画在强调表现画家真情实感的同时，须同时强调游心于万物，整体把握客观世界生生不息的变化韵律，不受时空、体面、光色、透视等物理现象的束缚，这就是中国文化所追求的天人合一的极高境界。天人合一既是有我之境，又是无我之境。有我与无我的统一才是写意画的境界。

点亮人生

美国诗人惠特曼说："人生的目的除了去享受人生外，还有什么呢？"林语堂也持同样的看法，他说："我总以为生活的目的即是生活的真享受，其间没有是非之争。我用'目的'这个名词时有点不敢下笔。因为这种包含真正享受它的目的，大抵不是发自有意的，而是一种人生的自然态度。"

一个人的心灵修炼如能到得写意画这般简练放纵的境界，也就寻觅到了至真至纯的人生之境。将自己的人生放纵流动地绘就一副写意画，欢乐尽在不言中。

一位得知自己不久于人世的老先生，在日记簿上记下了这样一段文字：

"如果我可以从头活一次，我要尝试更多的错误，我不会再事事追求完美。

"我情愿多休息，随遇而安，处事糊涂一点，不对将要发生的事处心积虑计算着。其实人世间有什么事情需要斤斤计较呢？

"可以的话，我会多去旅行，翻山涉水，再危险的地方也要去一去。以前不敢吃冰淇淋，是怕影响健康，此刻我是多么的后悔。过去的日子，我实在活得太小心，每一分、每一秒；都不容有失，太过清醒明白，太过合情合理。

"如果一切可以重新开始，我会什么也不准备就上街，甚至连纸巾也不带一块，我会放纵地享受每一分、每一秒；如果可以重来，我会赤足走出户外，甚至彻夜不眠，用这个身体好好地感觉世界的美丽与和谐。还有，我会去游乐场多玩几圈木马，多看几次日出，和公园里的小朋友玩耍。

"只要人生可以从头开始，但我知道，不可能了。"

生活不在于生命形式，不在于你是富贵还是贫穷，只在于你是否有着一颗懂得品味生活的心。心灵的花园若一片荒芜，你的人生也开不出绚烂芳香的花朵来。从此刻起，静下心来，品味你身边的一事一物，品味生活的美妙，品味人生的写意。

> 怨恨、思慕、醉酣、无聊、不平，有动于心，必于草书挥毫发之。
>
> ——韩愈

智慧悟语

草书把中国书法的写意性发挥到极致，用笔上起抢收曳，化断为连，一气呵成，变化丰富而又气脉贯通。草书在所有的书体中最为奔放跃动，最能反映事物多样的动态美，也最能表达和抒发书法家的情感。草书形成于汉代，是为书写简便在隶书基础上演变出来的。有章草、今草、狂草之分。章草笔画省变有章法可循，今草不拘章法，笔势流畅，狂草出现于唐代，以张旭、怀素为代表，笔势狂放不羁，连绵环绕，字形奇变百出，成为完全脱离实用的艺术创作，从此草书只是书法家临摹章草、今草、狂草的书法作品。在章草、今草和狂草之中，狂草最能体现出草书狂放的特征。

人生有时也需要一点"狂草"精神，激发生命深处的热情，让沉默乏味的生活盛开别样的灿烂之花。而唐代的高僧怀素之所以成为"狂草"的精粹人物，不仅仅在于他的传世狂草佳作《自叙帖》，更在于他狂放不羁的性格。

点亮人生

怀素10岁出家为僧。年少时在经禅的空闲之时，就爱好书法。那时因为贫穷，没有钱买纸墨，为了练字，他种了一万多棵芭蕉，用蕉叶代纸。由于住处触目都是蕉林，因此他风趣地把住所称为"绿天庵"。他又用漆盘、漆板代纸，勤学精研，盘、板都写穿了，还写坏了很多笔头，后把它们埋在一起，名为"笔冢"。

他性情疏放，锐意草书，却无心修禅，平日里更是喜欢饮酒吃肉，交结名士，与李白、颜真卿等都有交游。他以"狂草"名扬于世上。唐代文献中有关怀素的记载甚多。"运笔迅速，如骤雨旋风，飞动圆转，随手万变，而法度具备"。王公名流也都爱结交这个狂僧。唐任华有诗写道："狂僧前日动京华，朝骑王公大人马，暮宿王公大人家。谁不造素屏，谁不涂粉壁。粉壁摇晴光，素屏凝晓霜。待君挥洒兮不可弥忘，骏马迎来坐堂中，金盘盛酒竹叶香。十杯五杯不解意，百杯之后始癫狂……"前人评其狂草继承张旭又有新的发展，谓"以狂继癫"，所以把他二人并称"颠张醉素"，对后世影响极大。

怀素善以中锋笔纯任气势作大草，如"骤雨旋风，声势满堂"，到"忽然绝叫三五声，满壁纵横千万字"的境界。虽然是疾速，但怀素却能于通篇飞草之中，极少失误。与众多书家草法混乱常出现很多缺漏相比，实在高明得多。是知怀素的狂草，虽率意颠逸，千变万化，终不离魏晋法度。这确实要归功他从极度苦修中得来。怀素传世的书迹较多，计有《千字文》《清净经》《圣母帖》《藏真帖》《自叙帖》《苦笋帖》《食鱼帖》《四十二章经》等。

怀素本纵情狂发的性格，成就了他纵情狂放的狂草书法，他运笔时常一笔数字，隔行之间气势不断，笔势连绵回绕，酣畅淋漓；运笔如骤雨旋风，飞动圆转，出神入化，笔墨之间尽显人生之潇洒狂放。

人们的生活大多时候是在平平淡淡中过去，很少有机会和勇气去疯狂一次，更不用说像怀素那样过一种狂且真的人生。平静的生活固然安逸，但纵情狂放的生活也未必不是另一番生活滋味。揭下淡然的面具，放纵生命的本性，或许寻得了另一个快乐的心灵胜境。

第十篇

事业：灵魂安身立命的时空

第一章　该做还是想做

举而措之天下之民，谓之事业。

——《易经》

智慧悟语

事业是什么？

生活中，当许多人被问到这个问题时，第一反应是：事业不就是我现在所做的工作吗？比如，当你问一个人："你的事业是什么？"如果他回答："我是个厨师。"其实，那不是事业，那是职业。许多人混淆了事业和职业这两个概念，其实，他们可以是厨师，也可以有自己的事业。也就是说，职业和事业是可以分开的。

那么，事业到底是什么呢？

简单地说，就是做了自己喜欢的事情，却又帮助了他人，这个就是事业。说得更简单一点，如果你每天所做的事情都有利于社会，有利于集体，有利于亲人和朋友，你就是在做事业。

人们总是把事业看得很大，站在全世界、大国家、大集体的高度看"事业的价值和意义"一切发展的规划，实施的措施，促发展的行动都是大事业。认为要有达尔文提出"进化论"、袁隆平研究杂交水稻、比尔·盖茨开创微软盛世那样举世震惊的辉煌才算得事业。因为考虑的是全人类，整个民族的利益和未来为出发点的高度，反应全体人民共同的志愿和心声，所以伟大，所以高尚，所以得到众人的支持和协助，更有旺盛的生命力和崇高的价值！

其实不然，事业其实不分大小，即便是一件极其寻常的小事，只要你满怀着喜悦去做，也为他人带去了满心的喜欢，这就是事业。只因为：小事虽然很小，但是小事看大事，小事发展为大事，是人类社会里又一个奇妙的现象，更不容忽视。

而且，事业是永远的，真正的事业是为千秋万代的人民谋福利的，它和权力谋略无关，和功名富贵无关，不是说有权力有谋略有功名有财富的人就有事业。在中国几千年的历史中，大权在握的帝王数不胜数，但真正能让人随口说出名字来的又有几个呢？即便说出来名字的，也多是真正为当时的人民及后世的民众造福的圣君明主。同理，富可敌国的富豪也多如天上的繁星，但真正能让人们铭记于心的，不也还是那些为民造福的圣人君子吗？所以南怀瑾感叹：官再大也没用，财富再多也没用，通通会随着岁月的流逝淹没在历史的长河中，再没有人记得，这就是因为他们没有事业，所以不能长久，不能不朽。

点亮人生

唐朝鉴真大师是江苏扬州人，他饱读经论，弘扬佛法，深为当时百姓所尊重。有两名日本僧人荣叡和普照，久仰鉴真大师的盛名，特地渡海来请大师前往日本弘法。大师欣然应允。许多弟子劝他不要贸然前往，以免遭遇不测，他说："为大事也，何惜生命！"但是，几度扬帆都未能成功，困在海中孤岛两年，大师双目失明。此时，他越发觉得弘扬佛法于海外的事业"舍我其谁"，因此愈挫愈奋，再接再厉。

经过12年的艰苦尝试，鉴真大师终于在第六次航行圆满东渡。到日本宣扬佛法，将诸多经书带去了日本，将中土博大精深的佛家思想传遍东洋，大大促进了日本佛学的发展。而鉴真大师之名也在日本千古流传。

对于事业，人们有两种看法：一种是人们尽力争取当前生活的富贵名利，努力在工作中一升再升，享受越来越好的薪水待遇，有越来越高的社会地位；另一种看法是人们努力做事让他人幸福，也让自己快乐，为后世子孙谋福。从事前一种事业的人，很少有人会记得他的名字和他们的成就；而从事后一种事业的人，他的名声不仅不会被岁月湮没，反而越发铭记在人心。而鉴真大师的事业，就是把佛法发扬光大，让佛光照耀世界万物。他不仅取得了自身意义上事业的成功，更把这种成就上升到了普世的高度。

由此可见，人们要做事业，一定要抱有为千秋万世的人民造福的大志，立大志，对天下和国家社会都有所贡献。

造一座大厦，如果地基不好，上面再牢固，也是要倒塌的。
——李嘉诚

智慧悟语

凡是事业上有所作为的人，都是踏踏实实地从做简单的工作开始，慢慢发展起来的。他们通过做一些微不足道的小事找到自我发展的平衡点和支点，在沉得住气中积蓄力量，逐步迈向成功。所谓"万丈高楼平地起"：高耸的楼房是从地基开始，一砖一瓦搭建而成的；高大的树木是由一粒种子开始，下土发芽生根慢慢长大而成的；成功的事业是从一件件小事开始，一点一滴积累而成的。

从前，有个富翁愚蠢无知。有一次，他到另一个富翁的家里，看见一座三层高的楼房，楼又高又大，富丽堂皇，宽敞明亮，他十分羡慕，心里想："我的钱财并不比他少，为什么以前没想到造一座这样的楼呢？"他立刻唤来木匠，问道："你能不能照着那家的样子造一座漂亮的楼？"木匠回答说："那座楼就是我造的。"富翁便说："那你现在就为我造一座像那样的楼。"

于是木匠开始量地基，叠砖，造楼。富翁看见木匠叠砖，心生疑惑，不晓得是怎么一回事，就问木匠："你这是打算造什么？"木匠回答道："造三层的楼呀！"富翁又说："我不要下面两层，你先给我造最上面的一层。"

木匠答道："没这样的事！哪有不造最下面一层楼而造第二层楼的？不造第二层楼又怎么谈得上造第三层楼呢？"

这个愚蠢的富翁固执地说："我就是不要下面两层楼，你一定得给我造最上一层楼！"

建筑房屋要从地基开始造起，这是我们每个人都知道的。然而，对于事业要从点滴小事做起，我们许多人却对此颇为不屑，深感自己"才高八斗""壮志凌云"，大材小用是对人才的浪费！那些浅陋无知的人，往往就像故事中的富翁，只留意风光华丽的外表，却忽视了其所必需的内在支撑。没有根基的大厦，很快就会倒塌；没有踏实的工作，成功永远是空中楼阁。我们如果想在未来走得更好、更远，就应该摒弃急功近利的妄念，沉下心来，把基础打牢。

点亮人生

一家驻北京的跨国公司招聘员工，吸引了大批年轻人前去应聘，但由于标准很高，许多人都被刷了下来。经过一番严格的筛选之后，一位年轻人脱颖而出，公司对他的表现也很满意。公司的人力资源部经理和他先后谈了三次，最后，他问了一个出人意料的问题："如果我们要你先去洗厕所，你愿意吗？"

年轻人毫不在意地说："我们家的厕所一贯都是我洗的。"结果他成功入选。原来，这家公司训练员工的第一课就是洗厕所，因为在服务行业里，他们的理念是：只有从最底层的工作开始学习，才能够真正懂得"以客为尊"的道理。

事后，有人问这位年轻人："当时你为什么那么干脆回答自己愿意洗厕所呢？"年轻人说："我刚毕业，没有工作经验，不可能一开始就能跃居高位，从底层做起，对我来说是很自然的事，这样更能锻炼自己。"

在工作中，谁都希望能得到上司的信任与重用，都希望上司能把最重要的工作交给自己完成，但并不是每一个人都能如愿以偿的。而这位年轻人的可贵之处就在于有自知之明，能对自己进行准确定位。相比之下，许多员工则对自己抱有不切实际的期望，认为自己一开始就应该受到重用，不愿意从最基本的工作做起，认为底层的工作没有任何意义，对自己毫无价值。

其实，基层是最容易积累工作经验的地方，也是最容易锻炼人的地方。基层工作给了你一个熟悉业务、掌握业务的机会，是一个经验积累的平台。沉住气，从基层做起，可以锻炼你的能力，从而更好地磨炼你。

每个人都有梦想，但再宏伟的建筑也要从地基开始。本田的总裁能从小小的推销员做起，大企业当年也是从小平房起步的。脚踏实地才能成就非凡事业，眼高手低只会让自己游走于困惑与茫然的边缘。

远见告诉我们可能会得到什么东西，远见召唤我们去行动。
——凯瑟琳·罗甘

智慧悟语

远见会给你带来巨大的利益，会为你打开机会之门。远见会增强你人生发展的潜力，一个人越有远见，他就越有潜能。

远见会使你的工作与生活轻松愉快。它赋予你成就感，赋予你乐趣。当那些小小的成绩为更大的目标服务时，每一项任务都成了一幅更大的图画的重要组成部分。

远见会为你的工作增添价值。同样，当我们的工作是实现远见的一部分时，每一项任务都具有价值，哪怕是最单调的任务也会给你满足感，因为你看到更大的目标正在实现。

如果你有远见，那么你实现目标的机会就会大大增加。美国商界有句名言："愚者赚今朝，智者赚明天。"一切成功的企业家，每天必定用80%的时间考虑企业的明天，20%的时间处理日常事务。着眼于明天，不失时机地发掘或改进产品或服务，满足消费者新的需求，会独占鳌头，形成"风景这边独好"的佳境。

点亮人生

19世纪80年代，约翰·洛克菲勒已经以他独有的魄力和手段控制了美国的石油资源，这一成就主要受益于他从创业中锻炼出来的预见能力和冒险胆略。1859年，当美国出现第一口油井时，洛克菲勒就从当时的石油热潮中看到了这项风险事业是有利可图的。他在与对手争购安德鲁斯·克拉克公司的股权中表现出了非凡的冒险精神。拍卖从500美元开始，洛克菲勒每次都比对手出价高，当达到5万美元时，双方都知道，标价已经大大超出石油公司的实际价值，但洛克菲勒满怀信心，决意要买下这家公司。当对方最后出价7.2万美元时，洛克菲勒毫不迟疑地出价7.25万美元，最终战胜了对手。

当他所经营的标准石油公司在激烈的市场竞争中控制了美国市场上炼制石油的90%时，他并没有停止冒险行为。19世纪80年代，有人发现一个大油田，因为含碳量高，人们称之为"酸油"。当时没有人能找到一种有效的办法提炼它，因此一桶只卖15美分。洛克菲勒预见到这种石油总有一天能找到提炼方法，坚信它的潜在价值是巨大的，所以执意要买下这个油田。当时他的这个建议遭到董事会多数人的坚决反对，洛克菲勒说："我将冒个人风险，自己拿出钱去购买这个油田，如果必要，拿出200万、300万。"洛克菲勒的决心终于迫使董事们同意了他的决策。结果，不到两年时间，洛克菲勒就找到了炼制这种"酸油"的方法，油价由每桶15美分涨到1美元，标准石油公司在那里建造了当时世界上最大的炼油厂，赢利猛增到几亿美元。

远见就是在人类的巨大画卷中洞察到未来的情景。只有看到别人看不见的人，才能做到别人做不到的事情。

远见是成功者必备的素质之一，每一个渴望成功的人都要有意识地培养自己的远见能力。要相信，不管有什么问题和障碍，只要长期不懈地努力，就能实现自己的梦想。

伟大的理想只有经过忘我的斗争和牺牲才能胜利实现。
——乔万尼奥里

智慧悟语

"敢为天下先"是要人们敢于做先行者，开天下万物之先河，做他人未曾做过的事。在老子所处的那个乱世，老子是推崇"无为而治"的人生理念，因此他是不推崇人们"敢为天下先"的，怕人们犯了激进主义的毛病，扰乱了生活的清净。

然而，综观古今，凡有成就者，他们无不具有勇于尝试的勇气。神农氏冒生命危险，尝遍百草，创出古未有之事，使后世子孙享福延寿；孔子在春秋战乱时期大胆提出"仁道"思想，创立儒家学派，为中国的文化奠定了坚实的儒学基础；司马光耗尽毕生的精力，终于完成第一本纪传体通史——《资治通鉴》；苏轼大胆创立"豪放派"宋词，使宋词大放异彩……人类历史上的每一次进步都是"敢为天下先"最好的证明。

要想创业成功，需要人们"敢为天下先"的勇气，勇于走别人所没有走过的路，你才会采撷到丰硕的果实；要想事业稳固发展，更需要保持"敢为天下先"的精神，不断创新，才能做商海的弄潮儿，享有源源不断的成功。

✒ 点亮人生

咸丰初年，山西祁县乔家堡乔家大东家乔致广生意失败，病重去世。乔家在包头因和对手邱家争做霸盘生意导致银两亏缺、货物滞销。股东、商家纷纷上门讨要股银和货款。危难之际，不但没有商家愿意借银子帮助乔家渡过难关，反而都窥视着乔家的产业伺机瓜分。乔家的生意危在旦夕。

在此危亡时刻，身为二东家的乔致庸临危受命，背负起挽救危亡、振兴乔家的重任。一接手乔家的生意，乔致庸就立即赶到包头，先稳定了内部的人心，更是在包头众人疑惑的眼光下，兵行险招，最终借来了周转的资金，顺利度过了危机。由于乔致庸的宽容大度，还使得乔家与竞争对手达盛昌化干戈为玉帛。之后，乔致庸更是"敢为天下先"地打破行规，大胆启用有能力的新人，并制定了新店规，保证了乔家生意稳定的同时也逐步建立了以"诚信"为首的商业秩序。更使得乔家的复字号成为包头第一大商号，几乎垄断了整个包头市场，留下"先有复盛公，后有包头城"的美名。

当时，由于北方捻军和南方太平军起义，南北茶路断绝，乔致庸平复包头危机之后，最大的功绩，当属疏通南方的茶路、丝路。为商家谋利，为天下运茶，为天下茶民造福，一举三得。然而，利润常常与风险共存，南下贩茶千里万里，山高水险，况且当时也并非太平盛世，太平军雄踞长江，清政府统治岌岌可危。疏通江南的商路在晋商们眼里几乎是天方夜谭。然而，在乔致庸眼里，这却是个难得的机会——天下人皆不去疏通茶路，这里就暗藏着一个天大的商机。乔致庸敢为天下先，联合水家、元家、邱家的资金，浩浩荡荡，历尽艰难险阻，南下武夷疏通商路，然后又北上恰克图开辟市场，终于实现了"货通天下"的梦想，乔家大德兴扬名四海。

"敢为天下先"，不仅需要勇气，更需要你有独到而犀利的眼光，一下子就抓住事业发展的关键点。乔致庸就以其独到的眼光，过人的胆识，敢为天下先的勇气开辟了广阔的市场，积累了雄厚的资金。

对于创业的人来说，要想成为一个成功者，是需要付出努力，是需要承受常人所不能承受的苦难，你才能享受常人所不能享受的辉煌。很多时候，"敢为天下先"是需要你有面对惨痛代价的勇气。比如，商鞅被秦惠王判车裂之刑，致死；戊戌六君子被逼无奈，惨死京城菜市口；但是，他们身上所体现出的敢为天下先的勇气却值得我们细细体会与传扬。

第二章　思考是地球上最美的花朵

真知灼见，首先来自多思善疑。

——洛威尔

智慧悟语

积极思考是现代成功学非常强调的一种智慧力量，如果做一件事不经过思考就去做，大多时候我们会因为自己的鲁莽而碰壁，甚至会造成难以挽回的后果。所以，最保险的办法是三思而后行。但"思"也不是件简单的事，思考也有它的特点和方法。成大事者都有自己独特的思考方法。

思考习惯一旦形成，就会产生巨大的力量，爱因斯坦非常重视独立思考，他说："高等教育必须重视培养学生具备会思考、探索的本领。人们解决世上所有问题用的是大脑的思维本领，而不是照搬书本。"

点亮人生

正确的思考方法不是天生就有的，它需要后天的训练和个人的有意培养。只要努力，就会有所收获。

下面介绍几种思考方法，仅供参考：

1. 正确认识自己

西方有句话说得好："性格即命运。"意思是命运是掌握在每个人自己手中的，因此各人的性格与心态关系到各人的人生命运。

我们怎样对待生活，生活就怎样对待我们；我们怎样对待别人，别人就怎样对待我们。如果我们把自己的境况归咎于他人或环境，就等于把自己的命运交给了上天。如果我们始终对自己说"我能行"，并积极行动，我们也许就可以无所不能。

2. 专注——"成功的第一要素"

思考是一件需要聚精会神的事情，也就是专注。

《成功》杂志庆祝创刊 100 周年时，编辑们节录了一些早期杂志中的优秀文章，其中有一篇关于《爱迪生的访谈》给读者们留下了深刻的印象，这篇访谈的作者奥多·瑞瑟在爱迪生的实验室外安营扎寨了三周才获得了访问这位伟大发明家的机会。以下就是访谈的部分内容：

瑞瑟："成功的第一要素是什么？"

爱迪生："能够将你身体与心智的能量锲而不舍地运用在同一个问题上而不会厌倦的本领……可以说，我们每个人每天都做了不少的事。假如你早上 7 点起床，晚上 11 点睡觉，你就能做整整 16 个小时的工作，唯一的问题是，他们能做很多很多事，而我只能做一件。假如你们将这些时间运用在一个方向、一个目的上，你就会成功。"

由此可见，只有选准目标，并且专注于其上，才可能获得成功。

3. 构建合理的知识结构

我们要明白这样的道理，什么事情都要有一个合理的结构，这样才能成立。这样的结构只有通过思考才能建立，反过来，只有合理的知识结构，才能促进你在事业中更好地思考。所以，要成大事，就要有自己的知识结构，从而使知识化为成功的动力。

知识结构具有全球普遍的价值和意义。任何民族、任何国家都有自己独特的知识结构，而且，任何巨星、任何伟人、任何大师，甚至每一个人都有自己独特的知识结构。知识结构是一个人、一个民族、一个国家进行伟大创新和创造的基础，是人类文明大厦的基石。就个人而言，知识结构更是其创造的支柱、成功的保障。

在知识经济的背景下，具有合理知识结构和知识应用本领并积极思考的人，将是时代的主人，而这一切都来源于强大的学习思考本领。这是未来社会对人才的基本要求，即在未来社会每个人都必须做到"无所不能"。在这个信息纷繁复杂、科技日新月异的时代里，青年人如果没有高超的学习及思考本领，就不能及时学习新的理论、技能，不能及时更新观念，结果必然是被淘汰出局。

"行成于思"，没有思考就不会有行动，当然就不会有成功。所以，人要养成思考的习惯，掌握正确的思考方法。

由智慧养成的习惯成为第二天性。

——培根

智慧悟语

旧的习惯被破除，新的习惯又会产生，只是我们深信："创新是创新者的通行证，习惯是习惯者的墓志铭。"

一个好习惯是一种思维定式，是一种行动的本能。我们习惯在早已习惯的轨道上滑行，我们习惯在习惯的人与事中穿梭。这种轻车熟路的感觉让我们安逸舒适，这种美好愉悦的心境让我们一路上看到的净是良辰美景。

有的人习惯于遵循老传统，恪守老经验，宁愿平平淡淡做事，安安稳稳生活，日复一日、年复一年地从事别人为他们安排的重复性劳动，他们的生活毫无波澜，更无创造。这种人思想守旧，循规蹈矩，心不敢乱想，脚不敢乱走，手不敢乱动，凡事小心翼翼，中规中矩，虽然办事稳妥，但一般不会有多大作为。

一种习惯会反映一个人的性格，甚至会决定他的命运。好的习惯是我们进步的阶梯，而不好的习惯，往往会成为个人发展的绊脚石，阻碍我们的行程，束缚我们的手脚。

点亮人生

有一个伐木工人在一家木材厂找到了工作，报酬不错，工作条件也很好，他很珍惜，下决心要好好干。

第一天，老板给他一把利斧，并给他划定了伐木的范围。这一天，工人砍了18棵树。老板说："不错，就这么干！"工人很受鼓舞，第二天，他干得更加起劲，但是他只砍了15棵树。第三天，他加倍努力，可是仅砍了10棵。

工人觉得很惭愧，跑到老板那儿道歉，说自己也不知道怎么了，好像力气越来越小了。

老板问他："你上一次磨斧子是什么时候？"

"磨斧子？"工人诧异地说，"我天天忙着砍树，哪里有工夫磨斧子！"

这个工人以为越卖力工作，成果就会越大，殊不知，"磨刀不误砍柴工"，没有锋利的工具，又怎么能干出有效率的工作呢？这个工人的失误就在于思维习惯束缚了他。

还有一则笑话：

有一天，某局长突然接到一封加急电报，电文是："母去世，父病危，望速回。"阅毕，局长痛不欲生，边哭边在电报回单上签字，邮递员接过回单一看，那上面写的竟是"同意"二字。原来局长已经习惯写"同意"了。

看了这则笑话许多人大笑过后，不禁陷入了沉思，习惯对个人及集体的影响实在太大了。

好习惯可以助人成长，坏习惯则可以毁人一生。

还有一则寓言：

一只大雁和一只狐狸都落入猎人设下的陷阱。它们各自在思考如何逃过猎人的"魔掌"，死里逃生。不久，猎人来了。

飞遍大江南北、见多识广的大雁知道，既然成为猎物，求饶是没用的，于是它赶快躺在地上装死。猎人以为大雁是被狐狸咬死的，就把大雁抓了出来，扔在地上。

狐狸想，民间有"不打笑脸人"一说，于是就嬉笑着说："大哥，咱们是好兄弟，你就饶了我吧。"但猎人根本不予理睬，说："狡猾的东西，我不会上你的当。"于是，猎人一棍子打死了狐狸，再回头找大雁，谁知，大雁早拍拍翅膀飞了。

时代在不断发展，仅靠小聪明，死守老一套的习惯，已经不能适应社会的要求。在如今的社会里，只有那些敢于大胆创新，勇于挑战社会和挑战自我的人，才能成为时代的先行者。

伟大的思想能变成巨大的财富。

——塞内加

智慧悟语

穷之所以穷，富之所以富，不在于文凭的高低，也不在于现有职位的卑微或显赫，关键的一点就在于你是恪守穷思维还是富思维。

哲学家普罗斯特曾说过："真正的发现之旅，不在于寻找世界，而在于用新视野看世界。"世界瞬息万变，现代人在面对新世纪的挑战时，首先要改变自己的思想观念，与时俱进，不能故步自封、抱残守缺，更不能一成不变、裹足不前。而必须以新思想、新观念、新视野适应世纪的种种变化。

一本杂志的扉页中有这样一段文字："有了智慧，我们才能得到财富；有了财富，我们才能得到自由。"可见思想观念对人的影响何其重要，现代人要靠领薪水致富，恐怕难如登天，靠思想观念致富则是一条捷径。世界首富比尔·盖茨就是一个靠脑袋致富的典型例子，他拥有比别人先进的观念，将许多别人想不到的想法和创意化为电脑软件程式，在电脑资讯界独领风骚，赚进亿万财富。

"亿万财富买不到一个好的想法，一个好的想法却可以赚进亿万财富。"一个人想要过上富有的生活，简而言之，就是要靠脑袋致富，而不是靠领薪水过日子；要靠组织网络倍增财富，而不是靠单打独斗赚血汗钱。

所有的成功首先都源于心灵，所有的构架首先都是思想的构架。建筑物所有的细节首先在建筑师的头脑里完成，施工者仅仅是围绕建筑师的设计放置石头、砖块和其他材料。而实际上，我们每个人都是建筑师，我们所做的每一件事都预先在大脑里有某种程度的设计。

点亮人生

有些人想挣钱，但是他们使自己的思维处在封闭状态。因此，他们不可能处于一种富有的环境中。

很多时候，使我们陷入贫穷的正是思想上的贫穷。

很少有人能够认识到形成成功思想的可能性，事实上，任何东西都是首先创造于头脑，随后才是实物。如果我们的思考能力更强些，我们就会是更好的物质劳动者。

美国成功学大师拿破仑·希尔依赖自己所创的"心理创富学"而拥有亿万资产，他曾指出："人的心灵能够构思到，而又确信的，就可以成为财富。"并提出了心灵创造财富的公式：财富＝想象力＋信念。

就是说，人获得的一切物质或精神成就，都首先由心灵的想象构思而来，然后再依赖于信念去全心运作。在人类科技史上，科学的发现和技术成果的获得，与那些最早被斥为"异想天开"的想象有着紧密的联系，这已被事实所证明。法国科幻作家凡尔纳一百年前构思的飞船及海底游船，与今天的航天飞机、潜艇的惊人相似，也使我们得出同样的结论，即人类的唯一极限是系于其想象力的。

心理学家指出，想象的方法有三类：逻辑想象、批判想象、创造想象。这三类想象的单独或综合运用，都可能提供创造财富的正确途径——想象力的结晶。

想象力是灵魂的工场，也是财富的"核反应堆"，它可以给你带来一个创富的目标，让世界上许多事物向你展示出新奇的面目。但仅止于此还不够，你还必须以坚定的信念去加以实现。关于行动的重要性，曾获得过 1978 年度诺贝尔物理学奖的罗伯特·威尔逊在谈到学的创造过程时说过："科学家在动手解决一个确定会有答案的难题时，他的整个态度才会随之发生根本改变，此时他实际上已经找到了一半的答案。"因此，当我们有一个创造财富的创意存在于大脑中时，不妨相信财富已经在某处存在，仅需要我们动手去捉住"它"罢了。

创造之前必须先破坏。

——毕加索

智慧悟语

创新作为一种最灵动的精神活动，最忌讳的就是呆板和教条，任何形式的清规戒律都会束缚其手脚，使其无法大展所长，只有敢于打破常规，看似"无厘头"的人，往往能独辟蹊径，取得成功。

天才大都是能够自创法则的人。随着时代的发展，尤其是网络的普及，在如今瞬息万变的现代社会中，传统和经验的意义已经远远没有过去那么重要了，时代更加突出了创新的意义，创新重于经验！

对于年轻人来说，更是如此。年轻人要想成功，就必须敢于标新立异，推陈出新。

点亮人生

1984 年以前的奥运会主办国，几乎是"指定"的。对举办国而言，往往是喜忧参半。能举办奥运会，自然是国家民族的荣誉，还可以乘机宣传本国形象，但是以新场馆建设为主的大规模硬件、软件投入，又将使政府负担巨大的财政赤字。

鉴于其他国家举办奥运的亏损情况，洛杉矶市政府在得到主办权后即作出一项史无前例的决议：第 23 届奥运会不动用任何公用基金，因此而开创了民办奥运会的先河。

尤伯罗斯接手奥运之后，他以 1060 万美元的价格将自己的旅游公司股份卖掉，开始招募雇佣人员，把奥运会商业化，进行市场运作。

第一步，开源节流。

尤伯罗斯认为，自 1932 年洛杉矶奥运会以来，规模大、虚浮、奢华和浪费成为时尚。他决定想尽一切办法节省不必要的开支。首先，他本人以身作则不领薪水，在这种精神的感召下，有数万名工作人员甘当义工；其次，沿用洛杉矶现成的体育场；最后，把当地的 3 所大学宿舍作为奥运村。仅后两项措施就节约了大约 10 亿美元。

第二步，举行声势浩大的"圣火传递"活动。

奥运圣火在希腊点燃后，在美国举行横贯美国本土的 15 万公里圣火接力跑。用捐款的办法，谁出钱谁就可以举着火炬跑上一程。全程圣火传递权以每公里 3000 美元出售，15 万公里共售得 4500 万美元。尤伯罗斯实际上是在卖百年奥运的历史、荣誉等巨大的无形资产。

第三步，别具一格的融资、赢利模式。

尤伯罗斯创造了别具一格的融资和赢利模式，让奥运会为主办方带来了滚滚财源。尤伯罗斯出人意料地提出，赞助金额不得低于 500 万美元，而且不许在场地内包括其空中做商业广告。这些苛刻的条件反而刺激了赞助商的热情。尤伯罗斯最终从 150 家赞助商中选定 30 家。此举共筹到 1.17 亿美元。

最大的收益来自独家电视转播权转让。尤伯罗斯采取美国三大电视网竞投的方式，结果，美国广播公司以 2.25 亿美元夺得电视转播权。尤伯罗斯又首次打破奥运会广播电台免费转播比赛的惯例，以 7000 万美元把广播转播权卖给美国、欧洲及澳大利亚的广播公司。

门票收入，通过强大的广告宣传和新闻炒作，也取得了历史最高水平。

第四步，出售与本届奥运会相关的吉祥物和纪念品。

尤伯罗斯联合一些商家，发行了一些以本届奥运会吉祥物山姆鹰为主要标志的纪念品。通过这四步卓有成效的市场运作，在短短的十几天内，第23届奥运会总支出51亿美元，赢利25亿美元，是原计划的10倍。尤伯罗斯本人也得到475万美元的红利。在闭幕式上，时任国际奥委会主席的萨马兰奇向尤伯罗斯颁发了一枚特别的金牌，报界称此为"本届奥运最大的一枚金牌"。

突破是创新的核心。创新不是对过去的简单重复和再现，它没有现成的经验可借鉴，也没有现成方法可套用，它是在没有任何经验的情况下去努力探索。

人们有时会靠灵感取得成功，这种突然而至的东西就往往包含着意想不到的创造性，而这种创造性的代价就是你要摒弃过去一贯熟悉的路数和经验。当你处于"山重水复疑无路"的境况时，建议你不妨打破常规不按常理出牌。这样，你才有可能在相反的方向很容易地找到问题的答案。

两鼠斗于穴中，将勇者胜。

——赵奢

智慧悟语

一个欲在事业上有所成就的人，具备出色的性格和手段是必需的，它可以帮助人们进行事业上的博弈抉择，使你找到最有效掌控他人、掌控全局的手段。狮子的凶猛让人无所畏惧，勇往直前；狐狸的狡猾令人频出变牌，变幻莫测。如果你既如狮子又像狐狸，雷厉风行与狡猾多变并用，相信你可以所向披靡。

欲具备狮子、狐狸的性格，我们要不断改变自己的方式方法，迷惑对手，激起他们的好奇心，分散他们的注意力。如果我们总是按照一种念头行事，时间久了别人就会预知我们的行动模式。这就像捕鸟一样，捕杀按直线飞行的鸟儿容易，捕杀变换其飞行路线的鸟儿却很难。我们不可否认世间有温情存在，但一定不能忘记还有一些不怀好意的人在时时算计我们，多几个心眼儿，才能棋高一着。

点亮人生

罗马皇帝塞韦罗生活在公元3世纪，在他统治罗马之前，皇帝尤利亚诺怠惰昏庸。当时，恰好有一个颇得人心的军人佩尔蒂纳切被罗马禁军杀害，这成了塞韦罗图谋罗马的借口。身在外地的塞韦罗说服所有统帅以及驻在斯基亚沃尼亚的军队，让军队相信进军罗马替佩尔蒂纳切报仇是正当的。当然，塞韦罗很好地掩饰了自己觊觎皇位之心。

在这个幌子之下，军队果然听从他的安排进军罗马，而塞韦罗也抢先一步赶到了意大利。塞韦罗一到罗马，元老院就害怕了，立刻把尤利亚诺杀掉，拥立他为皇帝。

塞韦罗想要成为整个帝国的主宰，在这之后，他还有两件事必须解决：第一，当时在亚洲军队的统帅尼格罗已称帝；第二，在西方出现了一个叫阿尔皮诺的人称霸了那里，他一直觊觎帝国。塞韦罗认为，如果暴露自己，同时与两者为敌是危险的，于是决心袭击尼格罗，而对阿尔皮诺则进行笼络。

塞韦罗修书一封给阿尔皮诺，称自己被元老院选为皇帝，愿意同阿尔皮诺共同享受这个尊荣，所以赠送后者以恺撒的称号，并且由元老院决定，加封后者作为他的同袍。阿尔皮诺没有识破这个谎言，静静地等待塞韦罗击败了尼格罗。阿尔皮诺并没有意识到敌人的敌人就是自己的朋友，而坐视能够让自己安稳的尼格罗被塞韦罗铲除。

塞韦罗杀了尼格罗之后，立刻向元老院诉苦，说阿尔皮诺忘恩负义，打算谋害自己。元老院信以为真，同意塞韦罗铲除阿尔皮诺。最后，阿尔皮诺的政权和生命一并被剥夺了。

综观塞韦罗的政治生涯和军事生涯，人们可以清晰地看到一头凶猛的狮子身上如何出现了狐狸般的狡猾性格。塞韦罗虽然手段卑劣，但作为一个军人、统治者，他得到了广泛的尊敬。

魄力十足，又巧用计谋，有以勇气开辟的光明大道，也有以巧计铺设的捷径。有勇有谋，非凡者就是这样产生的。

第三章　用坚持把信念变钻石

登高必自卑，行远必自迩。

——《礼记》

智慧悟语

成功需要脚踏实地。所谓"登高必自卑，行远必自迩"，成就事业恰如爬山，纵使你豪情万丈、壮志凌云，要想登高望远、领略极地风光，也只能低着头，沉住气，认真耐心地攀登，一步一个脚印，从而抵达目的地。

成功需要梦想，但拥有梦想未必能成功，成功还需要持之以恒和坚定不移。

点亮人生

有这样一种说法，说要想在工作中取得骄人的业绩，就应该向三种动物看齐：凶狠的狼、专注的鹰、踏实的牛。

为什么呢？

我们知道，狼是世界上最凶狠的动物之一。

每匹狼在捕猎时都不怕牺牲，勇往直前，决不退缩。在每匹狼的额头上，似乎都闪耀着"永不服输"的印记。无论在狼群内部，还是在自然界，狼都从不轻易认输或放弃竞争的权利。自然界的生存法则如此，职场亦如此。职场中人，要立足于瞬息万变的时代潮流中，就要学习狼的拼搏精神，要勇当浪尖上的强者，舍我其谁。

有了狼的精神，还不够，还应该学习鹰的目标。

对于鹰来说，成为鹰王是它们的最高目标，为此，它们必须全力以赴地投入鹰王的争夺战中。反观职场，亦是如此，有了人生目标，还需要全力以赴去争取、去经营，这样才能赢得梦想，实现目标。

当然除了有拼搏的精神和坚定的目标以外，更重要的是要有"牛"的精神，脚踏实地，用行动去实现自己的理想与目标。

一个人要想成功，应该具备狼一样的拼搏霸气，鹰一样坚定不移的目标，牛一样脚踏实地的行动，只有沉得住气，将成功的欲望与激情，巧妙地融入持久的理性与务实当中，坚持不懈，才能抵达成功的彼岸。

欧莱雅集团，创立于1907年，现在已从一个小型家庭企业跃为世界化妆品行业的领头羊。1996年，欧莱雅正式进军中国市场。7年后，欧莱雅（中国）公司拥有员工5000多名，业务范围遍布北京、上海、广州、成都等多个城市。

欧莱雅中国工业苏州尚美工厂的人事经理说，什么样的员工是欧莱雅中国工业的最爱？简而言之是："诗人＋农民"的完美结合。对此，他这样阐释：

"一方面，作为百分之百的化妆品公司，我们强调创造性和前瞻性。化妆品是介于个人护理和时尚之间的一个行业，从引领时尚的角度考虑，要求我们的员工对美、对人文有深刻的理解，要有丰富的想象力和创造力，挑战现有的观念。这并不仅仅是在营销，还包括产品的研发上，想象力与创造力以及对艺术本身的爱好会转化为对产品创新的一种驱动。所以，这一素质是我们必须要的。欧莱雅要求员工，特别是市场营销人员要有这一方面的素质。这就是我们所说的'诗人'素质。

"另一方面，化妆品市场竞争激烈，不仅需要想象力，还要脚踏实地，就是能够接近客户，非常谦虚地倾听客户的需求，发现他们的需求，理解他们的需求，能够非常勤劳地工作。这个行业跟零售业息息相关，有时要求员工周末去站柜台，这是很辛苦的。这种勤奋、能够解决问题和接近客户的素质，我们叫作'农民'素质。"

可以看出，激情和勤奋相结合的员工是企业最需要的"完美"人才，成功者既要有诗人般的想象力，又要像农民那样吃苦耐劳，只有这样的竞技状态，才能成就绚烂、辉煌的事业。

> 天下难事，必作于易；天下大事，必作于细。
>
> ——老子

智慧悟语

在武侠电视剧中，我们常常会看到这样的情形：很多人都有自己独特的招数，而这个招数是别人无法与之匹敌的，郭靖的绝招是"降龙十八掌"，梅超风的绝招是"九阴白骨爪"，令狐冲的绝招是"独孤九剑"，张三丰的绝招是"太极拳"等，当这些人拿出自己的看家本领时，别人都会吸一口冷气，吓出一身冷战，想不出拿什么来迎战。自己既不会"凌波微步"，又没有"葵花点穴手"，怎能战胜别人？其实没有独到的功夫照样可以制胜。

生活中，我们常听人这样说："做好人并不难，难的是一辈子都做好人。"做一件简单的事情并不难，难的是每一件简单的事都做得非常好。

古往今来，但凡有所成就的人都是那些勇于坚持的人，能够把每一件简单的事情都做好，其实就是最大的绝招。

点亮人生

苏格拉底对学生们说："今天咱们只学一件最简单也是最容易的事，每人把胳膊尽量往前甩，然后再尽量往后甩。"说着，苏格拉底示范了一遍。"从今天开始，每天做300下。大家能做到吗？"学生们都笑了。这么简单的事，有什么做不到的？过了一个月，苏格拉底问学生们："每天甩手300下，哪些同学在坚持做？"有90%的同学骄傲地举起了手。又过了一个月，苏格拉底又问，这回，坚持下来的学生只剩下八成。一年过后，苏格拉底再一次问大家："请告诉我，最简单的甩手运动，还有哪几位同学坚持了？"这时，整个教室里，只有一学生举起了手。这个学生就是后来成为另一位大哲学家的柏拉图。

世间最容易的事常常也是最难做的事，最难的事也是最容易做的事。说它容易，是因为只要愿意做，人人都能做到；说它难，是因为真正能做到并持之以恒的，终究只是极少数人。半途而废者经常会说"那已足够了""这不值""事情可能会变坏""这样做毫无意义"，而能够持之以恒者会说"做到最好""尽全力""再坚持一下"。龟兔赛跑的故事也告诉我们，竞赛的胜利者是笨拙的乌龟而不是灵巧的兔子，与兔子在竞争中缺乏坚持不懈的精神是分不开的。成功靠的不是力量而是韧性，竞争常常是持久力的竞争。有恒心者往往是笑到最后、笑得最好的胜利者。

"能够把每一件简单的事情做好就是最大的不简单。"一个人做事没有耐心，没有恒心是很难成功的。因为任何一件事的成功都不是偶然的，它需要你耐心地等待。同样，一个人做事不坚持，他就很难成功，因为他在成功到来之前已经放弃了。一个人的毅力决定了他在面对困难、失败、挫折、打击时，是倒下去还是屹立不倒。对于企业来讲也是如此，一个企业不能单单靠着"一时的冲劲"，长期坚持才能做好。有些饭店在开张的时候能得到不少的顾客的认同，但等到有了起色，他们就开始懈怠了，不仅饭没有以前好吃，服务也日渐不如从前，原有的顾客群对其失去信心不再光顾，于是，饭店经营惨淡，之后做了不少事情弥补也很难见效。所以，要成功，就要有坚持做一件事情的毅力。

做一件简单的事情并不难，但能够把每一件简单的事情都做好并非易事，要有恒心、有毅力持之以恒，还要有自己的原则和底线，才能够坚持自我。唯其如此，才能够把简单的事情变得意义非凡，才能将简单的招数练成自己的绝招！

> **不去想是否能够成功，既然选择了远方，便风雨兼程。**
> ——汪国真

智慧悟语

生活中有很多人都在从事着自己并不喜爱的职业，于是总会发出"我也很努力，但就是做不到最好"的感慨。有的人会指责说这话的人还是工作态度有问题，要真努力工作了，岂有做不好之理？其实归根结底并不是这些人不够爱岗敬业，而是职业本身并不是他们最适合的。换言之，要想真正把一项工作做得得心应手，就要选择正确的人生目标。那么，原来选错了怎么办？不要忧郁，放弃它，去把握属于你的正确方向。

一个人就是一条奔腾不息的河流，一路上你需要跨越生命中的重要障碍，才能有所突破、有所进步。在这个过程中，有一点很重要，就是要清楚你到底要的是什么。如果只是为了工作而工作，为了不闲着而去忙，那么，当你碌碌地走完半生，回忆起来会猛然觉得自己既对不起时间，也对不起自己。

人生的悲剧不是无法实现自己的目标，而是不知道自己的目标是什么。成功不在于你身在何处，而在于你朝着哪个方向走，能否坚持下去。没有正确的目标，就永远不会到达成功的彼岸。

点亮人生

有一个非常勤奋的青年，很想在各个方面都比身边的人强。但经过多年的努力，仍然没有长进，他很苦恼，就去向智者请教。

智者叫来正在砍柴的3个弟子，嘱咐说："你们带这个施主到五里山，打一担自己认为最满意的柴。"年轻人和3个弟子沿着门前湍急的江水，直奔五里山。

等到他们返回时，智者正在原地迎接他们。年轻人满头大汗、气喘吁吁地扛着两捆柴，蹒跚而来；两个弟子一前一后，前面的弟子用扁担左右各担4捆柴，后面的弟子轻松地跟着。正在这时，从江面驶来一个木筏，载着小弟子和8捆柴，停在智者的面前。

年轻人和两个先到的弟子，你看看我，我看看你，沉默不语；唯独划木筏的小徒弟，与智者坦然相对。智者见状，问："怎么了，你们对自己的表现不满意？""大师，让我们再砍一次吧！"那个年轻人请求说，"我一开始就砍了6捆，扛到半路，就扛不动了，扔了两捆；又走了一会儿，还是压得喘不过气，又扔掉两捆；最后，我就把这两捆扛回来了。可是，大师，我已经很努力了。"

"我和他恰恰相反，"那个大弟子说，"刚开始，我俩各砍两捆，将4捆柴一前一后挂在扁担上，跟着这个施主走。我和师弟轮换担柴，不但不觉得累，反倒觉得轻松了很多。最后，又把施主丢弃的柴挑了回来。"

划木筏的小弟子接过话，说："我个子矮，力气小，别说两捆，就是一捆，这么远的路也挑不回来，所以，我选择走水路……"

智者用赞赏的目光看着弟子们，微微颔首，然后走到年轻人面前，拍着他的肩膀，语重心长地说："一个人要走自己的路，本身没有错，关键是怎样走；走自己的路，让别人说，也没有错，关键是走的路是否正确。年轻人，你要永远记住：选择比努力更重要。"

因为有太多坚持到底的故事，所以我们一直以为坚持就是好的，而放弃就是消极的。其实坚持代表一种顽强的毅力，它就像不断给汽车提供前进动力的发动机。但是，在前进的同时还需要一定的技巧，如果方向不对，则只会越走越远，这时，只有等找准方向再重新努力才是明智之举。

每个人都有梦想，人类因梦想而伟大，没有梦想的人是会被社会淘汰的。为了实现自己的梦想，我们每个人都在努力。在现在的社会中，一个人的努力很重要，但是努力就不一定就会有一个我们自己想要得到的结果。我们曾为工作绞尽脑汁，我们曾为工作夜以继日，但我们得到的结果是什么呢？我们的一些梦想像肥皂泡一样一个个地破灭，直到现在依然两手空空。

21世纪的今天，选择比努力更重要，昨天你选择播撒什么样的种子，今天你就会收获什么样的果实。选择不对，努力白费。今天，你作出正确的选择了吗？

> ## 千万人的失败，都失败在做事不彻底。
>
> ——莎士比亚

智慧悟语

很多时候，成功并没有想象中的那么遥远。大戏剧家莎士比亚说："千万人的失败，都失败在做事不彻底；往往做到离成功还差一步，便终止不做了。"这样的失败，无疑很令人扼腕。其实，我们与成功只是一步之遥，这一步便是坚持不懈、锲而不舍。

坚持，一个再简单不过的词汇，但也是一个鲜有人达到的标准。在冯友兰先生看来："我们在一生中，想做的事不一定都能成功，而尤其是新兴的事业，那更没有把握了。……所以我们无论做什么事，遇到失败，千万不要灰心，仍然要继续做下去。"他也正是秉持着这份坚持，才收获了在哲学领域的成就。

点亮人生

他5岁时就失去了父亲，14岁时从格林伍德学校辍学开始了流浪生涯。他在农场干过杂活，干得很不开心；他当过电车售票员，也很不开心；16岁时他谎报年龄参了军，但军旅生活也不顺心；服役期满后，他去阿拉巴马州开了个铁匠铺，但不久就倒闭了；随后他在南方铁路公司当上了机车司炉工。不料，在得知太太怀孕的同一天，他又被解雇了。接着有一天，当他在外面忙着找工作时，太太卖掉了他们所有的财产，逃回了娘家。随后经济大萧条开始了；他没有因为老是失败而放弃，而是一直非常努力。

他曾通过函授学习法律，后来因生计所迫放弃；他卖过保险，也卖过轮胎；他经营过一条渡船，还开过一家加油站。但这些都失败了。有人说，认命吧，你永远也成功不了。

有一次，他下定决心躲在弗吉尼亚州若阿诺克郊外的草丛中，谋划着一次绑架行动。他早就观察过那位小女孩的习惯，知道她会在下午两三点钟从外公的家里出来玩，同时，他又深深地痛恨着此时的自己。可是，这一天，那位小姑娘没出来玩。因此他还是没能突破一连串的失败。

后来，他成了考宾一家餐馆的主厨和洗瓶师，要不是那条新的公路刚好穿过那家餐馆，他会在那里取得一些成就。接着他就到了退休的年龄。他并不是第一个，也不会是最后一个到了晚年还无以为荣的人。成功之鸟，总是在不可企及的地方向他拍打着翅膀。

他一直安分守己——除了那次未遂的绑架，但他只是想从离家出走的太太那儿夺回自己的女儿。不过，母女俩后来真的回到了他的身边。时光飞逝，眼看一辈子就要过去了，而他却一无所有。要不是有一天邮递员给他送来了他的第一份社会保险支票，他还不会意识到自己已经老了。政府很同情他。政府说，轮到你击球时你都没打中，不用再打了，该是放弃、退休的时候了。

那时，他身上的一种东西愤怒了，觉醒了，爆发了。

他收下了那105美元的支票，并用它开创了新的事业。而今，他的事业欣欣向荣。而他，也终于在88岁高龄大获成功。这个充满毅力，到了该结束时才开始的人就是哈伦德·山德士，肯德基的创始人。他用他的第一笔社会保险金创办的崭新事业正是肯德基。

山德士正是凭借着不懈的追求，才换来了成功的人生。其实，胜利者往往是能比别人多坚持哪怕只有一分钟的人。即使精力已经耗尽，能用最后残存的一点点能量支撑下来的人就是最后的成功者。

> 唯坚韧者始能遂其志。
>
> ——富兰克林

智慧悟语

当人们感慨幸运与成功为什么常常光顾他人，都从自己身边绕路走开的时候，却很少思考：那些成功的人和自己有什么不同。

这个世界上，有一种人，寂寂无声，但却恒心不变，只是默默辛劳地努力着，坚持到底，从不轻言放弃。事业如此，德业亦如是。

也许，我们每个人的心里都有一个执着的愿望，只是一不小心把它丢失在了时间的蹉跎里，让天下间最容易的事变成了最难的事。然而，天下事最难的不过十分之一，能做成的有十分之九。要想成就大事的人，尤其要有恒心来成就它，要以坚忍不拔的毅力、百折不挠的精神、排除纷繁复杂的耐性、坚贞不变的气质，作为涵养恒心的要素，去实现人生的目标。

点亮人生

有这样一则小故事：

混沌初开之时，洋葱、胡萝卜和西红柿不相信世界上有南瓜这种东西，它们认为那只是空想。南瓜默默不说话，只是继续成长。日升月落，斗转星移，一晃很多年过去了，当世界长成一个大孩子的时候，南瓜已经变成了我们最熟悉的蔬菜之一。

南瓜虽然默默不语，但它耐心地等待成长，最后让世人都知道了它的存在。耐性与恒心是实现目标过程中不可缺少的条件，是发挥潜能的必要因素。耐性、恒心与追求结合之后，常形成百折不挠的巨大力量。

一位青年问著名的小提琴家格拉迪尼："你用了多长时间学琴？"格拉迪尼回答："20 年，每天 12 小时。"

我们与大千世界相比，或许微不足道，不为人知。但是我们能够耐心地增长自己的学识和能力，当我们成熟的那一刻、一展所能的那一刻，将会有惊人的成就。

正如布尔沃所说："恒心与忍耐力是征服者的灵魂，它是人类反抗命运、个人反抗世界、灵魂反抗物质的最有力支持，它也是福音书的精髓。从社会的角度看，考虑到它对种族问题和社会制度的影响，其重要性无论怎样强调也不为过。"

凡事没有耐性，不能持之以恒，正是很多人最后失败的原因。英国诗人布朗宁写道：

实事求是的人要找一件小事做，
找到事情就去做。
空腹高心的人要找一件大事做，
没有找到则身已故。
实事求是的人做了一件又一件，
不久就做一百件。
空腹高心的人一下要做百万件，
结果一件也未实现。

拥有耐力和恒心，虽然不一定能使我们事事成功，但却绝不会令我们事事失败。古巴比伦富翁拥有恒久的财富秘诀之一，便是保持足够的耐心，坚定发财的意志，所以他才有能力建设自己的家园。任何成就都来源于持久不懈的努力。星云大师告诉世人，把人生看作一场持久的马拉松。整个过程虽然很漫长、很劳累，但在挥洒汗水的时候，我们已经慢慢接近成功的终点。半路放弃，我们就必须要找到新的开始，那样我们会更加迷失，可是如果能继续坚持下去，终点是不会弃我们而去。

> 学者须是耐烦，耐辛苦。
>
> ——朱熹

📖 智慧悟语

"不耐烦"的毛病病因在于"无恒"，而恒心对于一个人的成长与成功都极为重要。

星云大师也常常将身心浮动的人比作滚动的石头，滚动的石头无法长出苔藓，从而也很难成为坚固不移的磐石。现在的年轻人，往往缺少耐心，在一个地方住太久了就开始厌倦，读书读久了也不耐烦，工作时间不长就计划着跳槽。

人的成长是一个漫长的较量过程，能否取得最后的胜利，不在于一时的快慢。如果你能够在自己成长的道路上静下心来，遇到困难不气馁、不灰心，矢志不移地前进，那么你必将获得最后的胜利。

从古至今，所有追求成功的人都必然付出长久的努力，汉朝的董仲舒，青年时代立志向学，三年不窥园，终于成为一代名儒；东晋的王羲之，临池磨砚，写完数缸水，终于成为旷古书法大家。世上无难事，只怕有心人，持之以恒，便没有爬不上的高峰，也没有跃不过的沟坎。

✒ 点亮人生

俗话说："有恒为成功之本。"无论做任何事情，恒心都是不可缺少的。如果不耐烦而没有恒心，即使掘井九仞，如果不再继续，仍然没有水喝，所有的努力到最后都会功亏一篑。持之以恒的人会在人生的后程发力，经过长时间的积蓄，厚积薄发，往往能笑到最后。

在星云大师的故乡，曾经有一位年轻貌美的信女，她的母亲得了一场重病，当所有人都觉得老人在劫难逃时，她的母亲却奇迹般地康复了。信女相信这是由于观音菩萨的福泽，因此发愿要用头发来绣一尊二丈高的观音圣像。60年过去了，当这位年轻貌美的少女已经变成老态龙钟的老太婆时，这幅神态庄严、面相慈祥的观音圣像也终于绣好了。此时，她那一双秋水般的眼睛也早已失明了。当有人大叹"不值"时，她却淡定地微笑着。时至今日，依然有人为她的持之以恒的精神所感动，连星云大师都不由得赞叹："她的耐烦有恒，非常人所能及！"

人生的定论并非单纯是由个人禀赋决定的，一个人，只有保持坚毅的决心，付出努力，才能一步步接近成功的终点。

正如星云大师教育我们："因为耐烦有恒，读书才会通晓；因为耐烦有恒，做人才能通达；因为耐烦有恒，修行才有成就；所以说'耐烦做事好商量'。"

在人生的道路上，一定要能够耐力持久，才能实现自己的理想，才能获得人生的成功。如果只对事物怀有一时的兴趣和热度，没有恒心去坚持，遇到困难就松懈，那是永远不可能取得成功的。人们在开始一项计划、进军一个目标之前，一定要有明确的观念和自我控制意识，循序渐进，坚持不懈，不能因为自己的任性而功亏一篑，最无益的是一曝十寒。

成功的人做人做事是经得起时间的考验，受得住困难的磨炼，能忍耐得了寂寞的煎熬。蒲松龄给自己写过一副对联："有志者，事竟成，破釜沉舟，百二秦关终属楚；苦心人，天不负，卧薪尝胆，三千越甲可吞吴。"就是鼓励人们坚持自己的志向，有破釜沉舟之势，自己的苦心终将会得到回报。就像荀子所说："锲而舍之，朽木不折；锲而不舍，金石可镂。"

第四章　最好的机遇，就在你身边

唯有自己先倒下，才会被人打倒。

——星云大师

智慧悟语

人生在世，需要自己依靠自己，别人给的依靠永远不如自己强大来得踏实。而且，要让自己独立于世，还要学会掌握自己的命运，不要轻易就被打倒。要懂得常备不懈才是幸运之母，遇到该办的事就立刻去办，绝不拖到第二天，这样才能让你的智慧发挥到最大的极限。别让愚蠢的犹豫不决抹杀了你的才能，使你变得默默无闻。

日本教育界有句名言："除了阳光和空气是大自然的赐予，其他一切都要通过劳动获得。"许多日本学生在课余时间都要去参加劳动挣钱，大学生中勤工俭学的现象非常普遍，有钱人家的孩子也不例外。他们靠在饭店端盘子、洗碗，在商店售货，在养老院照顾老人或做家庭教师来挣自己的学费。孩子很小的时候，父母就给他们灌输一种思想——"不给别人添麻烦"。全家人外出旅行，不论多么小的孩子都要背上一个小背包。别人问"为什么"，父母说："他们自己的东西，应该自己来背。"

人们既应当善用才智，同时也应该勤奋刻苦，因为光有聪明才智不够，还要付诸实践。好运常常眷顾那些主动寻找它的人，但好运也会很快溜走，如果你不在它还伴随你的时候迅速且实在地利用它，你就只能白白地看着到嘴边的鸭子飞走了。所以，要学会把握机会，把握命运，自我进取，自强不息。

✒ 点亮人生

有人问一位著名的艺术家，跟从他习画的那个青年将来会不会成为一个大画家，艺术家一口否认："不，永远不会！他没有生存的苦恼，他每年都会从家里得到好几万元资助。"这位艺术家深深知道，人的本领是从艰苦奋斗中锻炼出来的，而在财富的蜜罐中，这种精神很难发挥出来。

翻开历史我们可以知道，各行各业的许多成功人士，早年大多是刻苦奋斗的孩子，从逆境中脱颖而出。那些发明家、科学家、实业家和政治家，大多是为了实现提高自己地位的愿望而努力向上、勤奋不懈，他们不仅聪慧，而且乐于付诸实践。

成功，并不是偶然的结果，往往是排除困难之后而得到的。伟人产生于艰苦的环境，这通常是一个惯性。

古希腊有个叫德斯梯尼的演说家，儿时曾患有口吃病，不善言谈，结果常常被别人嘲笑。而他的人生志向恰恰是成为演说家。德斯梯尼不甘心屈服于先天的弱点，于是每天跑到海边或爬上高山，口含小石子，高声演讲。舌头和嘴巴常常会被石子磨破，但德斯梯尼从不曾放弃。在自己不懈的努力下，他终于变得能言善辩，成为著名的演说家而名垂青史。

刻苦者知道，必须靠自己才能获得成功人生，而那些生长于优越环境中的年轻人，时常依附于他人而无须靠自己的努力而生存的年轻人，因自小被溺爱惯了，习惯躲藏在父辈的羽翼下，这类人很少能成大事。富家子弟与穷苦少年相比，他们就像温室中的幼苗一样，他们不懂得因劳动而有所得的道理，也很少开动脑筋、勤奋钻研，他们习惯利用现成的东西，以致渐渐将自身的才华磨灭。

勤奋耐劳，你才不会在困难和逆境面前乱了阵脚，无助哀叹；学会吃苦，能够让你在奋斗的路上多一分坚韧，多一些从容。

一个明智的人总是抓住机遇，把它变成美好的未来。

——托·富勒

📖 智慧悟语

现代社会信息爆炸，每天各种有用无用的信息扑面而来，机遇也隐藏在其中。所以，真正能够抓住机遇并给予合理利用的人，多是会倾听的人。

很多时候，机遇就藏在一些小角落里，能不能抓住机遇，就看你会不会倾听。可是在我们的周围许多人常犯这样的毛病，一旦打开话匣，就难以止住。其实，这种人得不偿失，因为他们自己付出得太多，话说得多了，既费精力，又给他人传递太多的信息，还有可能伤害他人；另外，他们无法从他人身上吸取更多的东西，当然问题不在于别人太吝啬，而是他不给别人机会。看来，那些说个不停者确实该改改自己的毛病，多关注你的周围，多听听别人的心声，你会获得更多意外的收获。

点亮人生

金娜娇，京都龙衣凤裙集团公司总经理，下辖9个实力雄厚的企业，总资产已超过亿元。她的传奇人生在于她由一名曾经遁入空门、卧于青灯古佛之旁、皈依释家的尼姑而涉足商界。也许正是这种独特的经历，才使她能从中国传统古典中寻找到契机；又是她那种"打破砂锅"、孜孜追求的精神才使她抓住了一次又一次的人生机遇。

1991年9月，金娜娇代表新街服装集团公司在上海举行了隆重的新闻发布会，在返往南昌的回程列车上，她获得了一条不可多得的信息。

在和同车厢乘客的闲聊中，金娜娇无意间得知清朝末年一位官员的夫人有一身衣裙，分别用白色和天蓝色真丝缝制，白色上衣绣了100条大小不同、形态各异的金龙，长裙上绣了100只色彩绚烂、展翅欲飞的凤凰，被称为"龙衣凤裙"。金娜娇听后欣喜若狂，一打听，得知官员夫人依然健在，那套龙衣凤裙仍珍藏在身边。虚心求教一番后，金娜娇得到了"官员夫人"的详细地址。

这个意外的消息对一般人而言，顶多不过是茶余饭后的谈资罢了，可是金娜娇注意到了其中的机遇。

金娜娇得到这条信息后心更亮了，她马上改变返程的主意，马不停蹄地找到那位近百岁的官员夫人。作为时装专家，当金娜娇看到那套色泽艳丽、精工绣制的龙衣凤裙时，也被惊呆了。她敏锐地感觉到这种款式的服装大有潜力可挖。

于是，金娜娇来了个"海底捞月"，毫不犹豫地以5万元的高价买下这套稀世罕见的衣裙。机会抓到了一半，把机遇变为现实的关键在于开发出新式服装。

一到厂里，她立即选取上等丝绸面料，聘请苏绣、湘绣工人，在那套龙衣凤裙的款式上融进现代时装的风韵，功夫不负有心人，历时一年，设计师制成了当代的龙衣凤裙。

在广交会的时装展览会上，"龙衣凤裙"一炮打响，国内外客商潮水般涌来订货，订货额高达1亿元。

就这样，金娜娇从"海底"捞起一轮"月亮"，她成功了！从中国古典服装中开发出现代新型服装，最终把一个"道听途说"的消息变成了一个广阔的市场。

聪明人能够分辨信息里的那些机遇，并且把它们变成自己的收获和财富。

会心不在远，得趣不在多。

——《菜根谭》

智慧悟语

机会并不是只在我们的想象和等待里，有些机遇往往就在我们身边，就存在于日常的生活和小事中。《菜根谭》中有一段讲如何领会大自然美景的话："会心不在远，得趣不在多。盆池拳石间，便居然有万里山川之势，片言只语内，便宛然见万古圣贤之心，才是高士的眼界，达人的胸襟。"这也就是说，领会大自然的美景不需要去很远的地方，感悟真理的乐趣也不在于知道多少道理。一盆花、一块拳头大小的石头中，就会蕴含万里山川的气势。短短的几句话中，也可以蕴含万古圣贤参透的哲理。这种以小见大的本领，才是高尚达观之士的眼界和胸襟。这句话是在告诉我们，要学会从眼前的风景中看到美丽、从简单的事物中领会玄机。同样的，我们也要学会在自己的身边发现那些宝贵的机遇。

但我们常常舍近求远。我们会为了遥远的"美景"做许多徒劳无功的事情，后来再回到起点，才发现自己渴求的东西就在身边，而以前的种种努力不过是自作聪明，这就是"舍近求远"的本质。"舍近求远"造成了无数失去之后的捶胸顿足，无数次众里寻他中的擦肩而过。它让人们错过机遇，将努力空掷。

点亮人生

在印度民间，流传着一个关于农夫阿利的故事。

农夫阿利生活殷实，一天，一位老者拜访他，对他说道："倘若你得到拇指大的钻石，就能买下附近全部的土地；倘若得到钻石矿，就能够让自己的儿子登上王位。"钻石深深地吸引了阿利。他从此对什么都不感到满足了。

经过辗转反侧的思考后，第二天一早，阿利便叫起那位老者，请他指教在哪里能够找到钻石。老者想打消他的念头，但他完全听不进去。老者只好告诉他："你在很高很高的山里寻找淌着白沙的河。倘若能够找到，白沙里一定埋着钻石。"

于是，阿利变卖了自己所有的地产，让亲人寄宿在街坊家里，自己出去寻找钻石了。但他走啊走，始终没有找到要找的宝藏。他终于失望，在西班牙尽头的大海边投海死了。

人们并不知道阿利已经死去。一天，买了阿利房子的人，把骆驼牵进后院的小河饮水，无意之中发现沙中有块发着奇光的东西。他立即挖出一块闪闪发光的石头，于是带回去放在了客厅的炉架上。过了些时候，那位老者又来拜访这家人，进门就发现炉架上那块闪着光的石头，不由得奔跑上前。

"这是钻石！"老者惊奇地嚷道，"阿利回来了！"

"不！阿利还没有回来。这块石头是我在后院的小河里发现的。"新房主答道。

"不！你在骗我，"老者不相信，"我一走进这房间就知道这是钻石啊。对！这是块真正的钻石！"

于是，俩人跑出房间，到那条小河里挖掘起来，接着便露出了比第一块更有光泽的石头，后来又从这块土地上挖掘出许多钻石。

生活中我们不也常常像阿利一样到别处去寻找所谓的理想，殊不知，机遇往往就在我们身边，在我们的心里。德国大诗人歌德在《浮士德》中这样告诫我们："要注意留神任何有利的瞬时，机会到了，莫失之交臂。"

临渊羡鱼，不如退而结网。让我们练出善于捕捉美景的"火眼金睛"吧。那样，看到一片云，我们就能感受到天地的壮阔；在天时地利之际，任何一件事情都可以成为我们领悟生活的契机。

设计机遇，就是设计人生。

——洛克菲勒

智慧悟语

每个人都希望受到机遇的眷顾，我们都很清楚，自己的人生也许只需要一个机遇，就有可能发生天翻地覆的变化。但是，有智慧的人和普通人对机遇的理解是不一样的。

普通人认为机遇是有形的，是贴着标签的，是任何人都能一眼看出来的价值连城的宝贝，是一种可遇而不可求的东西，它是属于某一个人的。所以，普通人总是坐在那里呼唤机遇，认为机遇一听到他的呼唤便会立刻跑过来帮他改变命运；而有智慧的人不同，他们不会在那里坐等机遇，而是主动地去设计机遇、创造机遇。

这个世界上，有的人之所以穷，是因为他只知道等机会，像"守株待兔"故事中的农夫一样，从早到晚，从日出到日落，可机遇永远不会自动上门。

我们耗去了过往的时光，却等不到机会的出现。从今天起，在等候的同时，我们就做好准备，让自己保持在最佳状态，以便机会出现时，你可以紧紧抓住，不让它溜过。

点亮人生

芳慧的家庭背景非常好，她的母亲是一所著名大学的教授，父亲是一家三甲医院有名的整形外科医生。芳慧的理想是做一名优秀的节目主持人。家庭对她的帮助很大，她完全有机会实现自己的理想。她相信自己有从事这方面工作的才能，因为她感到在与他人相处的时候，大家都愿意和她交谈，对她说出自己内心的想法，这对于一个节目主持人来说是非常重要的。她时常对别人说："只要有人给我一次机会，让我上电视，我相信准能成功。"离开学校参加工作以后，芳慧等待了一年又一年，一直没有人给她提供一个上电视的机会。于是她变得焦急、苦闷，心情烦躁，她不断地乞求上天能赐给她一次机遇。可是，机遇始终没有光临。

而另一个女孩庆莉的情况和芳慧的完全不同。庆莉的家庭条件很差，父母都是很普通的人，他们每天为生活奔波，根本顾不上庆莉。庆莉读书也没有固定的经济来源，她只能靠打工自己养活自己。她和芳慧唯一的共同点就是拥有相同的理想，庆莉也很想成为一个节目主持人。大学毕业以后，庆莉为了找到一份主持人或主播的工作，跑了全国许多家广播电台和电视台，但是，所有的答案都令她失望："我们只雇佣有工作经验的人。"怎样才能获得工作经验呢？她开始为自己创造机遇。一连几个月，她都仔细浏览关于广播电视的各种杂志，她还托人打探各种可能的工作机会。终于有一天，她在报缝中发现了一个令她激动不已的广告：黑龙江省有一家很小的电视台，正在招聘一名天气预报员。黑龙江那边经常下雪，而庆莉是很不喜欢雪的。可是，她已经顾不了那么多了，她急切地需要到那里去。她想别说下雪，就是刮飓风也没有关系，只要能和电视沾上边儿，让我干什么都行。在黑龙江那个电视台工作了两年以后，庆莉积累了丰富的工作经验。当她再次到那家心仪的电视台应聘的时候，几乎是轻而易举就找到了一个职位。又过了几年，庆莉得到提升，成为著名的电视节目主持人。

从庆莉和芳慧身上，我们可以清晰地看到智者和愚者不同的生活轨迹。庆莉不断地实践，不断地积累经验，为自己创造一切可能成功的机遇。芳慧却一直停留在幻想中，坐等机遇，期望天上掉下个大馅饼，然而，时光飞逝，她什么也没做成。和庆莉相比，芳慧显然是生活中的弱者。

把握机遇的并非命运之神，机遇并不是只要你用嘴巴喊两声它就立马跑过来为你所用的，而是要你用智慧去创造。正如伊壁鸠鲁所说："我们拥有决定事情变化的主要力量。因此，命运是有可能由自己来掌握的，只要我们拥有智慧。"

有许多人终其一生，都在等待一个足以令他成功的机会。而事实上，机会无所不在，重点在于当机会出现时，你是否已经准备好了。

第五章　严于律己，专一做事

不以规矩，不能成方圆。

——孟子

智慧悟语

人们所说的规矩，往往就是生活中的约束、戒律。人世间存在的万事万物，都受着一定的约束、戒律，正因为有这种约束、戒律，世间万物才能如此有序且有益地运行。

正如歌德所说："一个人只要宣称自己是自由的，就会同时感到他是受限制的。如果你敢于宣称自己是受限制的，你就会感到自己是自由的。"所以，持戒也是一种自由。当人们能清楚地知道自己该做什么、能做什么，那么人们所能发挥的空间会往往超乎想象，最后所能成就的事业也就绝不简单。一个人如果放任自己做一些违背社会游戏规则的事情，那么他就会在这场游戏中被淘汰掉，那么他又能如何自由自在呢？所以说约束与自由具有相对性和复杂性。

"持戒"的意义就是不侵犯，其精神就是自由。对自己负责才能持戒，才能在面对诱惑的时候想到可能会带来的不利后果，懂得有所为有所不为。唯有持戒的人才有可能对家人对社会负责，才会成为有持戒心、有进取心、有成功心的人。可以这样说，要想有所成就，首先要养成持戒的习惯。

每个人都应当懂得自我约束，趋利避害。人们要持一种"戒"的态度，这不仅适用于修行，同样适用于生活，持戒对人、对事都具有促进作用，能够帮助人们顺应规律而成事，能够促进人们与时代同进步而不后退，从而令人们获得完满自在的生活。

点亮人生

有这样一则寓言：

车轮对方向盘气愤地说："为什么你总是限制我的自由，你凭什么控制我的方向。"方向盘微笑地说："我若不限制你的自由，你横冲直撞早晚会跌到深渊中去。"

从这个寓言我们不难看出，生活中的约束和自由并非绝对的，而是相对的。人们有了戒律才会有自由，因为自由存在的前提是对人的束缚，如果世界上没有各种各样的法律法规，那么，人的自由就无从谈起；如果没有自由，那么对人的约束也就失去了它本身具有的意义和作用。所以，自由和约束看似矛盾，却又是和谐统一的。

我们的人生也是如此，汽车不能离开方向盘的限制，就像人们不能离开戒律和规矩的限制一样。而在方向盘限制的范围内，汽车却可以自由地驰骋，就像人们在社会法律与道德的范围内，可以自由地寻找自己的梦想。人和社会的关系就是汽车和方向盘的关系，不管怎么说，人都是社会性的动物，是离不开社会约束的。虽然生活中很多人都崇尚自由，反对约束，但是这个世界上不可能存在绝对自由的。

北宋人查道为人淳厚，秉性正直，曾任宋真宗的龙图阁待制。有一次，查道外出巡查自己所管辖的地区时，见路旁枣树上有上好的甜枣，随从人员就从树上摘下来拿给了查道。查道要随从人员按价付钱，可此时不见枣树的主人，查道又急着赶路，于是，查道就按甜枣的质量，计算出甜枣的价钱，然后将应付的铜钱挂在树上才走。

按说，旧时封建社会当官的路过，随从在路边摘了一点甜枣，因枣树的主人不在而无法付钱，相信谁也不会说这个当官的有贪欲。可是这个名叫查道的官却硬要按照枣的质量计算价钱，并将应付的铜钱挂在树上，这种"小题大做"即是持戒。在人前人后同样严格要求自己，这样的人没有不被人称道的，这个故事也因此流传至今。

持戒是对自己负责的表现。一个懂得持戒的人更加明白自己肩上的责任。而承担责任是每个人必备的素质之一。人们需要面临的责任是众多的，最为重要的就是要对自己负责。只有对自己负责，使自己有一颗持戒心，才有可能负起其他的责任来。

致虚极，守静笃。
——老子

智慧悟语

道家时常用到"清"与"虚"两个字，"清"形容境界，"虚"象征境界的空灵，二者异曲同工。"致"是做到、达到的意思，"致虚极"，是要空到极点。"守静笃"讲的是功夫、作用，要专一坚持地守住。

南怀瑾用禅宗黄龙禅师的几句形容词来解读了这句话，即"如灵猫捕鼠，目睛不瞬，四足据地，诸根顺向，首尾直立，拟无不中"。是何解呢？讲的是一只精灵异常的猫等着要抓老鼠，四只脚蹲在地上，头端正，尾巴直竖起来，两只锐利的眼珠直盯即将到手的猎物，聚精会神，动也不动，随时伺机一跃，给予致命的一击。这个形容告诉我们，做事时必须精神集中，心无旁骛，方能成功。

自古众生皆有大智慧，小到一草一木、一猫一蛇，都能将老子"致虚极，守静笃"

的六字箴言贯彻得极为彻底。除了灵猫之外，人们十分熟悉的母鸡也是如此。无论发生了什么，母鸡都能专心致志守着自己的蛋，真是泰山崩于前而面不改色。小小一畜生的修定功夫，竟叫万物灵长的人类都望尘莫及。

很多人在做事情时，经常左顾右盼、三心二意，这样距离成功还有很长一段路，因为你的心不能专心到一处，你太容易为了这些琐碎之事分散精力，等到处理完琐事之后再回到初始目标时，又会浪费许多时间去收心，如此三番两次，时间都浪费掉了，人生的大目标也就渐渐地成了不可企及的事。与灵猫、母鸡这些动物的专一相比，很多人实在缺少笃定之心。

古人云，宁静以致远，淡泊以明志。但真正做到的人很少，这主要是因为人们往往把"守静笃"想得太深奥，以至于不敢以自己凡人之身以试之。其实，"守静笃"的重点在于专注，只要你能全心全意地做一件事情，就已经在运用"守静笃"的功夫了。

点亮人生

孔子带领学生去楚国采风。他们一行从树林中走出来，看见一位驼背翁正在捕蝉。他拿着竹竿捕树上的蝉，就像在地上拾取东西一样自如。

"老先生捕蝉的技术真高超，"孔子恭敬地对老翁表示称赞后问，"您对捕蝉想必是有什么妙法吧？"

"方法肯定是有的，我练捕蝉五六个月后，在竿上垒放两粒粘丸而不掉下，蝉便很少逃脱；如垒三粒粘丸仍不落地，蝉十有八九会捕住；如能将五粒粘丸垒在竹竿上，捕蝉就会像在地上拾东西一样简单容易了。"

捕蝉翁说到此处，捋捋胡须，开始向孔子的学生们传授经验。他说："捕蝉首先要先练站功和臂力。捕蝉时身体定在那里，要像竖立的树桩那样纹丝不动；竹竿从胳膊上伸出去，要像控制树枝一样不颤抖。另外，注意力高度集中，无论天大地广，万物繁多，在我心里只有蝉的翅膀，专心致志，神情专一。精神到了这番境界，捕起蝉来，还能不手到擒来、得心应手吗？"

大家听完驼背老人捕蝉的经验之谈，无不感慨万分。孔子对身边的弟子深有感触地说："神情专注，专心致志，才能出神入化、得心应手。捕蝉老翁讲的可是做人办事的大道理啊！"

驼背翁捕蝉的故事向我们昭示了一个真理：摒弃浮躁心态，专心致志，心无旁骛，才能又快又好地达到目标。

凡是大学者、科学家，无一不是"聚焦"成功的。就拿法布尔来说，他为了观察昆虫的习性，常达到废寝忘食的地步。有一天，他大清早就俯在一块石头旁。几个村妇早晨去摘葡萄时看见法布尔，到黄昏收工时，她们看到他仍然伏在那儿，她们实在不明白："他花一天工夫，怎么就只看着一块石头，简直中了邪！"其实，为了观察昆虫的习性，法布尔不知花去了多少个这样的日日夜夜。

生活中，专注不是一种枯燥的实践。对于很多因专注而成功的人，他们就像小朋友搭积木，拆了做，做了拆，其乐无穷，乐在其中。辛劳惯了的农民，让他闲上三五天，他便心里发慌，不如在田里勤苦开心；作家爬格子苦不堪言，但如果一天不看书，不动笔，便会觉得魂不守舍。大抵各行当专注其事的人都如此。所以有王国维说人生的最高境界是：衣带渐宽终不悔，为伊消得人憔悴。换一句话说：当你决定做一件事时，它便是你的生命，为它受苦正是人生的乐事。

> **当人不知道活在这个世界上的目的是什么的时候，就会感到空虚了。**
>
> ——圣严法师

智慧悟语

现代人生活很忙碌，理应感到充实。但事实证明，职场中的人往往感觉不到生活的重心在哪里，内心常常觉得空虚无聊，忙碌的工作、多样化的娱乐方式便都成了暂时的麻醉剂，麻醉时间一过，空虚感又会袭来。圣严法师说："当人不知道活在这个世界上的目的是什么的时候，就会感到空虚了。"洞悉因果的法师自然能从忙碌中感受到充实。所以，我们应该干一行爱一行，做一样像一样，认真对待和享受工作，享受生活。

认真是我们对生活、对人生的一种态度，一个懂得事事都认真的人，一定是一个热爱生活且懂得生活的人，他的生命将因为他的认真而变得丰满而充实。他的人生没有虚度，而且在认真对待每一件事情中赋予了意义。

点亮人生

从前一座山，山上有座庙，庙里有一个老和尚和一群小和尚。其中的一个小和尚在寺院中担任撞钟之职。按照寺院的规定，早上和黄昏各要撞一次钟，小和尚将撞钟的时间牢牢地记在了心中，无论阴天下雨，还是狂风冷雪，他都坚持着自己的工作，钟声从未间断。

但年复一年，小和尚终于厌倦了，他觉得每天撞两次钟实在是再简单不过的工作，周而复始、千篇一律实在太无聊了，心也就渐渐麻木起来。每次撞钟时，或者天马行空地任思想游离在外，或者什么也不想，就如机器一般。

一天，小和尚撞钟时，寺院的住持从旁边经过，他看到小和尚漫不经心的表情，便将他叫到了身边，语重心长地对他说："看来，你已经不能胜任撞钟这个工作了，你还是去后院砍柴挑水吧！"

小和尚既不解又委屈："师父，撞钟还需要什么特别的能力吗？难道我撞得钟声不够响亮？还是曾经耽误过时间？"

住持说："你很准时，撞得钟声也很响亮。但是你的钟声中有什么特殊之处吗？"

"需要什么特殊的东西呢？"

"你没有理解撞钟的意义。钟声不仅仅是寺里作息的信号，更为重要的是唤醒沉迷的众生。因此，钟声不仅要洪亮，还要圆润、浑厚、深沉、悠远。心中无钟，即是无佛；如果不虔诚，怎能担当撞钟之职！扪心自问，你的心中有钟吗？"

小和尚低下了头，脸上露出了惭愧之色。

"暮鼓晨钟"是寺院里的规矩，但是规矩的存在并非只是一种古板的刻意为之，其中总是蕴含着更多的深意。小和尚只是将工作当成了工作，而没有用心去体会更深层次的含义，以至于将撞钟当成了一份机械重复、不带任何感情的工作。所以，他这个"撞钟和尚"不够合格。

每个人都有自己应尽的本分与职责，禅修如此，工作更是如此。在生活与工作中投入自己的热情，认真对待，才不会在修行之后如竹篮打水，一无所得。

第六章　用智慧的心看待成败

失败对我们是有好处的，我们应祝福灾难，我们是灾难之子。
——罗曼·罗兰

智慧悟语

失败大多是一些令人痛苦的经验，甚至是让人生受到重创的体验。无论是什么人，不管有多伟大，多么不同凡响，在人生之路都或多或少地经历过失败，只不过是轻重程度不同而已。在人生旅途上，失败是正常的，重要的是面对失败的态度是什么，是否能够反败为胜。在通往成功的道路上，更重要的是不断地探索发现，总结失败的经验。唯有这样，才能在失败后重新站起来，迎接新的挑战。

其实，如果能够把失败当成人生必修的功课之一，用正确的态度来面对，那么，你就会发现，所有的失败的经历都会带来一些意想不到的益处，都是铺向成功的道路。

点亮人生

美国《生活》周刊曾评出的过去1000年中100位最有影响力的人物中，托马斯·阿尔沃·爱迪生名列第一。

爱迪生出身低微，他的"学历"是一生只上过3个月的小学，老师因为总被他古怪的问题问得张口结舌，于是当着他母亲的面说他是个傻瓜，将来不会有什么出息。母亲一气之下让他退学，由她亲自教育。这时，爱迪生的天资得以充分展露。在母亲的指导下，他阅读了大量的书籍，并在家中自己建了一个小实验室。为筹借实验室的必要开支，他外出打工，当报童卖报纸。他用积攒的钱在火车的行李车厢建了个小实验室，继续做化学实验研究。有一天，化学药品起火，几乎把整个车厢烧掉。暴怒的行李员把爱迪生的实验设备都扔下车去，还打了他几记耳光，爱迪生因此失去了听觉。

爱迪生虽未受过良好的学校教育，但凭着个人奋斗和非凡才智获得了巨大成功。他以坚韧不拔的毅力、罕有的热情和精力从千万次的失败中站了起来，克服了数不清的困难，成为发明家和企业家。仅从1869年到1901年，他就取得了1328项发明专利。在他的一生中，平均每15天就有一项新发明，他因此被誉为"发明大王"。

爱迪生献身科学，淡泊名利。在研制电灯时，记者对他说："如果你真能造出电灯来取代煤气灯，那你一定会赚大钱。"爱迪生回答说："一个人如果仅仅为积攒金钱而工作，他就很难得到一点别的东西——甚至连金钱也得不到！"他一直被称作现代电影之父，可是在电影界人士为他举行的77岁寿辰盛大宴会上，他说："对于电影的发展，我只是在技术上出了点力，其他的都是别人的功劳。"

爱迪生胸襟开阔、善处逆境。针对自己的耳聋带来的不便，他说："走在百老汇的人群中，我可以像幽居森林深处的人那样平静。耳聋从来就是我的福气，它使我免去了许多干扰和精神痛苦。"1914年12月的一个夜晚，一场大火烧毁了爱迪生的研制工厂，他因此而损失了价值近百万美元的财产。爱迪生安慰伤心至极的妻子说："不要紧，别看我已67岁了，可我并不老。从明天早晨起，一切都将重新开始，我相信没有一个人会老得不能重新开始工作的。灾祸也能给人带来价值，我们所有的错误都被烧掉了，现在我们又可以一切重新开始。"第二天，爱迪生不但开始动工建造新车间，而且又开始发明一种新的灯——一种帮助消防队员在黑暗中前进的便携式探照灯。火灾对爱迪生就像是一段小小的插曲。

大波大浪才能显示人的能力；大起大落才能磨炼人的意志；大悲大喜才能清洗人的心灵；大羞大耻才能洗涤人的灵魂。人活在世界上，不可能一帆风顺，每个人成功的故事背后都写满了辛酸和失败。敢于正视失败，能以正确的态度面对失败，不退缩、不消沉、不迷惑、不脆弱，才能有成功的希望。

因此，要善待失败，正如一首歌中所唱：心若在，梦就在，天地之间还有真爱，看成败，人生豪迈，只不过是从头再来……

> **天才是百分之九十九的汗水加百分之一的灵感。**
> ——爱迪生

智慧悟语

俗话说得好："宝剑锋从磨砺出，梅花香自苦寒来。"在日本经营之圣稻盛和夫"六项精进"理论之中，第一项就是说："付出不亚于任何人的努力。"这意味着稻盛和夫这样的成功者是将付出放在成功必备条件的首位，由此可见付出的重要性。

然而，生活中许多人都沉迷于现状，满足于微薄的收获，没有努力的心念，不思进取地生活和工作着。看到别人取得的成绩，心里有多少妒忌，只有期望的眼神，没有行动的举止。懒惰、松懈的沉寂在幻想中。有些人会怨天尤人，或是埋怨自己的命运，哀叹自己没有好的开端。这样的人，大都做着"天上掉馅饼"的美梦，期望着"不劳而获"的奇迹。但在这个世界上没人愿意做"赔本的买卖"，即便是老天爷，也不愿意在你没有付出的情况下给予你幸福荣耀的人生。

成功的路就在自己的脚下，只要能迈出努力的第一脚，成功就会慢慢靠近你。并不是说"是金子总会发亮"这个道理，发亮的金子也需要自己的努力，不付出努力，又怎能呈现闪亮的光芒。只要付出自己的努力，或多或少，或微乎或显露，终究会得到相应的成功。

付出就会有回报，这是中国人传统教育人的经典；再加上改革开放后形成的'爱拼才会赢'的现代经典语言，激励了很多人为梦想而奋斗。付出不亚于任何人的努力，显赫的成绩就会等着你。

点亮人生

王安石的《伤仲永》就讲述了一个不思进取的故事。

北宋末年，江西金溪世代务农的方家出了一个叫方仲永的神童。方仲永五岁之前，都不认识笔、墨、纸、砚是什么东西，却在5岁那年的一天，突然哭着向家人索要笔、墨、纸、砚。

父亲对此感到惊异，从邻近人家借来给他，方仲永当即写了四句诗，并且题上自己的名字。这首诗以赡养父母、团结同宗族的人为内容，传送给全乡的秀才观赏。从此，人们指定物品让他作诗，方仲永总是能立即写好，诗的文采和道理都有值得看的地方。同县的人对他感到惊奇，渐渐地把他的父亲当作宾客一样招待，有的人还花钱求仲永题诗。

方父认为这样有利可图，每天拉着仲永四处拜访同县的人，不让他学习，渐渐荒废了方仲永的才能。因此，到了方仲永十二三岁的时候，他所作的诗已大不如前，十分普通了，到了他20岁左右时，他也完全写不出有文采的诗词来，完全变成一个普通的农人了。

由方仲永的故事我们可以领悟出一个道理：一个天才，如果不懂得付出努力，天才也将变庸才。无论一个人的资质是多么优秀，要想获得成功，他都必须付出努力。先天的聪慧秉性并不是我们获得成功的必然保证。

生活毕竟不是童话，要想赢得好的生活，你首先要付出你的努力才行。如果你想得到的比别人多，日子过得比别人幸福，那么你就必须付出比别人多的努力，你才能超越他们，实现自己的梦想。

天道酬勤是亘古不变的真理，也许自幼聪明的你以为自己不用认真学习也会取得好成绩，赢得同学们的尊重，其实先天的资质再好，也需要后天的刻苦努力，不要让聪明的你成为下一个"方仲永"！

成功＝艰苦劳动＋正确的方法＋少说空话。

——爱因斯坦

智慧悟语

言出必行，不高谈阔论，是一个人进行道德品质修养的重要内容。少说些漂亮话，多做些实际事，应成为恪守的生活准则。伊朗谚语云："如果空喊能造出一所房子，驴子也能修一条街了。"这对于那些只知道夸夸其谈而不干实事的人是一个莫大的讽刺。

生活中，许多人都有好的想法，却没有将其付诸实践的勇气，不愿意做实事。然而，不管你的计划多么周密，创意多么新颖，除非身体力行，否则永远不会有收获。再好的创意，如果没有行动，最后也只能被淹没在历史的洪流中。

是的，一张地图，无论它绘制得多么详细，比例多么精密，但它不能让它的主人在地面上移动哪怕是一寸；一部法典，无论它写得如何公正，但它绝对不能预防罪恶的发生；一本食谱，无论它写入多少山珍海味，但它也解决不了任何人一时的饥饿问题，还不如几口粗茶淡饭来得实在。

天下最可悲的一句话就是："我当时真应该那么做，却没有那么做。"每天都能听见有人说："如果我当时就开始做那笔生意，早就发财了！""我早就料到了，我好后悔当时没有做。"只可惜，天下没有卖后悔药的。因此，有了创意，就不要再光说空话，而要尽快付诸行动，做实事才好。

在生活中，我们最好拜格雷厄姆或费雪这样的理论家兼实践家为师，如果找不到的话，也要尽量拜实践家为师，对务虚不务实的"空头理论家"的观点则要保持谨慎。说得简单一点，就是要做到：少说空话，多做实事。

点亮人生

有一个很落魄的青年人，每隔三两天就到教堂祈祷，而他的祷告词几乎每次都相同。

第一次，他来到教堂跪在圣坛前，虔诚地低语："上帝啊，请念在我多年敬畏您的分上，让我中一次彩票吧！"

几天后，他又垂头丧气地回到教堂，同样跪着祈祷："上帝啊，为何不让我中彩票呢？请您让我中一次彩票吧！"

又过了几天，他再次去教堂，同样重复他的祈祷。如此周而复始，不间断地祈求着，直到最后一次，他跪着说："我的上帝，为何您听不到我的祈求？让我中次彩票吧！只要一次就够了……"

就在这时，圣坛上突然发出了一个洪亮的声音："我一直在垂听你的祷告，可是，最起码你也应该先去买一张彩票啊！"

看过这个故事之后，人们除了一笑外更应引起反思。正如有句话说得好："一百次心动不如一次行动！"因为行动是一个敢于改变自我、拯救自我的标志。通向胜利之路要务实，不要坐而论道。

著名科学家爱因斯坦同一位爱讲空话的青年有一段有趣而又深刻的谈话。那位爱说空话、不肯用功的青年，整天缠着爱因斯坦，要他说出什么是成功的"秘诀"。爱因斯坦给他写下了这样一个公式：$A=X+Y+Z$。爱因斯坦解释说："A 代表成功，X代表艰苦劳动，Y 代表正确的方法……"

"Z 代表什么呢？"那位青年人迫不及待地问。

"代表少说空话！"爱因斯坦回答说。

的确，空话、漂亮话谁都会说，但重要的则是去行动、去实干。一个人是否具有实干精神，可以反映出一个人的做事态度、道德情操和思想境界。一个实干的人往往能赢得他人的敬佩，获得人心，才能为自己赢得成功。

昔之善战者，先为不可胜，以待敌之可胜。不可胜在己，可胜在敌。

——《孙子兵法》

智慧悟语

每个人心中都有一颗渴望成功的种子，它在寻找合适的机会生根发芽。可是在漫长的人生道路上，能够事如所愿的人寥寥无几。当他们回头再看来时的路时，也许会发现，之所以失败只是因为自己没有再试一次的勇气，没有意识到失败对自己的价值。

孙子的这句话是说，从前会打仗的人，先要造成不会被敌人打败的条件，再等待可以战胜敌人的机会。这其实在揭示这样一个道理：不会被敌人战胜，主动权操在自己手中；能不能战胜敌人，却在于敌人。

综观古代的许多战例，大凡军队出征之前，定当部署守土之兵；军队行进之时，必先安排断后之将；两军交战之后，均须防备对方晚上劫营。

照此做去，两军对垒之时，有可胜之机则战而胜之，无取胜之便也不会被敌人所乘而致落败。

其实人生也是这个道理，比如一个人若想在政界脱颖而出，必须言不逾矩，行不忤法，否则授人以柄，难免前功尽弃，到时候纵有高才奇志也是枉然。

点亮人生

一位成功的企业家曾经说过这样一句话："面对失败不放弃努力，不放弃自我，用'再试一次'的勇气，去重新寻找目标，锲而不舍地攻破一切难关，永不言败。"这就是一个成功者的成功之道。这位企业家从一个普通的业务员到部门经理，到分公司经理，再到总经理，实现了一次又一次的飞跃。成功之前的他，曾经经历过无数次的失败，但是只要有一线希望，他就会不断地"再试一次"、不断地努力、不断地探索、不断地总结经验、又不断地前进……

甲斐的武田信玄作为当时赫赫有名的武将，准备积聚了很大实力之后，决定西征，讨伐织田信长。

这个时候，一向以沉着冷静著称的德川家康也开始冲动起来。1572年，武田信玄率领数万大军上京争霸，途经德川家康的居城滨松，竟旁若无人地在城下列队而过。

当时家康才30岁出头，年少气盛的他觉得受到了侮辱，若任由武田军在自己的领土经过则是"武士的耻辱"，于是立刻率军尾随，谁知却中了信玄的计，在三方原几乎被全歼，家康则单骑逃回居城滨松，中途吓得还尿湿了裤子，样子十分狼狈。

当时家康马上差人请画师过来，要求把他的丑态画在纸上，并终生把此画挂在自己的座位旁边来提醒自己。

三方原之战，家康因骄矜自满，不遵兵法而大败，此后他深刻地吸取了失败的教训，从中体会到有勇无谋的危险以及参谋作业和企划幕僚的重要。

从此，他积极地充实军备，改良战术。他开始精心培养智囊团，如政治参谋、情报参谋、战略参谋，这些参谋使德川家康兵团形成一个布局沉稳，有计划、有组织、有效率的团队，对他后来打败群雄，扫除反对势力，掌握全国大权有极大的贡献。

他在心中把织田信玄当作老师，潜心研究信玄的兵法和战术。

信玄死后，家康又与武田胜赖为敌，家康利用学到的信玄的战法，进攻骏河并且轻易地攻陷武田在东三河的据点长筱城。

家康轻易地攻陷长筱城，从此一跃成为少有对手的军事战略专家。

失败本身并不是坏事，家康正是从失败中学习到了宝贵的东西，为以后人生的成功奠定了一定的基础。

其实，每个人都难免会遭遇失败，失败其实并不可怕，但如果失败了你却毫无意识，甚至还自以为胜，置身于人生陷阱中而不知，这才是一种人生的悲哀。

在面对可能出现的败局时，我们不能放之任之，因为这种败局只是一种可能，没有必然性。在为梦想奋斗的过程中，能够让我们获得荣誉的最关键因素，是内心"再试一次"的信念。是因为知道，失败的价值在于让自己不断总结经验教训，让自己在挫折中不断成长。

我们做任何事必须像飞行员远航归来一样，只有完成最后一个制动动作，将飞机安然停在停机坪的预定位置上，才能算是完成一个精彩的起落。人们只有精神饱满、严肃认真地使事情精彩结尾，才算是真正将理想变为现实。

> **为利图名如燕雀营巢，争长争短如虎狼竞食。**
>
> ——《渔樵闲话》

智慧悟语

人常常被得失所左右，一时的成败得失、争短论长，常常让人陷入欲望的陷阱。佛经中说，凡是对一切人世间或物质世界的事物，沾染执着，产生贪爱而留恋不舍的心理作用，都是欲。情欲、爱欲、物欲、色欲，以及贪名、贪利，凡有贪图的都算是欲。只不过，欲也有善恶之分，善的欲行可与信愿并称，恶的欲行就与堕落衔接。

得失的欲望对于每一个人，都是情感宣泄和精神的需求，是消解生活与乐趣的方式。得可以是荣耀，失可以是尺度。智者看淡得失，耿耿于怀者则斤斤计较。

点亮人生

春秋时，楚王行猎，失落了一张名贵的弓，众人四下披草寻觅，却一无所获。侍卫长忧惧万分，匍行回报，自愿领罚，想不到楚王仰天而笑，挥手说："楚王遗弓，楚人得之，皆吾胞吾民，不必找了！"这事很快传扬开来，市井酒肆之间，闻者无不动容，都称颂圣上心量宽宏，是恺悌君子。有人去问孔子，孔子点点头，淡然一笑，只说："天下人人可得，何必曰楚？"孔子在慨叹楚王的心还是不够大，人掉了弓，自然有人捡得，又何必计较是不是楚国人呢？

"人遗弓，人得之"应该是对得失最豁达的看法了。生生死死，死死生生，世间的一切总是继往开来，生息不断的得与失，到头来根本就是一无所得，也一无所失！

有首小诗中说："不要说你得到的太少太少，不要说你失去的太多太多，多的还会化成少，少的还会化成多……"然而，许多人却看不透得失的本质。

患得患失的人，一生总是很苦恼，对取舍疑虑不决，本来拥有一些自己并不需要而多余的东西，却又费尽脑汁想使这些东西不减反增。其实，得与失只有一线之隔，意以为得，就是得意；意以为失，就是失意。颜回居陋巷，一箪食，一瓢饮，也能得意在其中；秦王统一六国，兼并天下，也能失意于其间。说到底，总是内心蠢蠢的欲望在作祟。

依据老子的本意，要使得人们真正做到不受私欲主宰，必须"虚其心，实其腹，弱其志，强其骨，常使民无知无欲"。如此这般，在现实社会谈何容易？难就难在无欲与虚心。正因为不能无欲，因此老子才教给人们一个消极的办法，只好尽量避免，"不见可欲，使民心不乱"。

有首禅诗说："尘沙聚会偶然成，蝶乱蜂忙无限情；同是劫灰过往客，枉从得失计输赢。"世界本是一颗颗沙子堆拢来，偶然砌为成功的世界，人生亦是如此，偶然中有必然，必然中有偶然。蝶乱蜂忙，人们就像蜜蜂蝴蝶一样，到处飞舞，痴迷忙碌，正所谓："不论平地与山尖，无限风光尽被占；采得百花成蜜后，为谁辛苦为谁甜。"

人生一世，劳苦一生，为儿女、为家庭、为事业，最后直到生命之火燃尽，仍找不到生命的答案。明知道到头来终是一场空，也跳不出世俗的羁绊。人在旅途，同为劫灰过往客，又何必在一时的输赢得失中斤斤计较？

> **一个尝试错误的人生，不但比无所事事的人生更荣耀，并且更有意义。**
>
> ——萧伯纳

智慧悟语

抛向空中的硬币，只有在落到地上的那一刻，才知道究竟哪面朝上。人生的成功与失败，亦是如此，不到最后一刻，都不会知道结果到底如何。每个人都期望着成功的来临，却也无法避免失败的造访。

我们谁都不愿意失败，因为失败意味着以前的努力将付诸东流，意味着一次机会的丧失。不过，一生平顺，没遇到失败的人，恐怕是少之又少。为了避开失败的挫折与打击，人们绞尽脑汁、费尽心思。甚至因为害怕失败就"讳疾忌医"，拒绝尝试。

《阅微草堂笔记》有这样一个故事：有一个棋迷，有时赢，有时输。一天他遇到神仙，便问下棋有无必赢之法。神仙说是没有必赢之法，却有必不输之法。棋迷觉得能有必不输之法，倒也不错，便请教此法。神仙回答说："不下棋，就必不输。"

哲学家冯友兰由此得出的结论是：一切事情都是可以成功，可以失败，怕失败就不要做。一个人成功的关键，不在于躲避失败，而在于勇于尝试。只有在不断的尝试中，你才能一步一步地走近成功；只有通过艰难的尝试，你才会看到事情的结果。如果因担心失败而放弃了尝试的机会，也就意味着同时放弃了成功的可能，其实成功和人生一样，就是一场冒险。

点亮人生

横跨曼哈顿和布鲁克林之间河流的布鲁克林大桥是个地地道道的机械工程奇迹。1883 年，富有创造精神的工程师约翰·罗布林雄心勃勃地意欲着手这座雄伟大桥的设计，然而桥梁专家们却劝他趁早放弃这个"天方夜谭"般的计划。罗布林的儿子，华盛顿·罗布林，一个很有前途的工程师，确信大桥可以建成。父子俩构思着建桥的方案，琢磨着如何克服种种困难和障碍。他们设法说服银行家投资该项目，之后，他们怀着不可遏止的激情和无比旺盛的精力组织工程队，开始建造他们梦想中的大桥。然而在大桥开工仅几个月后，施工现场就发生了灾难性的事故。约翰·罗布林在事故中不幸身亡，华盛顿的大脑严重受伤，无法讲话，也不能走路了。谁都以为这项工程会因此而泡汤，因为只有罗布林父子才知道如何把这座大桥建成。然而，尽管华盛顿·罗布林丧失了活动和说话的能力，但他的思维还同以往一样敏捷。一天，他躺在病床上，忽然想出一种和别人进行交流的方式。他唯一能动的是一根手指，于是他就用那根手指敲击他妻子的手臂，通过这种密码方式，由妻子把他的设计和意图转达给仍在建桥的工程师们。整整 13 年，华盛顿就这样用一根手指发号施令，直到雄伟壮观的布鲁克林大桥最终建成。

渴望成功，也愿意为了成功而去冒险，明知有失败的存在，仍然肯去尝试。其实，人生需要的便是这种精神与魄力。人生中不可能没有失败，而为了躲避失败，就止步不前，就像神仙劝诫的"不下棋，就不必输"，成功就会成为永远无法实现的幻想。

丢开失败的恐惧，坚定地迈出尝试的第一步，才有可能看到成功的影子。不试过，永远不知道结果如何。大多数人都存在谈败色变的心理，然而，若从不同的角度来看，失败其实是一种必要的过程，而且也是一种必要的投资。数学家习惯称失败为"或然率"，科学家则称之为"实验"。如果没有前面一次又一次的"失败"，哪有后面所谓的"成功"呢？

第十一篇

揭开财富的面纱

第一章　心中的财富是真财富

富与贵，是人之所欲也，不以其道，得之不处也。
——《论语》

智慧悟语

　　金钱的魅力确实不容忽视，但是我们不能只看到孔子说的"富与贵，是人之所欲也"这句话，而忽略后面的部分。他还说如果不是通过正当的手段得来的财富与地位，那宁愿不要。这和孔子所说的"不义而富贵，于我如浮云"一个道理。与之相反的是贫贱，没有人喜欢贫贱，就算是一个很有仁义修养的人也不喜欢贫贱，当然这并不是说他不能安贫乐道。富与贵，每个人都喜欢，都希望有富贵功名，有前途，做事得意，有好的职位，但如果不是正规得来的则不要。相反的，贫与贱，是人人讨厌的，即使一个有仁道修养的人，对贫贱仍旧是不喜欢的。可是要以得当的方法上进，慢慢脱离贫贱，而不应该走歪路。

点亮人生

　　人们经常在"富贵"的诱惑中迷失自我，忘记应坚守的"义"，忘记应持守的"品"，忘记自己独立的精神人格，一步步滑向"不义"的深渊。

正如杜甫诗中所写："丹青不知老将尽，富贵于我如浮云。"曹霸爱绘画竟不知老年将至，看待富贵荣华有如浮云一样淡薄。幸福与富贵无关，不生病，不缺钱，做自己爱做的事，就是生活的幸福。

美国曾在 1980 年通过了《新难民法案》，使得居住在纽约水牛城收容所的 500 名难民成了美国的合法公民。这些人大多是来自贫困国家的偷渡者，希望来美国实现自己的幸福梦。

新法案颁布 25 周年时，这些新法案的受益者们搞了一次集会，他们承认自从成了美国公民以后，生活有了空前改善，但是，幸福的梦想远远没有实现。

一位社会学教授闻知此事，便展开了调查。首先他对那批难民的身份进行了一次全面的核实，发现这 500 人有一些共同点，即贫穷艰苦的经历和对金钱强烈的渴望。这批偷渡者由于都有着强烈的发财梦，来美后，经过二十余年拼搏，有将近一半的人，靠冒险和吃苦的精神达到了美国中产阶级的水平。

那么，为什么他们没有找到梦寐以求的幸福呢？

为了找出根源，教授对他们一一进行调查。下面是他对其中的 3 位所做的调查记录：

某水产商，初来美国时，在迈阿密的水产一条街做黄鱼生意，现已由原来的一间店铺，发展为连锁店。20 年来，为挤垮竞争对手，未休息过一天，更未出外度过一天假。

某房产开发商，1995 年之前，在 12 个市镇拥有房产开发权，因逃税被判一年六个月监禁，剥夺开发权，罚款 7300 万美元，现从事涂料进出口业务。

某中介商，来美国后一直从事海地、多米尼加、波多黎各等国的劳务输出工作，通过他，本家族 60% 的人在美国打工或暂住，现和他一起居住的亲属有十几人。

教授的调查报告历数了每个人的生活状态，这份报告被交到美国国务院之后，迅速被移交到移民部。没过多久，原纽约水牛城收容所的 500 名难民每人收到一个小册子，小册子的封面上写着：一个穷人成为富人之后，如果不及时修正贫穷时所养成的贪婪，就别指望能跨入幸福的境界。

2005 年的某天，美国《加勒比海报》报道，有一位来自加勒比海地区的富翁卖掉公司，打算去过简朴的生活。第二天，教授收到美国移民局的一封信：这批难民中已有一人找到了富裕后的幸福。

人生自有乐趣，并不需要一味地依靠物质，不需要虚伪的荣耀，不合理、非法、不择手段地做到了富贵是非常可耻的事。孔子说，这种富贵，对他来说等于浮云一样，聚散不定，看通了这点，自然不会受物质环境、虚荣的惑乱，可以建立自己的精神人格了。

> 钱财不积则贪者忧，权势不尤则夸者悲，势物之徒乐变。
>
> ——庄子

智慧悟语

这是庄子《徐无鬼》中的一句话，指的是追求钱财的人往往会因钱财积累不多而忧愁，而贪心者是永不满足的；那些追求地位的人常因职位不够高而暗自悲伤；迷恋权势的人，特别喜欢社会动荡，以求在动乱之中借机扩大自己的权势。而这些人，在追求名利地位和财富的过程中会因为一些小的事情而方寸大乱，在面对失势，破产，降职的情况下就会在私底下或者人的背面开始耍上阴谋诡计，让自己越陷越深，这正是人们常说的想不开、看不破的人，而这些人注定被这些欲望的烦恼苦苦缠身，不得快乐。

追求钱财的人因钱财积累不够多而忧愁，而贪心者永不满足。人生自有其乐趣，并不需要一味地依靠物质，将财富看得过于重要，不停地追逐，即使财富到手，也会失去生活的幸福，这是多么可悲的一件事！

无可否认，财富具有无可比拟的魅力，人们追求财富，是为了更好地生活。然而，财富对于一些贪财之人来说，如同美女之于色狼，虫子之于麻雀，骨头之于流浪狗。他们的眼中只有财的诱惑，甚至重视财富胜过重视性命。爱财达到如此境界的人，便如同走火入魔，不可救药了。

点亮人生

爱财太过，是取祸之道。一个为财迷失了自我的人，不仅得不到生活的幸福，反而会跌进不幸的深渊。

一天傍晚，两个非常要好的朋友在林中散步。这时，有个小和尚从林中惊慌失措地跑了出来，两人见状拉住小和尚问："小和尚，你为什么如此惊慌，发生了什么事情？"

小和尚忐忑不安地说："我正在移栽一棵小树，却忽然发现了一坛金子。"

这俩人听后感到好笑，说："挖出金子来有什么好怕的，你真是太好笑了。"

然后，他们问："你是在哪里发现的，告诉我们吧，我们不怕。"

小和尚说："你们还是不要去了吧，那东西会吃人的。"

两人哈哈大笑，异口同声地说："我们不怕，你告诉我们它在哪里吧。"

于是，小和尚只好告诉他们金子的具体地点，两个人飞快地跑进树林，果然找到了那坛金子。

一个人说："我们要是现在就把黄金运回去不太安全，还是等到天黑以后再运吧。这样吧，现在我留在这里看着，你先回去拿点饭菜，我们在这里吃过饭，等半夜的时候再动手。"

于是，另一个人回去取饭菜了。

留下来的这个人心想：要是这些黄金都归我，该有多好！等他回来，我一棒子把他打死，这些黄金不就都归我了吗？

回去的人也在想：我回去之后先吃饱饭，然后在他的饭里下些毒药。他一死，这些黄金不就都归我了吗？

没过多久，回去的人提着饭菜来了，他刚到树林，就被另一个人用木棒打死了。然后，那个人拿起饭菜，吃了起来，没过多久，他的肚子就像火烧一样痛，这才知道自己中毒了。临死前，他想起了和尚的话：和尚的话真对啊，我当初就怎么不明白呢？

财有时不但不能给人带来幸福，甚至有时能够夺走人的性命。这两个人不听小和尚的话，白白丢了性命。

人们经常在富贵的诱惑中迷失自我，忘记了生活的本意，结果得到的财富越多，失去的幸福也越多。

古时候，有个人想出了一个捕捉火鸡的方法。他把箱子制作成一个有进无出的陷阱，一旦火鸡进去了，只要把进口堵上，火鸡就很难逃出来。

这天，他抓来一把玉米，从箱子外面一路撒下去，一直撒到箱子里面，然后他在箱子盖上系了一根绳子，自己攥着绳子的一端，远远地躲在一边，等着火鸡的到来。不一会儿，一群火鸡看到了玉米粒，都欢快地啄食起来，这个人数了数一共有10只呢。10只够他吃好几天的了。先是3只进箱子里了，随后接连进去5只，他盯着外面的两只火鸡，要是它们也进去了，自己就可以一个礼拜不用出来工作了。

这个人正想着，一只火鸡溜了出来。他懊悔地想刚才真该拉绳子。如果再进去一只我就关，他这样想。可是又出来两只，在他想的时候又跑出来两只。

最后，这个人眼睁睁地看着那群火鸡心满意足地离去了。箱子里什么都没有了，包括他的玉米粒。

有些人因为过分贪婪，想得到更多的财物、利益，结果连现有的都失掉了。如果人们在一开始就知道满足，就知道平心静气地拉下绳子，停止欲望扩散，那么结果就会是另一番景象了。

贪欲犹如一只拦路虎，让许多人烦躁不安，不能静心，如果懂得满足，让自己远离贪欲这只拦路虎，那就能给自己的心灵一片轻松，在宁静中自由地驰骋。

物物而不物于物。

——庄子

智慧悟语

"物物而不物于物"，利用物而不受制于物，那么怎么可能会受牵累呢？因此，做人要保持一颗平静的心，学会"物来而应，过去不留"，做物质的主人，而不要受制于物、成为物质的奴隶。

那么，如何面对这些物质呢？怎样克制自己的欲望不膨胀呢？佛家的观点是"从'不要'当中去拥有更宽广的精神境界"。庄子在《庄子》中也有这样的观点，他写道："至人之用心若镜，不将不迎，应而不藏，故能胜物而不伤。"即来去随缘，而不是执着地求取，贪念丛生。

点亮人生

世界上的奴隶有多种，有的人出生在一个贫穷的人家，被不幸的卖身为奴；而有的人出生在落后地区，从小没有机会受教育，一生一世只有给人使唤、奴役，一点自己的主张都没有；还有的是先天的环境很好，后天因为自己利欲熏心，成了丧失人格的奴隶。除此以外，还有其他很多不同种类的奴隶，有的人做了金钱的奴隶，有的人做了功名的奴隶，有的人做了爱情的奴隶，有的人做了物质的奴隶，有的人做了思想上的奴隶，有的人做了名位的奴隶。

一次，一位教授上课前手里拿着一只盛着牛奶的杯子。他举起杯子，让所有的学生都看到，然后对着学生问道："你们猜猜看，这只杯子的重量是多少？"

"50克！""100克！""125克！"……学生们争先恐后地回答。这时，教授说："现在，我的问题是：如果我把它像这样举几分钟，会发生什么事情呢？"

"什么事情都不会发生。"学生们异口同声地回答。

"好吧。那么，举一个小时会发生什么事情呢？"教授继续问到。

"你的手臂会疼痛起来。"其中一个学生回答。

"你说得对。如果我把它举一天会怎么样呢？"教授微笑地看着各位同学。

"你的手臂会变得麻木，肌肉会严重拉伤和麻痹，最后你肯定得去医院。"另一个学生冒失地说。听到这俏皮的语言，所有的学生都笑了。

"很好。不过，在这期间水杯的重量发生改变了吗？"教授严肃起来，问道。

"没有呀。"大家一起回答。

"那么是什么使手臂疼痛、肌肉拉伤的呢？"教授停顿了一下又问道，"在我手臂开始疼痛之前，我应该做点儿什么呢？"

学生们迷惑了。

"把杯子放在桌子上呀！"有个学生说。

"对，"教授说道，"其实，生活中的问题有时就像我手里的这杯牛奶。我们埋在心里几分钟没有关系。如果长时间地想着它不放，它就可能侵蚀你的心力、思想和灵魂，最终让你变成它的奴隶。那时你就什么事也干不了了，只能做它的奴隶，完全听从于它的安排。

"生活中的问题固然要重视它，不能忽视，但不能总惦记着它。不然，不知不觉间它会把你压垮，等到压垮的那一天你后悔也晚了。

"同学们，拿起杯子的时候，我们是想要这杯牛奶，但是我们如果老是拿在手上，不肯放开，那我们就只能受制于它，成为它的奴隶。世间的其他物质也一样，不要总是惦记着，在追求物质、追求财富的过程中，一定要懂得适度，懂得放松，千万不要成为物质的奴隶。"教授总结性的发言，引起同学们的阵阵掌声，大家从这一堂生动的课中领悟到了许多。

物质是人生所需要的，有的人为了不断追求物质财富，最后一辈子劳心劳力，省吃俭用，到头来都没有多长时间停下来好好去享受自己的劳动成果。要知道物质够用就好，不要为了积聚物质而为物质所用、所制。例如，有的人有了十万想要一百万，有了百万又想千万，有了两室一厅想要四室两厅，有了四室两厅又想要小别墅，一生都不停止，追求物质的欲望之心越来越膨胀，让自己一直都为物质而忙个不停。

现代社会，在某种程度上"物欲横流"这个词成为流行。物质崇拜或物质信仰，确实让一些人迷失了方向。对于物质，有些人真的是心甘情愿做它的奴隶，觉得人生没有物质生活难以继续下去，因此那些人做了衣、食、住、行等物质的奴隶。

从前，有一个富翁背着许多金银财宝，到远处去寻找快乐。他不停地走着，当他走过了千山万水的时候，却发现自己始终未能寻找到自己想要的快乐，于是他沮丧地坐在山道旁。这时一农夫背着一大捆柴草从山上走下来，富翁看到后说："我是个令人美慕的富翁。请问，为何我没有快乐呢？"

农夫放下沉甸甸的柴草，舒心地揩着汗水："快乐很简单，把你的物质、财富放下，成为它们的主人，而不是为它们所牵制，成为它们可怜的奴隶，这样你就会快乐！"听完农夫的话后富翁顿时开悟：是啊！自己背负着那么重的珠宝，老怕别人抢，对于自己的家产、地产，自己整天忧心忡忡，怕被别人暗算。那么，整天这样担心，像一个奴隶一样守护着这些物质，怎么会有快乐呢？于是，富翁将珠宝、钱财、土地、房子等接济穷人，专做善事，慈悲为怀。善行滋润了他的心灵，他也慢慢尝到了快乐的味道。

对于这个富翁来说，不做物质的奴隶就是快乐的，但是让人们真的舍弃对物质的追求是一件很难的事情。很多人对物质充满了高度的依赖，也一直以追求物质为最高的人生理想，最美好的人生享受。虽然我们早已走出奴隶社会，但是有时候，我们的精神却受着另外一种奴役，那就是物质没有被当作物质，人反而成为物质的奴隶，成为物质的工具，这确实是一个莫大的讽刺。

> 欲淡则心虚，心虚则气清，气清则理明。
>
> ——薛宣

智慧悟语

在这个世界上，月有阴晴圆缺，人有悲欢离合、喜怒哀乐，在乎的只是一种心境。有人日挥万金、有人乞讨街头、有人占厦万间、有人追逐名利、有人悲喜从容，不同的人有不同的人生，你的人生只是听从于你的内心。

如果你偏要追逐那些虚妄的名利，那么你就只能得到关于名利的一切担忧、纷扰、喧嚣、倾轧等；而如果在你的心中、在你的世界里没有过重地对待"名利"这个概念，以一种淡定从容的态度来对待名利，那么你也就得到了淡看名利的快乐、豁达，得到了人生的真谛。

点亮人生

惠子在梁国做了宰相，庄子想去见见这位好友。有人急忙报告惠子："庄子来是想取代您的相位吧。"惠子很恐慌，想阻止庄子，派人在城里搜了三日三夜。不料庄子从容而来拜见他道："南方有只鸟，其名为凤凰，您可听说过？这凤凰展翅而起，从南海飞向北海，非梧桐不栖，非练实不食，非礼泉不饮。这时，有只猫头鹰正津津有味地吃着一只腐烂的老鼠，恰好凤凰从头顶飞过。猫头鹰急忙护住腐鼠，并发出声音吓唬凤凰。"惠子不解，询问庄子所讲故事含意。庄子反问道："现在您也想用您的梁国宰相之位来吓唬我吗？"惠子十分羞愧。

一天，庄子正在濮水垂钓。楚王委派两位使者前来聘请他，使者说："吾王久闻先生贤名，欲以国事相累。"庄子持竿不顾，淡然说道："我听说楚国有只神龟，被杀死时已三千岁了。楚王以竹箱珍藏之，覆之以锦缎，供奉在庙堂之上。请问二位，此龟是宁愿死后留骨而贵，还是宁愿生时在泥水中潜行摇尾呢？"两位大夫道："自然愿活着在泥水中摇尾而行了。"庄子说："两位大夫请回去吧！我也愿在泥水中摇尾而行哩。"

在庄子的世界里，根本就没有想要做"丞相"的想法，也没有任何名利的概念，而他的好友惠子则完全相反，心中充满了对丞相一职、对名利的贪恋、担忧和欲望。庄子不慕名利，不恋权势，为自由而活，可谓洞悉人生真谛的达人。

淡泊名利是一种境界，追逐名利是一种贪欲。放眼古今中外，真正淡泊名利的很少，追逐名利的很多。今天的社会是五彩斑斓的大千世界，充溢着各种各样炫人耳目的名利诱惑，要做到淡泊名利确实是一件不容易的事情。

人活在世界上，无论贫穷富贵，穷达逆顺，都免不了与名利打交道。《清代皇帝秘史》记述乾隆皇帝下江南时，来到江苏镇江的金山寺，看到山脚下大江东去，百舸争流，不禁兴致大发，随口问一个老和尚："你在这里住了几十年，可知道每天来来往往多少艘船？"老和尚回答说："我只看到两艘船。一艘为名，一艘为利。"

旷世巨作《飘》的作者玛格丽特·米歇尔说过："直到你失去了名誉以后，你才会知道这玩意儿有多累赘，才会知道真正的自由是什么。"盛名之下，是一颗活得很累的心，因为它只是在为别人而活。我们常羡慕那些名人的风光，可我们是否了解他们的苦衷？其实大家都一样，希望能活出自我，能活出自我的人生才更有意义。

养心莫善于寡欲。

——孟子

智慧悟语

在孟子看来，虽然养心是重要的，但善于寡欲，制止物欲、钱欲、贪欲、私欲、色欲等，净化思想、纯洁灵魂、升华境界、以公心做人，也能达到养心之目的。从这个道理上讲，养心莫善于寡欲，符合真理，闪烁着哲理。

从生命科学角度而言，欲望伴随着人的一生。人类绵延生息不绝，源于欲望驱动，所以"人生而有欲"。正常、合理的欲望，能满足人们物质上的富足，追求事业上的成功，争取人生中的精彩。我们讲的慎欲，指的是某些人在人生道路上滋生的贪欲。一般来说，对于欲望，既不可禁止，又不可放纵。不过，欲望的发展是有限度的，若无限膨胀，失去理智，难免被无度的欲望所累所害。求名心切必作伪，求利心重必驱邪。"有欲甚，则邪心胜"，"欲炽则身亡"。贪欲是腐败高发的源泉。古往今来贪欲不知毁掉了多少人的功名事业，不知使多少人身败名裂。对于过度的，乃至贪得无厌的贪欲，必须加以节制、戒除。

自古以来，无数人为了谋取功名而奋斗终生，到头来却是"富贵五更春梦，功名一片浮云"。

宋代文人邵雍说道："名能使人矜，势能使人倚。四患既都去，岂在尘埃里？"意思是说，名声使人骄傲，权势使人专横。一个人如果能够不为名、势等功名所动，自然能够将自己从人生的苦海中拯救出来。然而，一个人要想真正地去除对功名的贪慕之心，并不是一件容易的事，俗世凡尘中的人们往往难以做到。但是，正如战国时期的名家荀子在《荀子·正名》所言："欲虽不可去，求可节也。"意思是说，人的欲望虽然是不能消灭的，但对欲望的追求是可以节制的。倘若人们一时间难以去除对功名的贪慕之心，就要懂得节制自己的功名之欲。

点亮人生

欲，作为人的本能，一旦不能得到合理的控制，则会摧毁人的理智，使人变得疯狂。宋代著名理学家朱熹曾说："世路无如贪欲险，几人到此误平生。"关于纵欲之害和制欲之利，自古以来就有许多精辟论述。

在如今这个经济飞速发展的时代，苛求人们做到无私无欲不太现实，但节制私欲、严格操守、不为权倾并非不可能的事情。

身处领导之位的人们如果不能意识到自己所握的权力、所处的地位、所拿的俸禄，并非与生俱来，而是人民所赐，不能正确处理好"公与私""得与失""舟与水"的关系，而是让欲望横流、贪心膨胀，则无异于终日如临深渊，如履薄冰。

任何事物的发展都是由小及大、循序渐进的，一个人对权力的贪慕之心也有一个从量变到质变的过程。

曾经有这样一组漫画：一位官员抽别人送的一包香烟时说"抽包烟，正常"，收到别人送的酒时说"喝瓶酒，正常"，再到收受别人送的红包时说"收个红包，正常"，最后是"进了监狱，正常"，就很形象地说明了人们在权力之欲中腐化堕落的过程。

俗话说，千里之堤，溃于蚁穴。要想消除你对功名权力的贪慕之心，你要懂得防微杜渐。

俗话说得好，不怕无能，就怕无恒。克制对功名权力的贪慕之心，一时容易，一世却很难。功名权力的诱惑处处存在，说不准你什么时候就会陷入其中，难以自拔，毁却一生清誉。因此，人们要懂得"吾日三省吾身"的道理，致力修炼"不为物所诱、不为利所惑、不为权所动、不为情所扰"的境界，自然能恒久保有一颗无欲无求的欢乐之心。

诗仙李白就曾在诗中写道："安能摧眉折腰事权贵？使我不得开心颜。"自古以来，无数人为功名权力而送命，他们的故事告诉我们：如果不收敛于内心，不节制于细微，不坚持于恒久，一味地放纵自己对功名权力的贪欲，必将自受其累、自取灭亡。

功名再高，也如庄周梦蝶、海市蜃楼一样，到头来只是虚幻一场。百年后能让世人忆起的只有为社会做出贡献者。在生命结束的时候，一个人如果能问心无愧地说："我已经不虚此行了。"那么他便此生无悔了！

第二章 不义而富且贵，于我如浮云

> 无欲速，无见小利。欲速则不达，见小利则大事不成。
>
> ——《论语》

智慧悟语

元代的一位文人曾作《正宫·醉太平》："夺泥燕口，削铁针头，刮金佛面细搜求，无中觅有。鹌鹑嗉里寻豌豆，鹭鸶腿上劈精肉，蚊子腹内剜脂油，亏老先生下手。"显而易见，这是讥讽贪小利者，其刻画真是入木三分，令人拍案叫绝。也许有夸张之嫌，但也足够引人思考。

见小利而心动是人性的一个普遍弱点，超越小利的诱惑是人生一大难事。急功近利带来的往往是目光的短浅、思考的匮乏，以小利而大喜，以小失而大悲，结果是因小利而亡命。要想摆脱小利的诱惑，不懈地去追求大利，其实是很困难的，这需要大胸襟、大气魄、大智慧，能够不断地战胜自我，为了心中的目标而执着前行。

点亮人生

战争期间，在一次战役中，一座小城被摧毁了，人们四处逃难，这里成了一座空城。这一天，正在赶路的一位农夫和商人走到这座小城，他们想大概能有值钱的东西，于是开始在街上搜寻。果然，他们发现了一大堆未被烧焦的羊毛，两个人就各分了一半捆在自己的背上。

归途中，他们又发现了一些布匹，农夫将身上沉重的羊毛扔掉，选些自己扛得动的、较好的布匹；贪婪的商人将农夫所丢下的羊毛和剩余的布匹统统捡起来，沉得让他气喘吁吁、行动缓慢。

走了一会儿，他们又发现了一些银质的餐具，于是农夫将布匹扔掉，捡了些较好的银器背上，商人却因沉重的羊毛和布匹压得他无法弯腰而作罢。

突然天降大雨，饥寒交迫的商人身上的羊毛和布匹被雨水淋湿了，他跟跄着摔倒在泥泞当中；而农夫却一身轻松地回家了，他变卖了银餐具，生活富足起来。

仔细想想，我们身边的人以及我们自己，有多少人在做着故事中的商人所做的傻事。人生如梦，弹指一挥间，已是夕阳红。而在这个过程中，有多少人为蝇头小利算来算去，终究一事无成，如一粒尘土来到世间，庸碌过后，仍旧是归于尘土。

做人，千万不可被小利蒙蔽了双眼，须将眼光放长远，方能成就大事业。

冯媛就是历史上孟尝君的食客，因为饭桌无鱼，便弹铗而歌。后来，他被孟尝君的诚意与谦逊所感动，终于为其马首是瞻。

有一次，孟尝君想从门下宾客中选人代他到薛邑（孟尝君的封土）收债，冯媛主动申请前往。孟尝君很高兴，便同意了。冯媛收拾停当之后，向孟尝君辞行，并请示："收完债，您需要买些什么东西吗？"孟尝君顺口答道："先生看我家里缺什么，就买些什么吧！"

冯媛驱车来到薛邑，他派人把所有负债之人都召集到一起，核对完账目后，他便假传孟尝君的命令，把所有的债款赏给负债的人，并当面烧掉了债券，百姓感激不已，皆呼万岁。

冯媛随即返回，一大早便去求见孟尝君。孟尝君没料到他回来得这么快，半信半疑地问："债都收完了吗？"冯媛答："收完了。""那你给我买了些什么回来呢？"孟尝君又问。冯媛不慌不忙地答："您让我看家里缺少什么就买什么，我考虑到您有用不完的珍宝，数不清的牛马牲畜，美女也很多，缺少的只有'义'，因此我为您买'义'回来了。"孟尝君不知其所云，忙问"买义"是什么意思。冯媛就把债款赐薛民的事说了，并补充说："您以薛为封邑，却对那里的百姓像商人一样盘剥刻薄，我假传您的命令，免除了他们所有的欠债，并把债券也都烧了。"孟尝君听罢心里很不高兴，只得悻悻地说："算了吧！"

一年后，孟尝君由于失宠被新即位的齐王赶出国都，只好回到薛邑。往日的门客都各自逃散了，只有冯媛还跟着他。当车子距薛邑还有上百里远时，薛邑的百姓便已扶老携幼，夹道相迎。孟尝君好生感慨，回头对冯媛说："先生为我所买的'义'，我今天终于看见了！"

冯媛焚债券而买"义"，他没有被眼前的小利所迷惑，而是从长远出发，确实是谋大财富。

在当前这个浮躁、讲究效率和快节奏的社会里，无时无处不弥漫着人们的一种急功近利之心。急于追求短期利益，到头来很可能出现结果与愿望相反，甚至会出现害人又害己的结局。因此，每一个人应该树立脚踏实地、扎扎实实工作的思想和作风，立足现在、着眼将来、埋头苦干、稳打稳扎，这才是一种正确的生活态度。

金钱是人类所有发明中近似恶魔的一种发明。

——马卡连柯

智慧悟语

钱，到底有什么魔力？为什么人们常说："钱不是万能的，但没有钱是万万不能的。"得到了金钱，就等于拥有幸福了吗？

在美国人安比尔斯编撰的《魔鬼辞典》中对金钱的诠释是："金钱是一种祝福，不过只有在离开它之后我们才能受益。金钱是有文化修养的标志，也是进入上流社会的通行证。"把实用主义奉为圭臬的美国微软公司对财富与金钱有着特殊的喜好，他们认为财富是上帝赐予的礼物。洛克菲勒说："这是我心爱的独生子，我非常喜欢他。"另一位美国大亨摩根则说："这是对辛劳与美德的奖赏。"人生在世，如何对待金钱，才能让我们赢取幸福和快乐呢？

点亮人生

伟大的戏剧家莎士比亚写过一部著名的悲剧《雅典的泰门》：雅典富有的贵族泰门慷慨好施，在他的周围聚集了一些阿谀奉承的"朋友"，无论穷人还是达官贵族都愿意成为他的随从和食客，以骗取他的钱财。泰门很快家产荡尽，负债累累。那些受惠于他的"朋友们"马上与他断绝了来往，债主们却无情地逼他还债。泰门发现同胞们的忘恩负义和贪婪后，变成了一个愤世者。

他宣布再举行一次宴会，请来了过去的常客和社会名流。这些人误以为泰门原来是装穷来考验他们的忠诚，蜂拥而至，虚情假意地向泰门表白自己。泰门揭开盖子，把盘子里的热水泼在客人的脸上和身上，把他们痛骂了一顿。从此，泰门离开了他再也不能忍受的城市，躲进荒凉的洞穴，以树根充饥，过起野兽般的生活。有一天他在挖树根时发现了一堆金子，他把金子发给过路的穷人、妓女和窃贼。在他看来，虚伪的"朋友"比窃贼更坏，他恶毒地诅咒人类和黄金，最后在绝望中孤独地死去。

在这部悲剧中，莎士比亚借泰门之口大发感慨：金子！黄黄的、发光的、宝贵的金子！这东西，只这一点点，就可以使黑的变成白的，丑的变成美的；错的变成对的，卑贱变成尊贵；老人变成少年，懦夫变成勇士。呵，你是可爱的凶手，帝王逃不过你的掌握，亲生的父子会被你离间！你灿烂的奸夫，淫污了纯洁的婚床……

有这样一个故事：

一天，一个拥有无数钱财的吝啬鬼去寺庙乞求祝福。

住持让他站在窗前，让他看外面的街上，问他看到了什么，他说："人们。"

住持又把一面镜子放在他面前，问他看到了什么，他说：

"我自己。"

住持解释说，窗户和镜子都是玻璃做的，但镜子上镀了一层银子。单纯的玻璃让我们能看到别人，而镀上银子的玻璃都只能让我们看到自己。

可见，金钱的危险性一览无余。金钱的魅力可以转移人的眼光、灵魂。

说白了，钱就是货币，是一种充当一般等价物的特殊商品，它可以作为价值尺度、流通手段、储蓄手段、支付手段和世界货币等发挥作用，它可以用来购买其他任何商品。难怪有人说："有钱能使鬼推磨。"

正如哲学家史威夫特所说："金钱就是自由，但是大量的财富却是桎梏。"如果我们把金钱当作上帝，它便会像魔鬼一样折磨身心。

君子爱财，取之有道。

——《胡雪岩全传》

智慧悟语

取有道之财，合法之才，人们方能光明磊落、坦坦荡荡、心地无私地活着。什么是如法？什么是非法呢？就是一般人以为从辛劳职业得来的财物，便是合法的，其他途径获得巨额钱财的就是非法的。

一个正直的人不会吝啬接受财富，但对不合法之财却从不沾惹。因为不合法之财会让自己受到欲望的牵制，最后受到精神和良心的折磨，落得一生不得自由的悲惨下场。这就像人说了一句谎话，说的时候不觉得，但说完后需要更多的谎话去填补这个窟窿，长此以往，让人苦不堪言。

用不正当的方法得到的财物，就不能接受；虽然说贫穷是人人所不希望的，但是如果不能用正当方法摆脱的，那就要安贫乐道。孔子关于义、利的看法即是君子得财要正当，如果一个君子扔掉了仁爱之心，那怎么能成就君子的名声？君子就应该时时刻刻都不离开仁道，在紧急的时候不离开，在颠沛的时候也不离开，这样才是一个真正的君子。

点亮人生

君子爱财，取之有道。这里的"道"讲的是规则，讲的是合法、有义之道。如果人一旦取了不义、不合法之财，那么他的行为无疑和封建官府勒索、与盗贼抢劫无异。

这样的财，来得快去得也快。人们要想高枕无忧，夜里安然入睡，那么钱就得用自己的。聚敛钱财要讲究一定的方法，但是不能做违背良心和伤天害理的事情。

有一天晚上，一个小偷来到智者的茅屋行窃，结果进来找了半天也没发现一件值钱的东西。正在小偷准备离开的时候，智者从外面回来，看见房间里被翻得乱七八糟，他知道小偷没有找到值钱的东西，他估计小偷还没来得及出去，于是智者和气地说："你既然来了，也不能让你空手而归。我就把我身上的这件衣服送给你吧。"说完，他就脱下衣服，然后进了卧房。小偷在房间里看到这个情况后不知所措，只得灰溜溜地拿着衣服走了。天亮时，智者发现那件衣服被叠得整整齐齐地放在茅屋前的石台上。原来，小偷半夜里又把衣服给送回来了。

> ## 不义而富且贵，于我如浮云。
> ——孔子

智慧悟语

人们在生活中应该如何看待和求取利益、财富呢？人们对于利益、财富的具体原则是什么？孔子如是说，吃粗粮喝凉水，睡觉时弯着胳膊当枕头，这里边也是有乐趣的。人们用不正当的方法得到的富足和尊贵，在我看来就如同是浮云一般。人们从孔子的话中不难找到问题的答案，即需合于"义"与"仁道"。如果人们不是由此而获财富，那么将被看作是不义之财，那么我们应该把这些财富当作是过眼烟云一般。孔子的话也同时表明了清贫生涯甘之如饴、安贫乐道的生活态度与襟怀。

孔子的思想与孟子"富贵不能淫，贫贱不能移，威武不能屈"的意志，都给了追求理想的人们以巨大的鼓舞。所以说现在人们追求理想境界而蔑视荣华富贵的都是参照"富贵于我如浮云"的这种宣言。生活中有的人蔑视荣华富贵，不是因为他们本能地厌恶舒适生活，而是他们不肯用理想和人格的代价去换取某种舒适的生活，这种人是值得人们去学习的。

现在的人们都开始主张安贫乐道的思想，当然，这并非代表鄙视财富。就连孔子也从未排斥过财富，可见，财富的本身并没有错，错的是人们追求财富的那颗心。当然，孔子也肯定追求财富是人的天性，他曾说过："富与贵，人之所欲也。"但他同时强调获取财富的正义性："不义而富且贵，于我如浮云。"所以说，人们需要把财富一分为二地看待，只有摆正良好的心态，让财富为我们所用，才能为自己创造美好的未来生活。

点亮人生

现实生活中常常有一些自认为很聪明的人，他们觉得不拿白不拿，不吃白不吃。于是社会上就充斥了这样的一种现象，人际关系一次用完，做生意一次赚足，然后就再也没有来往。理由很简单，他们选择了那张表面上看起来是大份额的钞票，也把这种关系一次耗尽，自然就没有下次了。正是这种贪婪地索取，使得他周围的人渐渐地疏远了他。虽然说人们可以追求财富，但千万不要沉迷其中，要学会控制自己的贪婪，不过分计较得失的多少，才会在自己的生活圈子中畅游无阻。

李勉从小喜欢读书，并且注意按照书上的要求去做。时间长了，就成了习惯，培养出了诚信儒雅的君子风度。

他虽然家境贫寒，但是从不贪取不义之财。

有一次，他出外学习，住在一家旅馆里。正好遇到一个准备进京赶考的书生，也住在那里。俩人一见如故，于是经常在一起谈论古今，讨论学问，成了好朋友。

有一天，这位书生突然生病，卧床不起。李勉连忙为他请来郎中，并且按照郎中的吩咐帮他煎药，照看着他按时服药。一连好多天，李勉都细心照顾着病人的起居饮食等日常生活。可是，那位书生的病不但没有好转，反而一天天地恶化下去了。看着日渐虚弱的朋友，李勉非常着急，经常到附近的百姓家里寻找民间药方，并且常常一个人跑到山上去挖药店里买不到的草药。

一天傍晚，李勉挖药回来，看见书生气色似乎好了一些。他心中一阵欢喜，关切地凑到床前问："哥哥，感觉可好一些？"

书生说："我想，我剩下的时间不多了，这可能是回光返照，临终前兄弟还有一事相求。"

李勉连忙安慰道："哥哥别胡思乱想，今天你的气色不是好多了吗？只要静心休养，不久就会好的。哥哥不必客气，有事请讲。"

书生说："把我床下的小木箱拿出来，帮我打开。"

李勉按照吩咐做了。

书生指着里面一个包袱说："这些日子，多亏你无微不至的照顾。这是一百两银子，本是赶考用的盘缠，现在用不着了。我死后，麻烦你用部分银子替我筹办棺木，将我安葬，其余的都奉送给你，算我的一点心意，你千万要收下，不然的话兄弟我到九泉之下也不会安宁的。"

李勉为了使书生安心，只好答应收下银子。

第二天清晨，书生真的去世了。李勉遵照他的遗愿，买来棺木，精心为他料理后事。剩下的银子李勉一点也没有动用，而是仔细包好，悄悄地放在棺木下面。

不久，书生的家属接到李勉报丧的书信后赶到客栈。他们移出棺木后，发现了陪葬的银子。了解到银子的来历后，大家都被李勉的诚实守信不贪财的高尚品行所感动。

李嘉诚认为，财富不能单单用金钱来衡量。一个人只有内心富有，才能真正拥有财富。当人们满足了衣食住行这个条件之后，生活无忧之时就应该对社会多一点关怀，或者说尽一点义务和责任。如果能够对需要帮助的人发挥自己的长项，那么这就等于贡献你的内心财富。有人说，李嘉诚有两个事业。一个是拼命赚钱的事业，名下的企业业务遍布全球五十多个国家和地区，雇员人数二十多万名，这些每天都让他日进亿金；而另一个就是不断花钱的事业，他的投入也足以让他成为亚洲有史以来最伟大的公益慈善家。李嘉诚的这种与财富打交道的方式和态度就为人们做了一个很好的榜样。

在现实生活中，有不少人"富"而不"贵"。真正的"富贵"，是作为社会的一分子，以正当的手段，以一颗正义之心去追求财富，这才是真正值得我们学习和敬仰的。

何必曰利？亦有仁义而已矣。

—— 孟子

智慧悟语

综观人的一生，人们都在围绕着"利"这个圆点，不停地做着圆周运动，追求的东西多了，这个圆就大一些，人也就跑得累一些；追求的东西少了，圆就小一些，自会轻松不少。

难怪有人叹道："天下熙熙，皆为利来；天下攘攘，皆为利往。"他这一叹，有对世人追逐现实名利的无奈，却也说明了人生以"利"为核心的道理。

点亮人生

人类文化思想包含了政治、经济、军事，乃至于人生的艺术、生活等，都是以求利为目的。如果不求有利，又何必去学？做学问也是为了求利，读书认字，不外是为了获得生活上的方便或是舒适。

孟子来见梁惠王，梁惠王问他："叟，不远千里而来，亦将有以利吾国乎？"意思是老头儿，你能为我们国家谋什么利益吗？

孟子听了之后，没有拍案而起、针锋相对，而是颇有风度、庄重地说："何必曰利？亦有仁义而已矣。"意思是说，大王您何必只图目前的利益？其实只有仁义才是永恒的大利。按照孟子的说法，仁义也是利，道德也是利，这些是广义的、长远的利，是大利。不是狭义的金钱财富的利，也不只是权利的利。

可见，人们追求有用或没用的东西都是利，只不过有大利、小利之别而已。但是正如孟子所言，如果仅仅是为了利而利，终将招来意外横祸。

利必须附着于义之上，方能够长久使得万年船，平安一生。

第三章　真正的富有在于取和分的比例

良田万顷，日食几何？华厦千间，夜眠几尺？

——谚语

智慧悟语

石崇生前万般积聚，富可敌国，但是到了最后，死无葬身之地，比起身居陋巷的颜回求法行道，不改其乐，究竟什么是真正的拥有呢？

有人说："赚钱易，用钱难。"

但真正的用钱，并非人们日常生活中购买油盐米醋的货钱交易，而是对于财富的一种深层次探讨：如何才能将手中的钱用得更有意义，更有价值？如果，现在给你五百万，让你在一天之内把它全部用掉，而且要最大限度地发挥它的价值，将它用得最有意义。你会怎么用？许多人顿时就会乱了手脚，不知该从何下手。

点亮人生

所谓"拥有，是富者；用有，才是智者。"所谓"拥有"，"有"是有限，有量；所谓"空无"，无是无穷，无尽。如能以"用有"的胸怀，来应真理；以"用有"的财富，顺应人间；让因缘有、共同有，来取代私有的狭隘；让惜福有，感恩有，来消除占有的偏执，富而加智，岂不善矣。

有一天，老和尚给小沙弥一个全新的木鱼，小沙弥很喜欢，就要求师父说："师父！这木鱼好漂亮，可不可以多给我一个？"

师父说："你要那么多木鱼做什么？"

小沙弥说："我觉得它很好看啊。"

师父："人的心不容易满足，填饱肚子，又想要求山珍美味。有了房子，还要求要高楼大厦，有了千金，还要万金，就算有一大片的土地，又能吃多少五谷？有那么大的房子，到了晚上，又能睡多大的地方呢？"

小沙弥："嗯！我懂了！东西够用就好，不能太贪心。"

师父："是的！拥有太多的东西，舍不得用，和没有有什么差别呢？拥有财富而不懂得善用，和无用又有什么不同呢？所以拥有财富只是富贵的人，懂得善用财富的，才是有智能的人呐！"

拥有财物而不用，和"没有"有什么差别呢？拥有财物而不会用，和"无用"有什么不同呢？河水要流动，才能涓涓不绝；空气要流动，才能生机盎然。吾人之财物既然取之于大众，必也用之于大众，才合乎自然之道。一心想要"拥有"，不如提倡"用有"。像冯谖散财于民，让孟尝君拥有人心，只算是懂得"用有"的初步，更高一层应如爱迪生将发明创造所得的专利用于为众生谋福；松下幸之助将企业所有盈余用于教育文化上，让社会蒙利。这是"用有"，不是"拥有"。

人们之所以看不起那些暴发户，是因为他们往往在突然变得有钱后，并不懂得如何用钱。他们不是用那些钱来实现奢靡的个人享受，就是盲目地跟着别人学习"投资"，让钱白白流了出去，也让他们重新回到原来贫困的生活中去了。

> **要把所赚到的每一笔钱都花得很有价值，不浪费一分钱。**
> ——比尔·盖茨

智慧悟语

提起全球富有的人，第一念头就是世界软件巨头微软的创始人比尔·盖茨。

因为在意"每一分钱"，盖茨夫妇生活很俭朴，唯一的"豪宅"内陈设相当简单，并不是常人想象的富丽堂皇。但是，在过去几年间，盖茨却把他的大量个人财富捐献给了慈善事业。据统计，盖茨至今已为世界各地的慈善事业捐出近 290 亿美元的财富，成为世界上最慷慨的富人之一。一边是对自己苛刻，一边是对他人慷慨，如此巨大的反差让人疑惑。

"挣钱犹如针挑土，花钱好比水推沙。"即便一个人拥有万贯家财，如果他不懂得节俭，而是大手大脚地花钱，很快，他就会从一个富翁变成一个穷光蛋。

点亮人生

如果说比尔·盖茨的苛刻和慷慨正是在意"每一分钱"的表现，他善待他的每一分钱，努力让它们花得有价值。其实，许多声名显赫的富豪都有在意"每一分钱"的习惯。

比尔·盖茨 39 岁就成为世界首富，并连续 14 年登上福布斯财富榜首位的宝座，成为 21 世纪的财富偶像。1996 年 12 月，微软股价创下新高——同比上涨 88%。曾经有人计算过，比尔·盖茨拥有的财富可以购买 31.57 架航天飞机，或者 344 架波音 747，拍摄 268 部《泰坦尼克号》。

追求生活质量，是每个人的基本要求。作为世界巨富，比尔·盖茨有足够的能力和资格尽情地过着奢侈的生活，然而比尔·盖茨"害怕享受"，并始终将自己定位于财富的"看管人"，而非所有者和消费者。他不喜欢像其他富翁一样前呼后拥，甚至极力反对因钱改变自己本色的生活。

就是因为比尔·盖茨放弃挥金如土、纸醉金迷的享受生活。认真对待自己的每一分钱，把它们用到正确的地方，才会使比尔·盖茨拥有永不停歇的步伐，不停地前进，使得微软公司长久的立于竞争激烈的计算机行业。

真正聪明的人惜粪如金，在乎每一件他们身边的东西，在乎他们的每一分钱。一万元有一万元的价值，我们要在生活中，尽量运用金钱的价值，去把金钱用在需要的地方，该省的地方要懂得节俭，需要花费的地方也不要吝啬，只有这样才会兴家，只有这样才是聪明的。

世界另一个大富翁股神巴菲特在省钱方面有着自己独特的见解。他虽然坐拥亿万资产，但他仍然住在几十年前买的小房子里。并且经常自己去商场购物。令人敬佩的是，他每次都会把商场给的优惠券收好，以便下次购物时使用。有人问他："你这么有钱，为什么还使用优惠券呢？这样做不过每天能节省一两美元，一生才能够节省多少？"

巴菲特答道："你错了，这省下的可是非常多的，足足有上亿美元呢。"

"一天省一两块，能够省下一亿美元？"虽然巴菲特是股神，但是那个人还是抱着怀疑的态度。

巴菲特接着分析道："虽然每天省一两美元，从表面上看起来没有多少。但是如果我一直这样坚持下去，一生中我大约能省下 5 万美元。而如果你不这样做，那么，假如我们其他收入一样多的话，我至少比你多出 5 万美元。更重要的是，我会将这 5 万美元用于我的投资，购买股票。根据过去几年来我平均投资股票获得的 18% 的收益率，这些钱每过 4 年就会翻一番，4 年后我就会有 10 万美元，40 年后将达到 5120 万美元，44 年后就超过了 1 亿美元，60 年后就超过 16 亿。如果你每天省下一两块钱，到时候你会拥有 16 亿，你会怎么做？"

那个人听后若有所思。似乎明白了巴菲特的用钱之道。

一旦富裕就大肆挥霍，这是没有修养的暴发户；但若是在拥有财富后却不为社会作出一点贡献，这又是自私、冷漠的为富不仁者。如何拿捏这个分寸全靠个人修养和内涵。

一个人真正的富裕是奉献回报社会后的精神和道义上的高尚和富足，而非仅仅是物质上的富有。一个富豪真正树立形象体现在通过自身努力奋斗、创造财富，来更好地回报社会。而非在生活和家事上舍得大把花钱，以显得与众人相比有多么高档和不同凡响。

发财致富的目的在于散财。

——安德鲁·卡内基

智慧悟语

人，从出生到死亡，不过是"赤条条来去无牵挂"。在生命的过程中，如果只想着做一个守财奴，那么赚再多的钱也没有任何意义，它只是暂时聚集在你这里的一堆数字，死后不知又成了谁的枷锁。不如舍去，换取世人更多的温暖。那些用了的钱财，才是你自己的。

古希腊称霸天下，征服大半个天下的亚历山大大帝死的时候，在棺材两侧各挖一个洞，将手伸出来，表明他也是两手空空走向死亡的。

所以，人们在活着的时候对名利和财富牵挂异常，到死都不肯放手，但事实上死后的名利钱财也将不再属于自己。那么活着的时候吝啬物质上的付出又有什么意义呢？在这里并不是告诉人们，在活着的时候不去享受物质，非要把千金散尽，而是人们对待财物的态度要自然一些，不要太吝啬。

金钱和财富虽然美好，常令人们对其趋之若鹜，不遗余力地追求。不过，金钱不是万能，财富也未必总能令人快乐，只有超越其存在，才能享受人生。真正的金钱观，是要对金钱等物质上的东西喜于接受，也喜于付出。

点亮人生

吝啬、贪婪的人应该知道喜舍结缘是发财顺利的原因，因为不播种就不会有收成。布施的人应该在不自苦、不自恼的情形下去做，同时也别忘了是在自己力所能及的情况下帮助别人，否则，就不是纯粹的施舍。

有位信徒对默仙禅师说："我的妻子贪婪而且吝啬，对于做好事行善，连一点儿钱财也不舍得，你能到我家里来向我太太说法，行些善事吗？"

默仙禅师是个痛快人，听完信徒的话，非常高兴地答应下来。

当默仙禅师到那位信徒的家里时，信徒的妻子出来迎接，可是却连一杯水都舍不得端出来给禅师喝。于是，禅师握着一个拳头说："夫人，你看我的手天天都是这样，你觉得怎么样呢？"

信徒的夫人说："如果手天天这个样子，这是有毛病，畸形啊！"

默仙禅师说："对，这样子是畸形。"

接着，默仙禅师把手伸展开，并问："假如天天这个样子呢？"

信徒夫人说："这样子也是畸形啊！"

默仙禅师趁机说："不错，这都是畸形，钱只能贪取，不知道布施，是畸形；钱只知道花，不知道储蓄，也是畸形。钱要流通，要能进能出，要量入而出。"

握着拳头暗示过于吝啬，张开手掌则暗示过于慷慨，信徒的太太在默仙禅师的一个比喻之下，对做人处世、经济观念、用财之道，豁然领悟了。

握着拳头，你只能得到掌中的世界，伸开手掌，你才能得到整个天空。

在现代社会，许多有钱人都乐善好施，对金钱可以慷慨抛掷。他们认为，钱财并不总是给他们快乐，而散财、做慈善事业，反而让他们找回了幸福感。这是一种正确的金钱观和布施方式。

朱利叶斯·罗森沃尔德将惨淡经营的西尔斯·罗巴克公司从破产的边缘挽救过来，现在已将其发展成零售业巨人。如今，他正负责发展和改进乡村代理人体系及四健会（原美国农业部提出的口号，旨在推进对农村青少年的农牧业、家政等现代科学技术教育）。他的奋斗目标是实现美国乡村地区的繁荣和教育现代化。

对于普通的人来讲，虽然没有大笔的财富，但也不必要为了金钱而变得锱铢必较。钱财是为了让自己的日子越过越好，而不是让自己变得越来越提心吊胆，或者终日汲汲而求。在这个世界上，只有被自己用出去的钱财才是自己的，那些被我们牢牢攥在掌心的财富不去被运用，到最后不可能永远为我们所拥有。

金钱，要能接受，也要能喜舍，用去的钱财才是自己的，不用，再多的钱财到最后还不知是谁的。

> **我有三宝，曰慈、曰俭、曰不敢为天下先。**
>
> ——老子

智慧悟语

节俭作为老子的三件法宝之一，自古以来，就被有识之人铭记，并身体力行地以求"俭"，以修身养德。

只有勤俭节约致富，却从未有过挥霍家财能够创富的先例。挥霍无度只会败坏家产，坐吃山空最终受苦受穷的人只会是自己。一个人修身养性需要勤俭节约，一个国家富强进步同样也需要勤俭节约。如果每个人每天能够节约一粒粮，节省一分钱，节约一滴水，那将是一笔多么大的财富啊！

一个节俭的人勤于思考，也善于制订计划。他有自己的人生规划，也具有相当大的独立性。如果你养成了节俭的美德，那么就意味着你证明了自己具有控制自己欲望的能力，意味着你已开始主宰你自己，意味着你正在培养一些最重要的个人品质，即自力更生、独立自主、谨慎小心、深谋远虑，以及聪明机智和独创能力。换言之，就表明了你有生活的目标，你是一个非同一般的人。

✒ 点亮人生

不要以为成功的富豪会很奢侈。其实高财商的成功者都是很节俭的人，他们会把钱用在投资上，却不会浪费在不必要的事情上。有人对财富拥有者进行调查时发现，他们对生活上的开销都很谨慎，他们不愿把自己财产的亿分之一浪费掉；他们对金钱的理解远远要高于那些低财商者；他们虽然富有，但他们更懂得理财是成功的基本保证。

世界上没有任何财富是花不完的，但你要记住，钱是用来用的，不是用来花的，所谓"由俭入奢易，由奢入俭难"。在当省的时候不省，那么在当用的时候你会发现没有什么可用的了。

19世纪靠石油发大财的人成千上万，最后只有洛克菲勒独领风骚，其成功绝非偶然。有关专家在分析他的致富之道时发现，精打细算是他取得成就的主要原因。

洛克菲勒踏入社会后的第一个工作，就是在一家名为休威·泰德的公司当簿记员，这为他以后的数字生涯打下了良好的基础。由于他在该公司的勤恳、认真和严谨，不仅把本职工作做得井井有条，还几次在送交商行的单据上查出了错漏之处，为公司节省了数笔可观的支出，因此深得老板赏识。

后来，洛克菲勒在自己的公司中，更是注重成本的节约，提炼加仑原油的成本也要计算到小数点第3位。为此，他每天早上一天班，就要求公司各部门将一份有关净值的报表送上来。经过多年的商业洗礼，洛克菲勒能够准确地查阅报上来的成本开支、销售以及损益等各项数字，能从中发现问题，以此来考核每个部门的工作。

1879年，他质问一个炼油厂的经理："为什么你们提炼一加仑原油要花1分8厘2毫，而东部的一个炼油厂干同样的工作只要9厘1毫？"就连价值极微的油桶塞子他也不放过，他曾写过这样的信："上个月你厂汇报手头有1119个塞子，本月初送去你厂1万个，本月你厂使用9527个，而现在报告剩余912个，那么其他的680个塞子哪里去了？"

洞察细微，刨根究底，不容你打半个马虎眼。正如后人对他的评价：洛克菲勒是统计分析、成本会计和单位计价的一名先驱，是今天大企业的"一块拱顶石"。

越是富有的人越懂得节约，因为他们比其他人更深刻地体会到节俭的巨大力量——一点一滴成就大海。

"财富是靠节省出来"——连美国平凡的百万富翁们同样也这么认为。托马斯·斯坦利和威廉·旦克写的畅销书《平凡的百万富翁》，揭示了美国典型百万富翁的秘密。他们虽家财万贯，却大多生活俭朴，他们的人数要比华尔街的大亨、体育明星或好莱坞的名媛巨星多得多。

为了弄清这些百万富翁从事什么职业，如何发财致富，斯坦利和旦克用问卷调查和路上随机发问的方法进行探求。结果发现百万富翁占全美人口的十分之一，其中三分之二是自己开业的生意人，他们所操持的职业都很平凡，比如焊工、开干洗店等。他们中的大多数不是靠贷款起家的，其中百分之八十靠的是"积累财富"而成为百万富翁。尽管这个群体中的每个人平均净资产达 370 万美元，但他们生活俭朴，乃至邻居们都无从知晓他们实际上非常富有。

你不必出身名门，也不必有很高的学历，也不是非得有份报酬优厚的工作才能致富。只要你有一颗节俭心，能够做到：量入为出、节省和妥善投资的计划、谨慎举债、减少税务负担、拓展自己的业务，你也能成为百万富翁。

第十二篇

友情是调味品，也是止痛药

第一章　冲破孤芳自赏的围墙

> **嘤其鸣矣，求其友声。**
>
> ——《诗经》

智慧悟语

"伐木丁丁，鸟鸣嘤嘤。出自幽谷，迁于乔木。嘤其鸣矣，求其友声。相彼鸟矣，犹求友声。矧伊人矣，不求友生？神之听之，终和且平。"这是《诗经·小雅》中的一首与交友有关的诗歌，如若把它翻译成白话，便是如此：伐木的斧声丁丁，鸟儿的叫声嘤嘤。它们从深谷出来，迁徙于高树之中。黄莺啼叫，求它的友声。瞧那些鸟呀，都在寻求友声。况且是人呢，难道不寻求朋友？就是让神听了，也会感受到内心的平和吧！

吟咏此诗，难免会受其感染。这首小诗以伐木闻鸟，鸟鸣求友来比喻人们对友情的渴望，声情并茂之处，自然摇人心旌。古人对于求友，非常重视，对于友情的维系，也自有一套章法。

以古人晏子为例，晏子本身不是一个轻易与人结交的人，但是如果他交了一个朋友，就会全始全终。连国学大师南怀瑾先生也对晏子的交友之道心存敬意，因为现代社会里每个人都有朋友，但能够全始全终的却非常少，新朋友不断增加的同时伴随着老朋友的不断流失，正所谓："相识满天下，知心能几人？"

我们常常犯这样的错误：与朋友越是熟悉，就会越是放纵自己的言行，反而对朋友的要求更加苛刻，这种矛盾的心理往往就成为朋友间发生嫌隙的祸根。人们心情不好时，总爱对亲密的人发脾气，而一旦不注意交往的细节，言谈举止过于随便，就常常口不择言，伤害到彼此的感情。然而，晏子却能够对朋友全始全终，这是因为他用"久而敬之"四个字维系着每份友情。

诚心，可以帮人交到真朋友，但是不加维持，真正的朋友也会离开。这时候我们必须认识到一点：与朋友交往时，尤其是当发生矛盾时，要首先在自己身上找原因，而不能强求对方。

点亮人生

古代先贤有言："其身正，不令而行；其身不正，虽令不从。"也就是说要正人，先正己，自己以身作则才能约束他人。就像好的领导是下属的榜样，如果我们希望朋友给自己以尊重和重视，首先自己要用正确的态度维系友情。要求别人做的，自己首先要做到；禁止别人做的，自己坚决不做。又像我们必须去适应不能改变的生活一样，假如你十分珍惜一段友情，而不能要求朋友按照自己的思路行事时，就要调整自己。或许有人会觉得放不下面子，那么不妨读一下下面的故事：

一个烦恼的年轻人找到一位智者倾诉心事，说："我心里有很多放不下的人和事，所以感到苦恼。"

智者让他拿着一个茶杯，然后就往里面倒热水，一直倒到水溢出来。

年轻人被烫到了马上松开了手。

智者说："这个世界上没有什么事是放不下的，痛了，你自然就会放下。"

人生没有什么事是放不下的，更何况一些无关痛痒的琐事。所以，放下那些不断比较着付出与收获的心结，以持久的理解与敬意维系友情，或许会生活得更加愉快。

所谓"久而敬之"，一方面是指友情的长久，表现在生活细节中，就要常与朋友联系，哪怕是一条祝福的短信，或者是一张朴素的明信片，一封简短的电子邮件，都能够为你的友情增添色彩。这时候，不要总是期待对方先来联系自己，因为你无法左右朋友的时间，却能在自己的日程表中为保鲜友情调出档期。

另一方面，久而敬之，光久不敬，也是枉然。许多人常常认为挚友之间无须讲究礼仪，因为好朋友彼此之间熟悉了解，亲密信赖，如亲兄弟，财物不分，有福共享，讲究礼仪拘束便显得亲疏不分，十分见外了。其实，朋友关系的存续是以相互尊重为前提的，容不得半点强求、干涉和控制。彼此之间，情趣相投、脾气对味则合、则交，反之，则离、则绝。

若有人在言语间刺伤了你，你愤而离开，可只是人的离开，心却没有离开，你只是在生气，在情绪上做文章——这是对生命的浪费，而且是很坏的浪费。毕竟，生气也是要花力气的，而且生气一定会伤元气。所以，聪明的你，别让情绪控制了你，当你又要生气之前，不妨轻声地提醒自己一句："别浪费了。"

他山之石，可以攻玉。

——《诗经》

智慧悟语

"他山之石，可以攻玉"这八个字出自《诗经·小雅·鹤鸣》。意思是别座山上的石头，可以取来制作玉的磨石，制成美好珍宝。引申为"借助外力，改己缺失"。

我们在交朋友的时候，要切记不能一根筋。要看到别人的优点，而忽略别人的缺点。而且要善于利用一些有利条件，这样在生活中，我们往往能够独辟蹊径，变得游刃有余。

点亮人生

在现实生活中，如果能活用"借石攻玉"法，善于利用他人的优势弥补自己的不足，就可以把别人的优势变成自己的优势，把别人的力量变成自己的力量，从而成就自己的事业。

晚清时的黄兰阶可谓深谙此道，借着左宗棠的名号当幌子，让总督给他升了官，实在是棋高一着的妙点子。

晚清年间，左宗棠任军机大臣。当时，他的一个好友的儿子黄兰阶，在福建候补知县多年也没候到实缺。黄兰阶见别人都有大官写推荐信，想到父亲生前与左宗棠很要好，就跑到北京去找左宗棠。左宗棠见了故人之子，十分客气，但当黄兰阶提出想让他写推荐信给福建总督时，立刻就变了脸，几句话就将黄兰阶打发走了。

黄兰阶又气又恨，就闲踱到琉璃厂看书画散心。忽然，他想起了以前的一个朋友，只是打过照面，连泛泛都算不上，他在附近卖字画。这人学写左宗棠字体，十分逼真，只是生性乖戾，唯利是图，让人很难接近。但是他心中一动，想出一条妙计。他想让店主写柄扇面，这个小店老板希望从黄兰阶身上多套点钱出来，于是对黄兰阶是百般刁难。黄兰阶不但没有生气，还假惺惺地多给了点钱，两个人称兄道弟，互相吹捧，不亦乐乎。后来在扇面上落了款，得意扬扬地回了福建。

这天，是参见总督的日子，黄兰阶手摇纸扇，径直走到总督堂上。总督见了很奇怪，问："外面很热吗？都立秋了，老兄还拿扇子摇个不停。"

黄兰阶把扇子一晃："不瞒大帅说，外边天气并不太热，只是我这柄扇子是我此次进京，左宗棠大人亲送的，所以舍不得放手。"

总督吃了一惊，心想："我以为这姓黄的没有后台，所以候补几年也没任命他实缺，不想他却有这么个大后台。左宗棠天天跟皇上见面，他若恨我，只消在皇上面前说个一句半句，我可就吃不住了。"总督要过黄兰阶的扇子仔细察看，确系左宗棠笔迹，一点不差。他将扇子还与黄兰阶，闷闷不乐地回到后堂，找到师爷商议此事，第二天就给黄兰阶挂牌任了知县。

黄兰阶不几年就升到了四品道台。总督一次进京，见了左宗棠，讨好地说："宗棠大人故friends之子黄兰阶，如今在敝省当了道台。"

左宗棠笑道："是嘛！那次他来找我，我就对他说：'只要有本事，自有识货人。'老兄就很识人才嘛！"

黄兰阶能够官拜道台，是以左宗棠这个大贵人为背景，让总督这个小一点的贵人给他升了官，实在是棋高一着。他对他那个乖戾贪财的朋友的利用也叫人佩服。他没有跟他断绝关系，在关键时刻，起了不可替代的作用。

我们暂且撇开清政府官场的腐败和黄兰阶欺世盗名的卑劣做法不谈，单从借力的角度来看，黄兰阶正是看准了清政府官场的特点而想出了求官的对策。这对我们来说应该有所启发。

作为一名现代人，在拓展自己的人脉时，要做到取长补短广交友。不应过分计较对方身上的缺点，不应计较对方的身份、辈分、阅历等，而是应多看看别人的优点和专长，在需要时，把别人的优点和专长拿来为己所用，既弥补了自身能力的不足，又为自己事业的发展铺平了道路。

君子周而不比，小人比而不周。

——孔子

智慧悟语

君子与小人的分别在何处呢？周是包罗万象，一个圆满的圆圈，各处都统一，一个君子的为人处世，就应该对每一个人都是一样；经常将别人与自己做比较，看他顺眼就对他好，不顺眼就反感他，就是"比"。要人完全跟自己一样，就容易流于偏私。比而不周，只做到跟自己要好的人做朋友，什么事都以"我"为中心、为标准，不是真正的君子所为。

現代社会，交友当然得精挑细选注意质量，但是不得不说，与一般朋友还有些不一样的人脉也是很重要的资源，我们不应该以艺废人，而应该去刻意培植。

君子周而不比，我们应该平等地宽容每个人。俗话说"黑白通吃"，其实这就是本事。各路诸侯一齐来，我都能容得下你，这才是君子所为。

点亮人生

查尔斯·华特尔，属于纽约市一家大银行，奉命写一篇有关某公司的机密报告。他知道某一个人拥有他非常需要的资料。于是，华特尔先生去见那个人，他是一家大工业公司的董事长。当华特尔先生被迎进董事长的办公室时，一个年轻的妇人从门边探出头来，告诉董事长，她这天没有什么邮票可给他。"我在为我那12岁的儿子搜集邮票。"董事长对华特尔解释。

华特尔先生说明他的来意，开始提出问题。董事长的说法含糊、概括、模棱两可。他不想把心里的话说出来，无论怎样好言相劝都没有效果。这次见面的时间很短，没有实际效果。"坦白说，我当时不知道怎么办，"华特尔先生说，"接着，我想起他的秘书对他说的话——邮票，12岁的儿子……我也想起我们银行的国外部门搜集邮票的事——从来自世界各地的信件上取下来的邮票。"

第二天早上，我再去找他，传话进去，我有一些邮票要送给他的孩子。结果，他满脸带着笑意，客气得很。"我的乔治将会喜欢这些，"他不停地说，一面抚弄着那些邮票，"瞧这张！这是一张无价之宝。"他们花了一个小时谈论邮票，瞧董事长儿子的照片，然后他又花了一个多小时，把华特尔先生所想要知道的资料全都告诉他——他甚至都没提议他那么做。董事长把他所知道的，全都告诉了华特尔先生，然后叫他的下属进来，问他们一些问题。他还打电话给他的一些同行，把一些事实、数字、报告和信件，全部告诉了他。

用很短的时间，查尔斯·华特尔巧妙地解决了他的问题，更重要的是，他因此而成功地打造了一条关系网，这必将会成为他重要的人脉。如果我们设想华特尔是个"比而不周"的小人的话，那他就可能抱怨董事长的缺点，那也不会有后来的精彩了。

有句谚语说得好，每个人距总统只有六个人的距离。你认识一些人，他们又认识一些人，而他们又认识另外的一些人……这种连锁反应一直延续到总统的椭圆形办公室。而且，如果你仅仅距总统六个人的距离，那么你距你想会见的任何人也就只有六个人的距离，不管他是一家公司的总经理，还是你想让其加入你的团队支持你的名人。

但是，每个人之间也可以是无限的距离，即使是他站在你的面前。因为你不能容忍别人的缺点，看到别人的一个瑕疵，就否定掉了整个人。这样的话，任何人都不会

302

跟你成为要好的朋友。幻想所有的人都跟自己一样，或者幻想所有的人都那么完美，只能是一厢情愿的想象，只能由于太过苛刻而流于偏私。

> 世间最美好的东西，莫过于有几个有头脑和心地都很正直的、严正的朋友。
>
> ——爱因斯坦

智慧悟语

朋友是你的另一个生命。当你和他们在一起时，一切都会变得顺遂。每天都赢得一个朋友，如果他不能成为你倾吐衷肠的密友，至少也可以成为你的支持者。

友谊是慷慨和荣誉的最贤惠的母亲，是感激和仁慈的姐妹，是憎恨和贪婪的死敌，它时刻都准备舍己为人。诚挚的朋友必将成为你人生的后盾，在你高兴时与你分享快乐，在你悲伤时与你分享痛苦，在你得意时衷心地祝福你，在你失意时伸出援手。有人这样感叹：人生得一知己足矣！友谊的珍贵令许多智士为之感慨。

点亮人生

歌德与席勒是德国文学史上的两颗巨星，又是一对良师益友。虽然歌德和席勒年龄差十几岁，两个人的身世和境遇也截然不同，但共同的志向让两人的友谊长青。他们相识后，合作出版了文艺刊物《霍伦》，共同出版过讽刺诗集《克赛尼恩》。席勒不断鼓舞歌德的写作热情，歌德深情地对他说："你使我作为诗人而复活了。"

在席勒的鼓舞下，歌德一气呵成，写出了叙事长诗《赫尔曼和窦绿蒂亚》，完成了名著《浮士德》第一部。这时，席勒也完成了他最后一部名著《威廉·退尔》。席勒死时，歌德说："如今我失去了朋友，我的存在也丧失了一半。"27年后，歌德与世长辞，他的遗体和席勒葬在一起。

人们为了纪念歌德和席勒以及追念他俩之间的友谊，树立了一座两位伟人并肩而立的铜像。这座铜像见证着他们的友谊，也告诉人们：人与人相互依靠、相互扶助时，所拥有的力量将突破时空的界限。

在友谊面前，许多事物都会失色，拥有友谊的人，生活即使过得再苦，也能够得到快乐。

很久以前，在异乡漂泊的风雨中，两个有着相同经历的穷人相遇了。他们朝夕相处，情同手足，相扶相持。有一天，为了各自的梦想，他们不得不分道扬镳了。

一个穷人对另一个穷人说："如果现在我有钱，我最想给你买件礼物留作纪念。"另一个穷人也无限感慨地说："或是我们有一件随身物品相互交换也好，那么，我们便可以时时刻刻感觉到对方的存在。"

可他们什么也没有。然而，就在那个秋意渐浓的午后，他们终于交换了一件礼物，各自心无遗憾地上路了，他们交换了彼此的名字。

真正友情的动人之处不在于它的中间掺杂了多少利益，而在于它所显现的真挚和诚恳会安抚人们烦躁的心灵，净化人们的灵魂。正所谓君子之交淡如水，沐浴在君子友谊当中的人，能够突破虚伪与沉湎，变得更加理智和深沉。

音乐大师舒伯特年轻时十分穷困，但贫穷并没有使他对音乐的热忱减少一丝一毫。为了去听贝多芬的交响乐，他竟然不惜卖掉自己仅有的大衣，这份狂热令所有的朋友为之动容。

一天，油画家马勒去看他，见他正为买不起作曲的乐谱而忧心忡忡，便不声不响地坐下，从包里拿出刚买的画纸，为他画了一天的乐谱线。

当马勒成为著名画家的时候，弟子问他："您一生中对自己的哪幅画最满意？"马勒不假思索地答道："为舒伯特画的乐谱线。"

真正的友情并不依靠事业、祸福和身份，不依靠经历、地位和处境，它在本性上拒绝功利、拒绝归属、拒绝契约，它是独立人格之间的互相呼应和确认。所谓朋友，就是互相使对方活得更加温暖、更加自信、更加舒适的人。没有朋友，你只能与寂寞、孤独和失败为伍，相信人人都不想如此。

> **一个人在社会上的地位或在社会上取得的信用资望，与朋友很有关系。**
>
> ——梁漱溟

📖 **智慧悟语**

有个旅行家在途中看见了一朵绝美的花，把它拍摄下来登在了杂志上。不久，很多人都慕名前来观看。花还是原来那朵花，依然非常美丽，只不过比以前那朵在野草丛中孤单的花更为耀眼了。

人也是如此，只是单独的个人纵然才华盖世，没有朋友的赏识也是很渺小的。梁漱溟先生认为，自己的身上虽然有着一种颜色，但是朋友能让自己的颜色更为显著。"自己交什么朋友，就归到那一类去，为社会看为某一类人。"朋友若是高尚之人，别人也会把自己归入这个群体中；而自己若在某一方面有才华，朋友就是那些帮助自己发挥才华的人。

点亮人生

晋朝太康年间有个"洛阳纸贵"的故事，起因是一个名为左思的文学家写了篇《三都赋》。

左思这篇赋写了整整十年，吸收了班固的《两都赋》和张衡的《两京赋》，吸收它们的优点，同时又努力避免其华而不实的弊病。但是写成之后，因左思只是个无名之辈，所以文坛上的很多人都没有细看就一通批评。此前，左思构思这篇赋的时候，当时有名的文学家陆机还嘲笑说："京城里有位狂妄的家伙写《三都赋》，我看他写成的东西只配给我用来盖酒坛子！"因此赋虽然写成了，却无人问津。

左思不甘心一腔心血就此付诸东流，于是找到了著名文学家张华。

张华细细地阅读了一遍《三都赋》，然后又问了左思创作动机和经过，当他再回头来体察句子中的含义和韵味时，为文中的句子深深感动了。最后，他爱不释手地称赞道："文章非常好！那些世俗文人只重名气不重文章，他们的话是不值一提的。皇甫谧先生很有名气，而且为人正直，让我和他一起把你的文章推荐给世人！"

皇甫谧看过《三都赋》以后也是非常欣喜，他对文章给予高度评价，并且欣然提笔为这篇文章写了序言。他还请来著作郎张载为《三都赋》中人魏都赋做注，请朱中书郎刘逵为《蜀都赋》和《吴都赋》做注。刘逵说道："世人常常重视古代人东西，而轻视新事物、新成就，这就是《三都赋》开始不传于世人原因啊！"

在这些名士的推荐下，《三都赋》很快风靡了京都，懂得文学之人无一不对它称赞不已。甚至以前讥笑左思的陆机听说后，也细细阅读一番，他点头称是，连声说："写得太好了，真想不到。"他断定若自己再写《三都赋》绝不会超过左思，便停笔不写了。由此，《三都赋》在京城洛阳广为流传，人们纷纷称赞，竞相传抄，一下子使纸价昂贵了几倍。后来纸张竟倾销一空，不少人只好到外地买纸再抄写。

如果没有张华、皇甫谧等人的大力推荐，还会有这番千古佳话吗？左思的才华确实是高，但是在当时那个"上品无寒门，下品无势族"的社会里，像左思那样的寒士要取得成功谈何容易！况且，当时注重人物品评，对人的相貌、气质要求颇多，左思又是个貌陋口讷之人，没有这些名士相助，纵然有佳作，也只能待后世给予正视了。

孟浩然对王维叹道："当路谁相假，知音世所稀。"意思是世上的知音如此之少，有谁肯提携我辈？梁漱溟先生则给出了答案：应该去找寻朋友，只有他们才能真正懂你，也只有他们才能让你不再渺小。

第二章　益者三友，损者三友

> 君子先择而后交，小人先交而后择，故君子寡尤，小人多怨。
> ——《论语》

智慧悟语

交朋友的好处，没有人不知道；交朋友的坏处，没有人不担心。交到一个好朋友，等于交了一场好运；交到一个坏朋友，比发生一起火灾还可怕。

聪明人先选准人再交朋友，不聪明的人先交朋友再选择人。所以聪明人很少因交朋友带来麻烦，不聪明的人却经常因交朋友带来怨恨。

唐朝诗人孟郊曾写有《审交》一诗，专门分析了结交好、坏朋友的差别。诗中说："结交若失人，中道生谤言。君子芳杜酒，春浓寒更繁；小人槿花放，朝在夕不存。唯当金石友，可与贤达论。"意思是说，如果与不可交之人结交，到了中途，就会出现诽谤，遭人议论。君子之间的交往，恰如那陈年佳酿，天气越冷，饮之愈觉香醇；与小人结交就如同槿花绽放，早上才开，晚上就谢了。只有与那些可以肝胆相照的人结下稳固的交情，才有资格跟贤达之士坐而论道啊！简单点说，就是如果人们交到坏朋友，其坏处不仅来自这个朋友本身，还会遭到其他人的排斥的非议。相反，如果人们交到好朋友，不但受人称道，也会吸引到更多的朋友。

点亮人生

如何识别某个人是否可交呢？

清代名臣曾国藩有自己的一套看相识人的功夫，他将其集结为《冰鉴》一书。在书中，曾国藩具体讲解了识人的技巧。

一是"功名看气宇"，就是这个人有没有功名，要看他的风度。

二是"事业看精神"，一个人精神不好，做一点事就累了，还会有什么事业前途呢？

三是"穷通看指甲"，一个人有没有前途看指甲。从生理学的角度来讲，指甲是以钙质为主要成分，钙质不够，就是体力差，体力差就没有精神竞争。有些人指甲不像瓦形的而是扁扁的，就知道这种人体质非常弱，多病。

四是"寿夭看脚踵"，命长不长，看他走路时的脚踵。生活中，如果你发现有人走路时脚跟不点地，一般都短命，而且聪明浮躁，交代他的事，他做得很快，但不踏实。

五是"如要看条理，只在言语中"，一个人思想如何，就看他说话是否有条理。

现代有人更是将人分为三等：一等人，有本事，没脾气；二等人，有本事，有脾气；三等人，没本事，有脾气。这是在劝告人们：要尽量结交有本事没脾气的一等人，包容有本事，有脾气的二等人，远离那些没本事，有脾气的人。

将这种看法和孔子的识人法结合起来，就可以得出这样的结论：有本事没脾气的人，是最值得交的朋友。但这种人极难得，偶然看见一个，不妨主动结交，千万不要错过。没本事有脾气的人，要尽量远离，以免惹祸上身。

> ## 人生最美好的事情，就是别人在你的帮助下获得了成功。
> ——爱默生

智慧悟语

真正的朋友不一定为你甘洒热血，却一定会在你深陷困境时伸出援助之手。朋友可能不是那个锦上添花的人，却会在雪中送炭。

真正的朋友是懂得欣赏你、帮助你的人，是愿意为你无私奉献的人。一个甘心付出，一个拳拳相报，这样的友谊才能长久。朋友就是在你困难的时候能够拉你一把，让你走上成功的人。当你取得好成绩时，别人再多的赞美，也抵不过好朋友的一句鼓励。当我们处在困境中的时候，更能发现谁才是我们真正的朋友。

点亮人生

1919 年，林语堂先生赴美留学。因为家境并不富裕，到美国不久经济上就遇到了困难。万般无奈之际，他想起了胡适，就向其求助，想由胡适做担保向别人借 1000 美元。过了不久，胡适果然给林语堂先生寄去 1000 美元，并解释说这是北京大学给他预支的工资，为了还账，就要求林语堂先生务必在留学结束后回北大工作。林语堂先生就答应了下来。之后，林语堂先生去德国莱比锡大学攻读博士学位的时候，经济上又遇到了困难，就再次向胡适求助，希望他能再代其向北京大学借 1000 美元，过了一段时间，胡适就又给林语堂先生寄去 1000 美元。就这样，因为胡适的两次相助，林语堂先生度过了留学期间最困难的时期。

回国之后，林语堂先生回北京大学还债，但那里的人却告诉他北大根本没有资助留学人员的做法。经过一番仔细了解，林语堂这才明白，那两千美元是胡适自己资助他的。困境之时挚友的伸手相助让俩人的友谊更加笃定。

真正的友谊就是这样，不需要过多的言语，甚至不需要常常见面，只在心里互相惦念，然后再有难之时尽自己的绵薄之力。友情就会在相互扶持中得到升华。

1831 年，波兰作曲家肖邦在华沙起义失败后，只身流亡到法国巴黎定居。年轻的肖邦虽然才华出众，却无施展之地，为求生计，只得以教书为生，处境甚为落魄。

一个偶然的机会，肖邦结识了鼎鼎大名的匈牙利钢琴家李斯特。俩人一见如故，大有相见恨晚之感。当时的李斯特在巴黎上流文艺沙龙中已是闻名遐迩的骄子，他对默默无闻但才华横溢的肖邦大为赞赏。他不想让肖邦被埋没，因此总是设法帮助肖邦。面对英雄无用武之地的肖邦，李斯特终于想出了一个好办法。

这一天，巴黎街头广告登出了钢琴大师李斯特举行个人演奏会的消息，剧场门口人头攒动，门票一售而空。等到演奏会开始时，紫红色的帷幕徐徐拉开，灯光下，风度翩翩的李斯特身着燕尾服朝观众致意。台下掌声雷动，李斯特朝观众行礼后，便转身坐在钢琴前，摆好演奏姿势。灯熄了，剧场内一片寂静，人们屏息静气地闭上眼睛，准备聆听美好的音乐。

琴声响了，琴声时而如高山流水，时而如夜莺啼鸣；时而如诉如泣，时而如歌如舞；琴声激昂时，剧场内便响起掌声；琴声悲切时，剧场内又响起抽泣声……观众完全被那美妙的音乐征服了。演奏结束，人们跳起来，兴奋地高喊："李斯特！李斯特！"可灯一亮，大家傻了。舞台上坐的根本不是李斯特，而是一位眼中闪着泪花的陌生的年轻人。他就是肖邦。人们大为惊愕！原来，那时有个规矩，演奏钢琴要把剧场的灯熄灭以便观众能够聚精会神地听演奏。李斯特便利用这个空子，让肖邦过来代替自己演奏。

当观众明白刚才的演奏竟出自面前这位年轻人之手后，立即变惊愕为惊喜。剧场内，掌声四起，鲜花一束束地朝台上"飞去"。一位伟大的钢琴演奏家就此闻名于世。

若是没有李斯特的帮助，肖邦的才华也不会被人们发现。面对有可能成为自己竞争对手的肖邦，李斯特并没有嫉妒贤能，而是甘愿自当伯乐，给肖邦提供一个施展才华的舞台。

其实，人在帮助别人的时候，无形之中已经投资了情感。别人在困境中得到帮助也会铭记在心。也许一次微不足道的善行，便可能将一个人的命运改变。在成就别人的同时，付出的人也会因自己的行为而感到高兴和自豪。

可与共学，未可与适道。可与适道，未可与立。可与立，未可与权。

——《论语》

智慧悟语

《论语》中孔子这句话的意思是说：有些人可以一起学习做人做事，一起经历人生，一起长大；年少时一直是十分要好的朋友，但却没有办法和他同走一条道路，不一定能共同成就一番事业。俩人思想目的不同，便没有办法共同相谋。虽然并不一定反目成仇，但却没有办法讨论计划一件事，只好各走各的路。

有些朋友可以与之共赴事业，却无法共同创业，所谓"兄弟同心，其利断金"的事，在有些人身上无法实现。而另一些朋友可以共同创业，却无法共同守业，所谓"打江山易，守江山难"，当他的手中握有权力，反而会让他在错误的道路上越走越远。

现代社会常常喜欢讲究交际，仿佛认识的人越多，这个人越有影响力。其实，这种想法是错误的。蜻蜓点水的认识千万人，不及推心置腹的几个人。专心对你的朋友，尽管这段路不一定同行，但是要懂得珍惜，要懂得尊重，懂得维护属于你的那一份心灵上的情感依托。而且，人会随着生活的环境而变化，这一秒他可能与你推心置腹，下一秒就可能将你出卖，因此，一旦发现一个朋友的原则思想和你有分歧，则应远离他。

点亮人生

《世说新语》中记载了一段著名的历史故事——管宁割席。

管宁与华歆本是从小玩到大的好朋友，恰同学少年结伴读书。一次，俩人一同在园中锄菜，地上有块金子，管宁视而不见，继续挥锄，视非己之财与瓦砾无异，华歆却将金子拾起察看，仔细想过之后又将金子丢弃了。此举被管宁视之为见利而动心，非君子之举。还有一次，俩人同席读书，外面路上有官员华丽的轿舆车马经过，前呼后拥十分热闹，管宁依旧同往常一样安心读书，而华歆却忍不住将书本丢到一边，跑出去看了一下热闹。此举被管宁视之为心慕官绅，亦非君子之举。于是，管宁毅然将俩人同坐的席子割开，与华歆分坐，断了交情，说："你不是我的朋友。"

故事被载入《世说新语》的德行篇。事情很小，而且是人们容易忽略的细枝末节，但正因其小，足见当时的士大夫、读书人品评他人与约束自己的尺度与交友之严，见微而知著，因小而见大。

我们且不评论管宁的做法是否正确，但其中的道理却引人深思。当朋友间所追求的东西差别很大时，朋友很有可能在以后的路上会分道扬镳。因此，朋友未必能够一路同行，有的朋友可以一起学习、一起创业，然而，随着人生经历的变化，有时也会在一个关键问题上出现分歧，使友情破裂，追求各自不同的人生。

著名小说《包法利夫人》的作者是19世纪法国批判现实主义作家福楼拜。在当时，他的家坐落在摩里略镇，而他的客厅是同时代法国作家龚古尔、都德、莫泊桑、梅里美等利用星期日经常聚会、讨论的地方，是一个文艺家和思想家的集中地。后来，福楼拜家的客厅里又多了一个新面孔，这就是被后世称为"小说家中的小说家"的屠格涅夫，他的小说语言纯净优美，结构简洁严密。作品充满诗意的氛围和淡淡的哀愁，给人无尽回味。《最后一课》的作者都德见到了侨居法国的屠格涅夫后，向他倾诉了自己对他的才华、人品的无限仰慕及对《猎人笔记》的高度赞赏。自此，俩人结下了深厚的友谊，屠格涅夫也成了福楼拜家里的常客。

然而，屠格涅夫并不因为他们之间的友谊而改变他对都德著作的评价。在他看来，都德是他们圈子里"最低能的一个"，但他只把这个看法作为内心的一个秘密写进心爱的日记里。1833年，屠格涅夫因脊髓癌病逝了。当都德无意间发现了这个秘密时，感到万分意外，就像迎头挨了一记闷棍似的，他感慨地说："我始终记得他在我的家里，在我的餐桌上，怎样温柔热情地吻着我的孩子们的事，我还收藏着他写给我的无数亲切可爱的信件。但在他的那种和蔼的微笑下却隐藏着这样的意念。天哪！人生是怎样的奇怪，希腊人的所谓'冷酷'两字是多么的真实！"

这种友情的幻灭当然使都德很伤心，但在屠格涅夫方面，却并无他的不是之处。因为他将友情和作品分离了：他对都德，甚至对他的孩子有友情，但是不满意他的作品，所以才在背后说出那样的话。如果不是为了友谊，屠格涅夫也许当面就向都德说了。这样一来，都德早就和屠格涅夫绝交，也不至于有死后的幻灭了。

人生就像是一台戏，每个人扮演的角色不同，台词和意图也不尽相同。当你感觉到跟对方的差异时，要看对方是不是能够成为你的朋友，也或者对方值不值得你为了守候这份友情而付出。如果确定对方可以是很好的朋友，那么即使有一点差异，也要学会保留，学会尊重；如果确定彼此不是同路人，没有什么相处的必要，那么就应该大胆地割舍掉这份情谊，不做无畏的挣扎。

志同道合，才能走到一起，才能成为朋友。但每个人都会随着所处环境的改变而改变，如果他今天对你来说是益友，那么你可以继续维护这段友情，如果他今天对你来说是损友，那你就要抱着"只是同流不下流"的态度，尽量规劝他改过向善，如他不听你的规劝，那你应果断地远离，斩断这份友情。

忠告而善道之，不可则止，毋自辱焉。

——孔子

智慧悟语

俗话说得好："良药苦口利于病，忠言逆耳利于行。"这话的确不假。但是，谁爱吃苦药呢？小孩常把吃苦药当成虐待，大人常把逆耳忠言视为人身攻击。所以，进"忠言"的结果有时是"好心没好报"，对方非但不感激，反而心生怨意。

以上下级为例，当上司有了不对的地方，你提出意见和建议，如果对于一个问题，说的次数多了，虽说是对公司与上级有益，有时也会招致上司的反感。对朋友也是一样，朋友有不对的地方，听不进你的建议，如果你劝告的次数过多，反而还会与你慢慢疏远，甚至变成冤家。所以，适可而止也是需要注意的一条交友之道。

中国文化中友道的精神，在于"规过劝善"，这是朋友的真正价值所在，有错误相互纠正，彼此向好的方向勉励，这就是真朋友，但规过劝善，也有一定的限度。朋友的过错要及时指出，"忠告而善道之"，尽心劝勉他，让他改正错误，但实在没有办法时，"不可则止"，就不要再勉强了。自古忠言逆耳，假如忠谏过分了，朋友的交情就没有了，尤其是共事业的朋友。历史上有许多先例，知道实不可为，只好拂袖而去，走了以后，还保持朋友的感情。

隋炀帝曾对大臣宣称："我天性不喜欢听相反的意见，所谓敢直谏的人，都自说其忠诚，但是我最不能忍耐。你们如果想升官晋爵，一定要听话。"对于这样冥顽不灵的人，不妨把所有的忠言都锁到保险箱，以免给自己招灾惹祸。

点亮人生

对于朋友，我们要尊重对方的选择，即便他的选择是错的，但如果规劝后无效，则随他去吧。

湖南才子王湘绮是曾国藩的幕友，当曾国藩率领的湘军在前方和洪秀全作战，开始露败象的时候，王湘绮想请假回家，曾国藩起初并不同意。

有一天晚上，曾国藩因事去找他。看见他正坐在房里专心看书，就站在后面不打扰他。差不多半个时辰，王湘绮还不知道，曾国藩又悄悄地退回去了。

第二天早上，曾国藩就送了很多钱，诚恳地安慰一番，让王湘绮立刻回家。有人问曾国藩，为什么突然决定让王湘绮回去？曾国藩说，王先生去志已坚，无法挽留了，何必勉强呢？再问曾国藩何以知道王湘绮去志已坚？曾国藩说，那天晚上去王湘绮那里，他正在看书，可是半个时辰没有翻过书。可见他不在看书，在想心思，也就是想回去，所以还是让他回去的好。

看到朋友正走在错误的道路上，你不能见死不救，非要将他扳回正道来，那你就必须把握给人忠告的三个原则：

1. 在说逆耳的忠言前，先多说顺耳忠言，肯定对方的优点，然后再说上规劝的话，人家也就容易接受了。正如《莱根谭》所说："攻人之恶毋太严，要思其堪受；教人之善毋过高，当使其可从。"在任何时候，我们都要顾及对方的自尊心，不能因为自己的意见是对的，就理直气壮地坦率陈言。

2. 让对方真真切切地感受到你的好意。讲话时态度一定要谦和诚恳，用语不能激烈，否则对方就会以为你在教训他；也不必过于委婉，否则他会认为你惺惺作态。

3. 选择适当的场合。原则上讲，最好避开第三者，以一对一方式进行，以免让对方产生当众出丑的感觉。

总之，在对朋友给予忠告时，只要能让朋友明白你的苦心真情，即便是他最后决定不听取你的意见，也不至于怨恨你，毁坏彼此的友情。

第十三篇

爱情：情为何物，竟让人放不下

第一章　错过了，就是一辈子

> **要能放下，才能提起。提放自如，是自在人。**
> ——圣严法师

智慧悟语

当爱情来临的时候，我们要知道珍惜；当失去爱情的时候，我们也要懂得放手。

一朵花该谢的时候它就会谢，一个人该走的时候他就会走。有时候，缘分是没有道理可讲的，也许你还爱着，对方却已经转身。珍惜曾经拥有的缘分，缘分尽了就放手，不要纠缠更不要报复，不要将曾经美好的回忆都化作虚无。

点亮人生

当爱情走到尽头，不论你曾深爱的他或她带给你多大的伤害，请不必怀恨在心，因为爱情的结束也意味着伤害的结束。与其花时间花精力去向一个坏男人或坏女人报复，倒不如花时间去寻找你真正的人生伴侣，你的幸福，其实就是对他或她最好的报复。

他们曾是一对恋人，他们曾经非常相爱，在最好的年华里，发誓要永远和对方在一起。

可是，世事无常，终有一天他说，算了吧，我们分开吧。

她不肯分，死缠烂打，让他赔偿自己的青春。这么多年，怎么可能说完就完？于是她打骚扰电话，散布谣言，跑到他的单位去找他，砸他的玻璃砸他的车。他说，不要再纠缠了。她却偏不死心。

后来她开始想杀了他，他们说过死也要在一起的。她买了一把锋利的匕首，想象着刀子刺进他心脏的感觉，感觉到痛苦又快乐。

但还没有等到她下手，他就被推到她的急诊室，因为深夜开车时候出了意外。

她看见他伤得极重，蜷缩地躺在病床上，已经陷入昏迷还痛苦地紧皱双眉。机会来得如此容易，她甚至不用特意去找他。她站在手术台前，感到对方的生命就在自己的手里，她亲自为他麻醉，不禁全身颤抖。

拿起手术刀的时候，她却突然镇静下来，想起自己身为医生的职责，想起那些快乐的日子里，他说如果你受伤了我也会痛。原来他受伤了，自己真的也会痛。

手术很成功，她下了手术台之后，发现自己的衣服全湿了，出了手术室一刹那就泪流满面。原来，曾经爱过就是彼此的慈悲。她以为恨就会永远去恨，她以为不爱了就恨不得对方死。但是她没有想到，当他真的面临生死时，当他需要她救助时，她还是挺身而出了。她以为分手了自己会希望他死，原来不是。

他后来问她，你不是说过要杀我吗？为什么给了你机会你却没有下杀手？

她答，因为爱过，所以慈悲。他听了，流下了眼泪。

在爱情里，被留下来的一定会有伤痛，每个人受到伤害以后，都会想方设法减轻自己的痛苦，这是人的生存本能，无可厚非。可是，有些人却会产生报复心理，把自己的痛苦加倍放大，然后转嫁到别人身上去，仿佛这样就可以成倍地捞回自己所受的损失。这是很危险的。报复别人，最终被伤害的是自己。事实上，生活对每一个人都是公平的，它既不会让一个人永远失去，也不会让一个人永远得到，只要你真诚地对待它，洒脱放手是对对方的成全，也是对自己慈悲。

若分手，便是缘分还不够，那就选择随缘吧，不必纠缠，更不要想着报复。缘起缘灭之间，就像徐志摩的《偶然》：

我是天空里的一片云，
偶尔投影在你的波心——
你不必讶异，
更无须欢喜——
在转瞬间消灭了踪影。
你我相逢在黑夜的海上，
你有你的，我有我的，方向；

你记得也好，

最好你忘掉，

在这交会时互放的光亮！

没有一场深刻的恋爱，人生等于虚度。

——罗曼·罗兰

智慧悟语

感情是说不清也道不明的，也是生活中最难解释的，感情不在于是不是两个人真的就爱了，而是难于爱的维持与持久，俩人在一起一天好走，但一辈子却很难。生活毕竟是现实的，人也是需要经历这样那样的考验，不单单是一句"我爱你"就能解决的。

人生中会有很多意想不到的事情，人们要有足够的耐心去面对。人就是这样的，总要经历一些事情，才会明白一些道理，虽然人生变化多端，但是两个真正相爱的人是要经受考验才能懂得更加珍惜对方。虽然男人会有心事，女人也会有情怨，但是作为一个男人都要记住这样的一句话：不要轻易让一个女人受伤；作为女人也应该记住：不该让男人太累。俩人只有相互理解、尊重，才能让爱情变得更加长久与幸福。

人世间有一个"情"字，就注定了有很多人会为情所伤。因为感情确实是很复杂的东西，因为它的敏感与细致，所以往往会让人毫无保留，也就是到最后放下了自身的防御，这个时候如果受伤，将会伤得很严重。有人说，感情向来都是一个双面的刃，在感情面前既可伤害别人也可以伤害自己，它既可以有光华耀眼的美丽，也会有让人锥心刺骨的痛楚。

其实，每个人都知道，一个值得爱的人并不是很容易找到的，大千世界又是那么的大，有时候人们可能要花费几年的时候，甚至是几十年的时间来寻找这个人，这个寻找的过程是很辛苦的，这其中也会有烦恼、忧愁，彷徨、失落，一旦找到后千万不要轻易放弃。因为感情的伤口是很难愈合的，即使是愈合了也会留下一个伤疤，在过后的漫长岁月里，只要有个阴雨斜风，人们都会隐隐作痛。

一个真正懂得爱的男人是不会让一个女人受伤的，不管这个女人是不是他的最爱，但是男人有他的责任，虽然不是所有的男人都一样的善良。

对一个好男人来说，如果一个女人是自己的最爱，那么伤害她还不如伤害自己，更何况，爱一个人不就是要她能获得幸福吗？如果你不爱她，那么就不要轻易地开始，一旦开始就不要轻易结束。

在当今的社会，不管是少男少女，还是成熟男女，每个人都无法与爱情抗争，如果说有人快乐着，那就必定意味着也会有人会痛苦着，如果说男人有了心事，那么，女人也会有情怨。

在爱的世界里，两个人难免会有不理解和伤害对方的时候，但如果人们在做每件事之前都为双方考虑，那么一切的问题与困难自然就会迎刃而解了！要想爱情甜蜜，婚姻美满，那么就请女人们理解男人，男人也该理解女人。一份完美的爱情和一个美满的家庭，都是要靠互相尊重和理解才能经营下去。

不是每个男人都是骑着白马的王子，所以，女人不要对自己的另外一半过于苛求，平时不要总嫌弃对方不够高大和英俊，也不要责怪他送给你的只是一双手套而不是九十九朵玫瑰，因为男人的心也会受伤，女人要懂得接受这种默默无闻的爱，这种平淡的爱才是最真实与自然的。

不是所有的男人都会把爱挂在嘴边，所以，女人不要总是逼着男人回答"你爱我吗"，或者是当男人回答的不够干脆时就心生怀疑，不要让他把这种回答变成一种无奈的习惯。女人要相信真正的爱是不用说出来的，爱的行为也会让人沉浸在无言的感动里，当男人静静地看着你微笑时，当他轻轻地抚摩你的头发时，当他自然地牵着你的手时，你要相信，这就是爱。

不是每个男人都善于反驳，所以，当出现误会的时候对方表现的沉默不语时，请不要推开他。也许在他看来那只是一个无关的女人或者一件他绝不会做的事，一个真正的男人对待事实，往往不会有太多解释。

要知道，男人不是超人，所以，当他不能在你有困难时第一时间出现的时候，女人不要过于责难对方，因为在你无助时他不能守在你的身边，那份担心已经是他最大的惩罚。当他事后关心的询问时，女人不要不理睬，不要生气地扭过头去。你只要温柔地告诉他已经没事了，不要牵挂，那就是最好的回答。

也许，男人总搞不懂女人在想什么。所以，当女人故意说不理他，他却真的走开时，请不要在那儿跺脚生气，发誓要惩罚他。要知道，此时一头雾水的男人心里比你还要郁闷。如果男人总不能领会你的意思，那么，就请女人明白地告诉他，这样的话两人都会轻松许多，而女人也可以得到你真正想要的，为什么不呢？

男人也要有自己的生活。他们也许会迷恋游戏，也会约朋友一起出去喝酒、打牌。这个时候，女人请不要短信电话步步紧逼，也不要逼问他为什么不带你一块前往。每个人都需要有自己的空间。

女人给彼此足够的空间才会有新鲜的空气。男人也会有受伤的时候，也会有莫名的情绪低落。所以，当他的脸上写满疲惫，眼中充满厌倦，工作充满无奈与抱怨时，请不要在这个时候去追问他是不是不爱你了。要知道，这个时候说甜言蜜语哄人，谁也做不到。女人此时只要安静地陪在他身边就好。

总说，男人不懂女人心，可有时候，女人是不是也会常常忽略他们的感受呢？男人有义务陪女人，又没有权利放弃工作。在坚强的标志下，男人只有一并承担。生活本来就很让人疲惫，当男人在为将来打拼的时候，女人就让男人好好休息吧。

相反，男人不该让女人伤心，女人生来就是需要被呵护的。在女人理解男人的时候，男人该用一颗真诚的心去回报女人对自己的爱！

> 两个人之间，感情好，一切都好。
> ——南怀瑾

智慧悟语

有人说，爱是积累。世界上没有什么事情是一蹴而就的，每件事情最后总是水到渠成。婚姻生活漫长而平淡，需要你在生活的细节中，一点一点地体现宽容、体贴、耐心，长久才可建立起深厚的信任和爱。

爱情本就是艰难的冒险，只有从细节处处留心，才能建立起深厚的感情。要记得常常对你的爱人说"我爱你"，因为爱情是长久的积累和构建。

点亮人生

家政学校最后一门课的主讲老师是一位研究婚姻问题的教授。他走进教室，把随手携带的一叠图表挂在黑板上，然后，他掀开挂图，上面用毛笔写着一行字：

婚姻的成功取决于两点：

1. 找个好人；

2. 自己做一个好人。

这时台下嗡嗡作响，不一会儿，终于有一位三十多岁的女子站了起来，说："如果这两条没有做到呢？"

教授翻开挂图的第二张，说："那就变成4条了。"

1. 容忍，帮助，帮助不好仍然容忍；

2. 使容忍变成一种习惯；

3. 在习惯中养成傻瓜的品性；

4. 做傻瓜。

台下开始喧哗起来，有人说这根本做不到。

教授说："如果这 4 条做不到，你又想有一个稳固的婚姻，那你就得做到以下 16 条。"

教授翻开第三张挂图。

1. 不同时发脾气；

2. 除非有紧急事件，否则不要大声吼叫；

3. 争执时，让对方赢；

4. 当天的争执当天化解；

5. 争吵后回娘家或外出的时间别超过 8 小时；

6. 批评时说话要出于爱；

7. 随时准备认错；

8. 谣言传来时，把它当成玩笑；

9. 每月给他或她一晚自由的时间；

10. 不要带着气上床；

11. 他或她回家时，你一定要在家；

12. 对方不让你打扰时，坚持不去打扰；

13. 电话铃响的时候，让对方去接；

14. 口袋里有多少钱要随时汇报；

15. 坚持消灭没有钱的日子；

16. 给你父母的钱一定要比给对方父母的钱少。

教授念完，有些人则叹起气来。教授听了一会儿，说："如果大家对这 16 条感到失望的话，那你只有做好下面的 256 条了，总之，两个人相处的理论是一个几何级数理论，它总是在前面那个数字的基础上进行二次方。"

困难吗？成功的婚姻自然是困难的。你看到那么多的恩爱夫妻，背后也有许多艰辛和眼泪。不过没有关系，只要有宽容和耐心，我们始终能够找到幸福的真谛。据说，柠檬皮经过充分浸泡之后，它的苦味溶解于茶水之中，将是一种清爽甘甜的味道，但如果想在 3 分钟之内把柠檬的香味全部挤压出来，那样只会把茶搅得很浑，把事情弄得一团糟。我们的生活也像柠檬茶一样，需要足够的包容和耐心。

> 爱情是生命的火焰，没有它，一切变成黑夜。
>
> ——罗曼·罗兰

智慧悟语

恋爱有一种最为显著的后果，那就是情人双方在相遇前各自生活中发生的一切随之荡然无存。这一点毫不奇怪，自他们发现了对方之后，他们便诞生了新我。于是，他们开始了新的历史。从此之后，他们共同生活中的每一件事，将载入史册，每一个细节，将久久回味，为庆贺这些幸运，想象中的匾额，会悬挂在他们第一次相遇、第一次亲吻的地方。不管何时回顾往事，总会出现这样的话："我做那件事时你正在干什么。"对于他们而言，彼此之间如果没有某种神秘的、无从知晓的联系，俩人是不可能共同生活在同一世界上的。从各自生命的开始到相互的结合，乃是注定的，各自身上一直有着未来变化的预兆。

如果你够幸运的话，在你一生当中，你会碰到几个人握有可以打开你内心仓库的钥匙。但很多人终其一生，内心的仓库却始终未曾被开启。其实很多人都不知道，钥匙就在自己手上。

心中有了牵挂，即使是负荷，却也是最甜蜜的负荷，这样才能甘心地过完一生，安详地死去。当然，如果我们一直爱着，那就没有完全死去，因为爱的行动，已将我们自己的一部分融入了被爱的人或物之中。

点亮人生

日本著名绘本作家佐野洋子在她的书里讲述了这样一个故事：

有一只猫，它死过一百万次，也活过一百万次。但这只猫一直不喜欢任何人。

有一次，猫是国王的猫，国王很喜欢猫。国王做了一个美丽的篮子，把猫放在里面。

每次国王打仗都把猫带在身边。不过猫很不快乐，有一次在打仗时，猫死于乱战，国王抱着猫，哭得很伤心，但是猫没有哭，猫不喜欢国王。

有一次，猫是渔夫的猫，渔夫很喜欢猫，每次渔夫出海捕鱼，都会带着猫，不过猫很不快乐，有一次在打鱼时，猫掉进海里，渔夫赶紧拿网子把猫捞起来，不过猫已经死了。

渔夫抱着它哭得好伤心，但是猫并没有哭，猫不喜欢渔夫。

有一次，猫是马戏团的猫。马戏团的魔术师喜欢表演一样魔术，就是把猫放在箱子里，把箱子和猫一起切开，然后再把箱子合起来，而猫又变回一只活蹦乱跳的猫，不过猫很不快乐。

有一次魔术师在表演这一个魔术时，不小心将猫真的切成了两半，猫死了。

魔术师抱着切成了两半的猫，哭得好伤心，不过猫并没有哭，猫不喜欢马戏团。

有一次，猫是老婆婆的猫，猫很不快乐，因为老婆婆喜欢静静地抱着猫，坐在窗前看着行人来来往往，就这样过了一天又一天、一年又一年。

有一次，猫在老婆婆的怀里一动也不动，猫又死了，老婆婆抱着猫哭得好伤心、好伤心，但是猫并没有哭，猫不喜欢老婆婆。

有一次，猫不是任何人的猫，猫是一只野猫，猫很快乐，每天猫有吃不完的鱼，每天都有母猫送鱼来给它吃。

它的身旁总是围了一群美丽的母猫，不过猫并不喜欢它们。

猫每次都骄傲地说："我可是一只活过一百万次的猫喔！"

有一天，猫遇到了一只白猫，白猫看都不看猫一眼，猫很生气地走到白猫面前对白猫说："我可是一只活过一百万次的猫喔！"

白猫只是轻轻地"哼"了一声，就把头转开了。之后，猫每次遇到白猫，都会故意走到它面前说："我可是一只活过一百万次的猫喔！"而白猫每次也都只是轻轻地"哼"了一声，就把头转开。

猫变得很不快乐，一天，猫又遇到白猫，刚开始，猫在白猫身边独自玩耍，后来渐渐地走到白猫身边，轻轻地问了一句话："我们在一起好吗？"

这一次，白猫轻轻地点了点头"嗯"了一声。猫好高兴、好高兴，它们每天都在一起，白猫生了好多小猫，猫很用心地照顾它的孩子们，小猫长大了，一个个离开了。

猫很骄傲，因为猫知道：它的孩子们是一只活过一百万次的猫的小孩！

白猫老了，猫很细心地照顾着白猫，每天猫都抱着白猫说故事给白猫听，直到睡着。

一天，白猫在猫的怀里一动也不动了，白猫死了。猫抱着白猫哭了，一直哭、一直哭，直到有一天，猫不哭了，猫再也不动了。它和白猫一起死了，再也没有活过来。

猫虽然活过一百万次，却从没有真正活过，猫一直被人捧在手掌心中，一直被人疼爱着，但它一点都不开心，直到它开始去爱，开始去体验人生，有了家庭、有了爱人、有了小孩，开始付出它的爱。

没有情感地活了一百万次，并不如有爱地活上一辈子；无法体会生命活了一百万次，还不如用生命付出爱的一辈子。

在每个人的生命里，或多或少都会有一些让人深刻体验的事情，让人庆幸此时此刻活在这世界上，让人很清楚地了解活着的美好。假如你觉得此生你已经足够了，那你就错了！生命中还有更深刻的体验等着你——那就是付出你的爱，若你觉得没有，那可能是你还没遇到让你不可思议的白猫而已。

山有木兮木有枝，心悦君兮君不知。

——《诗经》

智慧悟语

等待有多苦，等待有多累，等待有多傻，等待有多欣慰？我们享受的究竟是恋爱本身，还是等待过程中的复杂滋味？不可否认，有些时候我们会迷恋上过程而不是结果。有人会喜欢暗恋的感觉而不是真正地爱上谁，就如同有人喜欢到达旅游目的地前的兴奋与期待胜过游玩本身。仔细想想选择等待的背后究竟是些什么，是自虐、是自恋、还是自卑？我们是不是看重自身比看中爱情更多？

爱情不是等来的，爱情需要机缘，但被动等待会使你不敢接受或不能确定它就是你要的爱；爱情需要勇敢，只有大胆地表白与激情地迸发才能找到爱的出口；爱情需要创造，死守阵地会把你拘囿于自己的胡思乱想中而永远得不到真爱；爱情需要洗礼，些许，瑕疵与尘埃都会迷住双眼搞得我们晕头转向；爱情需要行动，不要相信丘比特的箭会射向人间。等待，不一定是最好的选择！

点亮人生

男孩暗恋女孩，女孩喜欢男孩。男孩没有勇气，有爱难表；女孩碍于羞涩，有情难诉。一天，两天；一年，两年。男孩女孩在周围人眼里，俨然是一对恋人。男孩女孩心里更清楚：他们是被冥冥中早已注定的缘分连在一起的，他们原本就是恋人，只不过都在静心等待对方的爱情表白。女孩闭口不提爱男孩，因为她是女孩；男孩迟早要说爱女孩，因为他是男孩。

女孩生日那天，男孩特意定做了一个精美的音乐盒送给她。女孩清甜的脸上泛起一片绯红。她接过盒子，逃回屋子里急切地打开，里面流出了优美的音乐。女孩一脸困惑，因为她没有找到男孩的爱情表白。当音乐第二次奏出，女孩关掉音乐盒，泪盈于睫，哭了一夜。原来，男孩不爱女孩。因为盒子里没有他对她的爱情表白。女孩开始躲避男孩，男孩也在疏远女孩。以后，男孩随父母迁到北方，女孩依旧留在南方。后来，他们再没见过面。再后来，男孩娶了另一个女孩，女孩嫁给了另一个男孩。

有那么一天，已为人妻的女孩收拾屋子时，不经意间翻出那个音乐盒。看到盒子，便触动了她的心事。再一次打开，里面又响起那段熟悉的音乐。望着盒子，她摇摇头：他怎么会不爱我呢？当音乐第二次结束，盒子里突然传出了男孩的声音：I love you！如果你也爱我，请告诉我……她愕然。大颗的泪珠绝望地落到地板上。她知道，此时的爱情表白已经迟了许久……

有时，爱情成功与否，也许只差一段音乐的时间。而男孩与女孩的遗憾再也无法弥补。你愿意为她守候一盏灯，可她是否能看到这盏灯的光亮是为她而不熄"山有木兮木有枝，心悦君兮君不知"，你的苦苦等待换来的也许会是她的拥抱，也许会是感动的叹息，也许会是不屑的鄙夷。你在等待中建立的只能是对她的美好幻想，空中楼阁般的思念使你看不清梦中情人的真面目。

爱情也是分阶段的，不同的阶段有不同的爱情方式。十几岁的爱情就是没有理由的喜欢，没有理由的思念，没有理由的心神激荡，没有理由的发火，没有理由的开心。二十几岁的爱情开始变得严肃，似乎一下子爱情成为人生的主题，似乎爱情会决定人生的一切。男女在爱情面前又有不同表现，女人似乎更容易知道自己是不是在爱着对方，也更容易将爱情转化为行动，关心他，体贴他。而男人却会显得犹豫，不知道自己该不该爱，只是一味地接受然后欺骗自己，她只是普通朋友。

爱情的分离聚合在这个阶段显得格外荡气回肠。也许女方等到了男方的醒悟而拥有了爱情，也许男方在醒悟后，发现女孩已经走远。不管怎么说，男女在爱情上都要勇敢，否则错失了，就再也不会回来。

第二章　爱情没有寿命，没有极限

死生契阔，与子成说。执子之手，与子偕老。

——《诗经》

智慧悟语

真正的爱情是一种持之以恒的情感，而唯有时间才是爱情的试金石，唯有超凡脱俗的爱才能经得起时间的考验。真正的爱情是一种持之以恒的长久而稳定的情感。

很久以前，我们的祖先就在追求这种持之以恒、矢志不渝的爱情。"执子之手，与子偕老。"唱出了人类对于爱情的共同心声。一直到今天，我们还是在追求这种爱情，我们也在歌里唱道："我能想到最浪漫的事，就是和你一起慢慢变老，直到我们老得哪儿也去不了……"我们之所以钟情于这种爱情，就是因为经得住时间考验的爱情才能算得上是真正的爱情。

点亮人生

一个小岛上，住着快乐、悲哀、爱……

一天，他们得知小岛快要下沉了。于是，大家都准备船只，离开小岛。只有爱留了下来，她想要坚持到最后一刻。

过了几天，小岛真的要下沉了，爱想请人帮忙。

这时，富裕乘着一艘大船经过。

爱说："富裕，你能带我走吗？"

富裕答道："不，我的船上有许多金银财宝，没有你的位置。"

爱看见虚荣坐在一艘华丽的船上，说："虚荣，帮帮我吧！"

"我帮不了你，你全身都湿透了，会弄坏了我这艘漂亮的船。"

悲哀过来了，爱向她求助："悲哀，让我跟你走吧！"

"哦……爱，我实在太悲哀了，想自己一个人待一会儿！"悲哀答道。

快乐走过爱的身边，但是她太快乐了，竟然没有听到爱在叫她！

突然，一个声音传来："过来！爱，我带你走。"

这是一位长者。爱大喜过望，竟忘了问他的名字。登上陆地以后，长者独自走开了。

爱对长者感恩不尽，问另一位长者知识："帮我的那个人是谁啊？"

"他是时间。"知识老人答道。

"时间？"爱问道，"为什么他要帮我？"

知识老人笑道："因为只有时间才能理解爱有多么伟大。"

快乐不是爱，金钱不是爱，悲哀也不是爱，那么什么才是真爱呢？是能够经得起时间检验的那种真挚的感情！

因此，如果我们遇到了一份经得住时间考验的爱情，一定不要错过了，那可能是你一生难遇一次的真爱。如果我们相爱了，那么就要学会爱，坚守爱，珍惜爱，把"与子偕老"的誓言化为相守的幸福。

最热烈的爱情会有最冷漠的结局。

——苏格拉底

智慧悟语

苏格拉底的这句话听起来似乎有些悲观，但事实却常常如此。

人人都渴望轰轰烈烈的爱情，但这种充满激情的爱情能维持多久呢？我们常说：

"平平淡淡才是真。"生活本来就是细水长流的平淡，经不起太多的波澜起伏。热恋时可以轰轰烈烈，可以海誓山盟，但我们要知道，这种激情总会消退，这种热度总会降温。我们要追求永远的激情不灭，我们终将一无所获。我们要享受实实在在的幸福，就要把握好眼前的幸福。

国学大师季羡林先生曾经说过，爱情可以分为现实主义一派与理想主义一派，现实主义者说："爱情没有永恒的，爱情是靠不住的感情。"理想主义者说："爱情是纯洁而高尚的，真爱是永恒的。"彼此争辩，难分难解，最终谁也说服不了谁。著名作家蒙田说过："我承认，爱情之火更活跃，更激烈，更灼热……它狂热冲动，时高时低，忽冷忽热，把我们系于一发之上。……再者，爱情不过是一种疯狂的欲望，越是躲避的东西越要追求……爱情一旦进入友谊阶段，也就是说，进入愿意相投的阶段，它就会衰弱和消逝。"

年少的岁月也许会对爱情充满各种各样的幻想，对轰轰烈烈的爱情充满向往。一旦这种理想破灭就会感到"灭顶之灾"，其实大可不必。激情本身就是一种稍纵即逝的心理状态，随着年岁的增长，我们渐渐会懂得什么叫"真爱"，一切不过是平平淡淡。

点亮人生

有一天，苏格拉底带领几个弟子来到一块麦地边。那儿正是成熟的季节，地里满是沉甸甸的麦穗。苏格拉底对弟子们说："你们去麦地里摘一穗最大的麦穗，只许进不许退。我在麦地的尽头等你们。"

弟子们听懂了老师的要求后，就陆续走进了麦地。

地里到处都是大麦穗，哪一个才是最大的呢？弟子们埋头向前走。看看这一颗，摇了摇头；看看那一棵，又摇了摇头。他们总以为最大的麦穗还在前面。虽然弟子们也试着摘了几穗，但并不满意，便随手扔掉了。他们总以为机会还很多，完全没有必要过早地定夺。

弟子们一边低着头往前走，一边用心地挑挑拣拣，经过了很长一段时间。

突然，大家听到苏格拉底的声音："你们已经到头了。"这时两手空空的弟子们才如梦初醒。

苏格拉底对弟子们说："这块麦地里肯定有一穗是最大的，但你们未必能碰见它；即使碰见了，也未必能作出准确的判断。因此，最大的一穗就是你们刚刚摘下的。"

苏格拉底的弟子们听了老师的话，悟出了这样一个道理：人的一生仿佛也是在麦地中行走，也在寻找那最大的一穗。有的人见了那颗粒饱满的"麦穗"，就不失时机地摘下它；有的人则东张西望，一再错失良机。当然，追求应该是最大的，但把眼前的麦穗拿在手中，才是实实在在的。

爱情同样是如此，在寻觅中，总有更好的对象出现，但如果你一直在找最好的那一个，最终将会一无所获。

我们相信爱情，也渴望爱情，但不能将爱情的功效过分夸大。即使是最真诚的爱情到了最后都会归于平淡，激情热烈的爱不能相守一生，或者说不可能一生都是激情洋溢的爱。因此，我们要学会从最平常的生活中去感受爱，去珍惜爱；而不是去徒劳地追求永远不灭的激情。

> ## 世上再也没有一种情感像爱情那样深植人心。
>
> ——柏拉图

智慧悟语

虽然美国的社会学者对"柏拉图式的爱情"是只有神交的"纯爱情"，还是虽有形交却偏重神交的高雅爱情，也众说纷纭。但有一点是可以肯定的，即柏拉图认为爱情能够让人得到升华。

当一个人喜欢另一个人，并不是因为对方最好、最漂亮、最有钱、最能干……即使有更好的人出现，仍然不会改变。这辈子，有了你我就满足；现在我接受了你，以后你会怎样，我会如何，也都认了。在宽广的未来森林里，也许会有无数只孔雀可以和你结为姻缘，可是你宁愿选择眼前的唯一。重要的是，从现在开始，彼此义无反顾、全力以赴地去经营这份感情，这才称得上是高尚的爱情。

点亮人生

爱情可以让彼此悉心照料、不离不弃，即使走到了生命的尽头，放不下的依然是对方今后的幸福。

罗伯特和妻子玛丽终于攀到了山顶。站在山顶上眺望，远处城市中白色的楼群在阳光下变成了一幅画，仰头，蓝天白云，和风轻吹。两个人高兴得像个孩子，手舞足蹈，忘乎所以。对于终日劳碌的他俩，这真是一次难得的旅行。

悲剧正在这一时刻发生了。罗伯特一脚踩空，高大的身躯打了个趔趄，随即向万丈深渊滑去。周围是陡峭的山石，没有抓住的地方。短短的一瞬，玛丽明白将会发生什么事情，下意识地，她一口咬住了丈夫的上衣，当时她正蹲在地上拍摄远处的风景。同时，她也被惯性带向岩边，仓促之间，她抱住了一棵树。

罗伯特悬在空中，玛丽牙关紧咬，你能相信吗？两排洁白的牙齿承受起了一个高大魁梧躯体的全部重量。

他们像一幅画，定格在蓝天白云高山峭石之间。玛丽的长发像一面旗帜，在风中飘扬。玛丽不能张口呼救，一小时后，过往的游客救了他们。而这时的玛丽，美丽的牙齿和嘴唇早被血染得鲜红鲜红。

有人问玛丽如何能挺那么长时间，玛丽回答："当时，我头脑里只有一个念头：我一松口，罗伯特肯定会死。"

没多久，这个故事像长了翅膀，飞遍世界各地。原来死神也怕咬紧牙关。在生命的荒漠上，唯有伟大的爱情之光才能照亮黑暗的沙漠，使人满怀希望地走下去。

真正的爱情能让人变得更宽容、更善良、更勇敢……让人的灵魂得到净化，让人的思想得到升华。明白了爱情真谛的人是智慧的，得到了真爱的人是幸运的，而学会了如何把心底最真诚的爱转化成行动的人无疑是最幸福的。

爱是秩序的一部分。

——海灵格

智慧悟语

爱是热烈的，而所有的热烈最终都会归于平淡。到时，那些拥有炽烈爱的人们会不会感到失落和沮丧呢？

海灵格说，所有的亲密关系都会随着时间的流逝而飘向终点，为接踵而至的一切腾出空间，这是必然的。随之而来关系的修正会转而向外发展，伴侣间早期的凝聚力慢慢减弱。这种凝聚力的减少，是有价值的，因为它们能让我们放弃对理想关系的幻想，回到尘世，脚踏实地。

脚踏实地的好处，在于我们不再被巨大的失望所困扰羁绊，摔得鼻青脸肿。我们热烈着，实际上是漂浮着的。我们归于平静，实际上是一种安全感的回归。

海灵格说，每一个危机都有着关系破裂的可能，每一种危机都是伴侣们将来面对死神的语言。虽然它使伴侣们放弃一些曾经珍爱过的事物，但他们的爱却会更深更久。因为他们因此而深入彼此的灵魂。

而当空洞的愿望破灭后，我们会发现，我们更加真诚，我们开始不再把自己的意愿强加于人，开始用本来的面目接受对方的关注和爱意。我们不再疲惫不堪，并且发现，对方在以同样的方式关注和爱恋着自己。

这样的爱，终将超脱世俗，永远享受爱的真谛，哪怕对死神也不畏惧。

点亮人生

热烈与甜蜜，终抵不过平淡相守一生的静谧。

一对老夫妇谈恋爱的时间是 1967 年元月，当时生活艰苦。那时候，粮店里的米与副食店里的肉、豆腐和百货店里的肥皂、布匹，以及煤铺里的煤等生活物资均要凭票供应，普通人家的生活清苦至极。男方的家在城郊的小菜园里，用现在的话来说，那里是当地的蔬菜基地。

女孩第一次"访地方"（当地将女方到男方家里去了解情况称为"访地方"）时，男方留她和媒婆吃中饭。菜很简单，只有两道：几个荷包蛋外加一碗萝卜丝。其中，那几个鸡蛋是向邻居借的，萝卜则是自己种的。

在回家的路上，媒婆说男方人穷又小气，劝漂亮的女孩不要嫁过来。女孩却说男方煮的萝卜丝很好吃，说明他很能干。

过了一段时间，当女孩一个人再次来找男孩时。男孩刚好捉了一些鲫鱼。招待女孩的菜仍然是两道，除了油煎鲫鱼外，还有一碗红烧萝卜。吃饭时，女孩称赞男孩的萝卜做得很有特色，并说自己很喜欢吃萝卜。男孩说："是吗？你下次来我请你吃另一种口味的萝卜。"

在后来的来往中，女孩尝尽了男孩所做的不同口味的萝卜：清炒萝卜、清炖萝卜、白焖萝卜、糖醋萝卜、麻辣萝卜、萝卜干和酸萝卜等。

再后来，女孩就成了这些萝卜的"俘虏"，嫁给了男孩。女孩子眼中柔情百般，男孩子发誓做不重样的菜让女孩一辈子吃不腻。他们果然将清贫的日子调理得色彩斑斓。

生儿育女，菜变成了俩人的秘密，虽不再情深意切地和他一起拿炒勺炒菜，彼此喂着吃，却在相视一笑间，平淡而温馨。

女孩成了女人，成了老太婆，俩人还是如此。老太太笑着说，日子虽然过得平淡了一点，但平淡中见真情啊！老头子好着呢。

在爱情里面，我们常常害怕平淡，因为平淡便意味着不再有激情。然而，生活未必都要轰轰烈烈，平平淡淡才是真，爱情也是如此。

爱情在平淡中有平淡的美好，这是生活在激流中的人所渴求不到的。人生苦短，载不动太多的需求，只有归于平淡，才能细细品味爱情中的细节。

以自在的爱接纳所爱。

——马斯洛

智慧悟语

马斯洛认为，在爱情中，人们应该做的事情就是顺其自然。而且，情感健康的人更容易达到忘我的境界。忘记自我可以使我们的大脑更加有效地进行思考、学习以及从事其他活动。

他说，没有选择性的认知，意味着按其本来面目接受一种体验或者一个人，而不是试图对其进行控制或加以改变。支配、干涉、"要求"甚至改变对方的方式是违背了交往的原则的，并不利于彼此之间的进一步交流亲昵。

马斯洛说，世界广大，视若空荡，时光流逝，置若罔闻。正如人在音乐中完全忘记了自我，这种忘我之爱才真的让人弥足珍惜。

点亮人生

对于爱情，很多人一直执着于自己内心的一个标准：爱情是一种浪漫的体验。这种体验使任何事物在恋爱者的眼中，都是一种美好。爱情中不能没有浪漫，没有浪漫，也就没有了爱情，然而，爱情的浪漫毕竟只是一种主观的、很缥缈的东西，总是依赖于一种现存的事情上，没有现实做基础的爱情是不牢固的，总有一天泡沫破了，梦也就醒了。

真正的爱，其实是来自对生活的真实面对的。爱，是柔和的，温暖的，而如果我们在爱中抱有某些目的，例如，力图使对方有所改变，或是与别处或者以前认识的其他人作参照或比较，我们就难以完全融入爱的体验，且会损伤我们的爱的体验。那样，爱，也就显得并不美好和令人幸福了。

浪漫女和现实男是一对恋人，他们俩如漆似胶地相爱着，真可以说是一日不见，如隔三秋。

一次，为了考察现实男对自己的忠诚程度，浪漫女问："你到底爱不爱我？""十二分的爱你！"现实男回答。"那假设我去世了，你会不会跟我一起走？"

"我想不会。"

"如果我这就去了，你会怎样？"

"我会好好活着！"

浪漫女心灰意冷，深感现实男靠不住，一气之下和现实男分开了，去远方寻觅真爱。

浪漫女首先遇到了甜言，接着又碰见蜜语，都在相处一年半载后，均感不合心意。过烦了流浪的日子，浪漫女通过比较，觉得现实男还是多少出色一些，就又来到现实男面前。此时，现实男已重病在床，奄奄一息。浪漫女痛心地问："你要是去世了，我该怎么办呢？"现实男用最后一口气吐出一句话："你要好好活着！"

浪漫女猛然醒悟。

人们总是发现，走了一圈，又回到了原点，不免懊悔浪费了大好人生。所以，要设身处地地感受，顺其自然地爱，而不是因爱毁了自己的世界。

真正的浪漫不是浅薄的、程式化的甜言蜜语，也不是死去活来的心灵激荡；它更应该是一种现实的温馨与美好，是一种全心全意为对方着想的相互关爱——这才是爱情的真谛！真正的爱情只有蜕变成亲情才能永存，浪漫只能是一时的风花雪月，再美丽的爱情到最后也要踏踏实实过日子。生命苦短，几十载光阴，如梦般飘逝无痕，如果能和自己心爱的人，在余晖下相依携手看天边的浮云，看飘零的枫叶，这何尝不是人世间最大的幸福呢？就像那对背着爱人上天桥的恋人一样，真正的浪漫并非全是烛光晚餐加玫瑰香槟。浪漫有时只是一种质朴至纯的表达，并不需要过多的物质条件。浪漫不是华丽语言的伪饰，它需要我们用行动来表达。浪漫，从来都是一种相濡以沫的支持，或是风雨中一起面对的豪情。浪漫，本色至纯！

莉莎和男朋友分手了，处在情绪低落中，从他告诉她应该停止见面的一刻起，莉莎就觉得自己整个生活被毁了。她吃不下睡不着，工作时注意力集中不起来，人一下消瘦了许多，有些人甚至认不出莉莎来。一个月过后，莉莎还是不能接受和男朋友分手这一事实。

一天，莉莎坐在教堂前院子的椅子上，漫无边际地胡思乱想着。不知什么时候，身边来了一位老先生，他从衣袋里拿出一个小纸口袋开始喂鸽子。成群的鸽子围着他，啄食着他撒在地面上的面包屑。他转身向莉莎打招呼，并问她喜不喜欢鸽子。莉莎耸了耸肩说："不是特别喜欢。"

他微笑着告诉莉莎："当我是个小男孩的时候，我们村里有一个饲养鸽子的男人。那个男人为自己拥有鸽子而感到骄傲。但我实在不懂，如果他真爱鸽子，为什么把它们关进笼子里，使它们不能展翅飞翔呢？所以我问了他。他说：'如果不把鸽子关进笼子，它们可能会飞走，离开我。'但是我还是想不通，你怎么可能一边爱鸽子，一边却把它们关在笼子里，阻止它们要飞的愿望呢？"

莉莎有一种强烈的感觉，老先生在试图通过讲故事，给她讲一个道理。虽然他并不知道莉莎当时的状态，但他讲的故事和莉莎的情况太接近了。莉莎曾经强迫男朋友回到自己身边，她总认为只要他回到自己身边，就一切都会好起来的。但那也许不是爱，只是害怕寂寞罢了。

老先生转过身去继续喂鸽子。莉莎默默地想了一会儿，然后伤心地对他说："有时候要放弃自己心爱的人是很难的。"他点了点头，但是，他说："如果你不能给你所爱的人自由，你并不是真正地爱他。"

我们给了对方多少自由，又给了对方多少爱呢？我们常常渴望爱情，但拥有爱情却往往不去珍惜，或是苛刻占有，长此以往，脆弱的爱情往往不堪考验而劳燕分飞。那时，彼此要怎么办？很多人会选择懊悔，甚至乞求对方不要离开或是怨恨对方。

其实，我们寻求爱，努力爱为的是什么呢？不过是爱的美好与幸福罢了。如果爱已经变成了约束的牢，那么这种爱还是真正的爱吗？以自在的爱去爱，彼此才能真正享受美好。

> 爱只是一颗种子，并不能够改变土壤。
>
> ——海灵格

智慧悟语

我们总是认为，只要有爱，生活便会万事大吉，因为爱使人感到奋进和温暖。或者，我们会以为，虽然现实不令人满意，但只要有爱，有这种令人发狂的力量，爱就能弥补彼此间的一切损失。

在《谁在我家》一书中，海灵格谈到了爱的力量。他认为，伴侣之间的爱的顺利发展，对于双方来说都必不可少，可是在自然环境这个更大的系统中，我们彼此之间的爱并不是主要的角色，是没有办法左右时间的车轮滚滚向前的。用心良苦的愿望和闭门造车式的设想都是不切实际的。

或许我们相信爱，即便是不相信爱，也会相信感情。然而，爱是不能改变乾坤的。除非爱加上了彼此共同的、没有丝毫含糊的努力。

点亮人生

《生命的鞭》是琼瑶的经典著作《六个梦》中第四梦，这是一个关于富女嫁穷男的贫贱夫妻的故事，故事让人感伤而无可奈何，也是爱的警钟。

上海大富豪胡全的独生女儿，外号叫作"神鞭公主"的胡茵茵，在一次偶然的机会与穷青年画家孟玮相遇，双双坠入爱河。

茵茵不顾父亲断绝父女关系、扫地出门的威胁，带着自己美好的爱情梦想与孟玮生活在了一起，主动、坚决而高傲地放弃了自己高贵的小姐身份。

原以为只要俩人相爱就能过上幸福的生活，但是社会生活的压力让他们喘不过气来。茵茵往日的丰肌玉脂，慢慢被生活折磨得骨瘦如柴，真正体会到了"贫贱夫妻百事哀"的滋味。然而她还是坚持着，她相信，孟玮的艺术家身份总有一天会被社会承认的。

不能给自己心爱的女人幸福生活，孟玮在一种焦灼中被打垮了。他的脾气变得越来越暴躁，整天整夜酗酒。酒，是件奇妙的东西，多饮则迷失本性。孟玮居然开始撒酒疯，殴妻。

家常便饭的殴打让茵茵心惊胆战。她劝说，在孟玮清醒的时候。孟玮忏悔，发誓。茵茵一次次地相信他。

她坚信，只要有足够的爱，她是可以感化他的。她坚持着这个错误的信念，不离开他，越来越迁就他，还生下了女儿。然而执拗，让她付出了沉痛的代价。

在一个风雨交加的夜晚，孟玮再次拳脚相加，甚至威胁到小小的孩子的时候，茵茵抱起女儿逃出了家门。她找不到可以遁身的地方，于是抱着女儿绝望地投进了无边无际的湖水。孟玮从此疯了。

爱情，是一个说不尽的话题。爱情里面，有时是没有道理可言的。然而，爱里有感受，我们感受到好便会好，好需要一种平衡，哪怕对方没有要求都要想到的。

爱，也不是单向的，不是卑微的，不是被恩赐得来的。所以，在爱情里面，彼此始终应该是平等的，是需要双方的参与和努力的。只有真正平等的伴侣关系，才真正有益于爱的发展。

> **爱情常是喜剧，偶尔是悲剧。**
>
> ——培根

智慧悟语

如果你希望你的爱情始终如一，你就必须明白，单靠漂亮和性感并不能长久抓住爱人的心。

很多女人年轻时会认为自己恋爱过，当然，那时候她们确实正在恋爱，但是不少人婚后不久，往往会对此感到疑惑和迷茫。有时候，她们甚至会认为自己的婚姻，可能完全是个可怕的错误！也许自己应该和其他的什么人结婚才对呢！

其实，爱情是个如此神秘的东西！它比你年轻时幻想的情形可能要复杂得多！男人为什么会爱你呢？要知道：你必须让自己变得可爱，才能有人爱你。可是要做到这点，也并不容易，它不是一朝一夕就可以达成，它需要你坚持不懈地完善自己。因为它和你自身的观点是否发生根本变化有关，和你的人生态度密切相关！生活中的你一定会慢慢地发现你原本心目中完美的他似乎也有许多缺陷。一些原先你认为可爱的缺点如今似乎也变得让人讨厌。此时，你一定也希望丈夫也会发生改变，当然，他的确也有很多地方需要改善。但是，如果你们的感情还没有达到完全成熟的地步，那你就无法从根本上改变丈夫。使者保罗曾说："爱情会永远成功。"它的意思是，只要你有成熟的爱情观，你就可以获得婚姻的成功，教训、挑剔、抱怨或者以眼泪来哀求都不可能得到。

点亮人生

爱情不仅是男女之间的相互吸引，更不是少女一厢情愿的痴情，爱情是这样的一种能力，它可以将热爱生活、热爱生命，珍视亲情、友情以及其他的爱用丰富多彩的方式表达出来。这个世界上没有谁能幸运地得到全部的爱，因此，对于爱，我们不能苛求，只能以感恩的心态待之。如果你希望丈夫爱你，那你必须学会一种他能接受的方式，将你成熟的爱情奉献给他。如果你的另一半是在某些限制感情流露的家庭中长大的男人，你需注意他往往具有很强的自制力，他们能够接受的爱的表达方式一般来说也是含蓄的。假如这样的男人的妻子生活在一个一向感情外露、充满柔情的家庭氛围里，那她一定会为丈夫的感情过于冷淡而感到困惑不安。

爱情到底是什么？相信不少女性都对这个问题产生过思索。其实，爱情不是简单的两情相悦，更不是同情和怜悯，它必须有双方都能接受的表达爱的方式为基础。爱情是奉献，不是索取。如果你想表达对丈夫的爱，就应该对他宽容、体贴、原谅他的失败、满足他的需要，还有，千万不要动不动就指责、批评他。如果采取生硬的态度索求爱情，或者摆出一副可怜兮兮的样子乞求爱情，只能让爱情离你越来越远。

第十四篇

婚姻：知己知彼，琴瑟和谐

第一章　婚姻与爱情，谁是谁的必需

"心心相印"不是口头禅，"白首偕老"岂是落伍？

——林语堂

智慧悟语

　　男婚女嫁自古以来就被称为终身大事，婚姻意味着一个人与另一个人一生的结合，从此俩人朝夕相处，荣辱与共。正因为婚姻具有这种可以改变人生命轨迹的魔力，所以许多人在婚姻的围城外徘徊犹豫。在没有遇到适合你的那个人之前，你可能会觉得结婚需要考虑的东西太多了，但当你真的遇见他时，你会发现原来一切的一切都不是问题。为爱结婚，的确是件非常单纯的事情。

　　生活中，什么样的人应该去结婚呢？认识了婚姻抉择真谛的人！婚姻的抉择真谛是：决定成婚时，明知极有可能会有更好的人出现，但是此时此地此生，我就是选择了你。"弱水三千，只取一瓢饮。"眼前即可掌握的小小幸福，大过未来不可测、不可知的机缘。

点亮人生

　　一个人真正喜欢另一个人，就是这辈子，有了他你就满足；现在你接受了他，以后他会怎样，你会如何，也都认了。这就是婚姻的真谛。

他和她是一对生活在蒙山深处的夫妻。在那个狂热的年代，她响应号召来到蒙山深处插队落户。在一次兴修水利的大会战中，她与他相遇，擦出了爱的火花。结婚的时候，两个人将铺盖搬到一起，就算成了家。知青回城浪潮袭来的时候，她已怀了他的孩子。同来的伙伴告别大山回了城，她平静地选择了他，选择了那个贫穷却幸福的家。

在为生活奔波的日子里，他们一起下地干活，一起洗衣做饭、养猪喂鸡，过着寻常人家的柴米日子。青葱岁月在他们的指缝间像小溪一样涓涓淌过。

他是个懂得感恩的汉子。考虑到从小在城里长大的她，有着吃甜食的喜好，在每年春天，他都默默地在菜地旁种上几垄甘蔗。等到成熟的时候砍来，削去皮递到她的手里。

孩子们渐渐长大了，一个个像离巢的小燕一样飞了出去，他们却依然守着两间破旧的老屋和几亩田地，日子和从前一样。

后来有一天，在乡中学当教师的女儿因为琐事与男朋友闹了矛盾，跑回家来向他们哭诉。她听了以后，抚着女儿的头，笑着说："结婚吧，结婚了就好了，结婚了你们的日子就踏实了。婚姻就像一根甘蔗，一头甜一些，一头淡一些，就看夫妻俩怎么吃。有的夫妻从中间吃起，一个人向梢部吃，一个人向根部吃，两个人的感觉就会不一样，有的人感觉甜，有的人觉得淡，感觉不一样，两个人的距离就会越来越远；而有的夫妻从梢部吃，开始很淡，但吃着吃着，就会越来越甜，有甜蜜相伴，婚姻就越过越幸福。"

她的话音刚落，一直在旁边默默无语的老公说道："我们就是后一种。"这句话让她脸上的皱纹菊花般绽开来。

这是物质匮乏的婚姻，但这种婚姻却是最幸福的。

如果你认为生命价值高、时间宝贵，在婚后多年发现有更好的对象时也不后悔，那表示你早已踏实地开始自己的婚姻生活了，并且从中得到了一些收获与喜悦。同样的，当你毫不心动，完全不需要异性，也不想拥抱婚姻时，也不应该为结婚而结婚。当你心动又想行动，情绪处于最佳状态，对婚姻有了正确的认识及心理准备时，就可以结婚了。在宽广的未来森林里，也许会有无数只孔雀可以和你缔结姻缘，可是你宁愿选择眼前的唯一。

> 你匆匆忙忙嫁人，就是甘冒成为不幸者的风险。
> ——苏霍姆林斯基

智慧悟语

在古代，婚姻都是媒妁之言、父母之命，将一个陌生的男人和一个陌生的女人放到一起，举办一场隆重的婚礼，就算结婚了。在新郎掀开盖头的那一刻，这对男女才算是开始认识彼此，才开始磨合彼此的个性，磨合得成功的话，就开始了婚后恋爱的幸福生活；如果磨合得不成功，也没有办法，能够彼此谦让便尽量谦让，还要和和气气地生儿育女，把日子过下去。这便是夫妻间"相敬如宾"的表现，把彼此当作客人来尊敬，彼此包容和忍让，婚姻就不会差到哪里去。古代的大部分夫妻不都是这样过来的吗？

到了现代，人们受西方的现代婚姻观影响，突破了传统的媒妁之言、父母之命的婚姻，讲究自由恋爱、自由结婚。然而，现在的人们过多地强调自由思想，逐渐缺少了包容心，让爱情越来越像"快餐"，来得快，去得也快，如此恋爱几番，便都是失败的案例，渐渐将自己变成了"剩男""剩女"。等过了普遍的结婚年纪，身边没有适合的结婚对象，心里又着急起来，便不得不步入"相亲"的大潮，抱着"差不多"的心态挑选一个，迅速地完成自己的婚姻大事。这样"将就"而成的婚姻，因为婚前彼此不够了解，婚后便暴露出彼此的种种缺点来，彼此又都是自由至上的现代青年，难有古代夫妻"相敬如宾"的包容心，夫妻间的矛盾便不断爆发，常常闹得两个家族都鸡犬不宁，离婚散伙便成了最终的结局。

点亮人生

现代社会离婚率的日益升高，原因无非是：人们不能好好地恋爱，慢慢地结婚。如果夫妻间都能像梁鸿和孟光那样"举案齐眉"，哪里还愁没有美好的爱情、美满的婚姻呢？

东汉文学家梁鸿博学多才，虽然家里很穷，但是因为品德高尚，所以上门说媒提亲的人很多，但都被他婉拒了。同县一个叫孟光的女子年已三十，仍然挑挑拣拣不肯出嫁，父母问她原因，她说："要嫁就嫁梁鸿那样贤能的人。"梁鸿听说之后就迎娶了她。

孟光过门之后，就将家里内外装饰一新。而梁鸿却接连七天都不搭理她。于是就问梁鸿："我听说你品行高洁，拒绝过很多求婚的人。如今我有幸被您看中，却不知我做错了什么事，您从来不和我说话。"

梁鸿说："我想要娶的妻子，是能够穿着粗布衣服，和我一起隐居山中的人。如今你穿着华丽的绢织衣服，涂脂抹粉，并非如我所愿，所以才会冷落你。"

孟光听后，恍然大悟："原来这是您的志向，我已备好隐居之服。"于是换上粗布麻衣来见梁鸿。梁鸿见了高兴地说："这才是我的妻子。"不久之后，他们去了霸陵山中，过起了隐居的生活。

后来夫妻二人又迁到吴地。每次梁鸿从外面回到家中，孟光给他做好饭，低头不敢仰视他，而是将盛饭的托盘举到同她眼眉一样高的地方。人们称赞他们夫妻俩："这对夫妇真是举案齐眉、相敬如宾啊！"

"举案齐眉"的幸福有几人能得呢？生活中，许多人总是怕结婚前怕被对方吹了，显得唯唯诺诺、百依百顺；结婚之后，觉得生米煮成了熟饭，就无所顾忌，原形毕露，恣意妄为。相反，对对方要求又苛刻了，容不得对方有缺点和不足。这样，双方情感上的距离哪能不越拉越大，以致闹得不可挽回，走向分手。如果能传承相敬如宾的美德，双方都像对待客人那样敬重尊重对方，怎么会平白无故起纠纷呢？即便有点小的摩擦，也会在宽容包容之中化解了，哪会弄到剑拔弩张不可收拾的地步呢！

南怀瑾曾说过："好好地谈恋爱，慢慢地结婚，谈恋爱时都很好，一结婚常常出问题。"现在的人多是情投意合、两相情愿才能进入婚姻的殿堂的，为什么会有"七年之痒"，甚至相处几个月就要离婚呢？这就是恋爱时，绝不说真话惹的祸，也是违背"好好地恋爱，慢慢地结婚"的结果。

从此刻起，试着和你的丈夫或妻子"相敬如宾"，看看婚姻会有哪些美好的变化呢？

总之，当我们抱着一个真诚的心去面对生活，好好地恋爱，慢慢地结婚，自然能拥有幸福的人生。

> 婚姻是恋爱的完成，不是坟墓。
>
> ——梁实秋

智慧悟语

有人说："婚姻是爱情的坟墓。"结婚意味着激情的冷却以及爱情的消逝。婚姻真的如此可怕吗？答案是否定的。问一下那些甜蜜相守着的夫妇就会知道，有时候爱情与婚姻是可以共同拥有的。

婚姻是爱情的坟墓，只能说双方不懂得如何去经营爱情，相信当两个人决定结婚前，一定是彼此有感觉的，只是婚后的日子让爱情变平淡了。这仅仅只是因为结婚以后，男人与女人都放下了爱情中的浪漫，投入到生活中去了。婚姻之所以没有了爱情那样鲜明而浪漫的色彩，是因为双方把精力投向了别处，这并不是爱情的消逝，而是对爱情的忽略。只要多花心思在感情上，爱情就能以一种更加温情的面貌与婚姻同在。

点亮人生

很多人不懂婚姻是什么，不知爱情到底为何物。为什么原本美好的爱情，走到了婚姻神圣的殿堂，就变得如此枯燥不堪了呢？

　　每个人的婚姻不可能如死水一样波澜不惊，必定有很多的磕磕绊绊、吵吵闹闹，有痛苦，有波折，有沮丧，有失意，有彷徨，有误会，很多的遗憾与烦恼交织。很多人沉湎于苦难不能自拔，选择了放弃这段感情。或许，这段风雨过后就会见到彩虹；或许，阴霾过后，就有晴空；或许，一段忧伤正迎接着一个希望。这些只是婚姻中的一个小插曲，怨天尤人，埋怨命运不公、时运不济、世人不解、爱情已逝，都只是不懂婚姻这门学问的开脱之词罢了。

　　女人嫁给一个爱你的人是幸福的。在他的面前，你可以任性地做任何你想做的事；在他面前你可以尽情地放任自己，你可以不修边幅。但是在享受他对你的宠溺、迁就、包容时，也不要忘记为他建设一个心灵的栖息地，做他生活中那块最安稳的小岛，让他也能感受到有你的快乐。

　　婚姻是一门学问，是一门技术，但不像是书本那样的死学问，也不是生产环节的死技术，它像经营管理一样，是一门活学问，是一门活技术。到了情窦初开的年龄，人人都需要学习，人人都需要研究。我们不仅要把婚姻当一门学问、一门技术来学习、来研究，更要把婚姻当作一项事业来合伙经营，把婚姻的理论知识与婚姻的生活实践相结合。

> ## 恋爱不会因婚姻而终止，爱的事业是永无止境的。
>
> ——大仲马

智慧悟语

　　婚姻无疑成为有情人最终的梦想。爱情，是美丽，然而这份美丽需要婚姻来延续。

　　有些人认为婚姻是爱情的坟墓，他们毅然选择了单身。婚姻，在这样的人眼里是种束缚，没有办法再在酒吧买醉，也没有办法再肆无忌惮地逛街，不能随便和各样的朋友一起吃饭。一个家，需要按时回家，需要照顾家人。柴米油盐的平淡，或许会将爱的激情之火慢慢熄灭。各种各样的争吵也会随之而来。

　　难道这一切真的会让爱情淡化？其实，婚姻是一种学问，是让爱情延续下去的学问。

点亮人生

　　世界上那么多的人，能享受片刻都是一种不可言说的缘分，何况是相爱！曾经有人说过，上辈子五百次的回眸才换得今生的擦肩而过。男男女女，一见钟情或者是长久地交往，慢慢地有了一种叫作爱情的情愫在两个人中间交织。如胶似漆的感觉，一个眼神，一片笑靥，都将两个人的心紧紧抓牢。茫茫人海，芸芸众生，一个叫作家的地方正吸引着相爱的人。"只在乎曾经拥有，不在乎天长地久"的人越来越少了，而更多的女人坚守着"山无棱，天地合，乃敢与君绝"的誓言，于是便走入了婚姻神圣的殿堂。

男人是女人的保护神，女人又是男人的贤内助。即使生活会让美好的爱情变得平淡，然而这种真挚的情谊，更能够在经年许久的无数个平凡日夜里变得厚重。婚姻将爱情变成陈年佳酿，越醇越香，相顾莞尔，更易懂得人生相守与离别的人间况味。

女人用炽烈执着的爱温暖了男人疲惫的心，男人用各种浪漫的元素装饰了彼此的爱情和生活。有人说婚姻是牢笼，然而这样的婚姻确实人甘之如饴，即使是牢笼，相爱的人也会奋不顾身地走进去。婚姻使两个人的爱情之路走得更加长远，与生随行！

对爱情不必勉强，对婚姻则要负责。

——罗曼·罗兰

智慧悟语

责任，其实就是爱情的一部分，就如爱情应该成为婚姻的一部分一样。一切的基础在于，你要学会如何去选择爱，如何去对待爱。当你的心中有了爱情的概念时，什么"坟墓"，什么"网"都将改变，而承担责任也就成为一种幸福的事。

爱情并不一定能够产生责任。反过来，责任却可以在婚姻中呵护爱情，爱情如潮水，他总有陷入低谷的时候，这时候如果放弃，就是对婚姻的不尊重，这时候，就需要责任来呵护，我想婚姻的目标绝不是短暂的幸福，而应当是长久的幸福，有责任而缺乏爱情的婚姻也许并不完美，但他完整而真实，而有爱情却没有责任的婚姻，则必定是短暂的，必定是空洞的。婚姻中有了责任感和使命感，婚姻生活才能变得幸福、和谐和愉悦，才能真正地实现婚姻的意义。

爱情是婚姻的基础，没有爱情的婚姻是不道德的。婚姻，正是因为彼此缔结的责任，才能维持长久，才能真正地实现恋爱时对爱情天荒地老的承诺，才能忠于对一个家庭的承诺。

点亮人生

俗话说："天上下雨地上流，夫妻吵架不记仇。"一旦雨过天晴，误会消除，美丽的彩虹就会出现，夫妻双方的相互理解就能得到加深，爱也就因此进入了一个新的境界。

　　苏东坡也曾经说过："结发为夫妻，恩爱两不疑。"婚姻讲求的就是彼此之间的信任和责任。当爱情走入婚姻的殿堂，已经不只是简单的相爱了，这种爱里蕴含了责任。在教堂里，面对新人，神父都会问："如果×××有了疾病或其他灾难，你愿意和他（她）在一起吗？"虽然是一个简单的问题，但是它包含着夫妻双方相互的关爱和责任。有人说"婚姻是坟墓"，正是淡化了婚姻的责任、误解了婚姻的真正意义。也许一场婚姻给了我们太多的责任，或者说负担，如家庭的开支，家庭的事务，对方的事业，对方的亲朋好友，包括儿女的生活。可是，难不成对于那种婚前所做的一切就不存在责任可言吗？而且作为一个人，一个有感情的人，又怎么能不学会去承担起自己本身的责任？婚姻真的是那般可怕吗？责任真的那样难以承担吗？

第二章　美满的婚姻都是相似的

> **只为金钱而结婚的人其恶无比；只为恋爱而结婚的人其愚无比。**
>
> ——约翰逊

智慧悟语

好的婚姻是什么？在每个人的眼里有着不同的概念。

　　有位姑娘，她嫁了一个家庭背景好、工作单位理想、高大英俊的丈夫。但婚后的她并不幸福，换来的是成天的愁眉苦脸。

　　原来她在物质上是很满足，但每天陪伴她的却是孤独寂寞，因为丈夫忙于工作很少有时间陪她。她的朋友都羡慕她嫁得好，但她却很羡慕一个嫁了教师的朋友，虽然这位朋友过得一般，但每天都可以看到他们夫妇在一起的背影，听到他们夫妇在一起的笑声，朋友的脸上总写满了幸福。

　　是的，有的人认为嫁个有钱的男人婚姻就幸福，有的人认为嫁个体贴的男人就幸福，有的认为嫁个帅哥就是幸福。也就是说，每个人都有自己的"婚姻偏好"，所以女人在考虑婚姻大事时，一定要考虑嫁一个什么样的男人。尽管"金无足赤，人无完人"，你不可能嫁到十全十美的男人。但一定要嫁个适合你自己的男人，你认为哪方面重要你就要优先考虑。你需要一个有钱的人，你就不要怕寂寞；你怕寂寞，就不要羡慕别人富裕的物质生活。所以走进婚姻之前，你最重要也是首先必须考虑的问题就是，想清楚你要嫁个什么样的人？什么样的人才适合你自己？

假如婚姻一步走错，就可能步步皆错，而且将会给你的一生带来痛苦。所以一定要找个自己熟悉了解的男人才可托付终身。和自己熟悉了解的男人结婚，婚后的生活才能和谐相处。

点亮人生

有人说女人有三条命，一条是爹妈给的，一条是老公给的，一条是孩子给的。婚姻，对女性一生的影响不言而喻。婚姻给女人的是一种生活状态、一种生活质量、一种生活感受、一种生活方式。什么样的心态决定什么样的生活态度，什么样的方式决定什么样的婚姻含金量。

婚姻使女性开始新的人生，它是女人的第二次生命。女人生命中最重要的莫过于婚姻了，甜蜜与忧伤，忍耐与欣慰，获得与失去，往往在婚姻中血肉相连，互生互长，无法割裂。人们常说："女人生得好，不如嫁得好。"嫁得好后半生也就过得好，否则凄风苦雨的日子将永无止境。这时候，男人可能会出来指责女人太功利，但现实就是这样证明，婚姻在某种程度上象征女人的第二次生命，往往决定着女人一生的幸福。因此，很多母亲，自己嫁得好的，一定要监督自己的女儿也找个好人家。自己嫁得不好，更是紧张女儿的选择，要把自己失去的也补回来。对于婚姻的慎重，就这样被一辈一辈地复制着。

想要什么样的生活，就去选择什么样的婚姻。从某种意义上来说，婚姻是女人半生的筹码。在张爱玲的笔下，婚姻甚至常常成为女人求生的砝码，无论是《金锁记》里的曹七巧，还是《沉香屑·第一炉香》里的梁太太，她们或嫁给缠绵病榻的痨病鬼，或嫁给年逾花甲的富人，对她们来说，婚姻不过是生存的手段。从无到有、从贫到富、从下贱到高贵……女人似乎只有挖掘利用好自身的资源——花样年华这个"原始股"，迅速搭上欲望的飙车，才能奔向婚姻的股市。连张爱玲自己都说："一个女人再好，得不着异性的爱，也就得不着同性的尊重。没有婚姻的保障，而要长期抓住一个男人，是一件艰难的、痛苦的事，几乎是不可能的。"

男人对女人最大的爱就是给她归属，给她婚姻。我们身边经常会发生这样的事情：一个男人长年累月都处于一种稳定的关系中，看起来他也是真心爱这个女生。然而，说不定哪天，他抛下一句"我认为我不适合结婚"便逃之夭夭。但随后，他也许会迅速开始一段新的恋情。因此，对女人来说，世界上最珍贵的话不是"我爱你"，而是"在一起"。这个"在一起"不是同居，而是婚姻。

人们常说，选对朋友，快乐一生，选对伴侣，幸福一生。无论是什么样的女人，什么样的境况，也无论这个女人是独立还是传统，她的生活都少不了婚姻这一项。没有婚姻的女人，终究算不得完整的女人，终究算不得完整的人生。

> **生活是双方共同经营的葡萄园；两个人一同培植葡萄，一起收获。**
>
> ——罗曼·罗兰

智慧悟语

每个人的精力都是有限的，因此我们只能有选择地在人生的某一个方面进行发展，并且期望取得回报。人生是公平的，你付出多少努力，就会收获多少成果；你在哪个方面投入得越多，离你期望的结果就越接近。当然这其中的前提是，你必须使用正确的方法。婚姻生活也是如此。

爱情的投入，首先是时间的投入。没有谁的爱情是不经过时间的洗礼和考验就可得到的。要是想在爱情中得到收益，就必须投入大量的时间让自己去了解、接触对方，这个过程同时也是让对方了解自己、接纳自己的过程。人的一生极为短暂，投入大量的时间在爱情上，有人会感到不值。时间是人在感情上的一根主轴，而爱情是沿着这根主轴上下波动的曲线而前进。这个方向就是人生命的最终走向。不管怎么说，时间是爱情成本中最为重要，最为让人痛不欲生的投资。

其次，感情思想的投入也对爱情有着至关重要的作用。没有思想上、情感上的交流与互融，一个人不会无缘无故地爱上另一个人。感情成本是爱情成本里最为伤神、最为不好把握的一种投资。在这个世界上最输不起的投资就是爱情的投资。感情上的投资之大，也是任何商业的投资所不能比拟的。感情是一种液体，就好比是水，没有给爱情投资以前是满满一盆，一旦投入则如开泄的闸，很难收住。所以如果没有管理情绪的能力，那么一定要三思而后行。

点亮人生

一个女人想要婚姻幸福，除了嫁一个好老公外，还应该多花时间在婚姻的经营上，要不然这颗种子播种下去，得不到良好的照顾，接受不到阳光的照耀和雨露的滋润，就算是一颗万里挑一的良种，也结不出丰硕的果实。嫁对老公只是走向幸福的第一步，但是如果仅仅指望迈出这一步就能到达幸福的彼岸，也未免太痴人说梦了。嫁对老公之后，你还需要好好经营婚姻，让感情茁壮成长。

要给婚姻施肥，不时地给彼此增加一些新的趣味，让婚姻时刻保持新鲜感。很多夫妻没有注意到这一点，在结婚之后就忙于家务，照顾孩子，而忽视了俩人之间的感情交流。像谈恋爱一样，偶尔看场电影，偶尔吃顿大餐，偶尔去跳跳舞、散散步，每天只要简单的几个小时，能让两个人始终保持恋爱时候的亲密和情趣。

要给婚姻晒太阳，让感情在众人的见证下保持幸福。一段感情如果长期不见天日，会因为无法得到肯定而开始产生自我怀疑。现在越来越多的人在博客上"晒感情"，也是因为通过这样的方式，会让感情受到更多人的关注和祝福。同时，利用这样的方式提醒自己，这段感情对自己的重要意义，还会让夫妻因为受到众人的注视，而会努力为爱多做一些事情，并且把感情更好地经营下去。无形之中，会让两个人因为受到越来越多的肯定，而有越来越多的信心和动力，经营最美好的婚姻。

要给婚姻浇水。让两个人在婚姻中多一分理智的头脑和清醒的思维。过于炙热的感情需要冷静，这时相互泼泼冷水，可以让两个人看到彼此之间还有差异存在，还需要磨合，还有进步的空间。要避免激情一下子用完，使得两个人在之后的时间里，没有更大的潜力可供开发。当俩人的关系过于紧张，需要缓和的时候，也需要相互泼泼冷水，让彼此都冷静下来，可以回到各自的空间好好想想，心平气和地坐下来交流。感情中，最平淡的也是最隽永的是长久的厮守。

要给婚姻通风，再亲密的两个人也必须保留有各自的空间。形影不离的距离只会让两个人都感到透不过气。在结婚之后，两个人都还应该保留自己的朋友圈子，花时间在各自的人际交往上，不仅是为家庭打造更好的人脉关系，也是让夫妻之间保留一些新鲜感，不能因为日日的四目相对，而显得平淡，最终厌倦。

要给婚姻除虫，及时消除杂念，保持忠诚的信念，会更好地帮助我们维护婚姻。在感情的世界里，人们总难免遇到一些诱惑。金钱的诱惑、美色的诱惑、自由的诱惑，都会像一条条蛀虫，借欲望之名啃噬掉人们看似牢固的信念，让外表看起来坚不可摧的感情内部千疮百孔，岌岌可危。所以及时地除虫便可以让这些欲望在对婚姻造成威胁之前就死亡、覆灭。要及时交流，并且相互给予鼓励，帮助对方战胜心魔，早日走出因为不满足而带来的不安和动摇。

要给婚姻松土，梳理俩人关系中出现的问题，制订未来家庭发展的计划。旧的问题不解决，会越积越大，最终成为俩人关系中的毒瘤，根深蒂固地驻扎在感情的根基，阻挠俩人关系的改善和发展。可以说旧的矛盾不解决，就会带来源源不断的麻烦。而如果能越早在关键问题上达成一致，俩人关系就越容易得到进步。这些关键问题包括家务问题、财务问题、孩子教育问题和赡养老人等。正是这些琐碎又重要的细节才构成了婚姻的主体。

如果你想要一个幸福美满的家庭，必须要多花时间在家庭的经营上，就像种瓜那样，投入最大的精力，才能种出最甜美、最成熟的瓜。

> 婚姻是两个人精神的结合，目的就是要共同克服人世的一切艰难、困苦。
>
> ——高尔基

智慧悟语

婚姻对人生到底意味着什么？是不可缺少的环节，还是坟墓？婚姻是人生最重要的一步。它是人与社会与他人交往的重要形式。婚姻里的男女，可以共度时艰，共享安乐，连吵架也变得生趣盎然。但真正结婚之后，美满的家庭生活还需要耐心经营。要想使婚姻美满，家庭里就需要无名英雄。这位无名英雄就是有一方要做出牺牲，要敢做光鲜背后的那个角色。而且，一个好的妻子，懂得在丈夫失意的时候给予鼓励与安慰，在他得意的时候给予必要的警醒，好丈夫同样如此。

婚姻里的男女双方应该是最亲密的战友。他们的结合，本质上是寻求某种精神安慰。他们可以进行私密的情感对话，在交流中加深了解，在心灵上达成共识。由男女双方铸成的婚姻堡垒，是浮躁的社会中最能抵御流言蜚语的港湾。它给人以温暖、力量和前行的勇气。但真正投入其中的时候，还要学会经营。

点亮人生

想要婚姻幸福，就要学会一定的方法，比如不抱怨、不指责。对于一个家庭而言，彼此间的抱怨、指责可能就是婚姻不幸的源头。

据说，俄国大文豪托尔斯泰的夫人在临死前曾向女儿忏悔说："你父亲的去世，是我的过错。"她的女儿们没有回答，而是失声痛哭起来。她们知道母亲说的是实在话。父亲是在母亲不断地抱怨、长久的批评下去世的。

托尔斯泰曾经梦想把所有的田地赠给别人，自己去过贫苦的生活。他去田间工作、伐木、堆草，自己做鞋、自己扫屋，用木碗盛饭，而且尝试尽量去爱他的仇敌。他的妻子喜爱奢侈、虚荣，他却轻视、鄙弃这些。她渴望着显赫、名誉和社会上的赞美，托尔斯泰对这些却不屑一顾。她希望有金钱和财产，而他却认为财富和私产是一种罪恶。

好多年里，她吵闹、谩骂、哭叫，因为他坚持放弃他所有作品的出版权，不收任何的稿费、版税。可是，她却希望得到那方面带来的财富。当他反对她时，她就会像疯了似的哭闹，倒在地板上打滚。她手里拿了一瓶鸦片烟膏，要吞服自杀，同时还恫吓丈夫，说要跳井。他们开始的婚姻是非常美满的，可是经过 48 年后，他已无法忍受再看自己的妻子一眼。

一天晚上，这个年老伤心的妻子渴望着爱情。她跪在丈夫膝前，央求他朗诵 50 年前——他为她所写的最美丽的爱情诗章。当他读到那些美丽、甜蜜的日子——现在已成了逝去的回忆时，他们俩都激动地痛哭起来……

82 岁的时候，托尔斯泰再也忍受不住家庭折磨的痛苦，在 1910 年 10 月的一个大雪纷飞的夜晚，脱离他的妻子而逃出家门——逃向酷寒、黑暗，不知去向。11 天后，托尔斯泰患肺炎，倒在一个车站里。他临死前的请求是，不允许他的妻子来看他。这是托尔斯泰夫人抱怨、吵闹和歇斯底里所付出的代价。

步入婚姻的人们，尤其要提防对爱人的吵闹、抱怨等。那些跨入婚姻殿堂的人都想得到幸福，但总有些不能如愿。不是因为他们对爱情不真诚，而是因为，他们没有真正懂得真诚的含义。那么什么才是真正的真诚？林语堂先生给出的答案是，夫妻间互相的体谅和包容，相互爱戴以及敬畏，只有这样，婚姻之树才能常青。有些人不涉足婚姻是害怕失去自由和乐趣，这样的人还没有懂得婚姻对人生的意义。有人说婚姻是爱情的坟墓。也有人说，如果死是不可避免的事，我宁愿死在坟墓里，也不愿横尸街头。

所以，大胆地拥抱婚姻吧，尽情体会它给人生带来的喜怒哀乐，生命将从此绚丽多彩。

> **好的婚姻给你带来幸福，不好的婚姻则可以使你成为哲学家。**
>
> ——苏格拉底

智慧悟语

苏格拉底是一个相信爱情的人，但他对婚姻的态度与此不尽相同。他认为爱情与婚姻是两个完全不同的概念。诚然，走向婚姻的过程中往往少不了爱情，但如果还以对待爱情的态度去对待婚姻无疑是不明智的。

诚然，由于个人经历的不同，苏格拉底对婚姻的态度不免过于悲观。但以不同的方式去对待爱情和婚姻的观点还是非常值得认同的。爱情侧重精神的感受，婚姻却是平淡的相处。我们也要适当调整自己的心态，去面对人生当中两个不同的阶段。

王子和公主走进结婚礼堂，故事戛然而止。"从此，他们幸福地生活在一起"。

一句话而已，想来却又是那样的不易。实际上，婚姻生活远比爱情来得更长久、更细致、更现实。婚姻能够彻底地改变一个女人，从外表到内心。爱情和婚姻的温度是不同的，爱情是滚烫的，而婚姻却是温凉的。许多人正是由于无法适应婚姻与爱情的温差，使双方的感情越来越疏远。

点亮人生

婚姻永远是由无数个琐碎的细节叠加而成的，所以说，琐碎的生活成就了爱情的永恒。在琐碎中，发现乐趣，在琐碎中互相谅解。

一对曾经让人羡慕不已的恋人，在结婚一年后吵吵闹闹地走上了法庭，要求离婚。朋友、家人都十分惊讶，力图去劝说他们："相恋5年，多少次花前月下，为什么反目成仇呢？"妻子委屈地说："他曾说爱我一辈子，可是现在他宁肯欣赏那些街上的漂亮女孩，回到家，也懒得看我一眼，还挑三拣四。"丈夫生气地说："你不也一样，在街上、在单位都能和颜悦色温柔体贴地对待每个人，回到家里，总是冷着个脸，絮絮叨叨，总是强词夺理，越来越像个泼妇！"

朋友和家人说："你们都希望对方永远爱自己，可是却受不了生活中的平凡琐事，自己反省一下，是否是这样的情形？你们有很深的感情基础，生活应该多制造一些爱的氛围，平凡的生活也有其独特的魅力，试着去寻找吧！"

一位社会学博士生，在写毕业论文时糊涂了，因为他在归纳两份相同性质的材料时，发现结论相互矛盾，一份是杂志社提供的4800份调查表，问的是：什么在维持婚姻中起着决定作用（爱情、孩子、性、收入、其他）？90%的人答的是爱情。可是从法院民事庭提供的资料看，根本不是那么回事，在4800对协议离婚案中，真正因感情彻底破裂而离婚的不到10%，他发现他们大多是被小事分开的。看来，真正维持婚姻的不是爱情。

例如0001号案例：这对离婚者是一对老人，男的是教师，女的是医生。他们离婚的直接原因是：男的嗜烟，女的不习惯，女的是素食主义者，男的受不了。

再比如0002号案例：这对离婚者在大学时曾是同学，上学时有3年的恋爱历程，后来分在同一个城市，他们结婚5年后离异。直接原因是：男的老家是农村的，父母身体不好，姐妹又多，大事小事都要靠他，同学朋友都进入小康生活的行列，他们一家还过着紧日子，女的心里不顺，经常吵架，结果就离婚了。

再比如第4800号案例：这一对结婚才半年，男的是警察，睡觉时喜欢开窗，女的不喜欢；女的是护士，喜欢每天洗一次澡，男的做不到。俩人为此经常闹矛盾，结果协议离婚。

本来这位博士以为他选择了一个轻松的题目，拿到这些实实在在的资料后，他才发现《爱情与婚姻的辩证关系》是多么难做的一个课题。他去请教他的指导老师，指导老师说，这方面的问题你最好去请教那些金婚老人，他们才是专家。于是，他走进大学附近的公园，去结识来此晨练的老人。可是他们的经验之谈令他非常失望，除了宽容、忍让、赏识之类的老调外，在他们身上博士也没找出爱情与婚姻的辩证关系。不过，在比较中他有一个小小的发现，那就是：有些人在婚姻上的失败，并不是找错了对象，而是从一开始就没弄明白，在选择爱情的同时，也就选择了一种生活方式。

就是这种生活方式的小事，决定着婚姻的和谐。有些人没有看到这一点，最后使本来还爱着的两个人走向了分手的道路。走进婚姻，不意味着放弃爱情，虽然爱情是热烈的，滚烫的，婚姻是真实的，温凉的。其实，只要两者真正融合，你就会发现这才是人生最合适的温度。

第十五篇

家庭是爱的大学堂，痛的疗养地

第一章　有一种爱让我们泪流满面

> **母性的力量胜过自然界的法则。**
>
> ——芭芭拉·金索尔夫

智慧悟语

　　母性是本能的，它的产生没有任何原因和理由，有时是盲目的，也有时是夸张的，甚至是强制的。也正是因为这种无条件的本能才更显得母性的伟大。

　　对于"母性"人们给出的解释是这样的，认为那是从母亲身上体现出来的对子女本能的爱。是从母体中散发出来的共性，无论是动物还是人类。母性之所以伟大不只是为自己的下一代付出却不需回报、牺牲自我的无私精神，更是因为母性作为母爱的情感基础，甚至可以通过对下一代的关爱推广至对世间一切的爱。甚至有人认为，母性让世间少了纷争，多了关爱，世界是由母性维系在一起的。就人类而言，母亲从对孩子的爱出发，寻求母子间的和谐关系，并将之推广到男女之爱、家庭之爱、人与人之爱，从而具备母性特质，不妨说，已为人母的女性更懂得爱，更珍惜爱。

点亮人生

　　母亲是伟大的，她传递着一种无私奉献、甘为人梯的爱，我们每个人在享受这种爱的时候要怀着一颗感恩的心，更重要的是将这种爱以自己的方式传递下去。

347

当 2010 年 2 月 10 日"感动中国"十大人特揭晓后，一个平凡而又伟大的母亲为人们所熟知，她就是被誉为"暴走妈妈"的陈玉蓉。

陈玉蓉的儿子叫叶海斌，从小被确诊为一种先天性疾病——肝豆状核病变，肝脏无法排泄体内产生的铜，致使铜长期淤积，进而影响中枢神经、体内脏器，最终可能导致死亡。2005 年时儿子叶海斌的病情开始恶化，一天晚上，因为大吐血被紧急送往医院，医生诊断结果为叶海斌的肝已经严重硬化，需要做移植手术，否则很难说还能活多久。但 30 多万元的异体移植费用，对这家人来说，是个无法承受的天文数字。她选择了让儿子接受护肝保守治疗。

在陈玉蓉的精心照料下，叶海斌的病情得到很大改善。此后 3 年间，叶海斌结婚、生子，还找了份临时工。但是好景不长，2008 年儿子的又一次大吐血被紧急送往医院抢救，虽然儿子的命一时保住了，但是因为病情严重，儿子处在生死的边缘，作为母亲，陈玉蓉愿意不惜一切的来挽救自己的儿子，哪怕是用自己的肝来换儿子的性命。

陈玉蓉的老伴和儿媳都想为儿子叶海斌捐肝，但是都被陈玉蓉坚决地阻止，因为他们一个是家里的顶梁柱，一个年轻还带着孩子，未来的路还很长，陈玉蓉觉得自己为儿子做肝移植最合适。但是一件意外的事情让陈玉蓉捐肝救子的希望破灭，陈玉蓉的肝穿结果显示：重度脂肪肝，脂肪变肝细胞占 50%~60%。这种情况，一般不适宜做肝捐赠，况且以儿子叶海斌的病情，他的肝脏必须全部切除，这样母亲就需要切 1/2 甚至更多的肝脏给儿子才行。可是，陈玉蓉患有重度脂肪肝，1/2 的肝脏还不足以支撑其自身的代谢。就这样，陈玉蓉捐肝救子的手术不能进行。

陈玉蓉从医院出来后，下决心要减掉脂肪肝来挽救儿子，当天晚上就开始了自己的减肥计划。由于医生叮嘱减肥不能乱吃药，也不能剧烈运动，她选择了走路。走路的地方就选在离家不远的堤坝上，起点是谌家矶东坝的起点，走到堤坝的终点，走一个来回正好是 5 公里，陈玉蓉要早晚各走一次，这样就是一天 10 公里的路程。

早上 5 点天还不亮，陈玉蓉就在家里出发，晚上吃过晚饭就要出门，每天只吃青菜而且还是水煮的，常人会觉得难以下咽。有时陈玉蓉觉得太饿了，控制不住吃两块饼干，但是吃完后总会觉得很自责。

陈玉蓉就是这样一直坚信"只要多走一步路，少吃一口饭，就会离救儿子的那天近一点"。终于奇迹出现了，坚持了整整 211 天后，陈玉蓉已从 68 公斤减至 60 公斤，脂肪肝也没有了！这个结果让主治医生陈知水教授大为震惊，他当时只是为了安抚她，说只要努力，半年也许可以消除脂肪肝，没想到她真的做到了。这简直是个奇迹！在患者和医生的紧密配合下，陈玉蓉捐肝救子的愿望终于实现了。

听完陈玉蓉的事迹，没有人不为天下有这样伟大的母亲而感动，但陈玉蓉却觉得：任何一个母亲遇到这样的事情都会像她这样做，她只是做了一个母亲该做的事情。

陈玉蓉只是千千万万个伟大母亲中的一个代表，每个母亲身上都会散发着母性的光芒，而我们之所以要宣扬这种崇高的爱，是希望能将这种爱传递下去，去爱更多的人。

> ## 天伦之爱的特质，为爱而爱，没有条件。
> ——柏杨

智慧悟语

当我们跌倒的时候，总有温暖的手来扶我们重新站立；当我们前行的时候，总有人用深情的目光注视我们。他们便是我们的父母。

父母对我们的爱，是没有条件的。正如柏杨先生所说："天伦之爱的特质，为爱而爱，没有条件。儿女腰缠万贯兼学问包天，固然爱得不得了；儿子是个白痴兼穷酸，同样爱得不得了。女儿美丽兼贤惠，固然爱之；儿子是个麻子脸兼歪嘴，更爱得不像话。"正是这种无条件的爱，往往会创造奇迹。

点亮人生

有位母亲第一次参加家长会。老师说："你的孩子有多动症，在板凳上3分钟都坐不了。"回家的路上儿子问母亲老师说了什么，她鼻子一酸，说："老师表扬了你，说宝宝原来在板凳上坐不了1分钟，现在能够坐3分钟了，宝宝有进步了。"那天晚上，儿子破天荒吃了两碗米饭。

第二次家长会，老师说："你儿子数学考倒数第二，你最好带他到医院看一下是否智力有问题。"回家的路上，她哭了。回到家里，却对儿子说："老师说你并不是一个笨孩子，只要你能够细心些，会超过你的同桌。"儿子暗淡的眼神一下子亮了。第二天上学，儿子比平时起得都早。

初中时，又一次家长会，老师告诉她："按你儿子的成绩，考重点中学有点危险。"她还是告诉儿子："班主任说只要你努力，很有希望考上重点中学。"高中毕业，儿子把哈佛大学的通知书送给了妈妈，边哭边说："妈妈，我一直都知道我不是个聪明的孩子，是您……"

这时，她再也按捺不住十几年聚集在内心的泪水。

我们每个人在父母的心中都是一块无价之宝，在父母的眼中永远没有笨小孩。无论我们多么"笨"，多么"不争气"，能够真心接纳我们、不嫌弃我们的，只有两个人，那就是我们的爸爸、妈妈。

有这样一位母亲，她儿子因车祸变成了植物人。她坚持每天给儿子讲一些儿子小时候的故事：7岁时光着屁股在小河里游泳，被虾刺伤了屁股；8岁时赤着脚丫蹿到树上吃桑葚，让毛毛虫咬得浑身疙瘩……林林总总，儿子都已经忘却了的事情，她总是记忆犹新，如数家珍。另外，她每天总会利用一大部分时间来给儿子熬粥。拣那种最长最大、颗粒饱满、质地晶莹、略带些翠青色的米粒，一颗一颗精心挑选。熬一罐粥，通常要花费两个半小时。她小心翼翼地把粥倒进一只花瓷碗里，一边摆着头，一边对着粥吹气，吹到自己呼吸困难，粥就凉了。她微笑着用汤匙喂给儿子吃，可是儿子闭着眼睛，漠然地拒绝了她。她并不生气，微笑如昔。

第二天，继续拣米——熬粥——吹冷，并且微笑着接受儿子的拒绝。

日复一日，年复一年。她的手指已经变得粗糙而迟钝，她摇晃着的脑袋已经白发丛生，她的气力也大不如从前，往往是粥冷到一半时便已经上气不接下气，必须借助蒲扇来完成下一半的降温。可是她依然很小心地做好每个细节，精致而虔诚。可是这一切，儿子并没领情，依然以冷漠拒绝着她。她一直微笑着，始终没有落下一滴眼泪。

这种热情与冷漠的对峙，持续了8年零73天，在第8年零74天时，她正和儿子讲着他小时候的故事，儿子突然睁开眼睛，不太清晰地说了声："妈妈，我要喝粥。"她顿时泪如雨下——这是自从那次车祸，医生宣布他脑死亡之后，他开口说的第一句话。医生曾对她说过，像他这种情况，只有十万分之一的机会。

儿子那天喝到了久违了的母亲熬的粥。粥并不像他以前喝到的那么美味，由于火候没有控制好，粥有微微的煳味，而且还有咸咸的眼泪味道。可想而知，母亲是多么不平静。

故事到这里并没有结束。3个月之后，就在儿子完全可以生活自理之时，母亲突然撒手人寰。临走时，她握着儿子的手，笑容安详而从容。儿子在清理遗物的时候，发现了一本母亲的病历，其实早在7年多以前，在儿子昏睡1年之后，不幸又一次降临了这个家庭——母亲被确诊为肝癌晚期。

是什么信念可以支撑一位肝癌晚期的女人与病魔对抗了7年？医生说这是个奇迹。儿子却知道，创造这些奇迹的正是——那可怜而尊贵、平凡却伟大的母爱！

正是母亲对子女的爱创造了奇迹。他们虽然平凡至极，却用无声的大爱成就了如今的我们。我们应该向父母的伟大而无私的爱顶礼膜拜，应该永远牢记他们的恩情，用一颗赤诚的心去回报他们。

> 世界上有一种最美丽的声音，那便是母亲的呼唤。

——但丁

智慧悟语

我们一步步地走来，从我们出生的那一刻起，父母便开始给予，长久以来毫无保留的给予和奉献着，直到生命的最后一刻，他们的心中仍然惦记着我们是否平安、是否快乐。可以说，他们是倾尽所有在养育我们，但年轻的我们，是如此的叛逆，完全不明白他们的苦心，无视他们的担心去做一些自认为很帅的事情，将他们关心的唠叨看作是最大的麻烦，把他们过往的经验看作是老套，甚至还会对他们的言语与行为感到讨厌。

可是，当有一天这些亲切的叮咛不在耳边响起，这些伴随我们成长的关爱不在左右围绕，我们的内心是否会充满悔恨，抑或是被无言的悲伤所取代？我们太小，忘记了那温暖的记忆；我们太小，忽略了那沧桑的白发。当有一天，一低头看看他们青春不在的容颜上，早已是皱纹满面、白发苍苍了。即使是从那一刻开始，回报父母的爱，也都是再有限不过的了，无论时间上，还是精力上。我们无须如哪吒一样割骨肉还父母，但却也与之有着极大的相同之处，父母所给予的养育之恩，便是那永远也无法归还的魂魄，即使再怎么努力，也都是微不足道的。

点亮人生

一位知名学者曾在书中写下这样一段话：

当我1岁的时候，母亲给我喂奶还给我洗浴。当我2岁的时候，母亲教我学步。当我3岁的时候，母亲以她全部的爱心为我准备一日三餐。当我4岁的时候，母亲给了我几支蜡笔。当我5岁的时候，母亲给我穿上了节日的新衣。当我6岁的时候，母亲送我上学去。当我7岁的时候，母亲给我买了一枚棒球。当我8岁的时候，母亲给我冰淇淋吃。当我9岁的时候，母亲为我支付学钢琴的费用。当我10岁的时候，母亲常常驾着车，将我从足球场送到体操馆，接着再送到又一个生活派对上。当我11岁的时候，母亲请我和我的朋友去看电影。当我12岁的时候，母亲提醒我不要看某些电视节目。当我13岁的时候，母亲建议我去理一个她认为合适的发型。当我14岁的时候，母亲为我支付了长达一个月的夏令营的费用。当我15岁的时候，母亲下班回家来时总企盼着我会拥抱她。当我16岁时，母亲教我如何驾驶她的汽车。当我18岁的时候，母亲在我的毕业典礼上哭了鼻子。当我19岁的时候，母亲支付了我的大学学费，亲自驾车把我送到了大学校园，还帮我提沉甸甸的箱子。当我20岁的时候，母亲询问我是否有了喜欢的人。当我 21 岁的时候，母亲为我设计未来的职业。当我 22 岁的时候，母亲在我的大学毕业典礼上和我紧紧拥抱。当我 23 岁的时候，母亲为我买下的第一套公寓房提供了家具。当我 24 岁的时候，她遇见了我的心上人，并问及了我们对未来的打算。当我 25 岁的时候，她帮助我支付了婚礼费用，还哭着告诉我她有多爱我。当我 30 岁的时候，母亲来电话提到了一些有关如何抚养婴儿的合理化建议。当我 40 岁的时候，母亲在电话中提醒我某个长辈的生日马上到了。当我 50 岁的时候，母亲生病了，而且需要我去照顾。然后有一天，母亲安静地驾鹤西去。

柏杨先生曾经在他的文章中提到这样的一段话："在《封神榜》上，我最感兴趣的是哪吒的故事。他割骨还父，割肉还母，很具震撼。可是，人类除了骨和肉以外，还有一种东西，是改变不了的，是还不回去的，那就是父母赐给的生命，哪吒再凶悍，他也没有本领把他的生命——魂魄也还给父母。"

显然这段话并未能表达其完整的想法，因而，他在另外的文章中，还有这样的说法："父母对孩子的关系，显然分为两个阶段，一是出生，一是养育。两个阶段可以截然划开，张先生张太太出生，王先生王太太养育，不但不冲突，而且相辅相成，两者都同样重要，缺一不可。不过一定要比较一下的话，似乎出生之事没啥了不起，而养育之恩，重如泰山……养育子女，才显出父母的真正情操，父母为儿女牵肠挂肚，儿女在父母怀中躲风避雨，世上所歌颂的父爱母爱在此，虽杀身都不能报答于万一。"

有其父必有其子，什么样的树结什么样的果子。

——兰格伦

📚 智慧悟语

人们常说，"父母德高，子女良教"。父母是孩子的榜样，父母的言传身教，对孩子的一生都会产生重大的影响，甚至对孩子的一生起着决定性的作用。

对子女的教育，父母要先以身作则为孩子树立榜样才能到达更好的效果。在一个家庭中，父母的一言一行，孩子都耳濡目染，并会极力仿效。所以要求孩子做到，自己首先要做到，父母教育孩子，对于孩子来说，重要的不是听父母讲了多少道理，而是要看父母怎样做，如果父母自身的所作所为都不符合一个合格的父母，那么要求孩子能够成为孝子也勉为其难。

点亮人生

《三字经》说："窦燕山，有义方。教五子，名俱扬。"

窦燕山因为教子有方而流传千古，出身于富裕家庭的窦燕山，是当地很有名的富户。据说，窦燕山起初为人不好。因为自己有钱，经常以势压榨贫苦百姓。年景不好的时候，有贫苦人家从他那里借粮食，他用小斗借出，人家还的时候却用大斗去量，瞒混骗诈，做事总是昧着良心。由于他常做缺德之事，所以到了30岁，还没有一儿半女，窦燕山为此也十分着急。有一次，他死去的父母托梦给他说："你心术不正，德行不端，恶名彰着天曹，如不痛改前非，重新做人，不仅一辈子没有儿子，也会短命。你要赶快改过从善，大积阴德，只有这样，才能挽回天意，改过呈祥。"

此事发生后，窦燕山便决心痛改前非，再也不做缺德之事了。窦燕山发现很多穷人家没有钱送孩子去读书便在家里办起了私塾，请了很多有名的老师教课，并且不收任何学费。总之，自那以后，窦燕山就像是换了一个人似的，周济贫寒，克己利人，广行方便，大积阴德，禹钧家业丰裕，经常救济穷人。有人统计，窦燕山资助过27户棺椁埋葬者，28户陪嫁者也受到他的资助，还资助过做买卖维持生活者数十家，接济柴米而得活者不可数计。他的善行广泛受到人们的称赞。

也许是他的所作所为感动了上天，后来他的妻子为他连续生下了五个儿子。有了儿子后，他把全部精力用在培养和教育儿子身上，不仅时刻注意他们的身体，为他们提供良好的生活环境，更注重他们的教育和品德修养，自己也极力做一个好父亲。在他的培养教育和言传身教下，五个儿子不仅谦恭有礼、遵从孝道，并且都成了有用之才，先后登科及第。

当时有一位叫冯道的侍郎为其曾赋诗说："燕山窦十郎，教子有义方。灵椿一株老，丹桂五枝芳。"其中所说的"丹桂五枝芳"，就是对窦燕山"五子登科"的评价和颂扬。

如果窦燕山没有及时的醒悟，还是像之前一样昧着良心做事，也许他的下一代会像他一样因为家庭富裕而不思进取，最终成为纨绔子弟。也许窦燕因恶事做尽，无后代传人。幸好，他能够痛改前非，弃恶扬善，为后代树立了榜样，才有了"五子登科"的美名。

父母正确地教育和引导子女，不娇宠溺爱，做子女正确行为的榜样，自然会在孩子的头脑中形成正确的世界观和价值观，如此良性循环不正是我们追求的目标吗？

现在有很多人，不择手段地赚很多钱，对子女的生活和教育并不关心，以为用钱可以堆砌一切，有钱可以让别人对自己的子女进行教育，让女子进最好的学校，请到最好的老师，这种做法往往适得其反。很多时候，这样只能造就一些品行极差的"富二代"，为社会所鄙视唾弃。试想，当父母老去，这样的子女怎能对他们尽到孝道，继承他们的事业呢？美国作家诺埃尔说："作为一个现代的父母，我很清楚重要的不是你给了孩子们多少物质的东西，而是你倾注在他们身上的关心和爱。关心的态度不仅能帮你省下一笔可观的钱，而且甚至能使你感到一分欣慰，因为你花钱不多并且给予了胜过礼物的关怀。"想让下一代有所作为，由此可知，父母就要从自身出发，关心爱护子女，做他们最好的榜样是十分的重要。

> 十月胎恩重，三生报答轻。
> ——《劝孝歌》

智慧悟语

母亲怀胎十月，经历许多痛苦之后将我们生下，这份恩情是永远报答不完的。"身体发肤，受之父母，五千年的传统文化中，头发是父母生命的一部分。"柏杨先生曾如是说。虽然不轻易剪发的习俗早已变更，但保重自己的身体，便如同是珍惜父母的生命，这一思想却长久地保留了下来。

俗语有云："养儿一百岁，常忧九十九。"父母对儿女的牵挂，总是无止境的，而儿女所能尽的孝，便是孔子所说的："父母唯其疾之忧。"其真意是子女如果能常常以谨慎持身，使父母只忧虑子女的疾病，而没有别的东西可忧虑，这也应该是孝的一个重要方面。因为人的疾病不是自己所能控制的。

其实这句话并不难理解，因为孝的本义就是指由父母对子女的爱而反射出子女对父母的敬爱。它是个相互转化的过程。

点亮人生

现实社会中，有很多人能自理、自立了，却还是让父母整天为自己担惊受怕。在古人看来，这就要算作不孝了。

有一天，在一个关着一些死刑犯的牢房里，死刑犯们翻着杂志在那里闲聊。

一名犯人指着杂志中的珠宝说："我母亲没有一样像样的首饰，如果她戴上这些首饰一定会很高兴。"

另一名犯人指着上面的房屋说："家里的房子已经很旧了，我的母亲如果有这么一间漂亮的房子多好。"

第三个犯人指着上面的汽车说："要是我的母亲有这么一辆车子，就可以开车来看我了，不用每天走着来看我了。"

杂志传到最后一个犯人的手中，他拿着杂志看了很长时间，看着上面的珠宝、房子、汽车……他沉思许久，然后流着泪说："我们从出生，到母亲一口奶一口饭地哺育，到一件衣服一次脸色的无尽关怀，我们都是母亲牵挂的根源，更是母亲幸福的寄托。我们的一言一行、一举一动都连着母亲的心，我们是母亲心中永远的痛。母亲的付出，并不是希望得到物质的回报。是的，珠宝、房子、小汽车的确能给母亲带来快乐。但是，在母亲的心底，她最大的幸福永远是儿子自身的正直与平安！如果我们的母亲有一个好儿子就好了！"

这时，所有的人都低下了头。

是啊，母亲需要的不是珠宝、房子这些外在的东西，她不需要为儿子的衣食住行而担心，除了疾病，她们就没有什么好替儿子担心的了。真是可惜，如果他们能早明白，就不至于落得如此下场了。

俗语说："儿行千里母担忧。"子女永远都是父母心中的牵挂，当子女离家创业时，他们心中的思虑纵有千言万语也说不完。他们会担心子女在外面是否吃饱穿暖，会不会误入歧途等，因此才有了这句"父母唯其疾之忧"。如果你能真正体会到孩子生病时自己如何的忧虑、担心，你就会知道什么是孝。所以，你要像关心自己的孩子一样关心自己的父母，让父母只剩下对你疾病的担忧，这样的孝才是真正的孝。

现如今，很多人仗着自己年轻，就对自己的身体很不在乎：抽烟的时候，大口大口地抽；喝酒的时候，一瓶接着一瓶地喝；玩的时候，连着几天几夜不合眼……好像不把年轻的精力花完绝不罢休一样。但其实上，身体就如同一部机器，如果不懂得好好维护的话，即便是零件再好，也很快就会罢工了。不仅如此，一旦自己的身体出现状况，父母的忧虑便会迅速地成倍扩张。

小时候，如果我们不舒服，他们会在夜深人静的时候，背我们去医院；他们会衣不解带，一直守在床前，直到我们康复才肯离开；他们会时不时地提醒我们，天冷了加件衣服，天热了换件凉快的。但如今，当我们都已长大成人，开始独立地过属于自己的生活时，如果我们生病了，无法总是陪在我们身边的父母必定会心急如焚，如此，也是不孝。

因而，我们不止要做一个让父母放心的"好"孩子，同时也还需要时刻注意保重自己的身体，让父母连那最后忧虑的疾病也省掉，也算是对父母多一点回报吧。

第二章 我永远是你们的宝贝

> 动天之德莫大于孝，感物之道莫过于诚。
>
> ——何铸

智慧悟语

"百善孝为先。"孝顺，是一切道德的根本，所有好品德的养成都是从孝行开始的。孝是一个人善心、爱心和良心的综合表现。孝敬父母，尊敬长辈，是做人的本分，是天经地义的事，也是各种品德养成的前提。一个人如果连孝敬父母、报答养育之恩都做不到，那他就不能称之为"人"，也会遭到社会的谴责和鄙视。

"孝"是回报的爱，古人常以"乌鸦反哺"来教育子女莫忘亲恩。父母生我、养我、育我，我们也应当爱之、惜之、怜之。儒家为孝道规定了各种条框，然而孝敬父母需要用条框来规定吗？爱父母、敬父母本是发乎情的内心诉求，它是一种浑然天成的情感。

点亮人生

乌鸦小时候，都是由乌鸦妈妈辛辛苦苦地飞出去找食物，然后回来一口一口地喂给它吃。渐渐地，小乌鸦长大了，乌鸦妈妈也老了，飞不动了，不能再飞出去找食物了。这时，长大的乌鸦没有忘记妈妈的哺育之恩，也学着妈妈的样子，每天飞出去找食物，再回来喂给妈妈，并且从不感到厌烦，直至乌鸦妈妈自然死亡。

乌鸦尚且如此，更何况人呢？南怀瑾先生将父母比作两个照顾了我们二十年的朋友，如今他们老了，动不得了，我们回过来照顾他们，便是孝。

父母在我们成长的过程中无怨无悔地付出。当我们还是胚胎、尚未诞生时，就获得了来自父母亲人的深切感情和无尽期望。而我们降临到这个世界以后，父母生命的意义几乎大半落在了我们身上。随便问一个有子女的人："你生命中最重要的人是谁？"绝大多数人的答案都是"子女"。是呀，无数个平凡的父母之所以辛辛苦苦地工作，努力奋斗，一个重要的原因就是希望能够创造更好的发展空间，让子女过上幸福的生活。

在父母面前，我们永远是需要照顾的孩子。父母对我们总是倾其所有地付出。父母是我们人生中的一棵枝繁叶茂的大树，为我们遮风避雨，抵挡烈日风霜。年少时，我们爬上树干玩耍；疲倦了，靠在树上歇息。长大了，我们不愿与树玩耍了，树甘愿奉上丰硕的果实，为我们的人生和未来尽心尽力。要成家了，树奉献出自己的枝干，为我们建造一个属于自己的家。当我们想出外闯荡时，树会用自己的躯干为我们造艘乘风破浪的船；当我们疲惫不堪、伤痕累累地归来，即便树已只剩一个树桩，也会让我们安心地休息。父母总在无私地奉献着，我们的忧伤便是他们的忧伤，我们的快乐便是他们的快乐。我们在为自己的事业、家庭忙碌时，总是无暇顾及远方或身边的父母；当出现变故、陷入困境时，首先想到的便是年迈的父母。

不要在对父母予取予求之后，将其抛弃，那样，我们的人生将一片荒芜。我国古代有一首《劝孝歌》，里面有两句话："人不孝其亲，不如禽与兽。"语句直白而深刻，孝是一切道德和爱心的根源，是我们为人处世的根本，也是做人的基本要求。

卫国的一位名叫开方的贵族，在齐国做官，10年都没有请假回卫国。然而，管仲却把他开除了，理由是说开方在齐国做了10年的官，从来没有请假回去看看父母，像这样连自己父母都不爱的人，又怎么会爱自己的君主呢？怎么可以为相呢？

在父母为我们付出那么多之后，如果我们连起码的回报都没有，谁还会相信我们心中有爱？一个心中无爱、冷酷无情的人，又有谁敢和他结交、谁愿和他结交呢？

> ## 孝子之至，莫大乎尊亲。
> ——孟子

智慧悟语

儒家认为，"孝"是伦理道德的起点。一个重孝道的人，必然是有爱心的、讲文明的人。重孝道的家庭，亲情浓郁、关系牢固；反之，必然是亲情淡薄、家庭结构脆弱、容易解体。而家庭是社会的基础，可见，不重孝道将会影响到整个社会的稳定与和谐。正如柏杨先生所说的那样："孝道的培养，不仅鼓励父母慈祥，不仅培植儿女高尚的感谢情操，也是社会安定，人类绵延和进步的动力。"

世间之人皆知孝之重要，却总是会在不经意间疏忽。年少时，每个人忙学习、忙游戏、忙作业；等到成人了，又要忙工作、忙事业；当自己认为真正拥有可以孝顺父母的能力，想要回过头来去尽孝时，可能为时已晚了，要么这时父母已经吃不下也穿不了了，要么可能父母已经离开尘世，留下了"子欲养而亲不待"的遗憾。孔子的这句话令人动容之余，为了生活世人还是会一而再，再而三地重复犯错。

错过的孝，便是永远无法弥补的。对于及时行孝来说，柏杨先生深感赞同，他曾感慨地说："儿女们一定要努力练习一种教养，除了为自己着想外，也要想想别人，更要想想爹娘。老爹老娘为了陪伴孩子，不惜与世隔绝，不惜把自己关在家庭厨房，不惜断送青春红颜。而当儿女的，实在应该动一动怜悯之心，说几句感恩的话吧，做几件感恩的事吧——即令是小动作也价值连城，不要总是等到忏悔已没有用的时候，再鼻涕一把泪一把地去忏悔。"或许，这正是柏杨先生自己的写照。

1988 年 9 月，柏杨先生回到阔别了 40 年之久的家乡——河南辉县。在那里，他为父亲立下碑，上面写着："这里安葬的是郭学忠先生及夫人，也就是我的父母。我没有见过母亲，但父亲于 1940 年在这里入土的时候，眼看灵柩冉冉下降深穴，我曾经抢地痛哭……"

撕心裂肺的痛哭声中，充满了柏杨先生未能尽孝的遗憾：父亲健在时，要么是父亲不在家，要么是柏老不在家，始终没有尽孝的机会；当得知父亲病危时，柏杨先生仓促前往，看到的却只是一具棺木了。

未能尽孝，成了柏杨先生人生中一个永远的伤口，于是，他劝慰世人要及时尽孝，甚至还对如何尽孝做出了具体的解释："儿女实在应该训练自己，常常地安慰父母，鼓励父母，赞美父母，跟父母做一个好朋友，心平气和地谈谈心，交换交换意见。"

对于那些心中毫无"孝"的概念的人，柏杨先生不是从道德的角度，而是从现实的角度给予了最郑重的警告，"假如无限期地忽视它（孝道），这把两头尖的利刃是通灵的，它一定会狠狠地向我们报复。"至于报复的结果，李光耀给出了答案："我们不能因为老人无用而把他们遗弃，如果子女这样对待他们的父母，就等于鼓励他们的子女将来也同样对待他们。"

每个人都会变老，都不希望在年老之时被家人遗弃，因而，就需从自己年轻时做起，如果你不能做到孝，那么你的父母就会无所养、无所依，而你的孩子也会效仿你的做法，将来的你也必定会和自己的父母遭受同样的境况。这个道理说来简单，却总有些人无法做到。

从前，有一对夫妻生了一个白白胖胖的儿子，他们对儿子尽心竭力地抚养，孩子一天天茁壮成长。与这对夫妻同住的还有一个老母亲，平时儿媳老是嫌弃婆婆，不愿意养婆婆，但是因为婆婆能帮他们干活，所以媳妇虽有怨言，但还是让婆婆同他们吃住。

年复一年，随着孙子渐渐长大，老奶奶越来越老了，她的腰因为长年的劳作变得弯曲佝偻，她再也不能做重活了，而且由于年岁过大，吃饭的时候常会撒出一些饭粒。

这时候，媳妇看婆婆越来越不顺眼，她急于想把婆婆赶出家门，于是总在丈夫面前说婆婆的坏话，没想到丈夫竟然答应妻子赶母亲出门。

一天吃过午饭，这对夫妻就把老母亲送到 30 里外的山沟里，扔下几块饼，让老母亲自生自灭。没想到回家后，他们发现儿子在村口的大树下坐着。夫妻俩问儿子为什么不回家，儿子说："我在等奶奶，你们现在把奶奶拉出 30 里地外，以后我拉你们 80 里也不止。"听了儿子的一番话，夫妻俩顿时明白了。他们赶紧回到山沟里把母亲接了回来。

孝，不应是一个宣言、一个口号，而应是实际行动。其实，孝并不复杂，有时是一句问候的话语，有时是一句关心的叮咛，有时则是常回家看看，但孝心无价，且须及时。

父母在，不远游，游必有方。

——孔子

智慧悟语

"父母在，不远游"，在中国流传着一种古老的传统习惯，如果父母健在，子女不可以出门远游。子女要守候在父母的身边，早晚请安，嘘寒问暖，尽其孝道，使年迈的双亲在晚年能够含饴弄孙，其乐融融，安享晚年。另外，古时候通讯交通不像现代社会这样发达，常年在外的人，如果有急事，想捎信给家人十分困难，一旦命丧他乡，承受丧子之痛的还是家里的二老双亲。所以，父母希望子女守在身边，能看到他们平平安安地长大，子女也能陪伴着父母，让他们健康快乐地度过晚年。就这样，便形成了"父母在，不远游"的孝道精神。

其实，"父母在，不远游"还有后句，在《论语·里仁》原文中是这样写的，子曰："父母在，不远游，游必有方。"意思是说"父母在世，不出远门。如果要出远门，必须要有一定的去处。"方，在这里是指方向，地方，处所。也指志向和目的。对"方"的理解有这样几点：

1. 若要离开家乡、父母去游历就一定要有方向、去处，并且告诉父母你的去向、出去。好让父母安心。

2. 出去游历要带有一定的目标、目的和意义。如果是去远方寻求知识，或是开创事业，作为父母虽然不舍得子女出行，但是儿女有所成就是他们最大的欣慰。当然他们渴望和子女朝夕相处的心情必须得到子女的理解。所以"游必有方"。当你们有收获之时不要忘记家里的父母。

当今社会交通发达，通讯方便，出个远门对于现代人来说是家常事，我们不必像古人行孝那样，非得与父母朝夕相处，社会道德也没有约束每个人只要有父母在就不能离开家出远门。如果家中有父母，那么出门前将他们安顿好也是一种孝道。首先，如果不想父母担心，临行前就要告诉他们将要去的地方，干什么，什么时候走，什么时候回，这是让父母心安。其次，父母在家所需要的照顾要提前安排好，特别父母年事已高，像小孩子一样需要人照料，子女出远门前一定要对他们的生活起居做好安排。最重要的就是要常联系，时时告诉父母自己的行踪，是否安全，同时也能随时了解守在家里的父母是否安康。

点亮人生

身为子女，不要因为自己身在外地就让家中的父亲母亲感到寂寞。现在我们拥有了方便的通讯工具，出门在外，除了要提前安顿好父母的生活起居，也一定要尽可能地安顿好家中父母挂念的心。

作为子女，特别是独生子女，成家立业后一定不要忘了父母已经年迈，他们也像童年时的我们一样需要有所依靠，不要让他们独自承受"空巢"的孤独与寂寞。

树欲静而风不止，子欲养而亲不待。

——孔子

智慧悟语

树原本想静下来，可是风却在不停地刮；子女想奉养父母，可双亲却已经不在人世。趁着父母都还健在的时候及时表达你们的爱吧，哪怕是一个简单的电话或者一声亲切的问候，千万不要让自己将来悔恨终生。

时间如流水，青少年时期每个人都有很多事情要忙，忙学习、忙游戏、忙作业……成人了，还要忙工作、忙事业。当我们认为真正拥有了可以孝顺父母的能力时，可能已经太晚了，因为这时候的父母已经吃不动、穿不了了，有的父母甚至已经远离了尘世。在这个世界上，什么事情都可以等待，只有孝顺是不能等待的，否则只会留下无穷无尽的悔恨。

很多人总在说，等到有钱有时间了，一定要好好孝敬父母，但你可以等待，父母不能等待。在不经意间，父母渐渐变老。花点时间多陪陪父母，他们没有太多的要求，只是想多让你陪陪，所以一定要抽出时间，多陪陪父母，不要让父母失望。不要等到想要孝敬时，父母都已经亡故而让自己空留遗憾，亲情很多时候不能等待。因此孝敬应该从现在就开始。

　　生孩子不易，养孩子更不易，父母所付出的辛苦是没有做过父母的人难以理解的。古时候父母亡故，做子女的要服丧三年，这是对自己刚出生时父母耐心守候的报答。孝敬父母，是每个人都应该奉行的，无论是过去还是现在。

　　在现代，人们对自由的追求导致了家庭观念逐渐淡漠，孝的精神也逐渐丧失，这不仅是传统文化的重大损失，也是个人品德修养的重大缺陷。今天的我们，不应该只用一些时髦的理论"武装"自己，仿佛自己不食人间烟火似的，完全没有传统文化中那种踏实、厚重的责任感。面对过去，新一代的我们应该继承和发扬传统文化中优秀的部分，比如孝敬父母。

　　许多时候，我们对抗着、逆反着、叛离着父母，长大了，又因为懒惰或是一心追求名利，慢慢忽略了亲情，忽略了一日比一日年迈的父母，忽略了双亲望眼欲穿的牵挂。千金散去还复来，亲情逝去永不返。年轻时我们总以为来日方长，却忘记了父母已经黄昏迟暮。说不定哪天，我们正为不失掉一次赚钱的机会而忙得天昏地暗的时候，却惊悉自己永远失去了至爱的亲人。

点亮人生

　　比尔·盖茨也曾说过类似的观点，在这个世界上，什么事情都可以等待，只有孝顺是不能等待的。趁父母还健在的时候多为父母做点事，用实际的行动来表达我们对他们的爱和感激吧。

　　爱，需要用行动来表达，对父母的爱也是如此。像关心自己的子女一样关心自己的父母，你便不会总为自己推迟行孝的举动而寻找借口。爱你的父母，就像爱你的孩子，只有这种付出才是真正的孝。

　　一日，孔子领着弟子外游，忽然听到路上有哭声，声音非常悲切。于是，孔子说道："快赶车，前面有贤人。"到了哭声之处后发现是皋鱼，披着粗布衣服，抱着镰镐，在道旁哭。孔子下车对他说："你又没有什么丧事，为什么哭得这么悲伤呢？"皋鱼说："我有三个过失啊，我少时好学，曾游学各国，而把父母放在次位，归时双亲已故，这是第一个错误；为了我的理想，再加上侍奉君主，没有很好地侍奉亲人，这是第二个错误；和朋友交情深厚，稍微疏远了亲人，这是第三个错误。'树欲静而风不止，子欲养亲不待。'过去而不能追回的是时间，走了而不能再见的是亲人。我想从此放下一切，什么也不要做了。"孔子告诉弟子："你们都知道了，要以此为戒啊！"于是，他的门人十之有三回家赡养父母去了。

　　子欲养而亲不待，即使悔不当初又能如何？当昔日的子女做了父母，当他们真正懂了为人父母的难处，想要回报父母时，恐怕多半已不能如愿了。所以，尽孝要早。

卡耐基在为成年人上的一堂人生课上，给他们出过一道家庭作业："在下周以前去找你所爱的人，告诉他们你爱他，而那些人必须是你从没对其说过这句话的人，或者是很久没听到你说这句话的人。"

下一堂课程开始前，卡耐基问他的学生们是否愿意把他们对别人说爱而发生的事和大家一同分享。一个中年男子站起身，开始说话了："卡耐基先生，上个礼拜你布置给我们这个家庭作业时，我对您非常不满，因为我并没感觉有什么人需要我对他说这些话。但当我开车回家时，一个念头一闪而过，自从6年前我的父亲和我争吵过后，我们就开始彼此躲避，除了在圣诞节或其他不得不见的家庭聚会之外，我们最好避而不见，即使见面也从不交谈。所以，回到家时，我告诉我自己，我要告诉父亲我爱他。

"在我做了这个决定后，忽然感到胸口上的重量一下子减轻了。第二天，我一大早就起床了，整晚都在想这件事。我很早就赶到办公室，两小时内做的事比从前一天做的还要多。9点钟时，我打电话给父亲，问他我下班后是否可以回家去，因为我有些事想要告诉他。父亲以暴躁的声音回答：'又是什么事？'我跟他保证，不会花很长的时间，他同意了。下午5点半，我到了父母家，按门铃，祈祷父亲会出来开门，如果是妈妈来开门，我恐怕会丧失告白的勇气。但幸运的是，父亲打开了门。我没有浪费一点时间，踏进门就说：'爸爸，我只是来告诉你，我爱你。'

"父亲听了我的话，不禁哭了，伸手拥抱我说：'我也爱你，儿子，原谅我一直没能对你这么说。'这一刻如此珍贵，我甚至期盼时间停止。但这不是我要说的重点，重点是两天后，从没告诉过我有心脏病的父亲突然病发，在医院里结束了他的一生。这一刻来得如此突然，让我毫无防备。如果当时我迟疑着没有告诉父亲我对他的爱，可能永远都没有机会了！所以我想对所有儿女说的是：爱你的父母，不要迟疑，从这一刻开始！"

你曾感受到时间的流逝吗，你曾感受到周遭人事物随着时间不断改变吗？你曾想过最亲近的人有一天将离你而去吗？世人在年少时大多不能完全理解父母的爱，等自己也为人父母，理解父母的苦心时，父母已经等了很久了。所以，孝敬父母要趁早，现在就去做，不要等父母都不在了而空留遗憾。

中国自古讲究孝道，而这孝又分为"生孝"和"死孝"。在中国，有时"死孝"比"生孝"更为隆重。有些晚辈平时忽略了对父母的关爱，一旦老人们去世，自觉对不起父母或尊长，反倒舍得花大把银子办盛大的丧事，而且买墓地修祖坟，不惜一切代价也要让长辈泉下有知。

有时候，我们总是以自己忙为借口，会给父母扔下很多钱，让他们自己买吃的和用的，我们觉得这样做已经是孝顺了，因为我们也是在给父母回报。可是，父母需要的并不是金钱上的安慰。一个老人，还能对生活需要什么？还需要过怎样奢侈的生活吗？他们不需要。他们需要的就是儿女们多回来看看，陪他们聊聊天，说说近况。

可是，如果"生孝"没有尽到，"死孝"又有什么意义呢？所以，天下的儿女们，不要总是想着用忙碌来当借口，用金钱来填补自己对父母的亏欠，找点空闲，常回家看看吧！或是打个电话，告诉双亲："好想你们！"这些许的点滴将会使他们获得莫大的慰藉和满足。

弟子，入则孝，出则弟。

——孔子

智慧悟语

人们提到"孝"，先想到的是对父母和长辈的"孝顺""孝敬"，其实古人倡导的是"孝悌之道"。孝，指还报父母的爱；悌，指兄弟姊妹的友爱，也包括了和朋友之间的友爱。

"首孝悌，次见闻"为儒家文化所提倡，遵循"孝悌"之道是一切道德和爱心的根源，是一个人为人处世的根本。子曰："弟子，入则孝，出则弟，谨而信，凡爱众，而亲仁。行有余力，则以学文。"就是说，只有身体力行地去做到"孝悌"，如果还有精力，那么再去学知识，长见识。可见行"孝悌"的在人性中的重要地位。

点亮人生

俗话说："手心手背都是肉。"面对膝下的几个儿女，做父母的哪一个不爱？父母当然希望子女之间能和睦友爱地相处，在生活中能彼此扶持，共同幸福。因此，为人子女者，何必和你的兄弟姐妹争个高低，斗个输赢，和和睦睦地相处，才是对父母最大的孝顺。

传说黄帝以后，由部落联盟的首领统领着各个氏族，其中最有名的三个分别是尧、舜和禹。他们原本是其中一个部落的首领，后来受到各部落的推选成了部落联盟的首领。那个时候，部落联盟的首领会召集各个分部落的首领一起共商大事。其中一位尧，在他上了年纪后，便想找一个能继承他职位的人。有一次，他召集四方部落首领来商议推选继承人的事，有个名叫放齐的首领推荐尧的儿子丹朱做接班人，说丹朱是个开明的人，是继承首领位子的合适人选。

尧严肃地拒绝了，因为他觉得自己的儿子品德不好，喜欢跟人争吵，另一个叫谨兜举荐管水利的共工，他认为共工工作做得认真负责，没有差错。尧摇头表示不行，共工虽然工作能力强，能说会道，但表面恭谨，心里却是另一套。这样的人不适合做部落联盟的首领。这次讨论没有结果，尧继续物色他的继承人。

一段时间后，尧又将各部落首领召集到一起商议继承人的问题，这时有人推荐舜，尧只听说过舜的为人很好，但并不知道舜的具体情况，他要求大家能把舜的情况说清楚。于是他们开始讲述有关舜的事情。舜的父亲糊涂透顶，人们叫他瞽叟。舜的生母死得早，继母又很坏。继母生的弟弟名叫象，十分傲慢，由于瞽叟过分地宠爱他，使他养成了败坏的性格。舜虽然生活在这样一个家庭里，但是他始终待他的父母、弟弟很好。大家都认为舜是个德行极好的人。尧听了非常高兴，决定考察舜一下。他把自己两个女儿娥皇、女英都嫁给了舜，还替舜筑了粮仓，分给他很多牛羊。那继母和弟弟见了，又是羡慕，又是妒忌，和瞽叟一起用计，几次三番想暗害舜。

一次，瞽叟指使舜去修补粮仓的顶，想放火把舜烧死。舜在仓顶一见起火，想找梯子，但梯子已被他同父异母的弟弟象撤走了。幸好舜随身带着两顶遮太阳用的笠帽。他双手拿着笠帽，像鸟张开翅膀一样跳下来，舜轻轻地落在地上，毫发未伤。虽然这次行害没有成功，但是瞽叟和象并不甘心，他们又叫舜去挖井。舜下井后，瞽叟和象就在地面上把一块块土石丢下去，把井填满，想把舜活活埋在里面，没想到舜下井后，在井边掘了一个孔道，钻了出来，又安全地回家了。

象对舜脱险毫不知情，得意扬扬地回到家里同瞽叟描述经过，认为舜已经死了，他们可以分掉舜的财产，说完，他向舜住的屋子走去，哪知道，舜正坐在床边弹琴呢。象心里暗暗吃惊，嘴上却说着奉承的话，舜也装作若无其事，非但没有怪罪弟弟，还说他想要弟弟帮忙料理自己的一些事物，舜的行动感动了象也感化了继母和他的父亲，之后，舜还是像过去一样和和气气对待他的父母和弟弟，瞽叟和象也不再暗害舜了，一家人和睦的在生活在一起。

尧听了大家介绍的舜的事迹，又经过考察，认为舜确是个品德好又挺能干的人，就把首领的位子让给了舜。

舜的孝悌之举打动了尧和其他部落的首领，才使得尧决定将首领的位子禅让给了舜，也同样是舜一直奉行着孝和悌才感化了父亲、继母还有他的弟弟象，同时也得到了家人的敬重和关爱。

我们奉行的"孝悌"并不是愚孝愚悌，而是一种相互式的"父慈子孝，兄友弟恭"。兄弟之间的谦恭有序应该是一种彼此的感化。

我们不要把兄弟简单地认为是有血缘关系的同辈，"四海之内皆兄弟也"，同侪之间学会彼此友爱，相互尊重会让我们感受到人与人之间相处的和谐融洽。

第三章 溺爱是对孩子最大的害

爱之，能勿劳乎？忠焉，能勿诲乎？

——孔子

智慧悟语

孔子的这句话与教育有关，也与个人修养有关。真爱一个人，以自己的孩子为例，但太溺爱、太宠爱就会害了他。这个"劳"并不一定是让他去劳动，而是要使他知道人生的艰难困苦。

人类最大的特征之一，就是对儿女爱护的时间太久，而且爱护得简直没有完，从儿女呱呱坠地，直到儿女长大成人，更一直延伸到儿女的下一代，再下一代，以及再下下一代无不十指连心……人类太深的爱，无微不至的爱，会产生奴隶；没有节制的爱，没有公平的爱，会产生叛逆。无论奴隶或叛逆，对人对己，都是灾难。

对儿女的爱固然可贵且动人，但也不能一味地爱护，并不是一味地宠爱便能造就一个理想的人才，也不是衣食的丰足便能换来一个完美的人生。

点亮人生

培养孩子，就要让他知道，一分一厘来之不易，懂得了做人做事的艰辛，便会对自己的人生负责。教育孩子应该培养他们独立的意志品格，不能娇生惯养，因为溺爱只能生害。孩子只有依靠自己的努力掌握今后立足于社会的本领，才能真正地在离开父母的庇护后，成为独立的个体，展翅高飞。

有位农场主，让自己的孩子每日利用闲暇时间到农场辛勤工作，播种、除草、施肥、捉虫。一位朋友对这位父亲说："何必让孩子这么辛苦呢？不必如此精细，庄稼一样会长得很好的。"农场主笑了笑："我不是在培植庄稼，我是在培养我的孩子。"

有人说，中国的孩子很累，中国的父母更累。因为他们只有一个孩子，不想让孩子"输在起跑线上"。于是，家长们从孩子一出生就开始为他们设计好了人生。不幸的是，作为传承性很强的家庭教育，今天的父母并没有太多可以借鉴的经验。在这种情况下，父母为孩子设计好的人生计划，很有可能是自以为是的规划。

人们通常会陷入一个误区，喜爱某人，便想尽自己所能让他过得更好，对子女尤其如此。其实，真正对他好，就应该让他学会更好地面对自己的生活与人生。老舍先生写过一篇叫作《艺术与木匠》的文章，其中有这么一段："我有三个小孩，除非他们自己愿意，而且极肯努力，做文艺写家，我绝不鼓励他们，因为我看他们做木匠、瓦匠或做写家，是同样有意义的，没有高低贵贱之别。"他在给妻子的一封信里谈到对孩子们的希望时写道："我想，他们不必非入大学不可。我愿自己的儿女能以血汗挣饭吃，一个诚实的车夫或工人一定强于一个贪官污吏，你说是不是？"

爱他，更要让他懂得生活的辛劳；已经能够忠诚对事，也需要对其进行教诲。比如，孩子跌一跤，让他自己爬起来，让他觉得一个人成长的道路是曲折的，绝不会一帆风顺；让孩子在看到自己国家的国旗时，注目两分钟；带孩子去动物园，主要是为了获得知识；带孩子到公园、森林去，让他们喜欢绿色，让他们热爱生命；让孩子懂得，认真为人做事，要成为每一个人生活中的好习惯；即使你的经济状况很好，也要鼓励孩子用自己的双手去劳动挣钱，让孩子自己支付部分学习费用，或支付保险费用；鼓励孩子在 16 岁以后，在放假期间找一个钟点工的工作，做一些力所能及的事；教育孩子尊敬老人、军人、警察、消防员、环卫工人、教师和医生；让孩子学习音乐，学会听懂贝多芬、肖邦、莫扎特等一切可以引以为豪的好作品；鼓励孩子上台演说、演唱、跳舞、朗诵……

父母是孩子人生道路上的第一任老师，让孩子学会面对人生旅途中的种种问题，学会承担起自己应负的责任，让他懂得人生的艰难困苦，才能让他真正地成才成人。忧劳兴国，逸豫亡身。根基不稳的植物，在外界的压力下，不易存活；而夹缝中的小树，却能傲立风霜而不倒。爱子情切的父母，唯有让自己心中最宝贝的花朵早日远离温室，才能绽放最美的一面。

> **打开笼门，让鸟儿飞走，把自由还给鸟笼。**
>
> ——非马

📖 **智慧悟语**

作为父母，应该除掉多余的担心，尽可能让孩子接触到各类东西，让孩子自己去体验各种各样的经历。每个孩子都有自己的选择方式，都有自己的想法，都有自己的定位，每个孩子的世界都是一个相对独立的世界。对生活的环境，孩子们已经逐渐形成自己的一套处事方式，家长不要过于强求孩子不愿做的事情。如果父母使用命令的方式，强制性地要求孩子什么可以做，什么不可以做，会让孩子陷入无奈的境地，导致他们更多的反抗。相反，如果父母在自己的要求中带有尊重，维护孩子的自主性，给孩子一定的自由，孩子对父母的反抗就会少一些。何乐而不为呢？

点亮人生

我们的父母最应该做的是：打开笼门，把自由还给"鸟儿"和"鸟笼"。也许当你打开笼门，鸟儿反倒愿意回来了。因为敞开的鸟笼已不再是牢房，而成了一个温暖的窝。

走进美国超大公司纽约总部，首先映入眼帘的是办公室门口摆着的一个漂亮的鱼缸。鱼缸里十几条杂交鱼开心地嬉戏着，它们长约三寸，脊背一片红色，头尤其大，长得很是漂亮。进进出出的人几乎都会因为这些美丽的鱼而驻足停留。两年过去了，小鱼们的"个头"似乎没有什么变化，依旧三寸长，在小小的鱼缸里游刃有余地游来游去。

这一天，公司总裁的儿子来找父亲，看到这些长相奇特的小鱼，很好奇，于是非常兴奋地试图去抓出一只来。慌乱中，鱼缸被他推倒在地，碎了，鱼缸里的水四处横流，十几条鱼可怜巴巴地趴在地上苟延残喘。

办公室的人急忙把它们捡起来，但是鱼缸碎了，把它们安置在哪呢？人们四处张望，发现只有院子中的喷泉可以做它们暂时的容身之所。于是，人们把那十几条鱼放了进去。

两个月后，一个新的鱼缸被抬了回来。人们纷纷跑到喷泉边捞那些漂亮的小鱼。十几条鱼都被捞起来了，但令他们惊讶的是，仅仅两个月的时间，那些鱼竟然由当初的三寸长疯长到了一尺。

对于鱼的突然长大，人们七嘴八舌，众说纷纭。有的说可能是因为喷泉的水是活水，最有利于鱼的生长；有的说喷泉里可能含有某种矿物质，是它促进了鱼的生长；也有的说是那些鱼可能是吃了什么特殊的食物。但无论如何，都有共同的前提，那就是喷泉要比鱼缸大得多。

养在鱼缸中的鱼，三寸长，不管养多长时间，始终不见鱼生长。然而，将这种鱼放到水池中，两个月的时间，原本三寸的鱼可以长到一尺。后来人们把这种由于给鱼更大的空间而带来更快成长的现象称为"鱼缸法则"。

其实教育孩子和养鱼是同样的道理，孩子的成长也需要足够的自由空间。而父母的保护就像鱼缸一样，孩子在父母的鱼缸中永远难以长成大鱼。要想孩子健康强壮地成长，一定要给孩子自由活动的空间，而不让他们拘泥于一个小小的"鱼缸"里。

随着孩子的成长，父母应该给孩子越来越多的自由来控制自己的生活。父母必须有意识地要求自己，甚至是克制自己，不要有那种什么事都为孩子做的想法和冲动，给孩子充分的空间，让孩子早日走出"鱼缸"，回归大海，学会自己的生存方式。

应该使孩子从经验中去取得教训。

——卢梭

智慧悟语

有时候，父母的强迫、命令态度会给孩子带来反感，从而无法达到自然惩罚的目的。正确的方法是让孩子自己去感受错误。例如，一个孩子不爱惜家里的东西，今天又把椅子弄坏了。爸爸毫不留情地让他连续几天站着吃饭，让他体验体验自己的行为所带来的劳累之苦。

许多父母在教育孩子的时候，经常会不由自主地运用自己的"权力"，强迫孩子做事。这种单纯的命令，是在利用父母的权力，而这种权力无非是身份、年龄或体力的差别，孩子当然无法在这些方面去与大人抗争。强迫孩子做事会导致他们用其他的方法来抗争。在一个充满权力之争的环境里，很难想象会有好的教育效果。

18世纪法国著名教育家卢梭在他的教育论著《爱弥儿》一书中，提出了一个著名的教育法则——自然惩罚。所谓自然惩罚，按照卢梭的说法就是："应该使他们（孩子）从经验中去取得教训。"具体来说，就是当孩子在行为上发生过失或者犯了错误时，父母不给予过多的批评，而是让孩子自己承受行为过失或者错误直接造成的后果，使孩子在承受后果的同时感受到不愉快甚至是痛苦的心理惩罚，从而引起孩子的自我悔恨，自觉弥补过失，纠正错误。

点亮人生

1920年，有个11岁的美国男孩在踢足球时，不小心打碎了邻居家的玻璃。邻居向他索赔5美元，这在当时可是一笔不小的数目！闯了大祸的男孩向父亲承认了错误，父亲让他对自己的过失负责。

男孩为难地说："我哪有那么多钱赔人家？"父亲拿出5美元说："这钱可以借给你，但一年后要还我。"

从此，这个男孩在学习之余开始了艰难的打工生活，他送过报纸，替人擦皮鞋。经过半年的努力，终于挣够了5美元，还给了父亲。

这个孩子就是罗纳德·威尔逊·里根，美国第40任总统。他说："正是通过这样一件事让我懂得了什么是责任，那就是为自己的过失负责。"

运用"权力"教育孩子是一种很武断的教育方法，孩子不听你的话，并不是挑战你的权力地位，他们只是希望自己能有更多的自主权。

所以，当孩子犯了错误时，父母不应对孩子进行过多的指责，而应该让孩子自己承担错误直接造成的后果，给孩子以心理惩罚，使孩子在承受后果的同时感受心情的不愉快甚至是痛苦，从而让孩子能够正确认识自己的错误，进而自觉改正错误。

"自然惩罚法"的关键是要让孩子感到受惩罚是自作自受，是应该受惩罚的。简单地说，自然惩罚法就是让孩子在自作自受中体验到痛苦的责罚，强化痛苦体验，从而吸取教训，改正错误。

如何运用自然惩罚法，心理专家有以下建议：

1. 让孩子对自己的行为负责。学会对自己的行为负责，是每个孩子成长过程中重要的一步。父母要减少对孩子行为的干涉，让孩子自己选择，他会在实践中尝到自己选择的后果。如果父母总是不停地唠叨、埋怨，孩子们就会转移注意力，他们觉得保护自己不受谴责和维护自尊心才是最重要的，因而有时候甚至反其道而行之。

2. 父母可以提醒孩子，但不要教训孩子。父母可以和孩子讲清道理，让孩子懂得某种行为可能带来的后果。当孩子出现某种不良行为的时候，父母可以提醒他，但不要教训他，因为过失所造成的后果将会给孩子适当的教训。

3. 父母要态度坚决，同时又要充满爱心。有的父母在运用这种方法的时候，只记得要惩罚孩子，因此常常放弃了父母应该具备的爱心。当孩子没有按照事先说好的去做时，父母不是让自然后果去惩罚孩子，而是过于严厉，对孩子大声斥骂。这样的教育，不再是自然惩罚法，而变成了父母对孩子的惩罚行为。

> # 合理的惩罚制度不仅是合法的，而且是必要的。
> ——马卡连柯

智慧悟语

教育家认为，没有表扬的教育是失败的教育，没有"棒喝"的教育同样不会成功。正如苏联著名的教育学家马卡连柯所指出："合理的惩罚制度不仅是合法的，而且是必要的。这种合理的惩罚制度有助于形成学生的坚强性格，能培养学生的责任感，锻炼学生的意志和尊严，培养学生抵抗引诱和战胜引诱的能力。"有些孩子，对父母的正面劝导总是无动于衷，执迷不悟。而如果采用"当头棒喝"，有时可以收到良好的教育效果。例如，父母对待孩子的一些痼疾，可以使用严厉批评、发怒，甚至包括处罚在内的"重锤敲打"手段，加大刺激的强度，以矫治痼疾。因为"当头棒喝"带有一定威胁性的震慑，它能阻断孩子产生一定的态度和行为，或警戒可能出现的某种严重后果，从而使孩子确立应有的态度，不产生某种行为。

为了培养孩子的自信心，父母有必要对孩子进行正面教育，发掘他的闪光点，使用赞美式的教育方法。但这种方法并不是在任何情况下都有效，而且过分表扬和夸奖，也容易使一个普通的孩子变得目空一切、以自我为中心，甚至认为老师、父母都不如自己，不把他们放在眼里。这样的孩子踏入社会，就会发现自己并非天才，在工作和人际关系方面都可能面临重重困难。

点亮人生

而"当头棒喝"式的教育方式，正是克服"骄、娇"二气的良药。当发现对孩子多次劝导仍然没有效果时，父母可以做一番严厉的批评、斥责甚至惩罚，也许能使他们从迷途中猛然惊出一身冷汗，从而接受教育。

古代，有一个叫黄檗的禅师，身边有许多弟子。他接纳新弟子时，有一套规矩，即不问情由地给对方当头一棒，或者大喝一声，而后提出问题，要对方不假思索地回答。而且每提出一个问题时，都要当头棒喝。

黄檗禅师的目的，是考验对方的虔诚和领悟程度，告诫对方一定要自己悉心去苦读深究，弄清佛法的奥妙。

黄檗禅师的这种古怪的传教方法，后来便被佛门采用流传。

有的时候，孩子的行为危害到他们自身或别人的安全，父母就不能不"当头棒喝"，及时制止，甚至不惜使用惩罚手段。例如，当看到自己的孩子做出违法的事情时，父母就有必要突然对其进行呵斥，以及严厉的批评。

因为强刺激效应并非都是正向、积极的，也有其负面、消极的方面，问题在于怎样使用，以便对症下药，恰到好处。当然，教育孩子时，负面刺激要注意适度，应当合情合理、公平、准确，要避免主观、武断和随意。

在对孩子采取"当头棒喝"的教育方式时，要注意以下几点：

1. 发挥刺激效应的可信性。父母在对孩子批评、警策时，需要实事求是，不能夸大其词。否则，孩子可能产生逆反心理，失去应有的效用。

2. 父母在运用"当头棒喝"的教育方式时，只能是偶尔为之。试想，如果父母经常嗓音大、脖子粗、脾气暴，孩子也就对此感到麻木，不当一回事。父母的"当头棒喝"就起不到相应的教育效果了。

3. 把握"棒喝"的"度"。由于每个孩子对刺激的反应不一样，能承受的刺激程度也不一样。因此，父母在对孩子进行"棒喝"时，一定要从孩子实际出发，把握分寸，避免对孩子造成伤害。

第十六篇

生活是一种艺术

第一章　生活简单就是享受

> **圣人去甚，去大，去奢。**
>
> ——老子

智慧悟语

　　"圣人去甚，去大，去奢。"是老子在《道德经》中一句话，意思是说圣人要去掉极端的、过分的、奢侈的东西。从生活方式上来说，这是要求人们节俭，尽量克制自己的物质欲望；从生活态度上来说，这是要求人们将心灵化繁为简，寻求简单中的欢乐。

　　其实简单是一种生活的艺术与哲学。简单生活是简单主义者的生活选择，无论是田园隐居，还是返璞归真，抑或自愿选择一贫如洗。值得提醒的是："自愿"简单只是途径而不是目的。首先是外部生活环境的简单化。当你不需要为外在的生活花费更多的时间和精力的时候，也就为内在的生活提供了更大的空间与平静。之后是内在生活的调整和简单化，这时的你可以更加深层地认识自我的本质。现代医学已经证明，人的身体和精神是紧密联系在一起的，当身体被调整到最佳状态时，精神才有可能进入轻松状态；而当人的身体和精神进入佳境时，人的灵魂，也就是人的生命力才更加旺盛。

　　如果你对生活有太多的要求，就会为生活所累。人生的最大悲剧就是被生活赶着走。

点亮人生 ·····················

有一个老人，非常喜欢留大胡子，花白的胡子足有一尺长。

有一天，老人在门口散步，邻居家5岁的小孩问他："老爷爷，你这么长的胡子，晚上睡觉的时候，是把它放在被子里面呢，还是放在被子外面？"

老人竟一时答不上来。

晚上睡觉的时候，老人突然想起小孩问他的话。他先把胡子放在被子外面，感觉很不舒服；他又把胡子拿到被子里面，仍然觉得很难受。

就这样，老人一会儿把胡子拿出来，一会儿又把胡子放进去，整整一个晚上，他始终想不出来，过去睡觉的时候，胡子是怎么放的。

第二天天刚亮，老人敲邻居家的门。

正好是小孩来开门，老人生气地说："都怪你这小孩，害我一晚上没有睡成觉！"

胡子放在被子里还是被子外？原本很自然的事，考虑多了便成了烦恼。这不就是把简单的问题搞复杂的典型例子吗？

简单的生活是快乐的源头，为我们省去了许多烦恼，也为我们身心的解放开拓了更大的空间。但是，简单生活并不是要你放弃追求、放弃劳作，而是说要抓住生活、工作中的本质及重心，以四两拨千斤的方式去掉世俗浮华的琐事。卡尔逊说："简单生活不是自甘贫贱。你可以开一部昂贵的车子，但仍然可以使生活简化。一个基本的概念在于你想要改进你的生活品质而已。关键是诚实地面对自己，想想生命中对自己真正重要的是什么。"

泰勒是纽约郊区的一位神父。

那天，郊区的医院里一位病人生命垂危，他被请过去主持临终前的忏悔。

他到医院后听到了这样一段话："我喜欢唱歌，音乐是我的生命，我的愿望是唱遍美国。作为一名黑人，我实现了这个愿望，我没有什么要忏悔的。现在我只想说，感谢您，您让我愉快地度过了一生，并让我用歌声养活了我的六个孩子。现在我的生命就要结束了，但我死而无憾。仁慈的神父，现在我只想请您转告我的孩子，让他们做自己喜欢做的事吧，他们的父亲会为他们骄傲。"一个流浪歌手，临终时能说出这样的话，让泰勒神父感到非常吃惊，因为这名黑人歌手的所有家当，就是一把吉他。他的工作是每到一处，把头上的帽子放在地上，开始唱歌。40年来，他用苍凉的西部歌曲，感染了他的听众，换取了他应得的报酬。他虽然不是一个腰缠万贯的富豪，可他从不缺少快乐。他过着简单的生活，有着一颗容易满足的心。

泰勒神父在之后的一次演讲中提到了这件事，他总结道："原来最有意义的活法很简单，就是做自己喜欢做的事，并从中发掘到一颗容易满足的心灵。"

"只有简单着，才能从容着、快乐着。"不奢求华屋美厦，不垂涎山珍海味，不追求时髦，不扮贵人相，过一种简单自然的生活，一种外在的财富也许不如人，但内心享受充实富有的生活。这是自然生活，有劳有逸，有工作的乐趣，也有与家人共享天伦的温馨、自由活动的闲暇。

现在的许多人们，抱着心灵环保的心态，倡导过一种"简单的生活"。他们试着离开汽车、电子产品、时尚圈子，看能不能活得快乐。这被称为"草根运动"。他们强调简化自己的生活，并非完全抛弃物欲，而是要把人分散于身外浮华物上的注意力移出适当比例，放在人身上、精神上、心灵情感上，过一种平衡、和谐、从容的生活。

简单生活不是吝啬、不是"苦行僧"，简单生活也未必要归隐田园，简单生活是返璞归真的简单选择。要快乐，就要简单生活！

在如今这个物欲的社会，生活无非两大主题：简单与完美。也就是说，在物质和心灵上，我们一定会越来越趋向完美，而在生活上、休闲上，则必然会趋向于简单，越来越简朴和朴素。

如果懂得忙里偷闲的巧妙，那也是一种情趣。

——星云大师

智慧悟语

生活看似是烦琐的，其实很简单，因为人们不肯主动去发问，去寻求帮助，去体会合作与和谐之美，就使整个生命变得复杂。

把人生纯粹化，并不是要求人们都像吟游诗人那样，居无定所，在外流离。而是把世态人情想得简单一点，把做人做事想得直接一点。就是因为我们的复杂和隐讳，常常令人与人之间出现矛盾与不解，结果许多事情因此变得麻烦，许多争端因此不能变得拆解。

点亮人生

禅就是生活。吃了粥去洗钵盂，很平常也很自然的事，无不蕴藏无限的禅机。其实，幸福也是如此之简单，有人这样说过，"简单不一定最美，但最美的一定简单"。最美的幸福生活也应当是简单的生活。

唐朝龙潭崇信禅师，跟随天皇道悟禅师出家，数年之中，打柴炊爨，挑水做羹，不曾得到道悟禅师一句半语的法要。一天，便向师父说："师父！弟子自从跟您出家以来，已经多年了。可是一次也不曾得到您的开示，请师父慈悲，传授弟子修道的法要吧！"

道悟禅师听后立刻回答道："你刚才讲的话，好冤枉师父啊！你想想看，自从你跟随我出家以来，我未尝一日不传授你修道的心要。"

"弟子愚笨，不知您传授给我什么？"崇信讶异地问。

然而师傅并没有理会他的诧异，只是淡淡地问："吃过早粥了吗？"

崇信说："吃过了。"

师父又问："钵盂洗干净了吗？"

崇信说："洗干净了。"

师父于是说："去扫地吧。"

崇信疑惑地问："难道除了洗碗扫地，师父就没有别的禅法教给我了吗？"

师父厉声说："我不知道除了洗碗扫地之外，还有什么禅法！"

崇信禅师听了，当下顿然开悟。

还有这么一位行吟诗人，他一生都住在旅馆里。他不断地从一个地方旅行到另一个地方。他的一生都是在路上、在各种交通工具和旅馆中度过的。当然，这并不是因为他没有能力为自己买一座房子，这是他选择的生存方式。后来，鉴于他为文化艺术所作的贡献，也鉴于他已年老体衰，政府决定免费为他提供住宅，但他还是拒绝了，理由是他不愿意为房子之类的麻烦事情耗费精力。就这样，这位特立独行的行吟诗人，在旅馆和路途中度过了自己的一生。他死后，朋友为他整理遗物时发现，他一生的物质财富就是一个简单的行囊，行囊里是供写作用的纸笔和简单的衣物；而在精神财富方面，他给世界留下了10卷优美的诗歌和随笔作品。

这位诗人的生活简单却富有意义。他的人生没有太多不必要的干扰，没有太多欲望的压迫，是一种简单而又纯粹的人生。一个会化繁就简的人，做起任何事情就会心无旁骛，都会令身边的人清楚明晰，他既不浪费自己的时间，也不浪费别人的时间。他将生活规划的有条不紊，生活也会给他以回报。

应该笑着面对生活，不管一切如何。

——伏契克

📖 **智慧悟语**

为什么会有悲伤和快乐两种不同的心情呢？因为人们大多由于外物的好坏和自己的得失而或喜或悲。月亮、太阳、风、山河，它们永远如此，古人看到的那个天、那个云，也就是我们现在看到的天和云。未来人看到的也是。风月虽是一样，但是情怀有深浅。有些人因为风景而高兴，有些人因为风景而难过，都是自己心中所造。

杜甫有诗云："感时花溅泪，恨别鸟惊心。"有时候人很容易触景生情。很多远离家乡、身处异地的人，每逢阴雨连绵、狂风怒吼时，看着昏暗的天空中太阳隐藏了光辉，山岳隐没了形迹，满眼望去，天地间一片萧条的景象，便会感慨万千，十分悲伤。

而在春风和煦，阳光明媚时，入眼一片碧绿，广阔无际。花朵绽放、香气很浓，夜晚推窗望月，皎洁的月光一泻千里，这时便会心胸开阔，精神愉快，烦恼尽去，快乐到了极点。

有些人总喜欢说"人生不如意者，十有八九"，其实人生哪有那么多的不尽如人意啊？一切都是因为自己的"心"觉得不如意。如何摆脱内心的烦恼忧愁，感受生活的快乐呢？问题的关键在于我们能否拥有正确的心态。

点亮人生

有人问智者说："同样一颗心，为什么心量有大小的分别呢？"

智者并未直接回答，他对那人说："请你将眼睛闭起来，默造一座城垣。"

于是，那人闭目冥思，心中构想了一座城垣。

他说："城垣造完了。"

智者说："请你再闭眼默造一根毫毛。"

那人又照样在心中造了一根毫毛。

他说："毫毛造完了。"

智者问："当你造城垣时，是否只用你一个人的心去造？还是借用别人的心共同去造呢？"

那人回答道："只用我一个人的心去造。"

智者问道："当你造毫毛时，是否用你全部的心去造？还是只用了一部分的心去造呢？"

那人回答道："用全部的心去造。"

接着，智者就开释说："你造一座大的城垣，只用一个心；造一根小的毫毛，还是用一个心，可见你的心能大能小啊！"

其实人的心何止能大能小，痛苦和快乐也源于人心的不同。

张中行先生在《快乐》一文中说："快不快乐，完全是由自己的想法决定。"其实，生活中不可避免地发生一些让人伤心或烦恼的事，但是作为生活主角的我们，应该学会适应自己所处的环境，不死钻牛角尖，乐观地面对生活。从心理学的角度来看，这是一种"心理自我调整"，一个善于调整自己心理的人，一定是一个健康的人、一个快乐的人。

巴辛每天总是乐呵呵的，当有人问他近况如何时，他总会回答："我快乐无比。"

如果哪位同事心情不好，他就会告诉对方怎么去看事物好的一面。他说："每天早上，我一醒来就对自己说：'巴辛，你今天有两种选择，你可以选择心情愉快，也可以选择心情不好。'我选择心情愉快。每次有坏事情发生，我可以选择成为一个受害者，也可以选择从中学些东西，我选择后者。人生就是选择，你要学会选择如何去面对各种处境。归根结底，你要自己选择如何面对人生。"

有一天，银行遭遇了三个持枪歹徒的抢劫。歹徒朝巴辛开了一枪。幸运的是，经过18个小时的抢救和几个星期的精心治疗，巴辛出院了，只是仍有小部分弹片留在他体内。

6个月后，一位朋友见到了他。朋友问他近况如何，他说："我快乐无比，想不想看看我的伤疤？"朋友看了伤疤，然后问当时他想了些什么。巴辛答道："当我躺在地上时，我对自己说有两个选择：一是死，一是活。我选择了活。医护人员都很好，他们告诉我，我会好的。但当他们把我推进急诊室后，我从他们的眼神中读到了'他是个死人'。我知道我需要采取一些行动。""你采取了什么行动？"朋友问。巴辛说："有个护士大声问我对什么东西过敏，我马上答'有的'。这时，所有的医生、护士都停下来等我说下去。我深深吸了一口气，然后大声吼道：'子弹！'在一片笑声中，我又说道：'请把我当活人来医，而不是死人。'"

我们无法改变环境和现实的时候，可以改变自己的心情。无论正在面临什么状况，只要你愿意选择积极乐观的心情，你就可以拥有快乐。

人是精神力量极其强大的动物，心可以决定生活的悲哀喜乐。一个拥有健康心态的人，不会因为外物的坏或自己的失而轻易沉浸在痛苦之中。想幸福快乐吗？那么，像巴辛一样每天微笑吧！

> **慢不等于就是低效，而是人间万事的平衡之道。**
> ——星云大师

智慧悟语

我们只顾匆匆赶路，却忘记了生活的真正意义。生活不是高速路上的擦肩而过，而是静心面对彼此时的贴心与交心。当世界静下来的时候，放慢脚步，聆听生活轻巧的足音。

古往今来，在时间的利用上人类表现得异常谦逊，并经常陷入深深的自责：永远检讨自己的不够努力，以致光阴虚度。整整 12 个月、365 个日日夜夜，都干了些什么？总觉得应该做更多的事，走更长的路，赚到更多的钱，但可惜都没有做到。

是谁让时间严重缩水，让我们觉得生命苦短、脚步匆匆呢？谁是岁月神偷，将流年偷转呢？其实，年月日、时分秒和以往一样长短，并无什么人能偷藏劫掠。只不过我们坐上现代化的"过山车"，便身不由己地高速冲撞，前俯后仰，过瘾地放肆尖叫。是的，现代人无法抵御速度的诱惑。

过去几日甚至数月才能了结的工作，现在只需轻敲键盘，用手机拨个电话，开车跑一趟即可完成。但脚步迅捷，心情并不轻松。我们只顾匆匆赶路，却忘记了生活的真正意义。在高速度中失去了享受的权利。

点亮人生

一个商人在卖一种止渴丸。

"您好。"小王子上前说。

"您好，"商人说，"一个星期吃一颗止渴丸，那么你一个星期内就不用喝水了。"

"为什么你要卖这种药？"小王子问。

"它可以帮助人们节省很多时间，"商人说，"专家已经计算过了，一个星期吃一颗药丸，他们可以省出 53 分钟来。"

"那么 53 分钟用来做些什么呢？"

"随便他们做什么……"

"如果我有 53 分钟的空闲，"小王子说，"我就会悠闲地逛到清冽的泉边。"

在这则寓言中，小王子单纯而宝贵的心，在现代社会，已经是千金难求了。我们拼命地提速自己的生活与工作，却忽略了加快速度终究会达到极限，即便我们省出口渴的时间，我们堆积如山的工作也永远处理不完。所以，在这个飞速运转的社会，重要的不是我们如何快速运转，而是协调好工作的时间限度和生命的时间节奏，也就是在"慢"与"快"之间实现平衡。

有一只狐狸想溜进一个葡萄园里大吃一顿，但是栅栏的空隙太小，它钻不进去。在狠狠地节食了三天后，它总算能钻进去了。但是当它大吃一顿以后，却又出不来了，只好在里面又饿了三天，才出得来。这只狐狸感慨地说："忙来忙去，到头来还是一场空。"

在繁忙的生活中，我们忘了停下脚步来考虑这个根本的问题，我们中的很多人都在忙着用生命去赚钱，却很少有人去规划一个值得拥有的生命。如果你也是这样，也许就会像故事中的狐狸一样——忙来忙去，到头来还是一场空。

当你一个人静下来的时候，你有没有问过自己："每天忙来忙去，我到底在忙什么？我真正追求的是什么？"研究发现，约有93％的人不清楚自己的价值观是什么，他们不知道自己忙来忙去究竟要到哪里去，如同水面上的浮萍一样，糊里糊涂地过了一生。他们的生活可以用三个字来概括——"忙、盲、茫"。

星云大师曾经感慨：在香港这样的现代化大都市里，每天上下班高峰时间，地铁里人来人往，来往的速度都非常之快。走慢一点，都会被挤出人流之外。大家的脚步都像上了发条一样，分秒必争地向前奔。小孩子要学英语、学奥数、学才艺……为的是不被社会所淘汰。而年轻人也急于考各种执照，生怕一不小心就被社会所淘汰。

曾经有这样一幅画，画面上是繁忙的街道，高速的车流，每个人脸上都露出忙碌的表情。在这一繁忙景象中，有一个人弯着腰，样子很失望。他在街道上逆行。这个孤独的人下面有一行字："寻找昨天。"许多人都像这个弯腰的人一样把精力耗费了，老是想着过去犯过的错误和失去的机会，唏嘘不已，又或者有的人总是空想未来。其实，这两种心境才是对时间的浪费。忙忙碌碌的一生，却忘了真正去活，这是人生最大的悲哀。

应该笑着面对生活，不管一切如何。

——伏契克

智慧悟语

你怎样对待生活，生活就会呈现给你一种怎样的姿态。爱生活，爱它的挫折和苦难，爱别人不经意的打搅，爱一切，一切才会爱你。生活就像一面镜子，你对它笑，笑容就会反馈；对它哭，泪水也会成为唯一的主题。当然，生活并不容易，并不是每时每刻都能获得一个欢愉的心境。要想淡然、雅致、无忧，就要学会在平凡中感知美的真谛，学会在行走中顿悟人生。走的意义，全在于不停地感知和丰盈。在行走中顿悟，包含了一个求真求我的大世界。

点亮人生

一辆公交车行驶在路上，车到中途抛锚了，乘客们只好纷纷下来步行。他们有的怨声载道，有的骂声不断，唯有一位鹤发童颜的老人心平气和，气度优游，好一番明媚的心情！别的乘客低着头匆匆地赶往目的地，哪怕是青年人也毫无生气和活力。而老人倒是相反，信步而行，态度悠闲，意趣盎然，偶尔抬头看看蓝天白云，竟有一番仙风道骨。老人的"另类"行为感染了匆匆的人群。为什么其他人行色匆匆，老人却气定神闲？

生活中，我们习惯了冒着尾气的汽车、预先设置好轨道的火车、抑或是飞机、抑或是轮船，最差也是自行车，而没有做好迎接意外的准备。我们习惯于车马，却在失去依赖之时陷入了迷惘，不知道怎样结束现在的迷惘，找到来时的路。因为我们维持着习惯，就像戴着沉重的枷锁，时间长了，竟不觉得它是重的，反而还很惬意。

其实，生命的节奏就像河流的奔涌，有急有缓，既有"星垂平野阔，月涌大江流"的舒缓从容，又有"乱石穿空，惊涛拍岸，卷起千堆雪"的激烈紧迫。一张一弛，生活之道。哪能一味地急迫，一味地悠忽？一味地急迫，生命就显得狭窄了；一味地悠忽，生命就显得虚无。只有急缓相当，张弛有度，方为人生大境界。

当我们低头匆匆而行的时候，我们不但在心底种下了怨懑的种子，还忽略了沿途风光秀美的景色。春花的蓬勃灿烂、夏雨的专注猛烈、秋月的寂寥淡远、冬雪的晶莹无瑕、小溪的吟唱、蟋蟀的弹奏、鸟的歌唱……一切都与我们擦肩而过，失之交臂。那么，我们生活的目的还有什么？

当我们静下心来，放慢脚步，竟会发现周围的景色原来这么美。这就是我们天天经过，天天略过的路途吗？几年如一日，怎么竟未发现过？我们的心里涌起莫大的悲哀，于是开始细细地欣赏，美美地体味。这体会包含了生活中所有美的东西，也包含了小小的意外和惊扰，一切都是生活的馈赠。

我们要在行走中感知，放慢脚步，幸福和快乐就藏在那些纷纷扰扰的细节中。就像林语堂先生一样爱生活，像他那样亲切地谈论生活的色彩和滋味，喜爱干草的气息，怜爱的把手放在一匹马抽搐的侧腹上，一切的美好都会在这些动作中体现出来。

一个人要想真的享受人生，人生是够他享受的。

——林语堂

智慧悟语

在《生活的艺术》中，林语堂先生说，这个世界太严肃，因为严肃，所以必须有一种智慧和欢乐的哲学作为调剂，它的具体表现就是享受我们的人生和生活。但是很多人却并不能真正懂得其中的道理。很多人之所以没有从人生中得到足够的乐趣，是因为他还不深爱人生，把生活过得太枯燥、太刻板，生活回馈给你的，当然也只能是同样的内容。

其实，生活中除了工作、学习、求名，还有许许多多美好的事情值得我们去享受：可口的饭菜、温馨的家庭生活、蓝天白云、花红草绿、飞溅的瀑布、浩瀚的大海、雪山与草原，包括遥远的星系、久远的化石，还有诗歌、音乐、友情、谈天、读书……甚至工作和学习本身也可以成为享受。如果我们不是太急功近利，不是单单为着一己的利益，我们的辛苦劳作也会变成一种乐趣。

林语堂先生曾经在《懂得享受》一文中言道："为什么人类的寿命有长有短？为什么有些人未老先衰，有些人老而弥健？衰老的真正原因是什么……除了疾病的克服和保健的改善，长寿的要诀还有一个重要原因，那便是要懂得人生，唯有懂得人生，才能享受人生，才能活得更久。"由此可见，懂得人生和享受人生是多么的重要。

点亮人生

据说恺撒与亚历山大就是在战事最繁忙的时候，仍然充分享受自然的正当的生活乐趣。他们认为，享受生活乐趣是自己正常的活动，而战事才是非常的活动。文艺复兴时期，法国著名思想家蒙田也支持恺撒与亚历山大这种面对人生的态度。他说："我们的责任是调整我们的生活习惯，而不是去编书；是使我们的举止井然有序，而不是去打仗、去扩张领地。我们最豪迈、最光荣的事业乃是生活得惬意，一切其他事情——执政、致富、建造产业，充其量也只不过是这一事业的点缀和从属品。"

享受生活是一种超然的生活境界，是在领略了生活真意后的洒脱和自然。所以林语堂先生鼓励我们到生活中去，活出诗意和真正的人生。他说，人们应该能够体验出人生的韵律之美，应该能够像欣赏交响乐那样，欣赏人生的主旨，欣赏它急缓的旋律，以及最后的决定。很多时候，读林语堂先生的文章，就像步入一片世外桃源，其中之美，只可意会，无以言表。此谓真人生，此谓领悟生活真谛后的舒怡和洒脱。

此外，享受生活，是要努力丰富生活的内容，努力去提升生活的质量。愉快地工作，也愉快地休闲。散步、登山、滑雪、垂钓，或是坐在草地或海滩上晒太阳。享受这一切，就可使烦忧消散，灵性回归，亲情融洽，过上一种修养灵魂的生活。

著名科学家爱因斯坦在努力攀登科学高峰的同时，也没忘记拉小提琴，他用这种方法舒缓心境，让美妙的音乐驱散烦恼。越是伟大以及具有非凡智慧的人，越是能聆听到生活中至真至纯的美妙声音。日常生活中的人，如果想要和这些智者一样，享受生活的乐趣和人生之美，就不能整天埋头于烦躁的工作和交际，而要多发现生活的点滴和细节。能够爱美、懂美，能够去发现生活中一切值得享受的事情，这样的人生才更加快乐和具有无可比拟的意义。

第二章　淡定的生活不寂寞

太上，下知有之，其次，亲而誉之；其次，畏之，其次，侮之。

——老子

智慧悟语

众人眼中的所谓"笨人"，其实是真正的智慧者，是早已领悟到"道"的人。南怀瑾先生说，真正的哲学家，都出在乡野地方，虽然一辈子没读过书，但却是一个大哲学家、大思想家。其实，智慧越是在低处、在不容易被人发觉的地方，越靠近真理。

历史不是一个平面，而是一条河，有其浮面，有其底层。浮面易见，底层不易见。政治与社会，犹如两条轨道，上面的政治人物都从下面的社会起来，因此，从某种程度上说，底层比浮面更重要。同样，历史人物，也可分为一部分是上层的，一部分是下层的。跑到政治上层去的人物，是有表现的人物，如刘邦、项羽都是。还有一批沉沦在下层，他们是无表现的人物，但他们在当时甚至后世，一样举重若轻，只不过有些人为后世所知，有些人被埋入了历史之中。

道，其实无所不在，无所不包，与高低贵贱无关。

之所以提及高低贵贱的人为划分，是因为许多人自命不凡，总是鄙夷乡野之地朴实无华的人们，其实他们才是真正的智者。

点亮人生

一个老人在高速行驶的火车上，不小心把刚买的新鞋从窗口掉了一只，周围的人倍感惋惜，不料老人立即把第二只鞋也从窗口扔了下去，这举动更让人大吃一惊。老人解释说："这一只鞋无论多么昂贵，对我而言已经没有用了，如果有谁能捡到一双鞋子，说不定他还能穿呢！"

智慧其实无所不在，越是平凡无奇的小事，越有深刻的意义。

有个渴望得到智慧点拨的人曾经遍游世界，寻找最聪明的人，听说世界上最聪明的人住在一座高山上的山洞里，于是他收拾行装，穿过群山和沙漠，来到传说中的这座山脚下。他骑着马走上窄窄的山间小道，来到了一个山洞前，他将马停在山洞外，上前问道："你是因智慧而扬名天下的最聪明的人吧？"他问坐在山洞里的老人。老人站起来，走到光亮的露天处，看着这位旅行者的脸说："不，我不是。""啊，那我究竟到哪里才能找到智慧？"老人盯着旅行者焦急的眼睛看了一会儿回答道："你现在最大的问题是在哪儿能找到你的马。"说完他转身回到山洞中去。

我们有时就像那个寻找智慧的人，一心寻觅着自己想要的东西，其实那些东西近在咫尺，只不过我们不能领悟。古语说，真人不露相。做个乡野之地的生活哲学家，在生活中体味人生的智慧，才是最贴近生命的。

中庸之为德也，其至矣乎！民鲜久矣！

——孔子

智慧悟语

"中庸"即中和的作用，孔子是说两方面有不同的意见，应该使它能够中和，各保留其对的一面，舍弃其不对的一面，才是"中庸之为德也，其至矣乎"。孔子同时感叹说："民鲜久矣。"南怀瑾亦慨叹一般的人，很少能够善于运用中和之道，大家走的多半都是偏锋。

在很多学者看来，中国人生活的最高境界应属中庸的生活。林语堂先生在《谁最会享受人生》中，深刻地剖析了中国人的生活模式，提出要摆脱过于烦恼的生活和重大的责任，实行一种中庸式的、无忧无虑的生活哲学。林语堂先生说，我相信主张无忧无虑和心地坦白的人生哲学，一定要叫我们摆脱过于烦恼的生活和太重的责任。一个彻底的道家主义者理应隐居到山中，去竭力模仿樵夫和渔父的生活，无忧无虑，简单朴实如樵夫一般去做青山之王，如渔父一般去做绿水之王。不过要叫我们完全逃避人类社会的那种哲学，终究是拙劣的。此外还有一种比这自然主义更伟大的哲学，就是人性主义的哲学。所以，中国最崇高的理想，就是一个不必逃避人类社会和人生，而本性仍能保持原有快乐的人。

在与人类生活问题有关的古今哲学中，至今还未发现有一种比中庸学说更深奥的真理。这种学说，就是指一种介于两个极端之间的那一种有条不紊的生活。这种中庸精神，在运动与静止之间找到了一种完全的均衡。所以理想人物，应属一半有名，一半无名；在懒惰中用功，在用功中偷懒；穷不至于穷到付不出房租，富也不至于富到完全不工作，或是可以称心如意地资助朋友；钢琴也会弹，可是不十分高明，只可弹给知己的朋友听听，而最大的用处还是给自己消遣；古玩也收藏一点，可是只够摆满屋里的柜子；书也读读，可是不能用功；学识颇广博，可是不成为任何专家……总而言之，这种生活当为中国人所发现最健全的理想生活。

中庸是一种自然的生活方式，不是消极避世，也不是畏首畏尾，而是将心态调适到平和之处。天地寂然不动，富贵名利成空，既然已经明了生命的本质，人生又何必剑走偏锋？

世上许多人钻营忙碌了一辈子，究竟为谁辛苦为谁忙？到头来自己都无所适从。依照老子的观点，若想生活得充实而从容，只需记住两个字——徐生。徐，有缓慢的意思，只有明明白白、充满意义的"动之徐生"，才能心平气和、生生不息。南怀瑾先生强调，"动之徐生"是做人做事的法则，道家要人做一切事都不暴不躁，不乱不浊，一切悠然"徐生"，态度从容，怡然自得。

人生是不可避免的"劳生"，但"劳生"更要"徐生"。如今的社会，每个人都奔波劳碌，疲于奔命，早已忘却了"从从容容才是真"的人生真谛。青山不改，细水长流，"动之徐生"，"从容"便是。生命的原则若是合乎"动之徐生"的原则，便能够营魄合一，持盈保泰。

✒ 点亮人生

清代学者李密庵有一首《半半歌》就是这种中庸的生活哲学的最佳写照。这首诗气韵贯通，文笔流畅，颂田园，写人伦，叙情趣，论时弊，读来令人耳目一新，更重要的是，它把中国人自古以来那种中庸生活的理想很美妙地表达了出来。

更重要的是，它把那种中庸生活的理想很美妙地表达了出来。也许我们的生活中很难发现纯正的中庸思想，但是生活中的哲理大多相似，即使小小的生活片段，也能给人以深刻的领悟，说明深刻的道理。

《庄子·秋水》中写道："儵鱼出游从容，是鱼之乐也。"这是古人对"从容"最早理解之一，从中可以看出，从容是自然界生物本来就存在的状态。我们又何时领悟到"从容"，在"从容"中我们又得到了什么呢？没有人能告诉我们答案。我们是凡人，没有超自然的智慧与心态，但我们可以涤除心中世俗的杂念，用内心的镇静去沉着地面对人生，在浮躁烦嚣的生活中，体悟幸福与快乐的真谛。

老僧的一位老友来拜访他，吃饭时，桌上只有一道咸菜。老友不忍地问他："这样不会太咸吗？"老僧回答道："咸有咸的味道。"吃完饭后，老僧倒了一杯白开水喝，老友又问："白水过于平淡了吧？没有茶叶吗？怎么喝这么平淡的开水？"老僧笑着说："白水虽淡，可是淡也有淡的味道。"

漫漫人生路，需要品尝各种滋味，咸菜的咸与白水的淡就像人生中遇到的不同情境与事件，超越了咸与淡的分别，才能真正品味到咸的恰到好处与淡的至纯至真。

"徐生"是要人慢慢地生存，慢慢地欣赏沿途的风景，不要风风火火，不要急急忙忙。

徐缓是一位成功人士，当他的同学还在为饭碗苦苦挣扎时，他拥有了属于自己的一片天地。这一切似乎并没有像有些人那样牺牲健康和情趣孜孜以求，而是在从容淡定中将一切尽收囊中。有人欲探得其中奥妙，徐缓说，其实挺简单，换来这份从容的，也就是半小时。

他刚参加工作时，和许多人一样，总觉得手头的事情做不完，业余爱好也丢了，人疲乏得要命，到头来还没落得个好结果。后来有一天，父亲对他说："你能不能试一试，每天早出门半个小时？"他看了父亲一眼，对父亲的话并未十分理解，但他还是决定试一试了。

从第二天起，他开始比正常时间早半个小时出门。当他走到公共汽车站时，发现等车的人不多，上到车上，又发现有许多空位，比平时惬意多了。而且，由于还没到上班高峰期，路上的交通也没出现堵塞，很快就到了他的目的地。坐在车上时，他就把一天的工作理了个头绪。进到办公室后，同事们还没来，他在空旷的办公室里伸展了一下手脚，而后开始听一段音乐。当同事们匆匆忙忙地打卡、手忙脚乱地开抽屉时，他的面前已放好了需整理的材料，并泡好了一杯热茶，接下来的工作是有条不紊的。这里讲的或许是时间管理，半小时的短暂时间换来一世从容。

其实这是一种原理，兵荒马乱中永远都是一团乱麻，从容之中才能气定神闲，决胜于千里之外。

许多人一世"劳生"，从来不知"徐生"的从容，其实是陷入了人生的误区之中，无法自拔。禅中说，人生有三重境界：看山是山，看水是水；看山不是山，看水不是水；看山还是山，看水还是水。

看山是山，看水是水，是说一个人在涉世之初纯洁无瑕，目光所及之处一切都新鲜有趣，眼睛看见什么就是什么。

看山不是山，看水不是水，是因为随着年龄渐长，阅历渐丰，日渐发现世事的繁杂，不愿再轻易相信什么，山不再是单纯的山，水也不再是单纯的水。如果一个人长期停留在人生的第二重境界中，便会这山望着那山高，斤斤计较，与人攀比，欲望的沟壑越来越深，就在此境界中到达了人生的终点。这也就是为什么许多人在俗世中迷失了自己，在疲于奔命的路上终结了自己的一生。

看山还是山，看水还是水，第三重境界并非人人都能达到，这是一种拨云见日的豁然开朗，是本性与自然的回归，心无旁骛，只做自己该做的，面对芜杂世俗之事，一笑而过，笑看世间风云变幻，只求从从容容、平平淡淡，因此，看到的又是山水的本来面貌。真正的做人与处世之道便在其中：人本是人，不必刻意去做人；世本是世，无须精心去处世。

任何时候都不要兵荒马乱，你欠缺的只是一种从容的淡定与看透生命的勇气。

万丈红尘三杯酒，千秋大业一壶茶。我们要的一种自然的、从容的、洒脱的生活态度。从容，可以把一切苦与悲看成顺其自然的常态，真正拥有一份独具宁静的心灵和真正享受恬淡舒适的人生。我们不仅自己要从容，整个社会也需要从容，我们的社会才会真正的和谐。

心素如简，人淡如菊。

——司空图

智慧悟语

这个世界有太多的诱惑，因此有太多的欲望。一个人需要以清醒的心智和从容的步履走过岁月，他的精神中必定不能缺少淡泊。虽然我们渴望成功，渴望生命能在有生之年画过优美的轨迹，但我们真正需要的是一种平淡的快乐生活，一份实实在在的成功。这种成功，不必努力苛求轰轰烈烈，不一定要有那种揭天地之奥秘，救万民于水火的豪情，只是一份平平淡淡的追求，足矣！

很多时候，我们的内心都为外物所遮蔽、掩饰，浮躁的心情占领了我们整颗心，因此在人生中留下许多遗憾：在学业上，由于我们还不会倾听内心的声音，所以盲目地选择了别人为我们选定的他们认为的最有潜力与前景的专业；在事业上，我们故意不去关注内心的声音，在一哄而起的热潮中，我们也去选择那些最为众人看好的热门职业；在爱情上，我们常因外界的作用扭曲了内心的声音，因经济、地位等非爱情因素而错误地选择了爱情对象……

我们都是现代人，现代人惯于为自己做各种周密而细致的盘算，权衡可能有的各种收益与损失。但是同时我们也要注意给自己的生活留有一份空隙，保持内心的宁静，用淡泊梳理人生，我们就会发现，原来世界并没有我们想象中那么拥挤，生活也没有我们想象中那么痛苦难耐。

生活，并不是只有功和利。尽管我们知道我们大家必须去奔波赚钱才可以生存，尽管我们知道生活中有许多无奈和烦恼。然而，只要我们拥有一份淡泊之心，量力而行，坦然自若地去追求属于自己的真实，能做到宠亦泰然，辱亦淡然，有也自然，无也自在，如淡月清风一样来去不觉。生活，不是要轻松得多吗？

有了这份平淡的处世心态，你就会在简简单单的生活中快乐地生活。当你忙里偷闲与爱人、孩子一同去逛公园、去看电影、去搞野炊时，你会懂得，生活其实有很多内容。我们大可不必为了一个出国名额而彻夜不眠，大可不必为一次职位的晋升而寝食难安。在平日忙碌而充实的生活中，你忙你便有所收获；你岗位平凡但你乐在其中；你斗室而居，但衣食自足；你普通，普普通通如一棵草；你平凡，平平凡凡如一朵花，但你同样可以骄傲，默默绽放的花朵也会芳香宜人！

点亮人生

也许，你没有辉煌的业绩可以炫耀，没有大把的钞票可以挥霍，但你拥有淡泊，这便是人生求之难得的幸福了。淡泊是一种真我。追求淡泊者，开心一生，追求名利者，只能在生命终结的一刹那体会到稍纵即逝的一丝快乐。

俞翠薇的第一份工作是一家报社，上班十多天后老板说："我还是给你买张机票回去吧。"她非常天真地问他："能不能给我一个杂事干干？"她当时的职业规划是能够每一天都坐在有空调的办公室里面，和有知识、有文化的同事一起共事，她把那当成是一种荣幸而快乐的事情。然而，她的第一份梦想在十几天后就不幸地被总裁打破。老板告诉她："我们这里没有杂务！"

在经历了压抑和痛苦后，俞翠薇认识到：每个人的职业生涯都不可能是一帆风顺的。每个人都有梦想，都会遭遇失败。要坦然面对失败，同时要有梦想，也要超越梦想。

于是，在她获得了第二份工作后，就格外珍惜。她每天给老板擦烟灰缸，每10分钟就看一眼他的烟灰缸里有没有烟灰；看他的杯中水是不是还热，需不需要加水；看他有没有工作要交给她。凌晨2点以后，还要回答读者来信，直到凌晨4点才结束。但第二天一早还是正点上班。当然，仅仅早起晚睡还是不够的，还要有更多的挑战要去面对。

一个人开始走上工作岗位时，适应是一个过程，自身价值的发挥也是一个过程。如果你不能相信自己，不能肯定自己，那也不会有任何人肯定你、信任你、赋予你责任。

看淡荣誉其实是职业素质的核心。无论发生任何状况，无论你多么优秀，也许你是执行总裁、CEO、董事长，或者是全球前10大跨国公司的总裁，我们都要拥有一种面对荣誉的坦然。

学会淡泊，拥有淡泊吧。朋友，学会和拥有了它，你就能在当今社会愈演愈烈的物欲和令人眼花缭乱、目迷神惑的世相百态面前神宁气静，你就会抛开一切名缰利锁的束缚，在人生的大道上迈出自信与豪迈的步伐，让心灵回归到本真状态，从而获得心灵的充实、丰富、自由和纯净！

生命不能承受之重，我们每个人都会抱怨工作中的压力，但是如果你把承受压力当成一种被动状态，你会很痛苦，没有丝毫的快乐；如果把压力当成一种自在、自然的状态，以淡泊的心态对待，你就会觉得是一种享受，生活才能紊而不乱，缓而有序，我们才能不骄不躁，创造和经营属于自己的一片天空。

生活就是一场长途旅行。你不必计较要往何处去，甚至别去想你从何处来，你只管随心在路上前行就好了。怀着一个淡然的心态，不停地回望，或一心只向目的地奔去，往往会让你太过匆忙，太过盲目，让你无心欣赏路途的美丽风景。许多旅行家都有这样的感受，就是慢慢品味沿途的风景，只要你用心去观察和感受，每一处都有与众不同的美。不用想着留影，风景在眼里，快乐在心中。抱着一颗自在、从容的心，在人生的旅途上安静地行走。

简单不一定最美，但最美的一定简单。

——普兰特

智慧悟语

一个人活在别人的标准和眼光之中是一种痛苦，更是一种悲哀。人生短暂，真正属于自己的快乐本就不多，如果自己不能完完全全、真真实实地生活，而总生活在别人的参照系中就更难享受到人生的乐趣了。

最美的生活也应当是简单的生活。因为大多数的生活，以及许多所谓的舒适生活，不仅不是必不可少的，而且是人类进步的障碍和历史的悲哀。

人的一生短暂到让我们来不及感慨，仿佛一刹那就走到了生命的尽头。惊鸿一瞥、昙花一现，正如伟大的印度诗人泰戈尔的诗句一样：生如夏花般绚烂，死如秋叶般静美。人生看似几十个春秋，其实不过是一声叹息之间就让我们的生命画上休止符。它就是这样一个从绚烂归于平淡的过程。年少的时候喜欢出名，因为少年都钟爱艳丽与繁华，喜欢一切新鲜刺激的事物，没有什么色彩能代表他们的意志和主张。但是随着年岁的增长、阅历的丰富，我们渐渐地喜欢浓郁敦厚的色彩，那就像我们温和持重的性格一样。老了才明白一切都不过是空，甚至自己的生命也会时常感觉到脆弱。这时少了年轻人的血气方刚，褪去了中年人的惆怅和幽怨，留下的是一颗通透的心灵。

一个老人到了岁月的尽头也会像少年一样，是一张什么也没有的白纸，所以世人常说老小孩。但是我们需要明白的是此时的"白纸"绝不是少年时的空白，而是过尽千帆后的恬淡与豁达。这些就是我们许多人一生的时光掠影。

点亮人生

世间事物的百态可以形成千种景象，扰乱的不只是你的眼睛，更是你的心。然而繁华过后总是空，洗尽铅华方为真。南怀瑾在《论语别裁》中借助论语中的两个场景来说明此句箴言。

"子夏问曰：'巧笑倩兮，美目盼兮，素以为绚兮。'何谓也？子曰：'绘事后素。'"子夏问孔子，诗经中这三句话到底说些什么，当然子夏并不是不懂，他的意思是这三句话形容得过分了，所以问孔子这是什么意思。孔子告诉他"绘事后素"，绘画完成以后才显出素色的可贵。

"子谓卫公子荆，善居室。始有，曰：苟合矣。少有，曰：苟完矣。富有，曰：苟美矣。"孔子在卫国看到一个世家公子荆，此人对于生活的态度，以及思想观念和修养，孔子都十分推崇。以修缮房屋这件事为例，刚刚开始可住时，他便说，将就可以住了，不必要求过高吧！后来又扩修一点，他就说，已经相当完备了，比以前好多了，不必再奢求了！后来又继续扩修，他又说，够了！够了！太好了。

南怀瑾解释，以现在人生哲学的观念来说，就是一个人由绚烂归于平淡。就艺术的观点来说，好比一幅画，整个画面填得满满的，多半没有艺术的价值；又如布置一间房子，一定要留适当的空间，也就是这个道理。一个人不要过分迷于绚烂，平平淡淡才是真人生。来时双手空空，所以要双拳紧握；而等到人死去时，双手往往摊开，不带走财富和名声……明白了这个道理，人就会对许多东西看淡。幸福的生活完全取决于自己内心的简约，而不在于你拥有多少外在的财富。

一个人的一生，由最绚烂而归于平淡，由极高明而归于平凡，这才是成就，这样的成就才是养生之主，即是儒家、道家讲的"极高明而道中庸"。的确，对于人生来说，由高明而归于平凡，是最难做到的，因为人们往往迷失在表面的繁华与成就中，迷失了自我，忘记了过程中的谨慎与艰辛。

第三章　纯真最易失去，最难找回

儿童乃成人之父。

——华兹华斯

智慧悟语

许多人看见孩子无忧无虑地欢笑、嬉戏，常发出一些感慨：还是做孩子开心。

其实，我们都当过快乐的孩童，只是长大后，疏远或丢失了一些孩子身上的金子：纯真、无邪、热情、想象力、容易满足、简单快乐……

在孩子们的眼中，友爱、助人是极自然的，他们没有私心、功利心。

春光明媚，公园里，许多小孩正在快乐地游戏，其中一个小女孩不知绊到了什么东西，突然摔倒了，并开始哭泣。这时，旁边一位小男孩立即跑过来，别人都以为这个小男孩会伸手把摔倒的小女孩拉起来或安慰鼓励她站起来。但出乎意料的是，这个小男孩竟在哭泣的小女孩身边故意摔了一跤，同时一边看着小女孩一边笑个不停。泪流满面的小女孩看到这幅情景，也觉得十分可笑，于是破涕为笑，俩人滚在一起乐不可支。

孩子们敢爱敢恨，敢哭敢笑，不记仇，不做作。留一点童心，我们可以少一些斤斤计较，少一些忧愁烦恼，多一些热情友善，多一些豁达乐观。

点亮人生

在孩子们眼中，幸福很简单。

暑假到了，大城市里的富翁带着儿子去农村体验生活，他想让从小衣食无忧的儿子知道什么是穷人的生活。

他们在一个最穷的人家里待了两天。

回来后，富翁问儿子："旅行怎么样？""好极了！""这回你知道穷人是怎么过日子的了？""是的！""有何感想？"儿子兴致勃勃地说："真是棒极了，他们一家人真富有啊！咱家只有一只猫，我发现他们家里却有三只猫，咱家仅有一个小游泳池，可他们竟有一个大水库。我们的花园里只有几盏灯，可他们有满天的星星。还有，我们的院子只有前院那么一点草地，可他们的院子周围全是大片大片的草地，还有好多好多的牛羊鸡鸭，瓜果蔬菜！"

儿子说完，富翁哑口无言。

接着儿子又说道："感谢父亲让我明白了我们有多么贫穷！"

这就是快乐的孩子，他能处处发现美，发现快乐。

有位老师曾让一群少年、少女把自认为"最幸福的是什么"一一写下来。他们的回答令人觉得感动。这是少年们的回答：

"有一只雁子在飞，把头探入水中，而水是清澈的；因船身前行，而分拨开来的水流；跑得飞快的列车；吊起重物的工程起重机；小狗的眼睛……"

以下则是少女们的回答：

"倒映在河上的街灯；从树叶间隙能够看得到红色的屋顶；烟囱中冉冉升起的烟；红色的天鹅绒；从云间透出光亮的月牙……"

人常说年龄有两种，一是生理年龄；二是心理年龄。有的人生理年龄可能是二十几岁，但心理年龄却四五十岁了；有的人七八十岁了，但心理年龄却还是那么青春。时光飞逝，但我们不能让自己的心灵变老！

心灵纯洁的人，生活充满甜蜜和喜悦。

——列夫·托尔斯泰

智慧悟语

在这个世界上，拥有一颗赤子之心，便可以少一分烦躁和浮华，多一分单纯与快乐。拥有年轻的心，就会积极、蓬勃和奋发进取，就会永葆前进的力量和成功的决心。所以，让你的心态年轻一些吧，先为心"减负"，前行的路上才没有负担。能保持年轻人特有的幸福感与要旨是相当宝贵。而要做到这一点，就不能失去纯真。强大的凝聚力与美好心灵如影随形，一个人只要具有一颗质朴而美丽的心灵，那么他必然具有强大的人格魅力，这种影响力会像影子一样，一生追随着他。

世界上有两种人，一种人像水一样，随着地势的起伏改变着自己的形态，另一种人则像水晶，内心晶莹透彻，但却锐利坚硬。第一种人只能让自己随着世界变化，而第二种人则会让世界因自己而改变。

点亮人生

林语堂先生喜欢笑，从他各式各样的照片中，经常会看到他标志性的笑容。那笑容淡定、从容、自然，好像浑然天成，没有任何修饰。笑容背后，是一颗朴实无华，崇尚自由的心。它不功利，不圆滑，就像一个孩子，一个赤子之心。

林语堂先生平时非常喜欢孩子，那种与孩子在一起的感觉让他痴迷：单纯、快乐，没有任何负担和算计。孩子就像天堂，而他就是天堂里最无忧无虑的欢乐者。在孩子面前，一切禁忌似乎都可以破除。林语堂先生写作的时候有个习惯：要安静，绝不允许任何人打扰。但有一次，自己的小孙女无意间闯了进来，先生非但没有生气，反而愉快地将小孙女抱了起来亲了又亲。他似乎爱所有的孩子，只要是孩子，就能得到他的欢心。

林语堂先生有一次到重庆，看一次演出的时候，被舞台上一个可爱的小女孩吸引住了目光，看完表演，先生喜欢得不行，就决定收养她。他还在法国的孤儿院收养了几名中国孤儿，每年都定时给他们抚养费。

一个爱孩子的人是善良的，他的心也应该是纯洁和美好的。生活中的我们也应该多与孩子接触。这不但可以使我们寻找到更多的快乐，更重要的是，可以使我们获得一颗年轻的心。我们无法回归童年，但至少可以在心态上年轻许多。其实，无论你现在家藏万贯还是一无所有，你都要永远保持一颗年轻的心。

有位老师曾问她的学生："你幸福吗？""是的，我很幸福。"学生回答。"经常都是幸福的吗？"老师再问道。"对，我经常都是幸福的。""是什么使你感觉幸福呢？"老师继续问道。"是什么我并不知道。但是，我真的很幸福。""一定是有什么事物才使得你幸福的吧？"老师继续追问着。"是啊！我告诉你吧！我的玩伴们使我幸福，我喜欢他们。学校使我幸福，我喜欢上学，喜欢我的老师。我爱姐姐和弟弟。我也爱爸爸和妈妈，因为爸妈在我生病时关心我。爸妈是爱我的，而且对我很亲切。"

老师认为在她的回答中，一切都已齐备了——和她玩耍的朋友（这是她的伙伴）、学校（这是她读书的地方）、姐弟和父母（这是她以爱为中心的家庭生活圈）。这是具有极单纯形态的幸福，而人们最高的生活幸福亦莫不与这些因素息息相关。

虽然这些答案中并没有充分表现出完整性，但无疑却存有某些美的精华。想要成为幸福的人，重要的秘诀便是：拥有清澈的心灵，可以在平凡中寻找到浪漫，保有赤子之心以及纯真的精神。

十九年而刀刃若新发于硎。

——庄子

智慧悟语

庄子的这句话告诫我们：人做事，要永远保持刚刚开始时的那个心情。譬如，年轻人刚出学校，是满怀希望，满怀抱负，但是入世久了，挫折受多了，艰难困苦经历了，心便被染污了，变坏了。本来很爽直的，变得不敢说话了；本来很坦白的，变得很虚伪了；本来有抱负的，变得窝囊了。因而我们自己要有独立的造诣，独立的修养。

如果我们有独立的修养，那么在任何复杂的世界，任何复杂的时代，任何复杂的环境里，都可以"出淤泥而不染"，永远保持最初纯洁天然的心理状况。这才是最高的修养，我们把它叫作"赤子般的初心"。赤子之心，指具有婴儿一般纯洁无瑕的内心。

点亮人生

著名作家沈从文是少数保有"赤子般的初心"的人，他带着一身的泥土气息，以乡下人的身份闯入自私、冷漠、虚伪的都市，但他并不受周围环境的影响，始终保持着心灵的纯洁质朴。正如他人生中那堂让人难忘的一课。

1928年，时年26岁的沈从文被当时任中国公学校长的胡适聘为该校讲师。在此之前，沈从文以行云流水的文笔描写真实的情感，赢得了一大批读者，在文坛享有很高的声誉。但他给大学生讲课是头一回。为了讲好第一堂课，他认真地准备，精心地编制了讲义。尽管如此，第一天走上讲台，看见台下黑压压地坐满了学生，他心里仍不免发虚。整整待了10分钟，竟一句话也说不出。后来开始讲课了，由于心情紧张，他只顾低着头念讲稿，事先设计在中间插讲的内容全都忘得一干二净。结果，原本准备的一堂课，十分钟就讲完了。接下来的几十分钟怎么打发？他心慌意乱，冷汗顺着脊背直淌。这样的尴尬场面，他以前可从来没有经历过。后来，沈从文没有天南地北地瞎扯硬撑"面子"，而是老老实实地拿起粉笔在黑板上写道："今天是我第一次上课，人很多，我害怕了！"于是，这老实可爱的话，引起全堂一阵善意的笑声……

胡适深知沈从文的学识、潜力和为人，在听说这次讲课的经过后，不仅没有批评他，反而不失幽默地说："沈从文的第一次上课成功了！"后来，一位当时听过这堂课的学生在文章中写道："沈先生的坦率赤诚令人钦佩，这是我有生以来听过的最有意义的一堂课。"

此后，沈从文曾先后在西南联大师范学院和北大任教。正因为不是"科班"出身，他不墨守成规，而代之以别开生面、言传身教的文学教育，获得了成功。而他那"成功"的第一课，在学生之中不断流传，成为他率直人生的真实写照。

由此我们可以看出，用一颗"赤子般的初心"去面对世界，不做作，不逃避，能老实真诚地袒露自己的真实想法，必然会得到别人的谅解。正如南怀瑾先生所说："人之所以苍老是由于受一切外界环境和自己情绪变化的影响，而保持着自己的初心，保持一颗质朴的童心，可以让生命永远保持健康，让生命永远保持青春。"童心是这个世界的原始本色，没有一点功利色彩。就像花儿的绽放，树枝的摇曳，风儿的低鸣，蟋蟀的轻唱，它们任凭内心的召唤，是本性使然，没有特别的理由。

生活在世俗纷扰的世界里，尔虞我诈让我们多了一些虚伪，钩心斗角让我们多了一些狡诈，世态炎凉让我们多了一些冷漠……走过的岁月愈多，累积的足印愈深，愈想抓住回眸的无邪。于是，我们从心底渴望回归，回归生活的原始本色。那么，去拥抱最真实的赤子情怀，保持心灵的纯净与天然，在质朴中处世，在质朴中做人，时刻保留一份孩子般的天真和无邪吧！

小尼姑去见师父："师父！我看破红尘，遁入空门已经多年，每天在这青山白云之间，茹素礼佛，暮鼓晨钟，经读得愈多，心中的个念不但不减，反而增加，怎么办？"

"点一盏灯，使它非但能照亮你，而且不会留下你的身影，就可以通悟了！"

数十年过去……

有一处尼姑庵远近驰名，大家都称之为万灯庵，因为其中点满了灯，成千上万的灯，使人走入其间，仿佛步入一片灯海，灿烂辉煌。

万灯庵的主持，就是当年的小尼姑，虽然如今年事已高，并拥有上百的徒弟，但是她仍然不快乐，因为尽管她做一桩功德，都点一盏灯，却无论把灯放在脚边、悬在顶上，乃至以一片灯海将自己团团围住，还是总会见到自己的影子，甚至可以说，灯愈亮，影子愈显；灯愈多，影子也愈多。她困惑了，却已经没有师父可以问，因为师父早已圆寂，自己也将不久人世。

她圆寂了，据说就在死前终于通悟。

她没有在万灯之间找到一生寻求的东西，却在黑暗的禅房里悟道，她发觉身外的成就再高，灯再亮，却只能造成身后的影子。唯有一个方法，能使自己皎然澄澈，心无挂碍。

她点了一盏心灯！

圣者认为："无欲之谓圣，寡欲之谓贤，多欲之谓凡，得欲之谓狂。"圣人之所以为圣人，就在于他心灵的纯净和一尘不染；凡人之所以是凡人，就在于他心中的杂念太多，而他自己还蒙昧不知。所以，圣人了悟生死，看透名利，继而清除心中的杂质，纯净的心灵就得以重新显现。

第十七篇

心灵的安顿

第一章　心灵为何所奴役

> **欲望越小，人生越幸福。**
>
> ——托尔斯泰

智慧悟语

　　呱呱坠地的婴儿，生下来都是两手紧握，仿佛想要抓住些什么；垂死的老人，临终前都是两手摊开，撒手而去。命运是何等得弄人？当他双手空空来到人世的时候，偏让他紧攥着手，当他双手满满离开人世的时候，又偏让他撒开了手。

　　物欲太盛造成灵魂变态，精神上永无宁静，永无快乐。要想拥有幸福的生活，就要学会控制你的欲望，也要懂得放弃。放弃是一种让步，让步不是退步。让一步，然后养精蓄锐，为的是更好地向前冲。

　　放弃是量力而行，明知得不到的东西，何必苦苦相求，明知做不到的事，何必硬撑着去做呢？须知该是你的便是你的，不是你的，任你苦苦挣扎也得不到。有时你以为得到了，可能失去的会更多；有时你以为失去了不少，却有可能获得了许多。"身外物，不奢恋"，这是思悟后的清醒。谁能做到这一点，谁就会活得轻松，过得自在。

　　放下散乱的心，提起专注的心；放下专注的心，提起统一的心；放下统一的心，提起自在心。唯有这样，才能放松身心，提起正念，彻底放下，从头做起。

✎ **点亮人生**

《蜗牛的奖杯》这篇文章讲的是蜗牛原先会飞行，在一次飞行比赛中荣获冠军，得到一个奖杯，便成天背在身上。日子久了，奖杯成了外壳，翅膀也退化了，它只能慢慢爬行。做人也是一样，不能永远背着荣誉的外壳，要学会淡忘曾经的荣誉，这样才能走得更远、飞得更高。

信陵君杀死晋鄙，拯救邯郸，击破秦兵，保住了赵国，赵孝成王准备亲自到郊外迎接他。唐雎对信陵君说："我听人说：'事情有不可以让人知道的，有不可以不知道的；有不可以忘记的，有不可以不忘记的。'"

信陵君说："你说的是什么意思呢？"唐雎回答说："别人厌恨我，不可不知道；我厌恨人家，又不可以让人知道。别人对我有恩德，不可以忘记；我对人家有恩德，不可以不忘记。如今您杀了晋鄙，救了邯郸，破了秦兵，保住了赵国，这对赵王是很大的恩德啊。现在赵王亲自到郊外迎接您，我们仓促拜见赵王，我希望您能忘记救赵的事情。"信陵君说："我谨遵你的教诲。"

唐雎叫信陵君谦虚谨慎、淡忘功劳，这是高明的处世哲学。其实不仅仅是做人，在市场经济的大潮中，同样需要淡忘曾经的功劳。

淡忘功名利禄，那将使你不再高高在上，不再有高处不胜寒的悲凉；淡忘曾经的痛楚，那将助你找到真正属于自己的幸福；淡忘曾经的仇恨，那将帮助你开辟另一条通往成功的大道；淡忘曾经的成功，那将有助于你登上新的高峰。

同样，在人生旅途中，我们可能会遇到坎坷和不幸，如竞争的失败、家道的中落、不测的病痛和突发的灾难……如果一切都是不可避免的，那我们不妨挥一挥衣袖，学着淡忘，淡忘所有应该淡忘的一切。

> **不为轩冕肆志，不为穷约趋俗，其乐彼与此同，故无忧而已矣。**
>
> ——庄子

📖 **智慧悟语**

不追求官爵的人，不因为高官厚禄而喜不自禁，不因为前途无望穷困贫乏而随波逐流，趋势媚俗，荣辱面前一样达观，所以他也就无所谓忧愁。

当一个人能做到这一点时，他就能对客观的、外在的出身、家世、钱财、生死、容貌都看得很淡泊，就能够达到精神的超脱、洒脱的境界，正所谓"去留无意，任天空云卷云舒；宠辱不惊，看窗外花开花落"。

名利是世上最难摆脱的诱惑之一，它让人产生幻觉、欲望、争斗，内心难以平静。人人都想将名利据为己有，却常常被名利俘获。这世上享受盛名高位又能保持本性的，少之又少，这就是林语堂先生的名利观。他认为，只有那些伟大的人，才能抵挡它们的诱惑。当权势、财富、名望等人造的幻象向那些人袭来的时候，他们只用宽容的微笑去接受，他们并不相信这些名利有什么特殊，拥有了它，自己又会有怎样的不同。正是有了这种思想和态度，他们才被林语堂先生称为伟大的人物和精神上的圣人。先生说他们的生活是简朴的，精神却是饱满和充实的。不为名利而惑的人是智者，只有这样的人，才豁达、自由，少去忧伤和烦恼。

点亮人生

有句话说："荣辱立然后睹所病。"意思是说，人们心中有了荣誉的念头之后，就可以看到种种忧心的事情。过分关心个人的荣辱得失，就只能忧虑烦恼，难以摆脱。《徐无鬼》篇中也有言曰："钱财不积则贪者忧；权势不尤则夸者悲；势物之徒乐变。"大意是说，追求钱财的人因钱财物积累不多而忧愁，贪心者永不满足；追求地位的人常因职位还不高而暗自悲伤；迷恋权势的人，特别喜欢社会动荡，以便从中扩大自己的权势。

从前，卫国有一群演戏的艺人，因为遇上年岁饥荒，便到他乡卖艺求生。他们在路上经过一座山，据说这座山里有许多恶鬼，还有吃人的罗刹。夜里山中风大天冷，大家燃起火，在火旁边睡了。半夜里，有一个人实在感觉寒冷，就起来穿上演戏用的罗刹服，对着火坐着。同伴中一个人从睡梦中醒来，突然看见火旁边坐一个罗刹，顾不上仔细看清楚，爬起来就跑。这一下惊动了所有的伙伴，大伙一起亡命奔逃起来。那位穿着罗刹服的人一惊，也跟着大家狂奔，前面逃跑的人以为罗刹要来害人，更加恐惧惊慌。大伙不顾一切拼命逃生，有的跳进河里沟里，有的摔伤胳膊跌伤腿，疲惫至极。到了天亮，大伙才看清楚后面追的原来是同伴。有时候，扰乱我们心神的，往往并不是现实中的东西，而是藏于心中的"罗刹"——名心。

天边的白云什么时候才能逍遥自在呢？当它像那轻柔的春风一样，内心充满闲适，本性处于安静的状态，没有任何的非分追求和物质欲望，放下了时间的一切，它就能逍遥自在了。白云如此，人亦然。能够放下世间的一切假象，不为虚妄所动，不为功名利禄所诱惑，一个人才能体会到自己的真正本性，看清本来的自己。当品格自然高洁、不染尘泥的时候，便是智慧清明的时候，放下的是对外物无止境的追求，得到的是无限拥有的可能。只有清空心灵，才能最大限度地获得生命的自由与独立；只有清空心灵，才能收获未来的光荣与辉煌；只有清空心灵，才能超出欲望的需求而追求品德的完善。清空心灵的时候，就是一个人做到无欲的时候，就是放弃了心中的杂念的时候。

有多少人为了虚名浮利终其一生，世上能做到舍弃闲名的人又有几个呢？在你面对各种诱惑之时，又如何能够超越？一个人的一生太短暂了，而要去做的实事又那么多，何必机关算尽为虚名而累呢？

胜利者不一定是跑得最快的人，而是最能耐久的人。

——富兰克林

📚 智慧悟语

"罗马不是一天建成的。"有时候我们想一蹴而就，恨不得一下子把事情做好、做完。这种心理其实就是浮躁心理。浮躁使人急于求成，患得患失、焦躁不安、心神不宁。浮躁使人们产生了各种心理疾病，成功、幸福和快乐也被浮躁所羁绊。

弘一法师在一次演讲中谈到如何改正以往的缺点和不良习惯时，曾说到了他的经验、体会。他认为人在下决心对以往不好的方面加以改正的时候，往往易于浮躁，将缺点一条条地列了出来，并且恨不得一下子全部都改正。其实，这样往往达不到实际的效果，还不如慢慢来，一次改掉一个缺点，然后不断地检查并且再慢慢地增加改掉的缺点数。这样，效果反而会更好些。

✒️ 点亮人生

《孟子·公孙丑上》里有则寓言，说的是宋国有个种田人，为了让自己田里的禾苗长得快一些，就下到田里把禾苗一棵一棵地往上拔。拔完回到家，他对家人说："今天累坏了，我帮助田里的禾苗长高了。"他的儿子听到后，忙跑到田里去看，只见田里的禾苗全都枯萎了。今天用来比喻强求速成反而坏事的成语"揠苗助长"，就源于这个故事。

植物生长必须依赖一系列条件，例如，要有适宜的温度，要有适量的水肥，还要有足够的生长时间等。那个浮躁的宋国人急于求成，违反了植物的生长规律，费了半天力气，却把事情办砸了。

生活中往往也存在着一些人，如上述寓言中那个拔苗助长的人一样，一味地追求效率和速度，做起事来既无准备，也无计划，只凭一时的心血来潮就动手去做。他们恨不能一日千里、一蹴而就，但往往事倍功半，其结果只能与成功背道而驰。

古时候有个兄弟俩，很有孝心，每日上山砍柴卖钱为母亲治病。神仙为了帮助他们，便教他们两个人，可用四月的小麦、八月的高粱、九月的稻、十月的豆、腊月的雪，放在千年泥做成的大缸内密封49天，待鸡叫三遍后取出，汁水可卖钱。兄弟俩各按神仙教的办法做了一缸。待到第49天鸡叫两遍时，老大耐不住性子打开了缸，一看里面是又臭又黑的水，便生气地泼在地上。老二坚持到鸡鸣叫三遍后才揭开缸盖，里边是又香又醇的酒。

这个故事说明了一个深刻的道理：成功的关键在于戒除急躁，才能够真正静下心来做好某件事。你越是急躁，就会在错误的思路中越陷越深，也就离成功越来越远。

浮躁就是心浮气躁，是成功、幸福和快乐最大的敌人，还是各种心理疾病的根源。它的表现形式呈现多样性，已渗透到我们的日常生活和工作中。可以这样说，我们的一生是同浮躁斗争的一生。

当今社会由于人们的压力太大，急于求成、烦琐忙碌，自己的想法不能得到满足、解决时，便生了浮躁之心。正因为这失衡的浮躁之心的作祟，使我们无法让事情达到一个良好的效果。

那么，如何去除浮躁心理呢？唯"静心"二字也！如果我们能安下心来认真做一件事情，不急于求成，不半途而废，就没有做不好的事。静下心来，拭去心灵深处的浮躁，才能找到成功和快乐。浮躁时，在心中洒点水，以浇灭某些欲望，你便会感觉到快乐和成功的敲门声。

空手把锄头，步行骑水牛，人从桥上过，桥流水不流。

——傅大士

📖 智慧悟语

世界上最有价值的东西是什么？黄金，珠宝，美玉，还是其他什么东西呢？其实，这些东西都很值钱，但是这样就能够说它们很有价值吗？显然不是。南怀瑾先生说："世界上最值钱的东西也最不值钱，最值钱的东西没有价钱，智慧是绝对无价；但是智慧也一毛钱都不值，这就是佛常说的众生颠倒。"

南怀瑾先生开玩笑说，人本来就颠倒了。你看！上帝造人就造颠倒了。两只眼睛都长在前面，后面什么都看不见，所以走路会被车子撞倒。假如眼睛一只长在前面，一只长在后面，就不会有那么多车祸了；眉毛长在手指头上的话，早晨起来当牙刷用，多方便。鼻子倒过来，吃完饭，把筷子往鼻子一插。下雨打伞也方便，往鼻子上一插，不用手撑着；嘴巴假如长在头顶上，吃饭往头上一倒，免得浪费时间。口袋里的钞票脏得要命，又不能当饭吃，却要数了又数，然后还要放在保险箱里。人不吃它就会死的米和麦子，却摆在那里没有人理，你说众生颠倒不颠倒？黄金、钻石能做什么用？却珍惜得不得了，贵得要命，结果，还惹来杀身之祸，颠倒不颠倒？说什么打是情，骂是爱，颠倒！

🖋 点亮人生

三个愁容满面的信徒请教无德禅师，如何才能使自己活得快乐。

无德禅师："你们活着是为了什么？"

信徒甲："我不愿意死，所以我活着。"

信徒乙："我盼望老年时儿孙满堂，会比今天好，所以我活着。"

信徒丙："我的一家老小靠我养活，我不能死，所以我活着。"

无德禅师："你们当然都不会快乐。你们活着，只是由于恐惧死亡，由于等待年老，由于不得已的责任，却不是由于理想、责任。人没有理想和责任，怎么可能快乐呢？"

三位信徒齐声道："禅师，具体地说，我们到底要怎么生活才能快乐？"

无德禅师："你们认为有什么才会快乐呢？"

信徒甲："我认为，有金钱就会快乐。"

信徒乙："我认为，有爱情就会快乐。"

信徒丙："我认为，有名誉就会快乐。"

无德禅师听后，不以为然地告诫信徒："你们这样永远不会快乐。当你们有了金钱、爱情、名誉以后，烦恼忧虑仍然会跟在你们后面。"

三位信徒无可奈何，齐声问道："那怎么办呢？"

无德禅师："改变你们的观念。金钱要布施才快乐，爱情要奉献才快乐，名誉要用来服务大众，你们才会快乐。"

故事中的三个信徒不快乐，在于他们的追求，他们追求的东西无非名、利、欲，又怎么能够活得快乐呢？这恰恰是众生智慧颠倒的根源。如何才不颠倒呢？明代苍雪大师有首诗："南台静坐一炉香，终日凝然万虑亡，不是息心除妄想，只缘无事可思量。"只有去除各种各样的妄想，摆脱名、利、欲等的束缚，才能消除心中的忧虑，能不颠倒。

卢梭说："10岁时被点心、20岁被恋人、30岁被快乐、40岁被野心、50岁被贪婪所俘虏。人，到什么时候才能只追求睿智呢？"纷纷扰扰的世界，总有无尽的诱惑，如果一味地追求名利，沉迷于花花世界之中，心中所求太多，只能使自己疲惫不堪，寝食难安。

这又何苦？生不满百，再好的东西都是生不带来，死不带去，何不灭却心灵各种欲望之火，让心灵在无物无我之中，看透世间诸多颠倒呢？身在红尘中，心在红尘外。畅游青山绿水，沐浴徐徐清风，人生何等惬意！

> ## 云飘水流，心外无物。
>
> ——王阳明

智慧悟语

古有"画地为牢"，以示惩戒，然而，今人每每画地为牢，捆锁的不是别人，往往就是自己。人们总是喜欢将自己的内心囚禁，为金钱、为权势、为爱情，不断将欲求的枷锁捆绑着自己，在不知不觉间，将自己快乐的权利尽数消磨。而只有放下才能快乐和自在，但这又谈何容易。世上的人有了功名，就对功名放不下；有了金钱，就对金钱放不下；有了爱情，就对爱情放不下；有了事业，就对事业放不下。名缰利锁缠绕着我们的身心，使我们陷入世俗红尘的泥淖中不能自拔。

名利、欲望、奢求就如同"罗刹"一般，始终诱引着人去想它。为了钱，我们东西南北团团转；为了权，我们上下左右转团团；明知道它是可怕的，却又忍不住去注意它。当你惹它注意时，才发现它有多么可怕，但你已经无法摆脱它了。

点亮人生

监狱有有形和无形之别，有人虽在监狱外，心却住于无形牢狱——心牢，有人虽犯了错，只要心存悔过，依然能坦然自在。

有个后生要去智者家，在路上他遇到了一件有趣的事，他想以此去考考智者。来到智者的家后，后生与智者一边品茶，一边闲谈，冷不防他问了一句："什么是团团转？"

"皆因绳未断。"智者随口答道。

后生听到智者这样回答，顿时目瞪口呆。智者见状，问："什么使你这样惊讶啊？"

"不，老先生，我惊讶的是，你怎么知道的呢？"

后生说："我今天在来的路上，看到一头牛被绳子穿了鼻子，拴在树上，这头牛想离开这棵树，到草地上去吃草，谁知它转过来转过去都不得脱身。我以为先生没看见，肯定答不出来，哪知先生一下就答对了。"

智者微笑着说："你问的是事，我答的是理，你问的是牛被绳缚而不得解脱，我答的是心被俗务纠缠而不得超脱，一理通百事啊！"

想想我们自己，其实也是被一根无形的绳子牵着，像老牛一样围着树干团团转，总解脱不了。我们的处境又比老牛好到哪儿去呢？

名利是绳，欲望是牢，我们团团转，转来转去绕除了人生三千烦恼，如何才能自在呢？恐怕唯有斩断才能自在。

对活在忙碌紧张、名利缠绕的现代社会的我们而言，在肩上的重担，在心上的压力，使人活得非常艰难。把人生的道理想得越复杂，生活反而会越复杂，心牢便一重又一重的不能开解。人们不如踏踏实实做事，规规矩矩做人，得功名利禄便得，不得也无所谓，必要的时候放下，这才是最现实且可行的办法。

放下，简单地说，是一种生活态度。放下，是人生拼搏的另一种境界，它不是消极承受，也绝非放弃人生应有的追求。只有放下，才能卸下捆绑于心的精神枷锁，从而轻装上阵。对活在忙碌紧张、名利缠绕的当代社会的我们而言，在肩上的重担，在心上的压力，使我们生活过得艰苦难耐。必要的时候选择"放下"，不失为一条跨越悬崖，朝清朗的幸福天宇飞翔的途径！

心灵有时应该得到消遣，这样才能更好地回到思想与其本身。

——费德鲁斯

智慧悟语

心灵必须经过清扫、净化，把过多的欲望、虚荣心、对人的成见以及偏见等统统清空，让心有一定的空间，人们才能够很好地活着当下，过着自由快乐的生活。

很多时候，一个人没有获得成功，在境况不算差的时候，依然不能走向成功的道路。原因往往是他们陷入了自己所编织的"心理牢笼"中而不能自拔。

现实生活中，有不少人喜欢用自己不懂的事情塞满自己的脑袋，把一些不相干的事与自己联系在一起，造成了心理障碍。殊不知，不懂的事，就是不理解，不理解的东西是自己无法占有的。如果盲目地相信某些毫无根据的感觉，使自己失去理智的判断能力，最后被囚禁的就是自己。

人的心理牢笼千奇百怪、五花八门，但它们都有一个共同的特点，那就是这些所谓的"心理牢笼"都是人自己营造的。别人对自己不好，就充满仇恨、诅咒；自己做错了一点事情，就老是责备自己的过失；有些人总是唠叨自己的坎坷往事和不平待遇，有些人念念不忘生活和疾病所带来的疾苦……

时间一长，个人就会不知不觉地把自己囚禁在"心狱"之中，就像前面说的那种可怜的人那样，因为自己的折磨而痛苦不堪。

凡对心灵空间的占据，往往是出于逼迫。如果说穷人和悲惨的人是受了贫穷和苦难的逼迫，那么，忙人则是受了名利和责任的逼迫。名利也是一种贫穷，欲壑难填的痛苦同样具有匮乏的特征，而名利场上的角逐同样充满生存斗争式的焦虑。至于说到责任，可分为三种情形，一是出自内心的需要，另当别论；二是为了名利而承担的，可以归结为名利；三是既非内心自觉，又非贪图名利，完全是职务或客观情势所强加的，那就与苦难相差无几了。所以，一个忙人很可能是一个心灵上的穷人和悲惨的人。

点亮人生

泰戈尔写过一段话，意思是说：一个富翁并不表现在他的堆满货物的仓库和一本万利的经营上，而是表现在他能够买下广大空间来布置庭院和花园，能够给自己留下大量时间来休闲。同样，心灵拥有广阔的空间也是很重要的，如此才会有思想的自由。接着，泰戈尔举例说，穷人和悲惨的人的心灵空间完全被日常生活的忧虑和身体的痛苦占据了，所以不可能有思想的自由。我想补充指出的是，除此之外，还有另一类例证，就是忙人。

如果你渴望成功，在任何时候，都不要被自己所编织的"心理牢笼"困住。

一位公司职员，有一天觉得自己好像生病了，就去图书馆借了本医学手册，看该怎样治自己的病。他一口气读完了该读的内容，然后又继续读下去。当他读完介绍"霍乱"的内容时，方才明白，自己患霍乱已经几个月了。他被吓住了，呆呆地坐了好几分钟。

后来，很想知道自己还患有什么病，就依次读完了整本医学手册。这下可明白了，除了没有患膝盖积水症外，自己身上什么病都有！

他非常紧张，在屋子里来回踱步。他认为："医学院的学生们，用不着去医院实习了，我这个人就是一个各种病例都齐备的医院，他们只要对我进行诊断治疗，然后就可以得到毕业证书了。"

他迫不及待地想弄清楚自己到底还能活多久！于是，就搞了一次自我诊断：先动手找脉搏，起初连脉搏也没有了！后来才突然发现，一分钟跳140次！接着，又去找自己的心脏，但无论如何也找不到。他感到万分恐惧，最后他认为，心脏总会在它应在的地方，只不过自己没找到罢了……

他往图书馆走时，觉得自己是个幸福的人，而当他走出图书馆时，却被自己营造的"心理牢笼"所监禁，完全变成了一个全身都有病的"老头儿"。

他决心去找自己的医生，一进他家门，他就说："亲爱的朋友！我不给你讲我有哪些病，只说一下没有什么病，我的命不会长了！我只是没有害膝盖积水症。"

医生给他做了诊断，坐在桌边，在纸上写了些字就递给了他。他顾不上看处方，就塞进口袋，立刻去取药。赶到药店，他匆匆把处方递给药剂师，药剂师看了一眼，就退给他说："这是药店，不是食品店，也不是饭店。"

他很惊奇地望了药剂师一眼，拿回处方一看，原来上面写的是：煎牛排一份，啤酒一瓶，六小时一次。十英里路程，每天早上一次。

他照这样做了，一直健康地活到现在。

这位职员幸亏治疗及时，否则一定会被自己营造的"心理牢笼"所囚禁，最后非得得病不可。一个渴望有所成就的人，必须走出自己的"心狱"。

一个人真正喜欢一种事业，他的身心完全被这种事业占据了，能不能说他也没有了心灵的自由呢？这首先要看在从事这种事业的时候，他是否真正感觉到了创造的快乐。譬如说写作，写作诚然是一种艰苦的劳动，但必定伴随着创造的快乐。如果没有，就有理由怀疑它是否蜕变成了一种强迫性的事务，乃至一种功利性的劳作。当一个人以写作为职业的时候，这样的蜕变是很容易发生的。心灵的自由空间是一个快乐的领域，其中包括创造的快乐，阅读的快乐，欣赏大自然和艺术的快乐，情感体验的快乐，无所事事地闲适和遐想的快乐，等等。所有这些快乐都不是孤立的，而是共生互通的。所以，如果一个人永远只是埋头于写作，不再有工夫和心思享受别的快乐，他的创造的快乐和心灵的自由也是大可怀疑的。

无论你多么热爱自己的事业，也无论你的事业是什么，你都要为自己保留一个开阔的心灵空间，一种内在的从容和悠闲。唯有在这个心灵空间中，你才能把你的事业作为你的生命果实来品尝。如果没有这个空间，你永远忙碌，你的心灵永远被与事业相关的各种事务所充塞，那么，不管你在事业上取得了怎样的外在成功，你都只是损耗了你的生命而没有品尝到它的果实。

第二章 迷失的心灵想回家

知足不辱，知止不殆，可以长久。

——老子

智慧悟语

声名和生命相比哪一样更为亲切？生命和利益比起来哪一样更为贵重？获取和丢失相比，哪一个更有害？过分爱名利就必定要付出更多的代价；过于积敛财富，必定会招致更大的损失。所以说，懂得满足，就不会受到屈辱；懂得适可而止，就不会遇见危险。这样才可以保证长久的平安。

我们常有妄想心、是非心、恶念心、自私心……所有这些妄动的心，要用校正的心去对治它。比方说我们要有惭愧心、忏悔心，时时反省自己，要求自己；要有欢喜心，对别人的一切都以欢喜之心来包容。我们在生活中如果能常常抱存欢喜心，便可以接触到佛心。要有感恩心、知足心，要常想"我能给别人什么"，不能自私自利，只计念"别人能给我什么"。那些危言耸听、挑拨离间的言论，或讹言诋毁、言不由衷的人，实在是"别有用心"。

先有慈悲心，后能进入静心。什么是静心呢？平等心是静心，广大心是静心，菩提心是静心，寂静心是静心。

其一，静心就是对感情不执不舍。人是有情众生，要放弃感情不可能，但若过分执着也不好，所以我们要用理智来引导感情，要用慈悲来净化感情。感情太淡就冷冰冰，感情太浓就热烘烘。冷冰冰、热烘烘都不大好受，最好用中道的智能来处理。中道的智能可以升华我们的感情，可以使我们趋近于静态的心。

其二，静心就是对五欲不拒不贪。五欲是指财、色、名、食、睡。有人对五欲贪得无厌，有人却惧之若洪水猛兽。其实五欲并不可怕，"色不迷人人自迷，酒不醉人人自醉"，可怕的是我们的心不知如何去化解五欲。若在欲海中打滚沉浮，当然会被吞噬，然而，人在世间却应该有正当的五欲生活。吃得过多就太胀，睡得过多就太昏沉，但不吃不睡则力气无从生起，精进无从做起。所以，我们对正当的五欲生活要不拒不贪。

其三，静心就是对世间不厌不求。有人对世间多所要求，有了女儿就想要有儿子，有了洋房就想要有汽车，希求愈多，欲望愈大，幻灭的可能就愈大，就如小儿吹五彩泡沫，愈吹愈大愈美，同时也就愈危险。又有人过分厌世，离群索居，弃名唾利，一谈到跟名有关就说："我不要名，就替我写个无名氏吧！"其实"无名之名"也是一种名。所以，我们对这世间要能不厌亦不求，而以平常心安然处之。平常心就是静态而又活泼的心。

其四，静心就是对生死不惧不迷。生者死，死者生，生生死死犹如旋火轮，哀莫大于心死。迷于生死，惧于生死，则有生死心；有生死心，则有轮回不绝的生死事。人们经常为生死所迷，对生死惧怕。其实生死何足迷？生死何足畏？我们看现在的年轻人，常有效法侠义小说中的勇莽气魄："要杀便杀，有啥好怕？反正二十年后又是一条好汉！"然而，这只是匹夫之勇，没有真正的意义。死亡并不是结束一切，而是像搬家一样，这个房子倒塌了，就想办法搬到另一个家。

总之，我们在这世间对感情要不执不舍，对五欲要不拒不贪，对世间要不厌不求，对生死要不迷不惧，如此就可在静心中过着美满的生活。

不争是一种人生大智慧。不争可以为自己减去许多烦恼。凡事只要自己用心去做，但求问心无愧，至于结果不要计较。往往你用心去做了，结果都不会太差。而且凡事只要无愧于心就好，何必理会其他呢？争名逐利，让自己身心俱疲，到头来都是一场空。踏踏实实地做好自己的事情，就水到渠成，所以看不争的人，反而能够脱颖而出。当然，不争是一种平和的心态，并不是有没有进取心。有些时候就应当当仁不让，把握机会。

点亮人生

我们平常看山、看水、看花、看草、看人、看事，看尽男男女女，看尽人间万象，却很少有人"看心"。

尽管我们看尽了世界上的美景奇观，却看不到自己的"心"。心是我们自己的，明心见性，才能找到自己。

唐朝马祖道一禅师一生提倡"即心即佛"，他的弟子法常就是从这句话而开悟，彻悟后隐居大梅山。

有一天，马祖派侍者去试探法常，对他说："法常，你领悟了老师的'即心即佛'，但是老师最近又说'非心非佛'呢！"法常听了，不为所动："别的我不管，我仍是'即心即佛'。"马祖禅师听了侍者的报告，欣然领首道："梅子成熟了！"

古代的有道高僧说"竹影扫阶尘不动"，法常既悟了"即心即佛"的道理，就稳坐梅山，即便老师真的一百八十度地改成"非心非佛"，对他来说也不过是阶前的竹影因风摇曳，扫不动一点尘埃。

心一动，世间万物跟着生起，纷纷攘攘，无时或了；心一静，浮荡人生复归平静，纷争遁形，尘劳销迹。心的动态千差万别，"诸行无常，诸法无我"，心的静态是"涅槃寂静"。所谓"心不在焉，视而不见，听而不闻，食而不知其味"，世间不管如何差别动乱，在悟道的人看起来，千差万别仍然归于平等，动乱颠倒终亦归于寂静。

心灵是一座品类繁多的花园，需要我们时时垦殖翻耕。这个花园中有秽土，也有净土，所以不可能永远保持快乐与清净。只要是花园，就会生长杂草，四处蔓延。作为自我心灵的园丁，我们绝不能放任杂草丛生，占尽花木所需的阳光雨露，否则这座花园就必须成为人生困顿的围城，而及时修剪，求得和谐美好的内心环境，围城之中也能过自在人生。

心灵是一座花园，做自己心灵的勤劳园丁，在心中播下真爱和智慧的种子，收获充实快活的人生。

> ## 生活里是没有旁观者的。
>
> ——伏契克

📖 智慧悟语

眼睛的作用应当是这样：一只眼睛观察世界，一只眼睛发现自己。学会发现自己的优点，这是我们共同的义务，也是寻找自己的优势、挖掘潜能的重要方式。事实上，一个人对自身产生怀疑，归根结底是因为没有发掘出自己的闪光点，他看到了别人的精彩，却错失了自己的光彩。其实，每个人都是自己最优秀的载体，接受自己，你并不是一无是处。你懂得呵护自己的心灵，并与它时常对话吗？

这世上，每个人都有或这或那的缺陷，世间没有完美的人。这样想来，不是为自己开脱，而是使心灵不会被挤压得支离破碎，永远保持对生活的美好认识和执着追求。

别跟自己过不去，是一种精神的解脱，它会促使我们从容走自己选择的路，做自己喜欢的事。真的，假如不痛快，就要学会原谅自己，这样心里会少一点阴影。这既是对自己的爱护，又是对生命的珍惜。

✒️ 点亮人生

曾有人问古希腊大学问家安提司泰尼："你从哲学中获得什么呢？"他回答说："同自己谈话的能力。"

同自己谈话，就是发现自己，发现另一个更加真实的自己。

法国大文豪雨果说："人生是由一连串无聊的符号组成。"的确，我们生活大多很普通，有时，看似很正常的生活，感受上却似走进生活的误区。有点儿浑噩，有点儿疲惫，有点儿茫然，有点儿怨恨，有点儿期盼，有点儿幻想，总之，就是被一些莫名其妙的情绪、感受占据了内心的思想、生活，而懒得去理清。

所以，我们总是在冥冥之中希望有一个天底下最了解自己的人，能够在大千世界中坐下来静静倾听自己心灵的诉说，能够在熙来攘往的人群中为我们开辟一方心灵的净土。"万般心事付瑶琴，弦断有谁听"？

有一天，一位智者为了启发他的弟子，给了他的徒弟一块石头，让他去蔬菜市场，并且试着卖掉这块很大、很好看的石头。但师傅紧接着说："不要卖掉它，只是试着去卖。注意观察，多问一些人，回来后只要告诉我在蔬菜市场它最多能卖多少钱。"于是这位弟子去了。在菜市场，许多人看着石头想：它可以做很好的摆件，我们的孩子可以玩，或者可以把它当作称菜用的秤砣。于是他们出了价，但只不过是几个小硬币。徒弟回来后对智者说："这块石头最多只能卖得几个硬币。"师傅说："现在你去黄金市场，问问那儿的人。但是不要卖掉它，只问问价。"从黄金市场回来后，这个弟子很高兴地说："这些人简直太棒了，他们乐意出到一千元。"师傅说："现在你去珠宝商那儿，问问那儿的人。但不要卖掉它，同样只是问问价。"于是徒弟去了珠宝商那儿，他们竟然愿意出5万元来买这块石头。徒弟听从师傅的指示，表示不愿意卖掉石头，想不到那些商人竟继续抬高价格——出到10万元，但徒弟依旧坚持不卖。珠宝商们说："我们出20万元、30万元，只要你肯卖，你要多少我们就给你多少！"徒弟觉得这些商人简直疯了，竟然愿意花这么一大笔钱买一块毫不起眼的石头。徒弟回来后，师傅拿着石头后对他说："现在你应该明白，我之所以让你这样做，是想要培养和锻炼你充分认识自我价值的能力和对事物的理解力。如果你是生活在蔬菜市场里的人，那么你只有那个市场的理解力，你就永远不会认识更高的价值。又或者你自己就是这块被人们不断改写价码的石头，它究竟值多少钱呢？"

我们可以反问自己，是生活在蔬菜市场、黄金市场抑或是珠宝市场呢？在同样的一个物质世界里，我们自身的价值标准应该怎么来衡量呢？这需要我们不断地认识自己、探究真实的自己，才能更全面、更准确地把握我们成长的轨迹。

事实上，我们不就是自己最好的知音吗？世界上还有谁，比自己更了解自己的呢？还有谁比自己更能替自己保守秘密呢？朋友，当你烦躁、无聊的时候，不妨和自己对对话，让心灵退入自己的灵魂中，使自己与自己亲密接触，静下心来聆听来自心灵的声音，问问自己："我为何烦恼，为何不快？满意这样的生活吗？我的待人处世错在哪里？我是不是还要追求工作上的成就？我要的是自己现在这个样子吗？生命如果这样走完，我会不会有遗憾？我让生活压垮或埋没了没有？人生至此，我得到了什么、失落了什么？我还想追求什么……"

在自己的天地里，你可以慢慢修复自己受伤的尊严，可以毫无顾虑地"得意"，可以条分缕析地剖析自己、感动自己、征服自己。

与自己对话，是一种人生的成熟、一种心灵的升华。

天地如逆旅，我亦是行人。

——苏轼

智慧悟语

对于每个人来说，人生都是一次旅行。

前途远大的人，就要有远大的计划；眼光短浅，只看现实的人，恐怕只能抓住今天。我们应该做的不只是拥有今天，还得抓住明天、后天，抓住永远。如何抓住永远？只有让你的人生持续发展，为今后的旅程做好充分的准备，才能走得更远，而非永远停留在一点。

人们如果执着于眼前变化，就不可能把握事物的整体，所以若有若无、与时俱进地施行和改变自己行为，这才是做人的最好方法。人生的得失有很多，如果人只顾着过往，看不到未来值得去争取的东西，人的生命不必自我结束，就已经变得枯竭。刹那无常，然则思想可以与时俱进。只要肯放开脚步往前踏出一步，改变时不请自来。

点亮人生

世界上有三种人：第一种人只会回忆过去，在回忆的过程中体验感伤；第二种人只会空想未来，在空想的过程中不务正业；只有第三种人将现实与理想完美结合，高瞻远瞩，脚踏实地。只有将昨天、今天、明天的事情都打理妥当，才能走好漫漫人生路。

鼠目寸光的人其前途成就也就有限；高瞻远瞩的人，才能成就千秋大业，这便是因为智慧大小有别。一个人寿命的长短，关键在于其能不能把握。有些人活了几十年就死了，不懂得如何把握，所以说"小年不及大年"。

有些人做事只图眼前利益，而不会为长远打算。眼前可以得到的利益总给人一种实实在在的感觉，可短视心理常常使人失去本应得到的美好事物。也许人们认为自己的行为更注重现实，可实际上自己将未来的发展与成功的机遇白白浪费掉了。沉湎过去和未来就会迷失现在的一切，包括自己本身。

有一个人经常出差，经常买不到坐票，可是无论长途短途，无论车上有多挤，他都能找到座位。

他的办法其实很简单，就是耐心地一节车厢一节车厢找过去。这个办法听上去似乎并不高明，却很管用。每次，他都做好了从第一节车厢走到最后一节车厢的准备，可是每次他都用不着走到最后就会发现空位。他说，这是因为像他这样锲而不舍找座位的乘客实在不多。经常是在他落座的车厢里尚余若干座位，而在其他车厢的过道和车厢接头处，居然人满为患。

他说，大多数乘客轻易就被一两节车厢拥挤的表面现象迷惑了，不大细想在数十次停靠之中，从火车十几个车门上上下下的流动中蕴藏着不少提供座位的机遇；即使想到了，他们也没有那份寻找的耐心。眼前一方小小立足之地很容易让大多数人满足，为了一个座位背负着行囊挤来挤去有些人也觉得不值。他们还担心万一找不到座位，回头连个好好站着的地方也没有了。与生活中一些安于现状、不思进取、害怕失败的人一样，这些不愿主动找座位的乘客大多只能在最初上车时的落脚处一直站到下车。

急功近利是人性的一面。许多人贪图小便宜，往往为眼前的小利益而迷惑，殊不知在得到的同时往往失去的更多。生活中，我们常常被眼前利益的绚烂外表蒙住了双眼，宁愿一直低头享受那短暂的欢愉，也不肯抬起头望望远方，去寻找更大的空间。只为眼前利益的人，受人性所限，只会陷入庸人自扰的无边烦恼之中；唯有立足长远的人，才能突破人性的瓶颈，活出智慧人生。

前途究竟是什么？前途是一次有计划的旅行，执着而有远见，自信而把握关键，便能拥有一张人生之旅的坐票。

> **山重水复疑无路，柳暗花明又一村。**
>
> ——陆游

智慧悟语

世间没有死胡同，就看你如何去寻找出路。不让心智老去，才不会让心灵荒芜，才不会无路可走。

一扇门关上，另一扇窗会打开。没有过不去的坎，除非你自己不愿过去。面对挫折，只是沮丧地躲在屋子里，便会有禁锢的感觉，自然找不到新的出路。不妨离开屋子，享受一下新鲜的空气，沐浴一下和煦的阳光，你的心情会豁然开朗，精神也会为之振奋，对走出困境，你将会有积极的想法、果敢的行动。人，只有在良好的心境中才能更好地发挥自己的才智。

一天夜里，一场雷电引发的山火烧毁了美丽的"万木庄园"，这座庄园的主人迈克陷入了一筹莫展的境地。面对如此大的打击，他痛苦万分，闭门不出，茶饭不思，夜不能寝。

转眼间，一个多月过去了，年逾古稀的外祖母见他陷入悲痛之中不能自拔，就意味深长地对他说："孩子，庄园成了废墟并不可怕，可怕的是你的眼睛失去了光泽，一天一天的老去。一双老去的眼睛，怎么能看得见希望呢？"

迈克在外祖母的劝说下，决定出去转转。他一个人走出庄园，漫无目的地闲逛。在一条街道的拐弯处，他看到一家店铺门前人头攒动。原来是一些家庭主妇正在排队购买木炭。那一块块躺在纸箱里的木炭让迈克的眼睛一亮，他看到了一线希望，急忙兴冲冲地向家中走去。

在接下来的两个星期里，迈克雇了几名烧炭工，将庄园里烧焦的树木加工成优质的木炭，然后送到集市上的木炭经销店里。

很快，木炭就被抢购一空，他因此得到了一笔不菲的收入。他用这笔收入购买了一大批新树苗，一个新的庄园初具规模了。

几年以后，"万木庄园"再度绿意盎然。

日本的松下幸之助说过这样一句话："跌倒了就要站起来，而且更要往前走。跌倒了站起来只是半个人，站起来后再往前走才是完整的人。"

日本三洋电机公司顾问后藤清一曾在松下电器公司担任厂长，当时松下幸之助提供给他最好的教育机会。有一天，日本遭遇有史以来最狂暴的台风，虽无人员伤亡，但工厂却几乎全毁。后藤心想：好不容易迁到新厂，正想要全力生产、大干特干时，却遭此打击，老板心理上一定很沮丧吧！

松下是在台风即将停止之前赶到工厂的，此时不巧松下的夫人亦身体不适而住院，他是探病后赶来的。

"报告老板，不得了了，工厂遭逢巨变，损失惨重，我来当向导，请巡视工厂一趟吧！"

"不必了，不要紧，不要紧。"

老板手中握着纸扇，仔细地端详了一番，横看、纵看，神情异常地冷静。

"不要紧，不要紧。后藤君啊！跌倒就应爬起来。婴儿若不跌倒也就永远学不会走路。小孩子也是，跌倒了就应立即站起来，号哭是没有用的，不是吗？"

松下说完掉头就走，对工厂的灾难毫无惊恐失色之态，就快速离去。

俗话说："山不转，水转；路不转，人转。"我国古代经典专著《易经》上也说："穷则变，变则通。"的确，天无绝人之路，上天总会给有心人一个反败为胜的机会。

　　人的一生总会遭遇许多意外的挫折与失败。对于许多人来说，挫折并不足畏，可怕的是你的心灵被彻底打败了，而又未能体会真正的"教训"，反而一再重蹈覆辙，以致最后落得无可救药。我们常说："胜败乃兵家常事，因此要胜勿骄，败勿馁。"更重要的是要经得起挫折，重整旗鼓，开辟人生另一个战场。

> **身是菩提树，心如明镜台。时时勤拂拭，勿使惹尘埃。**
>
> ——神秀

智慧悟语

　　一个人在尘世间来去匆匆，时间长了，心灵不可避免地会沾染上尘埃，使原来洁净的心灵受到污染和蒙蔽。

　　"身是菩提树，心如明镜台。时时勤拂拭，勿使惹尘埃。"心如明镜，纤毫毕现，洞若观火，那身无疑就是"菩提"了。但前提是"时时勤拂拭"，否则，尘埃厚厚，似茧封裹，心亦非明镜台了。

　　清扫日常生活中有形的垃圾简单，而人们内心诸如烦恼、欲望、忧愁、痛苦等无形的垃圾却不那么容易清理了。这些真正的垃圾常被人们忽视，或者出于种种的担心与阻碍不愿去扫，譬如太忙、太累，或者担心扫完之后必须面对一个未知的开始，而你又不确定哪些是自己想要的，万一现在丢掉的，将来想要时又捡不回来，怎么办？

点亮人生

　　的确，清扫心灵不像日常生活中扫地那样简单，它充满着心灵的挣扎与奋斗。不过，你可以告诉自己：经常清扫心灵的垃圾是有必要的，因为每清扫一次，可以及时丢弃或扫掉拖累你心灵的东西。

　　每个人都有清扫心灵的任务，对于这一点，古代的圣者先贤看得很清楚。圣人之所以为圣人，就在于他心灵的纯净和一尘不染。

　　每个人都有清理打扫房间的体会：每当整理好房间里的一切，清扫多余的东西之后，你会发现，房间原来这么大，这么清新明亮！

　　心灵的房间也是如此，如果不把污染心灵的废物一块一块清除，势必会造成心灵垃圾成堆，而原来纯净无污染的内心世界亦将变成满池污水，让你变得更贪婪、更腐朽、更不可救药。

　　人的一生是一次旅行，在路途中免不了风沙，免不了尘埃，这时最需要的就是学会清扫心灵的垃圾，掸净心灵上的尘埃，保持纯净的心灵。

第三章　上善若水，慈行天下

勿以恶小而为之，勿以善小而不为。

——诸葛亮

智慧悟语

　　以慈悲心对他人，则身边处处皆有善德，人人心中有善，又哪里会有敌人？慈善生智慧心，以智慧心对自己，戒除贪、嗔、痴、疑、慢，己心成净土，也自然不会再有烦恼。

　　真正的慈悲不只是爱你所爱的人，还要去宽恕、爱护你的仇敌；真正的智慧不仅是头脑的聪明，而是用宽厚的胸怀来面对一切祸福，是一种爱人如己的智慧。真正做到了以慈悲心爱众生，以智慧心对自己，以慈悲去包容，以理智去面对，以责人之心责己，以恕己之心恕人，就不会再有敌人，也不会再有烦恼。

点亮人生

　　在一个寒冷的冬夜，有一个乞丐来找荣西禅师哭诉道："禅师，我的妻儿已多日粒米未进。我想尽我的一切努力给他们温饱，可是始终无法办到。连日来的霜雪使我旧病复发，我现在实在是精疲力竭了，如果再这样下去，我妻儿都会饿死。禅师，请您帮帮我们吧！"

　　荣西禅师听后颇为同情，但是身边既无钱财，又无食物，如何帮他呢？不得已，只好拿出准备装饰佛像的金箔说道："把这些金箔拿去换钱应急吧！"

　　听到荣西禅师的这个决定，弟子们都很惊讶，纷纷表示抗议："师傅！那些金箔是准备装饰佛像用的，您怎么能轻易送给别人？"

　　荣西禅师非常平和地对弟子说："也许你们无法理解，可是我实在是为尊敬佛陀才这样做的。"

　　弟子们一时无法领悟师傅的深意，愤愤地说道："师傅！您说是为了尊敬佛陀才这么做的，那么我们将佛陀圣像变卖以后用来布施，这种不重信仰的行为也是尊敬佛陀吗？"

　　荣西禅师不再辩解，只是说："我重视信仰，我尊敬佛陀，即使下地狱，我也要为佛陀这么做！"弟子们仍然不服，还是嘀咕个没完。

荣西禅师于是大声斥责道："佛陀修道，割肉喂鹰、舍身饲虎，在所不惜，佛陀是怎么对待众生的？你们真的了解佛陀吗？"

行善并没有人们想象的那么难，只需要每人每天多说一句好话，多做一件好事，所有小小的好，就会成为一个大大的好，就是伟大的善行。

不迁怒，不贰过。

——孔子

智慧悟语

《论语》中记载："哀公问：弟子孰为好学？孔子对曰：有颜回者好学，不迁怒，不贰过，不幸短命死矣。今也则亡，未闻好学者也。"

这段话的意思是说：鲁哀公问孔子，你学生中，哪一个能真正继承你的学问？最好学的是谁？孔子说，只有颜回。南怀瑾解释说孔子认为继承学问道统的是颜回，不一定有帝王之才，却有师道的风范；而冉雍则有君道之才。颜回足为人师的学问德业在哪里呢？"不迁怒，不贰过"，但是"不幸短命死矣"。可惜已经死了。"今也则亡"，现在就没有了。"未闻好学者也"，再也找不到第二个好学的人了。我们现在要讨论的是"不迁怒"，这个很难做到，需要极高的修养。

迁怒是人之常情，因为自己的心情不好，所以将脾气发泄到别人身上，人们大多数时间都会犯这样的过错。最先倒霉的往往是家人，因为人们认为家人比较"好欺负"，即使家人会出言反驳，也不会伤害自己。南怀瑾抚额长叹，直言迁怒完全不是好事。

点亮人生

心理学上有一个著名"踢猫效应"，说的就是"迁怒"带来的连锁反应。

如果迁怒问题处理不好，将它放诸于国家大事，甚至有倾国倾城之危。

普鲁士的宰相俾斯麦与国王威廉一世共同协作。是以普鲁士为中心的德国强盛起来。威廉一世的脾气向来不好，因为处处受到俾斯麦的约束，回到后宫时经常气得乱砸东西。一次，皇后问他："你又受了俾斯麦那个老头子的气？"威廉一世说："对呀！"皇后说："你为什么老是要受他的气呢？"威廉一世说："你不懂。他是首相，一人之下，万人之上。下面那许多人的气，他都要受。他受了气哪里出？只好往我身上出啊！我是皇帝，气又往哪里出呢？只好摔茶杯了！"因为不能迁怒，所以威廉一世只好隐忍，而在他的隐忍之下，德国在那时能够变得强盛。

我们再来看一看朱元璋和马皇后的故事：

朱元璋当了皇帝以后，有一天在后宫与马皇后谈笑，尽然兴高采烈地跳起来说："想不到我朱元璋也会当皇帝！"一时间得意忘形，又露出了寒酸时期的样子，大为失态。当时还有两个太监站在旁边，他没有留意到。不久，朱元璋出去之后，马皇后立即对两个太监说："皇帝马上要回来，你们一个装哑巴，一个装聋，否则你们俩都会没命了，记住，听话！"果然，朱元璋想到自己在人前失态，一定不能外传，便回后宫问那两个太监，结果他发现俩人一个是"哑巴"，一个是"聋子"，一想他们也不能说什么，这才放心离去。而马皇后的聪明保了两个太监的命。

这两个故事都是讲人生的修养与迁怒的。一些人因为一点事情不高兴，脾气发到别人身上，不能反省自讼。尤其是领导别人的人，就要特别注意，迁怒不是好事。

我们通常看到的都是"迁怒"的现象，明明是自己在外边受了气，根本不关亲人的事，但是这口恶气不出心里就不会痛快，于是对着家里人乱发火。如果我们能慢慢修炼自己不迁怒于人，久而久之自己的性格也会发生转变，个人修养也会得到提高。当然这是不迁怒的质变过程了。

其实，不迁怒也是符合孔子的"己所不欲，勿施于人"的"忠恕"之道。孔子说人不应当把对自己的要求套用在别人的身上，自己能做得到，不必非要求别人做到。迁怒也是这个道理。自己的心中有愤恨，不要拿别人做出气筒，自己消化了岂不是更好，还显现涵养。

至于"不贰过"，南怀瑾认为这也很难。"不贰过"指的是第一次犯了过错，第二次又犯。"不迁怒"指的是操守，而"不贰过"已经升格为修养的一层。

人们虽然强调不可一错再错，然而真正能做到不多。我们做人做事要尽量注意"不迁怒，不贰过"。可见，达到这种境界只能尽量，而不是能够。如今时下人人谈《论语》，把"不迁怒，不贰过"作为人生准则的又有多少。

不践迹，亦不入于室。

——孔子

智慧悟语

《论语·先进》中写道："子张问善人之道。子曰：不践迹，亦不入于室。"意思是说子张问怎样算是一个好人，怎样做才叫行善。孔子的答复是"不践迹，亦不入何东西，方法很简单：付出。不要担心任何事情，人在做，天在看，你所付出的一切都会带着利息一起回来的！善良是不求回报的，当你做善事而心存回报时，善良已然变味。然而，当你用一颗无私的心去付出时，你收获到的也将是累累的硕果。

帮助他人就是帮助自己，要时刻保持一颗同情心。我们不能对身处困境的人熟视无睹，那种丧失了同情心的人同时也会把自己推进冷漠的世界。

俗话说，"投之以桃，报之以李"。今天你帮助他人，给予他人方便，他可能不会马上报答，但他会永远记住你的好处，也许会在你不如意时给你以回报。退一万步来说，你帮助别人，他即使不会报答你，但可以肯定的是，他日后至少不会做出对你不利的事情。如果大家都不做不利于你的事情，这不也是一种极大的帮助吗？生活的目标是善良。这是我们的灵魂所固有的一种感情。

点亮人生

弘一法师曾说："至于做慈善事业——尤要！既为佛教徒，即应努力做利益社会之种种事业。"他在世时喜欢对弟子们说的一句话便是："遇谤不辩。"岂止是不辩？有时候，为了行善，一些禅师宁愿自我诽谤。

行善是一种美德。善行既可以帮助身处困境的人，又可以使自己的心灵得到安慰，使自己的修养得到提升。行善是一种维护人性的需要，是一种理智的投资。

很多道理我们懂得，却无法奉行；很多事情我们明白，却不会去做。有些时候，不是智慧不足，而是决心不够。

一个快乐的男孩吹着口哨，从一片草地走过。他看到道旁的木椅上坐着一个女孩。阳光很好，青草如诗，而女孩的眼里却满是愁苦和忧郁。男孩随手采了一根狗尾巴草，微笑着送给女孩，而后吹着快乐的口哨，慢慢地走远了。

一个再平常不过的清晨，洒水车司机发现了一位衣衫褴褛的小男孩一直尾随其后，一条街，又一条街。司机终于忍不住好奇，停车询问。原来小男孩是个孤儿，今天是他的生日，而洒水车放出的音乐，正是那首《祝你生日快乐》。司机得知原委，双眼潮热，邀请小男孩坐在驾驶室。那个清晨，整个城市都弥漫着温馨的生日歌。

生命因有了爱，而更加富有，因付出了爱而更有价值、更为芬芳。

一个极其寒冷的冬日的夜晚，路边一间简陋的旅店迎来了一对上了年纪的客人。然而不幸的是，这间小旅店早就客满了。"这已是我们寻找的第十六家旅社了，这鬼天气，到处客满，我们怎么办呢？"这对老夫妻望着店外阴冷的夜晚发愁地说。

店里的服务生不忍心这对老人出去受冻，便建议说："如果你们不嫌弃的话，今晚就住在我的床铺上吧，我自己在店堂里打个地铺。"老夫妻非常感激，第二天要照店价付客房费，服务生坚决拒绝了。临走时，老夫妻开玩笑地说："你经营旅店的才能真够得上当一家五星级酒店的总经理。""那敢情好!起码收入多些可以养活我的老母亲。"服务生随口应道。

没想到两年后的一天,服务生收到一封来自纽约的信,信中夹有一张往返纽约的双程机票,邀请他去拜访那对当年睡他床铺的老夫妻。

那名服务生来到繁华的大都市纽约,老夫妻把他引到第五大街和三十四街交汇处,指着那儿的一幢摩天大楼说:"这是一座专门为你兴建的五星级宾馆,现在我们正式邀请你来当总经理。"

年轻的服务生因为一次举手之劳的助人行为,美梦成真。这就是著名的奥斯多利亚大饭店经理乔治·波非特和他的恩人威廉先生一家的真实故事。

我们许多人都听过"付出是它自己的回报。"这个说法。付出是一种精力,不但帮助了他人,而且还为付出的人创造了更多。这是一条真实的自然法则,不论付出的人想要什么或究竟发生了什么事。

第四章 "忙"真的是"心亡"吗

人类一生的工作,精巧还是粗劣,都由他每个习惯所养成。
——富克兰林

智慧悟语

一个人的工作态度如果是受冲动支使,驱使自己不停地工作,拼命追求成就和别人的赞美,他就会成为工作的奴隶,而不是生活的主人,他的心理压力也会很大。心理学家把这种人叫作"工作狂"。"工作狂"的生活烦恼重重,他们没有欢乐,除了工作之外没有娱乐。

你一天平均工作时间是 10 个小时,还是 12 小时?对大多数人来说,现在拼命工作,是为了将来可以少干活或不必工作,希望有朝一日能整天游山玩水,过着享乐的日子,所以现在才努力工作。但对某些人来说,他们之所以工作,因为他们无法从工作中自拔,离不开工作,他们就像高速运转的机器一样,完全无法让自己停下来。

如果你属于前者,那说明你还正常;但如果是后者,恐怕你已经对工作着魔,并犯了工作上瘾的毛病。换句话说,你已经变成了一个"工作狂"。

为工作而工作会成为一种麻木的习惯,使人陷于盲目、忙碌而无序的状态。无论活在社会的中上层；

60% 的人，他们安稳地生活与工作，但都没有什么特别的成绩，几乎都生活在社会的中下层；

剩下 27% 的人，他们的生活没有目标，过得很不如意，并且常常抱怨他人，抱怨社会，抱怨这个"不肯给他们机会"的世界。

最终的调查结果印证了这样一句话：造成人与人之间命运悬殊的，往往不只是因为谁比谁更卖命或谁比谁聪明，重要的是因为谁有目标及谁的目标更清晰。

生活中，许多人在抱怨："我忙得快发疯了。"可他们的忙却没有意义，因为他们有时候甚至不知道自己在忙些什么，每天都在处理成堆的事情，到处救火，时间就这样莫名其妙地流逝了，却一无所获，没有丝毫的成就感，因此这些人会觉得自己忙得很被动，很不快乐。归根结底，这些人往往是没有目标、没有方向、没有规划的人，整天忙忙碌碌、晕头转向，结果却因为做了大量无意义的事情而使得忙碌失去了价值。

因此，当你忙得辛苦却不见成效时，不妨停下来思索一下：我忙吗？我忙得有目标吗？我在忙些什么？我是在为了自己的目标而忙吗？当你想清楚了这些问题，你就能有目标地忙，也就能快乐地忙了。

我们可以忙，但绝不能"盲"。忙一定要有目标、有方法，必须知道自己在忙什么、为了什么而忙。对于职场人士来说，不管每日的工作或琐事令自己有多忙碌，都应该不时地静下心来反问自己："我到底在忙什么？""我的目标在哪里？"唯有这样，才能使自己忙碌而不盲目。

> **忙要忙得快乐，累要累得欢喜。**
>
> ——谚语

🔲 智慧悟语

开开心心地忙。忙是生活的意义，忙是生命的动力，忙的人生是骄傲的人生。

在如今这个讲究效率的社会，想要成功的人，无论他身处各行各业，他们都在马不停蹄地忙碌着，把自己当成了一个陀螺，不停地转啊转啊，决不让陀螺停下。在他们看来，忙是快乐的，即便忙得辛苦，也心甘情愿。

当然，生活中也有那么一些不愿意忙碌的人，他们大多抱着这样的观念："为谁辛苦为谁忙？"认为自己忙忙碌碌一辈子，结果是前人种树，后人乘凉。人家栽了树给我们乘凉，觉得很好；我们栽了树让人家乘凉，就觉得不划算、不甘愿。努力的成果让别人享受，好像我们就是白费工夫、白忙一场？相反的，对于享受别人努力的成果，却认为："不乘凉白不乘凉，不吃白不吃"，仿佛这些都是应该得的一样。这样的人，得失心太重，私心太盛，是很难感受到生活的快乐的。

要知道，我们现在所享有的一切，其实说到底都是我们的祖先给我们留下的。当前世界环境和人类社会，都是经过前人努力所积累下来的。我们继承了前人——不仅仅是中国人，还包括全世界所有人类，世世代代的文化与智慧，才能有现在这样的文明。因此，我们享受的同时，可曾思考：我们承继了多少前人的恩泽？得到了多少别人的利益？如果不努力，是不是对不起前人的劳动，以及后世的子孙？

点亮人生

人的一生，和蚂蚁等昆虫比，我们的生命似乎长远，但和整个宇宙相比，我们的生命又十分短暂。归根结底，一个人的人生不过几十年，再长寿的老人也难有过两百的运气，因此，对于整个历史来说，一个人的生命其实非常短暂，活动的范围、能够接触到的人和事也是很有限的。但是，如果我们每个人都能努力为社会尽心贡献，就会创造出全人类共同的生命价值，这就是功德，就是生命的成绩。

人要忙，而且要忙得欢喜，忙得快乐。假如一个人不肯忙，表示他的生命已经没有光彩了。忙是有用，不忙就没有用；没有用的人生，谁会在乎他的存在呢？所以，人要开开心心地忙，为充实的生活而忙。如果能从感恩前人、造福后人的角度来想，人们就能心安理得地忙碌了，也能忙得欢乐，累得欢喜了。

工作要赶不要急，身心要松不要紧。

——圣严法师

智慧悟语

任何事积累到一定程度都会形成压力，心中背负着太多东西的人往往容易乱了分寸，无法静下心来理清思路，所以容易焦躁、抱怨，甚至愤怒。与其被忙不完的工作所驱使，不如在自己的能力范围之内，坦然面对，能做到的去做，做不到的不强求。

人生是自己掌握的，你要从事什么工作，如何去做你的工作，最重要的是自己的作为。勉强让自己以一种不配合的速度去做事，便足以破坏自己宁静的状态，从而产生各种焦虑、忧愁。所以不妨多试验，不要怕麻烦，不要怕碰壁，多试验，找到与自己最相符的工作速度，一旦找到了，就按着这个节奏前进，那么你的生活就会快乐许多。

工作要赶不要急，身心要忙不要紧。许多人一忙起来，火气就跟着上升，最后整个人累到虚脱，这是不懂得调整心态的缘故。无论在任何状况下，对于自己的工作要抱着"要赶不要急"的心态，对于自己的身心则要保持"要忙不要紧"的状态。时时放松身心，练习将气往下沉，不要紧张，一旦心情放松了，身体也会跟着放松。

✒ 点亮人生

林语堂先生在《生活的艺术》一书中说，你脑中若有积极的思想，可以用同样的方法，将注意力集中在那些是你快乐和希望的事情上，你就会快乐起来。生活中不可能事事都顺遂自己的心意，当你感到不快乐时，你如果一直向着不愉快的方向继续引领自己的情绪，那么你就会走入心灵的阴暗处，越想越烦恼。倘若你能时时抱着开怀的态度，积极的态度去面对，那么将是一种完全不同的局面。

积极的职场人，总是能够将手头的工作理出大小内外，轻重缓急，从而按部就班，有次序地一件一件解决。这样做，既可以保证工作速度，又能保持从容不迫的心情，所以圣严法师主张人应当忙中有序地赶工作，而不要紧张分分地抢时间。

有一个农夫挑着一担橘子进城去卖。天色已晚，城门马上就要关了，而他还有二里地的路程。这时迎面走来一位智者，他焦急地赶上前去问道："先生，请问前面城门关了吗？"

"还没有，"智者看了看他担中满满的橘子，问道，"你赶路进城卖橘子吗？"

"是啊，不知道还来不来得及。"

智者说："你如果慢慢地走，也许还来得及。"

农夫以为智者故意和自己开玩笑，不满地嘀咕了两声，又匆忙上路了。他心中焦急，索性小跑起来，但还没跑出两步，脚下一滑，满筐橘子滚了一地。

智者赶过来，一边帮他捡橘子，一边说："你看，不如脚步放稳一些吧？"

农夫急于求成，一心求快，结果却恰恰相反。工作亦是如此，积极与速度并非同义词，速度与效率也往往不成正比，与其在手忙脚乱中浪费时间，不如张弛有度，并然有序地设计好每一步要踏出的距离。一味求快，往往会造成恶果。

有一个小孩子，在树林中玩耍时看到草丛中有一只蛹，蛹已经出现了一条裂痕，似乎就能看见正在其中挣扎的蝴蝶了。只见蝴蝶在蛹中拼命挣扎，却怎么也没有办法从里面挣脱出来，几个小时过去，蝴蝶仍旧没有从蛹中挣扎出来。小孩子心疼得哭了，他找到妈妈帮忙："妈妈，帮帮蝴蝶吧，它太可怜了。"

妈妈和小孩子来到那只蛹面前，那只蝴蝶还没有从蛹中挣扎出来，小孩子哭得更厉害了："妈妈，快帮帮蝴蝶吧，它卡在里面出不来了，它会死掉的。"

妈妈告诉小孩子说："孩子，蝴蝶只有依靠自己的力量从蛹里挣扎出来，它才能成为一只美丽的蝴蝶。我们帮不了它。"

小孩子却不相信，非要帮助蝴蝶从蛹里出来，他用小剪刀将蛹的口剪大了一些，蝴蝶终于出来了，但是这只蝴蝶出来之后，因为翅膀不够有力，变得很臃肿，飞不起来，只能在地上爬。

小孩子本想帮蝴蝶的忙，结果反而害了它，正是"欲速则不达"。由此不难看出，急于求成只会导致最终的失败。所以，我们不论是在工作中，还是在生活中，都不妨放远眼光，注重积累，厚积薄发，自然会水到渠成，实现自己的目标。

对于"一万年太久，只争朝夕"的人来说，最容易犯的毛病就是"欲速则不达"。放眼整个社会，大多数人都知道这个道理，而最终背道而行的人仍是大多数。

"涓流积至沧溟水，拳石垒成泰华岑。"这一诗句劝喻人们：涓涓细流汇聚起来，就能形成苍茫大海；拳头大的石头垒砌起来，就能形成泰山和华山那样的巍巍高山。只要我们一步步勤勉努力地往前赶，就能够到达成功的彼岸。

现代职场人，并非高速运转的现代机器，莫不如以一种骑士精神尽展潇洒，纵横驰骋于纷乱的生活，却保持一种美丽的心情，采一柱大漠的孤烟映照黄昏的落日，捉一轮浑圆的清月放飞自由的心灵！

> **天才就其本质而论，只不过是对事业、对工作过程的热爱而已。**
>
> ——高尔基

智慧悟语

一些看起来似乎是很平凡的事，你默默地多做一些，多承担些责任，和成功没有多少关系，但阻挡我们成功的，往往就是这额外的一点点责任，一点点决心，一点点敬业态度和自动自发的精神。那些多一事不如少一事的青年人，是永远进入不了成功的领地的。

"多付出一点点"的目的，并不是为了即时得到相应的回报。也许你的投入无法立刻得到相应的回报，但不要气馁，应该一如既往地多付出一点，回报可能会在不经意间以出人意料的方式出现。如果你能在不渴求回报的情况下，以一种积极自觉的态度比别人"多付出一点点"，把工作做到最好，那么，你就会得到一盏照亮你前程的机遇之灯，而不仅仅是一点回报。

水温再升高一度就达到沸点，山再攀登一步就可达绝顶，横竿再上移一厘米就刷新世界纪录。就多那么一点，结果就迥然不同。"我已经竭尽全力了吗？是否我还能再多做一点点？"经常这样提问自己，将会让你受益匪浅。

点亮人生

自古以来的成功者都有这样的感觉：真正的成功是一个过程，是将勤奋和努力融入每天的生活中的过程。有时候，你不需要比别人多做许多，只需一点点，就可以从众人中脱颖而出。

安妮是一家跨国公司办公室的打字员。有一天中午，同事们都出去吃饭了，只有她一个人还留在办公室里收拾东西。这时，一个董事经过她所在的部门时，停了下来，想找一些信件。这并不是安妮分内的工作，但是她回答："尽管对这些信件我一无所知，但是，我会尽快帮您找到它们，并将它们放在您的办公室里。"当她将董事所需要的东西放在他的办公桌上时，这位董事显得格外高兴。

4个星期后，在一次公司的管理会议上，有一个更高职位的空缺。总裁征求这位董事的意见，此时，他想起了那位打字员——安妮。于是，他推荐了她，安妮的职位一下子升了两级。

大到对工作的态度，小到你正在做的事，甚至只是接听一个电话、整理一份报表。我们多做一点点，结果可能大不一样。尽职尽责完成自己工作的人，最多只能算是称职的员工。如果在自己的工作中再"多做一点点"，你就有可能成为优秀的员工，在企业中发挥自己更大的能量，同时也会得到意想不到的收获。其实，我们已经付出了99%的努力，已经完成了绝大部分的工作，再多做一点点又有什么困难呢？

对于自己成功的经历，一位富翁是这样讲述的：

50年前，我开始踏入社会谋生，在一家五金店找到了一份工作，每年才挣75美元。有一天，一位顾客买了一大批货物，有铲子、钳子、马鞍、盘子、水桶、箩筐，等等。这位顾客过几天就要结婚了，提前购买一些生活和劳动用具是当地的一种习俗。货物堆放在独轮车上，装了满满一车，骡子拉起来也有些吃力。送货并非我的职责，而我完全是出于自愿——我为自己能运送如此沉重的货物而感到自豪。

刚开始一切都很顺利，但是，车轮一不小心陷进了一个不深不浅的泥潭里，我使出吃奶的劲儿都推不动。一位心地善良的商人驾着马车路过，用他的马拖起我的独轮车和货物，并且帮我将货物送到顾客家里。在向顾客交付货物时，我仔细清点货物的数目，一直到很晚才推着空车返回商店。我为自己的所作所为感到高兴，但是老板并没有因我的额外工作而称赞我。

第二天，那位帮我的商人将我叫去，告诉我说，他发现我工作十分努力，热情很高，尤其注意到我卸货时清点物品数目的细心和专注。因此，他愿意为我提供一个年薪500美元的职位。我接受了这份工作，并且从此走上了致富之路。

一个成功的推销员曾用一句话总结他的经验："你要想比别人优秀，就必须坚持每天比别人多访问5个客户。"在商业界，在艺术界，在体育界，在所有的领域，那些最知名的、最出类拔萃者与其他人的区别在哪里呢？回答是就多那么一点儿。

当亨利·瑞蒙德在美国《论坛报》做责任编辑时，刚开始时他一星期只能挣到6美元，但他还是每天平均工作13至14个小时。往往是整个办公室的人都走了，只有他一个人在工作。"为了获得成功的机会，我必须比其他人更扎实地工作，"他在日记中这样写道，"当我的伙伴们在剧院时，我必须在房间里；当他们熟睡时，我必须在学习。"后来，经过每天"比别人多做一点点"的长期积累，他成了美国《时代周刊》的总编。

事情往往就是这样的，你愿意多付出一点点，机遇便会回报你更多。从故事中我们可以看出，那位富翁的成功只因为一点——比别人多付出一点点。"多付出一点点"，不是语言上的自我表白，而是行动上的真正体现。